建设工程监理实务答疑手册

福建省工程监理与项目管理协会　主编

中国建筑工业出版社

图书在版编目（CIP）数据

建设工程监理实务答疑手册/福建省工程监理与项
目管理协会主编. — 北京：中国建筑工业出版社，
2022.7（2023.7重印）
ISBN 978-7-112-27481-9

Ⅰ．①建… Ⅱ．①福… Ⅲ．①建筑工程－监理工作－
手册 Ⅳ．①TU712-62

中国版本图书馆CIP数据核字(2022)第099809号

本书系统和全面地梳理了与监理工作相关的政策法规和规范标准，具有较强的针对
性、操作性和实用性。本书可作为我省监理人员开展日常监理工作的工具书，也可作为建
设单位考察、考核项目总监理工程师以及项目其他监理人员业务水平之用，还可供其他工
程技术人员及工程类大专院校学生参考使用。

责任编辑：杨　杰
责任校对：李美娜

建设工程监理实务答疑手册
福建省工程监理与项目管理协会　主编
*
中国建筑工业出版社出版、发行（北京海淀三里河路9号）
各地新华书店、建筑书店经销
北京红光制版公司制版
建工社（河北）印刷有限公司印刷
*
开本：787毫米×1092毫米　1/16　印张：26　字数：644千字
2022年6月第一版　　2023年7月第二次印刷
定价：**85.00元**
ISBN 978-7-112-27481-9
（39042）

本 书 编 委 会

主编单位：福建省工程监理与项目管理协会
参编单位：福建海川工程监理有限公司
厦门长实建设有限公司
福州弘信工程监理有限公司
厦门兴海湾工程管理股份有限公司
福州成建工程监理有限公司
福建华源阳光工程管理有限公司
福建互华土木工程管理有限公司
合诚工程咨询集团股份有限公司
厦门象屿工程咨询管理有限公司
厦门高诚信工程技术有限公司
厦门协诚工程管理咨询有限公司
福州中博建设发展有限公司
主编人员：林俊敏　张冀闽　饶　舜　缪存旭
参编人员：李　嵘　徐毅婷　陈建平　池启贵　赵章保　殷　芝
林振村　赵　耘　徐本龙　郑　伟　吴若平
审查人员：江如树　林剑煌　杨启斌　林巧珠

前　　言

监理工程师接受监理单位的委派，根据与建设单位签订的委托监理合同，对工程质量、进度、投资进行控制，开展合同管理、组织和协调工作，同时履行法定的安全管理职责。监理工程师也是建设单位和承包商之间的桥梁。提升监理工程师的素质水平，直接影响监理工作的成效。

本书较为系统和全面地梳理了与监理工作相关的政策法规和规范标准，具有较强的针对性、操作性和实用性。本书可作为我省监理人员开展日常监理工作的工具书，也可作为建设单位考察、考核项目总监理工程师以及项目其他监理人员业务水平之用，还可供其他工程技术人员及工程类大专院校学生参考使用。

由于编者的水平有限，书中疏漏和错误之处以及未及时更新之处在所难免，敬请各位读者批评指正。如有修改建议，请电邮至：fjjsjl@126.com。

2022 年 1 月

目　　录

第一章　政　策　法　规

第一节　国家法律、法规、规章、规范性文件

一、《中华人民共和国建筑法》2019 版

1. 根据《中华人民共和国建筑法》2019 版，申请施工许可证，应当具备的条件有哪些？

答：（1）已经办理该建筑工程用地批准手续；

（2）依法应当办理建设工程规划许可证的，已经取得建设工程规划许可证；

（3）需要拆迁的，其拆迁进度符合施工要求；

（4）已经确定建筑施工企业；

（5）有满足施工需要的资金安排、施工图纸及技术资料；

（6）有保证工程质量和安全的具体措施。

知识点索引：《中华人民共和国建筑法》2019 版第八条

关键词：法条　建筑法

2. 根据《中华人民共和国建筑法》2019 版，建筑工程因故不能开工超过多久的，建设单位应当重新办理开工报告的审批手续？

答：因故不能按期开工超过六个月的，建设单位应当重新办理开工报告的批准手续。

知识点索引：《中华人民共和国建筑法》2019 版第十一条

关键词：法条　建筑法

3. 根据《中华人民共和国建筑法》2019 版，建筑工程安全生产管理必须坚持什么方针？

答：建筑工程安全生产管理必须坚持安全第一、预防为主的方针。

知识点索引：《中华人民共和国建筑法》2019 版第三十六条

关键词：法条　建筑法　安全

二、《中华人民共和国消防法》2019 版

1. 根据《中华人民共和国消防法》2019 版，消防工作贯彻的方针是什么？

答：消防工作贯彻预防为主、防消结合的方针。

知识点索引：《中华人民共和国消防法》2019 版第二条

关键词：法条　消防法

三、《中华人民共和国民法典》2020 版

1. 根据《中华人民共和国民法典》2020 版，建设工程施工合同无效，但是建设工程经验收合格的，工程价款如何处理？

答：建设工程施工合同无效，但是建设工程经验收合格的，可以参照合同关于工程价款的约定折价补偿承包人。

知识点索引：《中华人民共和国民法典》第七百九十三条

关键词：法条　民法典　合同

2. 根据《中华人民共和国民法典》2020 版，建设工程施工合同无效，且建设工程经验收不合格的，工程价款如何处理？

答：建设工程施工合同无效，且建设工程经验收不合格的，按照以下情形处理：

（1）修复后的建设工程经验收合格的，发包人可以请求承包人承担修复费用；

（2）修复后的建设工程经验收不合格的，承包人无权请求参照合同关于工程价款的约定折价补偿。

发包人对因建设工程不合格造成的损失有过错的，应当承担相应的责任。

知识点索引：《中华人民共和国民法典》第七百九十三条

关键词：法条　民法典　合同

3. 根据《中华人民共和国民法典》2020 版，施工合同的内容一般包括哪些条款？

答：施工合同的内容一般包括：工程范围、建设工期、中间交工工程的开工和竣工时间、工程质量、工程造价、技术资料交付时间、材料和设备供应责任、拨款和结算、竣工验收、质量保修范围和质量保证期、相互协作等条款。

知识点索引：《中华人民共和国民法典》第七百九十五条

关键词：法条　民法典　合同

四、《中华人民共和国安全生产法》2021 版

1. 根据《中华人民共和国安全生产法》2021 版，生产经营单位的安全生产责任制应当明确什么内容？

答：生产经营单位的安全生产责任制应当明确各岗位的责任人员、责任范围和考核标准等内容。

知识点索引：《中华人民共和国安全生产法》2021 版第二十二条

关键词：法条　安全生产法　安全

五、《中华人民共和国行政处罚法》2021 版

1. 根据《中华人民共和国行政处罚法》2021 版，行政处罚的种类有哪些？

答：（1）警告、通报批评；

（2）罚款、没收违法所得、没收非法财物；

（3）暂扣许可证件、降低资质等级、吊销许可证件；

（4）限制开展生产经营活动、责令停产停业、责令关闭、限制从业；

（5）行政拘留；

（6）法律、行政法规规定的其他行政处罚。

知识点索引：《中华人民共和国行政处罚法》2021版第九条

关键词：法条　行政处罚法

六、《建设工程质量管理条例》国务院令第279号2019版

1. 根据《建设工程质量管理条例》2019版，哪些建设工程必须实行监理？

答：（1）国家重点建设工程；

（2）大中型公用事业工程；

（3）成片开发建设的住宅小区工程；

（4）利用外国政府或者国际组织贷款、援助资金的工程；

（5）国家规定必须实行监理的其他工程。

知识点索引：《建设工程质量管理条例》2019版第十二条

关键词：法条　质量管理条例

2. 根据《建设工程质量管理条例》2019版，建设工程竣工验收应当具备什么条件？

答：（1）完成建设工程设计和合同约定的各项内容；

（2）有完整的技术档案和施工管理资料；

（3）有工程使用的主要建筑材料、建筑构配件和设备的进场试验报告；

（4）有勘察、设计、施工、工程监理等单位分别签署的质量合格文件；

（5）有施工单位签署的工程保修书。

知识点索引：《建设工程质量管理条例》2019版第十六条

关键词：法条　质量管理条例　竣工验收

3. 根据《建设工程质量管理条例》2019版，监理工程师应采用哪些形式，对建设工程实施监理？

答：监理工程师应当按照工程监理规范的要求，采取旁站、巡视和平行检验等形式，对建设工程实施监理。

知识点索引：《建设工程质量管理条例》2019版第三十八条

关键词：法条　质量管理条例　监理

4. 根据《建设工程质量管理条例》2019版，在正常使用条件下，建设工程的最低保修期限为多长？

答：（1）基础设施工程、房屋建筑的地基基础工程和主体结构工程，为设计文件规定的该工程的合理使用年限；

（2）屋面防水工程、有防水要求的卫生间、房间和外墙面的防渗漏，为5年；

（3）供热与供冷系统，为2个采暖期、供冷期；

（4）电气管线、给水排水管道、设备安装和装修工程，为2年。

知识点索引：《建设工程质量管理条例》2019 版第四十条

关键词：法条　质量管理条例　保修

七、《建设工程安全生产管理条例》国务院令第 393 号 2004 版

1. 根据《建设工程安全生产管理条例》，施工现场哪些人员是特种作业人员，必须按照国家有关规定经过专门的安全作业培训，并取得特种作业操作资格证书后，方可上岗作业？

答：垂直运输机械作业人员、安装拆卸工、爆破作业人员、起重信号工、登高架设作业人员等特种作业人员，必须取得特种作业操作资格证书后，方可上岗作业。

知识点索引：《建设工程安全生产管理条例》2004 版第二十五条

关键词：法条　安全生产管理条例　安全

八、《生产安全事故报告和调查处理条例》国务院令第 493 号 2007 版

1. 根据《生产安全事故报告和调查处理条例》2007 版，生产安全事故造成的人员伤亡或者直接经济损失，事故一般分为哪几个等级？

答：事故一般分为特别重大事故、重大事故、较大事故、一般事故。

知识点索引：《生产安全事故报告和调查处理条例》第三条

关键词：法条　事故　调查　安全

2. 根据《生产安全事故报告和调查处理条例》2007 版，一般事故是指造成几人以下死亡，或者几人以下重伤，或者多少万元以下直接经济损失的事故？

答：一般事故是指造成 3 人以下死亡，或者 10 人以下重伤，或者 1000 万元以下直接经济损失的事故。

知识点索引：《生产安全事故报告和调查处理条例》第三条

关键词：法条　事故　调查　安全

3. 根据《生产安全事故报告和调查处理条例》2007 版，较大事故是指造成多少人死亡，或者多少人重伤，或者多少万元直接经济损失的事故？

答：较大事故是指造成 3 人以上 10 人以下死亡，或者 10 人以上 50 人以下重伤，或者 1000 万元以上 5000 万元以下直接经济损失的事故。

知识点索引：《生产安全事故报告和调查处理条例》第三条

关键词：法条　事故　调查　安全

4. 根据《生产安全事故报告和调查处理条例》2007 版，重大事故是指造成多少人死亡，或者多少人重伤，或者多少万元直接经济损失的事故？

答：重大事故是指造成 10 人以上 30 人以下死亡，或者 50 人以上 100 人以下重伤，或者 5000 万元以上 1 亿元以下直接经济损失的事故。

知识点索引：《生产安全事故报告和调查处理条例》第三条

关键词：法条　事故　调查　安全

5. 根据《生产安全事故报告和调查处理条例》2007 版，一般事故应上报至哪一级的人民政府安全生产监督管理部门和负有安全生产监督管理职责的有关部门？

答：一般事故上报至设区的市级人民政府安全生产监督管理部门和负有安全生产监督管理职责的有关部门。

知识点索引：《生产安全事故报告和调查处理条例》第十条

关键词：法条　事故　调查　安全

6. 根据《生产安全事故报告和调查处理条例》2007 版，较大事故应逐级上报至哪一级的人民政府安全生产监督管理部门和负有安全生产监督管理职责的有关部门？

答：较大事故应逐级上报至省、自治区、直辖市人民政府安全生产监督管理部门和负有安全生产监督管理职责的有关部门。

知识点索引：《生产安全事故报告和调查处理条例》第十条

关键词：法条　事故　调查　安全

7. 根据《生产安全事故报告和调查处理条例》2007 版，特别重大事故、重大事故应逐级上报至哪一级安全生产监督管理部门和负有安全生产监督管理职责的有关部门？

答：特别重大事故、重大事故应逐级上报至国务院安全生产监督管理部门和负有安全生产监督管理职责的有关部门。

知识点索引：《生产安全事故报告和调查处理条例》第十条

关键词：法条　事故　调查　安全

8. 根据《生产安全事故报告和调查处理条例》2007 版，报告事故应当包括什么内容？

答：（1）事故发生单位概况；

（2）事故发生的时间、地点以及事故现场情况；

（3）事故的简要经过；

（4）事故已经造成或者可能造成的伤亡人数（包括下落不明的人数）和初步估计的直接经济损失；

（5）已经采取的措施；

（6）其他应当报告的情况。

知识点索引：《生产安全事故报告和调查处理条例》第十二条

关键词：法条　事故　调查　安全

九、《危险性较大的分部分项工程安全管理规定》建设部令第 37 号 2018 版

1. 根据《危险性较大的分部分项工程安全管理规定》2018 版，监理单位应将哪些监理资料纳入危大工程安全管理档案？

答：监理单位应将监理实施细则、专项施工方案审查、专项巡视检查、验收及整改等监理资料纳入危大工程安全管理档案。

知识点索引：《危险性较大的分部分项工程安全管理规定》2018 版第二十四条

关键词：法条　危大工程　安全

十、《关于实施〈危险性较大的分部分项工程安全管理规定〉有关问题的通知》建办质〔2018〕31号

1. 根据关于实施《危险性较大的分部分项工程安全管理规定》有关问题的通知，危大工程专项施工方案的主要内容应当包括哪些内容？

答：（1）工程概况；

（2）编制依据；

（3）施工计划；

（4）施工工艺技术；

（5）施工安全保证措施；

（6）施工管理及作业人员配备和分工；

（7）验收要求；

（8）应急处置措施；

（9）计算书及相关施工图纸。

知识点索引：关于实施《危险性较大的分部分项工程安全管理规定》有关问题的通知

关键词：安全　危大工程

2. 根据关于实施《危险性较大的分部分项工程安全管理规定》有关问题的通知，超过一定规模的危大工程专项施工方案专家论证会应当包括哪些参会人员？

答：（1）专家；

（2）建设单位项目负责人；

（3）有关勘察、设计单位项目技术负责人及相关人员；

（4）总承包单位和分包单位技术负责人或授权委派的专业技术人员、项目负责人、项目技术负责人、专项施工方案编制人员、项目专职安全生产管理人员及相关人员；

（5）监理单位项目总监理工程师及专业监理工程师。

知识点索引：关于实施《危险性较大的分部分项工程安全管理规定》有关问题的通知

关键词：安全　危大工程

3. 根据关于实施《危险性较大的分部分项工程安全管理规定》有关问题的通知，对于超过一定规模的危大工程专项施工方案，专家论证的主要内容应当包括哪些？

答：（1）专项施工方案内容是否完整、可行；

（2）专项施工方案计算书和验算依据、施工图是否符合有关标准规范；

（3）专项施工方案是否满足现场实际情况，并能够确保施工安全。

知识点索引：关于实施《危险性较大的分部分项工程安全管理规定》有关问题的通知

关键词：安全　危大工程

4. 根据关于实施《危险性较大的分部分项工程安全管理规定》有关问题的通知，进行第三方监测的危大工程监测方案的主要内容有哪些？

答：进行第三方监测的危大工程监测方案的主要内容应当包括工程概况、监测依据、

监测内容、监测方法、人员及设备、测点布置与保护、监测频次、预警标准及监测成果报送等。

知识点索引：关于实施《危险性较大的分部分项工程安全管理规定》有关问题的通知

关键词：安全　危大工程

5. 根据关于实施《危险性较大的分部分项工程安全管理规定》有关问题的通知，危大工程验收人员应当包括哪些？

答：（1）总承包单位和分包单位技术负责人或授权委派的专业技术人员、项目负责人、项目技术负责人、专项施工方案编制人员、项目专职安全生产管理人员及相关人员；

（2）监理单位项目总监理工程师及专业监理工程师；

（3）有关勘察、设计和监测单位项目技术负责人。

知识点索引：关于实施《危险性较大的分部分项工程安全管理规定》有关问题的通知

关键词：安全　危大工程

6. 根据关于实施《危险性较大的分部分项工程安全管理规定》有关问题的通知，哪些基坑工程属于危险性较大的分部分项工程范围？

答：（1）开挖深度超过3m（含3m）的基坑（槽）的土方开挖、支护、降水工程；

（2）开挖深度虽未超过3m，但地质条件、周围环境和地下管线复杂，或影响毗邻建、构筑物安全的基坑（槽）的土方开挖、支护、降水工程。

知识点索引：关于实施《危险性较大的分部分项工程安全管理规定》有关问题的通知

关键词：安全　危大工程　深基坑

7. 根据关于实施《危险性较大的分部分项工程安全管理规定》有关问题的通知，哪些混凝土模板支撑工程属于危险性较大的分部分项工程范围？

答：搭设高度5m及以上，或搭设跨度10m及以上，或施工总荷载10kN/m² 及以上，或集中线荷载15kN/m 及以上，或高度大于支撑水平投影宽度且相对独立无联系构件的混凝土模板支撑工程。

知识点索引：关于实施《危险性较大的分部分项工程安全管理规定》有关问题的通知

关键词：安全　危大工程　模板

8. 根据关于实施《危险性较大的分部分项工程安全管理规定》有关问题的通知，哪些起重吊装及起重机械安装拆卸工程属于危险性较大的分部分项工程范围？

答：（1）采用非常规起重设备、方法，且单件起吊重量在10kN及以上的起重吊装工程；

（2）采用起重机械进行安装的工程；

（3）起重机械安装和拆卸工程。

知识点索引：关于实施《危险性较大的分部分项工程安全管理规定》有关问题的通知

关键词：安全　危大工程　吊装

9. 根据关于实施《危险性较大的分部分项工程安全管理规定》有关问题的通知，哪些脚手架工程属于危险性较大的分部分项工程范围？

答：（1）搭设高度 24m 及以上的落地式钢管脚手架工程（包括采光井、电梯井脚手架）；

（2）附着式升降脚手架工程；

（3）悬挑式脚手架工程；

（4）高处作业吊篮；

（5）卸料平台、操作平台工程；

（6）异型脚手架工程。

知识点索引：关于实施《危险性较大的分部分项工程安全管理规定》有关问题的通知

关键词：安全　危大工程　脚手架

10. 根据关于实施《危险性较大的分部分项工程安全管理规定》有关问题的通知，哪些深基坑工程属于超过一定规模的危险性较大的分部分项工程范围？

答：开挖深度超过 5m（含 5m）的基坑（槽）的土方开挖、支护、降水工程属于超过一定规模的危险性较大的分部分项工程范围。

知识点索引：关于实施《危险性较大的分部分项工程安全管理规定》有关问题的通知

关键词：安全　危大工程　深基坑

11. 根据关于实施《危险性较大的分部分项工程安全管理规定》有关问题的通知，哪些模板工程及支撑体系属于超过一定规模的危险性较大的分部分项工程范围？

答：（1）各类工具式模板工程：包括滑模、爬模、飞模、隧道模等工程；

（2）混凝土模板支撑工程：搭设高度 8m 及以上，或搭设跨度 18m 及以上，或施工总荷载（设计值）15kN/m^2 及以上，或集中线荷载（设计值）20kN/m 及以上；

（3）承重支撑体系：用于钢结构安装等满堂支撑体系，承受单点集中荷载 7kN 及以上。

知识点索引：关于实施《危险性较大的分部分项工程安全管理规定》有关问题的通知

关键词：安全　危大工程　模板

12. 根据关于实施《危险性较大的分部分项工程安全管理规定》有关问题的通知，哪些起重吊装及起重机械安装拆卸工程属于超过一定规模的危险性较大的分部分项工程范围？

答：（1）采用非常规起重设备、方法，且单件起吊重量在 100kN 及以上的起重吊装工程；

（2）起重量 300kN 及以上，或搭设总高度 200m 及以上，或搭设基础标高在 200m 及以上的起重机械安装和拆卸工程。

知识点索引：关于实施《危险性较大的分部分项工程安全管理规定》有关问题的通知

关键词：安全　危大工程　吊装

13. 根据关于实施《危险性较大的分部分项工程安全管理规定》有关问题的通知，哪些脚手架工程属于超过一定规模的危险性较大的分部分项工程范围？

答：（1）搭设高度 50m 及以上的落地式钢管脚手架工程；

（2）提升高度在 150m 及以上的附着式升降脚手架工程或附着式升降操作平台工程；

（3）分段架体搭设高度 20m 及以上的悬挑式脚手架工程。

知识点索引：关于实施《危险性较大的分部分项工程安全管理规定》有关问题的通知

关键词：安全　危大工程　脚手架

14. 根据关于实施《危险性较大的分部分项工程安全管理规定》有关问题的通知，施工高度多少的建筑幕墙安装工程属于超过一定规模的危险性较大的分部分项工程范围？

答：施工高度 50m 及以上的建筑幕墙安装工程属于超过一定规模的危险性较大的分部分项工程范围。

知识点索引：关于实施《危险性较大的分部分项工程安全管理规定》有关问题的通知

关键词：安全　危大工程　幕墙

15. 根据关于实施《危险性较大的分部分项工程安全管理规定》有关问题的通知，多大跨度的钢结构安装工程或多大跨度的网架和索膜结构安装工程属于超过一定规模的危险性较大的分部分项工程范围？

答：跨度 36m 及以上的钢结构安装工程，或跨度 60m 及以上的网架和索膜结构安装工程属于超过一定规模的危险性较大的分部分项工程范围。

知识点索引：关于实施《危险性较大的分部分项工程安全管理规定》有关问题的通知

关键词：安全　危大工程　钢结构

16. 根据关于实施《危险性较大的分部分项工程安全管理规定》有关问题的通知，开挖深度多深的人工挖孔桩工程属于超过一定规模的危险性较大的分部分项工程范围？

答：开挖深度 16m 及以上的人工挖孔桩工程属于超过一定规模的危险性较大的分部分项工程范围。

知识点索引：关于实施《危险性较大的分部分项工程安全管理规定》有关问题的通知

关键词：安全　危大工程　人工挖孔桩

十一、《关于印发起重机械、基坑工程等五项危险性较大的分部分项工程施工安全要点的通知》建安办函〔2017〕12 号

1. 根据《关于印发起重机械、基坑工程等五项危险性较大的分部分项工程施工安全要点的通知》，起重机械安装拆卸作业中，哪几类人员必须取得建筑施工特种作业人员操作资格证书？

答：起重机械安装拆卸作业中，起重机械安装拆卸人员、起重机械司机、信号司索工必须取得建筑施工特种作业人员操作资格证书。

知识点索引：《关于印发起重机械、基坑工程等五项危险性较大的分部分项工程施工安全要点的通知》

关键词：特种作业人员　安全

十二、《房屋建筑和市政基础设施工程竣工验收规定》2013 版

1. 根据《房屋建筑和市政基础设施工程竣工验收规定》2013 版，建设单位组织的工程竣工验收会按什么程序进行？

答：（1）建设、勘察、设计、施工、监理单位分别汇报工程合同履约情况和在工程建设各个环节执行法律、法规和工程建设强制性标准的情况；

（2）审阅建设、勘察、设计、施工、监理单位的工程档案资料；

（3）实地查验工程质量；

（4）对工程勘察、设计、施工、设备安装质量和各管理环节等方面作出全面评价，形成经验收组人员签署的工程竣工验收意见。

知识点索引：《房屋建筑和市政基础设施工程竣工验收规定》2013 版第六条

关键词：法条　竣工验收

十三、《建设工程消防设计审查验收管理暂行规定》建设部令第 51 号 2020 版

1. 根据《建设工程消防设计审查验收管理暂行规定》2020 版，总建筑面积多大的体育场馆属于特殊建设工程？

答：总建筑面积大于 2 万 m^2 的体育场馆属于特殊建设工程。

知识点索引：《建设工程消防设计审查验收管理暂行规定》2020 年版第十四条

关键词：法条　消防　体育馆

2. 根据《建设工程消防设计审查验收管理暂行规定》2020 版，总建筑面积多大的宾馆、饭店、商场、市场属于特殊建设工程？

答：总建筑面积大于 1 万 m^2 的宾馆、饭店、商场、市场属于特殊建设工程。

知识点索引：《建设工程消防设计审查验收管理暂行规定》2020 年版第十四条

关键词：法条　消防

3. 根据《建设工程消防设计审查验收管理暂行规定》2020 版，哪些住宅建筑属于特殊建设工程？

答：国家工程建设消防技术标准规定的一类高层住宅建筑属于特殊建设工程。

知识点索引：《建设工程消防设计审查验收管理暂行规定》2020 年版第十四条

关键词：法条　消防

4. 根据《建设工程消防设计审查验收管理暂行规定》2020 版，单体建筑面积多大或者建筑高度多高的公共建筑属于特殊建设工程？

答：单体建筑面积大于 4 万 m^2 或者建筑高度超过 50m 的公共建筑属于特殊建设工程。

知识点索引：《建设工程消防设计审查验收管理暂行规定》2020 年版第十四条

关键词：法条　消防

十四、《房屋建筑工程施工旁站监理管理办法（试行）》建市〔2002〕189 号

1. 根据《房屋建筑工程施工旁站监理管理办法》，需要监理旁站的房屋建筑工程的关键部位、关键工序，在基础工程方面包括什么？

答：需要监理旁站的房屋建筑工程的关键部位、关键工序，在基础工程方面包括：土方回填，混凝土灌注桩浇筑，地下连续墙、土钉墙、后浇带及其他结构混凝土、防水混凝土浇筑，卷材防水层细部构造处理，钢结构安装。

知识点索引：《房屋建筑工程施工旁站监理管理办法（试行）》建市〔2002〕189 号第二条

关键词：法条　旁站

2. 根据《房屋建筑工程施工旁站监理管理办法》，需要监理旁站的房屋建筑工程的关键部位、关键工序，在主体结构工程方面包括什么？

答：需要监理旁站的房屋建筑工程的关键部位、关键工序，在主体结构工程方面包括：梁柱节点钢筋隐蔽过程，混凝土浇筑，预应力张拉，装配式结构安装，钢结构安装，网架结构安装，索膜安装。

知识点索引：《房屋建筑工程施工旁站监理管理办法（试行）》建市〔2002〕189 号第二条

关键词：法条　旁站

3. 根据《房屋建筑工程施工旁站监理管理办法》，旁站监理方案应明确什么内容？

答：旁站监理方案应明确旁站监理的范围、内容、程序和旁站监理人员职责等内容。

知识点索引：《房屋建筑工程施工旁站监理管理办法（试行）》建市〔2002〕189 号第三条

关键词：法条　旁站

4. 根据《房屋建筑工程施工旁站监理管理办法》，旁站监理人员的主要职责是什么？

答：（1）检查施工企业现场质检人员到岗、特殊工种人员持证上岗以及施工机械、建筑材料准备情况；

（2）在现场跟班监督关键部位、关键工序的施工执行施工方案以及工程建设强制性标准情况；

（3）核查进场建筑材料、建筑构配件、设备和商品混凝土的质量检验报告等，并可在现场监督施工企业进行检验或者委托具有资格的第三方进行复验；

（4）做好旁站监理记录和监理日记，保存旁站监理原始资料。

知识点索引：《房屋建筑工程施工旁站监理管理办法（试行）》建市〔2002〕189 号第六条

关键词：法条　旁站

十五、《关于落实建设工程安全生产监理责任的若干意见》建市〔2006〕248 号

1. 根据《关于落实建设工程安全生产监理责任的若干意见》，施工准备阶段安全监理的主要工作内容有什么？

答：（1）编制监理规划；

（2）编制监理实施细则；

（3）审查施工组织设计中的安全技术措施和安全专项施工方案；

（4）检查施工单位在工程项目上的安全生产规章制度和安全监管机构的建立、专职安全生产管理人员配备情况；

（5）审查施工单位资质和安全生产许可证；

（6）审查项目经理和专职安全生产管理人员资格；

（7）审核特种作业人员的特种作业操作资格证书；

（8）审核施工单位应急救援预案和安全防护措施费用使用计划。

知识点索引：《关于落实建设工程安全生产监理责任的若干意见》建市〔2006〕248 号

关键词：法条 安全

2. 根据《关于落实建设工程安全生产监理责任的若干意见》，施工阶段安全监理的主要工作内容有哪些？

答：（1）监督施工单位按照施工组织设计中的安全技术措施和专项施工方案组织施工；

（2）定期巡视检查施工过程中的危险性较大工程作业情况；

（3）核查施工现场施工起重机械、整体提升脚手架、模板等自升式架设设施和安全设施的验收手续；

（4）检查施工现场各种安全标志和安全防护措施是否符合强制性标准要求，并检查安全生产费用的使用情况；

（5）督促施工单位进行安全自查工作，参加建设单位组织的安全生产专项检查。

知识点索引：《关于落实建设工程安全生产监理责任的若干意见》建市〔2006〕248 号

关键词：法条 安全

3. 根据《关于落实建设工程安全生产监理责任的若干意见》，在施工阶段，监理单位的建设工程安全监理的工作程序是什么？

答：（1）对施工现场安全生产情况进行巡视检查，对发现的各类安全事故隐患，应书面通知施工单位，并督促其立即整改。

（2）情况严重的，监理单位应及时下达工程暂停令，要求施工单位停工整改，并同时报告建设单位。

（3）安全事故隐患消除后，监理单位应检查整改结果，签署复查或复工意见。

（4）施工单位拒不整改或不停工整改的，监理单位应当及时向工程所在地建设主管部

门或工程项目的行业主管部门报告。

知识点索引：《关于落实建设工程安全生产监理责任的若干意见》建市〔2006〕248 号

关键词：法条　安全

4. 根据《关于落实建设工程安全生产监理责任的若干意见》，落实安全生产监理责任的主要工作有哪些？

答：（1）健全监理单位安全监理责任制；

（2）完善监理单位安全生产管理制度；

（3）建立监理人员安全生产教育培训制度。

知识点索引：《关于落实建设工程安全生产监理责任的若干意见》建市〔2006〕248 号

关键词：法条　安全

十六、《建筑施工企业安全生产管理机构设置及专职安全生产管理人员配备办法》

1. 根据《建筑施工企业安全生产管理机构设置及专职安全生产管理人员配备办法》，在 5 万平方米以上的建筑工程中，总承包单位需如何配备项目专职安全生产管理人员？

答：5 万平方米及以上的建筑工程中，总承包单位需配备项目专职安全生产管理人员不少于 3 人，且按专业配备专职安全生产管理人员。

知识点索引：《建筑施工企业安全生产管理机构设置及专职安全生产管理人员配备办法》

关键词：法条　安全

2. 根据《建筑施工企业安全生产管理机构设置及专职安全生产管理人员配备办法》，在 1 亿元以上的土木工程项目中，总承包单位需如何配备项目专职安全生产管理人员？

答：在 1 亿元以上的土木工程项目中，总承包单位需配备项目专职安全生产管理人员不少于 3 人，且按专业配备专职安全生产管理人员。

知识点索引：《建筑施工企业安全生产管理机构设置及专职安全生产管理人员配备办法》

关键词：法条　安全

十七、《建筑起重机械安全监督管理规定》建设部令第 166 号 2008 版

1. 根据《建筑起重机械安全监督管理规定》2008 版，监理单位应当履行哪些安全职责？

答：（1）审核建筑起重机械特种设备制造许可证、产品合格证、制造监督检验证明、备案证明等文件；

（2）审核建筑起重机械安装单位、使用单位的资质证书、安全生产许可证和特种作业人员的特种作业操作资格证书；

（3）审核建筑起重机械安装、拆卸工程专项施工方案；

（4）监督安装单位执行专项施工方案情况；

（5）监督检查建筑起重机械的使用情况；

（6）发现存在生产安全事故隐患的，应当要求安装单位、使用单位限期整改。

知识点索引：《建筑起重机械安全监督管理规定》第二十二条

关键词：法条　安全　起重机械

2. 根据《建筑起重机械安全监督管理规定》2008 版，使用单位应在建筑起重机械安装验收合格之日起几天内，办理建筑起重机械使用登记？

答：使用单位应在建筑起重机械安装验收合格之日起 30 天内，办理建筑起重机械使用登记。

知识点索引：《建筑起重机械安全监督管理规定》第十七条

关键词：法条　安全　起重机械

3. 根据《建筑起重机械安全监督管理规定》2008 版，建筑起重机械安装完毕后，由哪些单位进行验收？

答：建筑起重机械安装完毕后，使用单位应当组织出租、安装、监理等有关单位进行验收，或者委托具有相应资质的检验检测机构进行验收。

知识点索引：《建筑起重机械安全监督管理规定》第十六条

关键词：法条　安全　起重机械

4. 根据《建筑起重机械安全监督管理规定》2008 版，有哪些情形之一的建筑起重机械，不得出租、使用？

答：（1）属国家明令淘汰或者禁止使用的；

（2）超过安全技术标准或者制造厂家规定的使用年限的；

（3）经检验达不到安全技术标准规定的；

（4）没有完整安全技术档案的；

（5）没有齐全有效的安全保护装置的。

知识点索引：《建筑起重机械安全监督管理规定》第七条

关键词：法条　安全　起重机械

十八、《有限空间安全作业五条规定》国家安全生产监督管理总局令第 69 号 2014 版

1. 有限空间安全作业五条规定是什么？

答：（1）必须严格实行作业审批制度，严禁擅自进入有限空间作业；

（2）必须做到"先通风、再检测、后作业"，严禁通风、检测不合格作业；

（3）必须配备个人防中毒窒息等防护装备，设置安全警示标识，严禁无防护监护措施作业；

（4）必须对作业人员进行安全培训，严禁教育培训不合格上岗作业；

（5）必须制定应急措施，现场配备应急装备，严禁盲目施救。

知识点索引：《有限空间安全作业五条规定》

关键词：法条 安全 有限空间

十九、《建筑安全玻璃管理规定》发改运行〔2003〕2116号

1. 根据《建筑安全玻璃管理规定》，多少层建筑物外开窗须采用安全玻璃？

答：7层及7层以上建筑物外开窗须采用安全玻璃。

知识点索引：《建筑安全玻璃管理规定》2003版第六条

关键词：法条 玻璃

2. 根据《建筑安全玻璃管理规定》，面积大于多少的窗玻璃须使用安全玻璃？

答：面积大于$1.5m^2$的窗玻璃须使用安全玻璃。

知识点索引：《建筑安全玻璃管理规定》2003版第六条

关键词：法条 玻璃

二十、《关于进一步加强玻璃幕墙安全防护工作的通知》建标〔2015〕38号

1. 根据《关于进一步加强玻璃幕墙安全防护工作的通知》，玻璃幕墙宜采用什么玻璃？

答：玻璃幕墙宜采用夹层玻璃、均质钢化玻璃或超白玻璃。

知识点索引：《关于进一步加强玻璃幕墙安全防护工作的通知》

关键词：法条 玻璃幕墙

二十一、《房屋建筑工程和市政基础设施工程实行见证取样和送检的规定》建建〔2000〕211号

1. 根据《房屋建筑工程和市政基础设施工程实行见证取样和送检的规定》，哪些试块、试件和材料必须实施见证取样和送检？

答：（1）用于承重结构的混凝土试块；

（2）用于承重墙体的砌筑砂浆试块；

（3）用于承重结构的钢筋及连接接头试件；

（4）用于承重墙的砖与混凝土小型砌块；

（5）用于拌制混凝土和砌筑砂浆的水泥；

（6）用于承重结构的混凝土中使用的掺加剂；

（7）地下、屋面、厕浴间使用的防水材料；

（8）国家规定必须实行见证取样和送检的其他试块、试件和材料。

知识点索引：《房屋建筑工程和市政基础设施工程实行见证取样和送检的规定》（建建〔2000〕211号）

关键词：见证取样 数量

2. 根据《房屋建筑工程和市政基础设施工程实行见证取样和送检的规定》，见证取样

标识和标志上应标明什么？

答：见证取样标识和封志应标明工程名称、取样部位、取样日期、样品名称和样品数量，并由见证人员和取样人员签字。

知识点索引：《房屋建筑工程和市政基础设施工程实行见证取样和送检的规定》第八条

关键词：法条　见证取样

二十二、《建设工程施工合同（示范文本）》建市〔2017〕214号

1. 根据《建设工程施工合同（示范文本）》2017版，合同的协议书和其他哪些文件一起构成合同文件？

答：（1）中标通知书；

（2）投标函及其附录；

（3）专用合同条款及其附件；

（4）通用合同条款；

（5）技术标准和要求；

（6）图纸；

（7）已标价工程量清单或预算书；

（8）其他合同文件。

知识点索引：《建设工程施工合同（示范文本）》2017版协议书第六条

关键词：法条　合同

2. 根据《建设工程施工合同（示范文本）》2017版，通用合同条款中实际开工日期如何界定？

答：通用合同条款中实际开工日期是指监理人按照合同约定发出的符合法律规定的开工通知中载明的开工日期，监理人应在计划开工日期7天前向承包人发出开工通知，工期自开工通知中载明的开工日期起算。

知识点索引：《建设工程施工合同（示范文本）》2017版通用合同条款7.3.2条

关键词：法条　合同

3. 根据《建设工程施工合同（示范文本）》2017版，通用合同条款中实际竣工日期如何界定？

答：（1）工程经竣工验收合格的，以承包人提交竣工验收申请报告之日为实际竣工日期；

（2）因发包人原因，未在监理人收到承包人提交的竣工验收申请报告42天内完成竣工验收，或完成竣工验收不予签发工程接收证书的，以提交竣工验收申请报告的日期为实际竣工日期；

（3）工程未经竣工验收，发包人擅自使用的，以转移占有工程之日为实际竣工日期。

知识点索引：《建设工程施工合同（示范文本）》2017版通用合同条款13.2.3条

关键词：法条　合同

4. 根据《建设工程施工合同（示范文本）》2017 版，除专用合同条款另有约定外，发包人如何支付安全文明施工费？

答：发包人应在开工后 28 天内预付安全文明施工费总额的 50%，其余部分与进度款同期支付。

知识点索引：《建设工程施工合同（示范文本）》2017 版通用条款第 6.1.6 条

关键词：法条　合同

5. 根据《建设工程施工合同（示范文本）》2017 版通用条款，除专用合同条款另有约定外，承包人提交施工组织设计在时间方面有何要求？

答：承包人应在合同签订后 14 天内，但至迟不得晚于开工通知载明的开工日期前 7 天，向监理人提交详细的施工组织设计。

知识点索引：《建设工程施工合同（示范文本）》2017 版通用条款第 7.1.2 条

关键词：法条　合同

6. 根据《建设工程施工合同（示范文本）》2017 版通用条款，承包人应在计划采购前多少天向监理人报送样品？

答：承包人应在计划采购前 28 天向监理人报送样品。

知识点索引：《建设工程施工合同（示范文本）》2017 版通用条款第 8.6.1 条

关键词：法条　合同

7. 根据《建设工程施工合同（示范文本）》2017 版通用条款，变更估价的程序是怎样的？

答：（1）承包人应在收到变更指示后 14 天内，向监理人提交变更估价申请；

（2）监理人应在收到承包人提交的变更估价申请后 7 天内审查完毕并报送发包人，监理人对变更估价申请有异议，通知承包人修改后重新提交；

（3）发包人应在承包人提交变更估价申请后 14 天内审批完毕。发包人逾期未完成审批或未提出异议的，视为认可承包人提交的变更估价申请。

知识点索引：《建设工程施工合同（示范文本）》2017 版通用条款第 10.4.2 条

关键词：法条　合同

8. 根据《建设工程施工合同（示范文本）》2017 版通用条款，除专用合同条款另有约定外，监理人和发包人进度款审核的时间要求是什么？

答：监理人应在收到承包人进度付款申请单以及相关资料后 7 天内完成审查并报送发包人，发包人应在收到后 7 天内完成审批并签发进度款支付证书。

知识点索引：《建设工程施工合同（示范文本）》2017 版通用条款第 12.4.4 条

关键词：法条　合同

9. 根据《建设工程施工合同（示范文本）》2017 版通用条款，除专用合同条款另有约定外，承包人应在工程竣工验收合格后几天内向发包人和监理人提交竣工结算申请单？

答：承包人应在工程竣工验收合格后 28 天内向发包人和监理人提交竣工结算申请单。

知识点索引：《建设工程施工合同（示范文本）》2017 版通用条款第 14.1 条

关键词：法条　合同

10. 根据《建设工程施工合同（示范文本）》2017 版通用条款，除专用合同条款另有约定外，监理人和发包人竣工结算审核的时间要求是什么？

答：监理人应在收到竣工结算申请单后 14 天内完成核查并报送发包人。发包人应在收到监理人提交的经审核的竣工结算申请单后 14 天内完成审批。

知识点索引：《建设工程施工合同（示范文本）》2017 版通用条款第 14.2 条

关键词：法条　合同

11. 根据《建设工程施工合同（示范文本）》2017 版通用条款，监理人对索赔报告的审核时间为多长？

答：监理人应在收到索赔报告后 14 天内完成审查并报送发包人。

知识点索引：《建设工程施工合同（示范文本）》2017 版通用条款第 19.2 条

关键词：法条　合同

二十三、《建设项目工程总承包合同（示范文本）》建市〔2020〕96 号

1. 根据《建设项目工程总承包合同（示范文本）》2020 版通用条款，承包人提交的项目进度计划应包含什么内容？

答：项目进度计划应当包括设计、承包人文件提交、采购、制造、检验、运达现场、施工、安装、试验的各个阶段的预期时间以及设计和施工组织方案说明等。

知识点索引：《建设项目工程总承包合同（示范文本）》2020 版第 8.4.2 条

关键词：法条　合同　工程总承包

2. 根据《建设项目工程总承包合同（示范文本）》2020 版通用条款，竣工验收合格而发包人无正当理由逾期不颁发工程接收证书的，自验收合格后多少天起视为已颁发工程接收证书？

答：自验收合格后第 15 天起视为已颁发工程接收证书。

知识点索引：《建设项目工程总承包合同（示范文本）》2020 版第 10.4.3 条

关键词：法条　合同　工程接收证书

二十四、《建设工程质量保证金管理办法》建质〔2017〕138 号

1. 根据《建设工程质量保证金管理办法》2017 版，缺陷责任期一般为几年？最长不超过几年？

答：缺陷责任期一般为 1 年，最长不超过 2 年。

知识点索引：《建设工程质量保证金管理办法》2017 版第二条

关键词：法条　质量保证金

2. 根据《建设工程质量保证金管理办法》2017 版，在工程项目竣工前，什么情况下发包人不得预留工程质量保证金？

答：已经缴纳履约保证金的，发包人不得同时预留工程质量保证金。采用工程质量保证担保、工程质量保险等其他保证方式的，发包人不得再预留保证金。

知识点索引：《建设工程质量保证金管理办法》2017 版第六条

关键词：法条　质量保证金

3. 根据《建设工程质量保证金管理办法》2017 版，保证金或保函金额不得高于工程价款结算总额的百分之几？

答：保证金或保函金额不得高于工程价款结算总额的 3%。

知识点索引：《建设工程质量保证金管理办法》2017 版第七条

关键词：法条　质量保证金

4. 根据《建设工程质量保证金管理办法》2017 版，由于发包人原因导致工程无法按规定期限进行竣工验收的，从什么时候开始计算缺陷责任期？

答：由于发包人原因导致工程无法按规定期限进行竣工验收的，在承包人提交竣工验收报告 90 天后，工程自动进入缺陷责任期。

知识点索引：《建设工程质量保证金管理办法》2017 版第八条

关键词：法条　质量保证金

二十五、《关于进一步加强危险性较大的分部分项工程安全管理的通知》建办质［2017］29 号

1. 根据《关于进一步加强危险性较大的分部分项工程安全管理的通知》2017，严格危大工程安全管控流程需要做好哪些方面的工作？

答：（1）严把方案编审关；

（2）严把方案交底关；

（3）严把方案实施关；

（4）严把工序验收关。

知识点索引：《关于进一步加强危险性较大的分部分项工程安全管理的通知》

关键词：法条　安全

二十六、《建筑工程五方责任主体项目负责人质量终身责任追究暂行办法》建质［2014］124号

1. 根据《建筑工程五方责任主体项目负责人质量终身责任追究暂行办法》，出现什么情形之一时，县级以上地方人民政府住房城乡建设主管部门应当依法追究项目负责人的质量终身责任？

答：（1）发生工程质量事故；

（2）发生投诉、举报、群体性事件、媒体报道并造成恶劣社会影响的严重工程质量问题；

（3）由于勘察、设计或施工原因造成尚在设计使用年限内的建筑工程不能正常使用；

（4）存在其他需追究责任的违法违规行为。

知识点索引：《建筑工程五方责任主体项目负责人质量终身责任追究暂行办法》

关键词：法条　终身责任

第二节　福建省法规、规章、规范性文件

一、《福建省安全生产条例》2016 版

1. 根据《福建省安全生产条例》，生产经营单位从业人员需要履行什么义务？

答：（1）遵守本单位的安全生产规章制度和操作规程，服从管理，正确佩戴和使用劳动防护用品；

（2）接受安全生产教育和培训；

（3）及时报告生产安全事故或者生产安全事故隐患；

（4）配合生产安全事故调查，如实提供有关情况。

知识点索引：《福建省安全生产条例》2016 版第三十二条

关键词：法条　安全

2. 根据《福建省安全生产条例》，建筑施工单位应急救援预案应当包括什么内容？

答：（1）危险目标的确定、分类以及其潜在危险性评估；

（2）应急救援的组织机构、组成单位、组成人员以及职责分工；

（3）生产安全事故或者险情报告以及救援预案程序；

（4）应急救援装备、设备、物资储备以及经费的保障；

（5）现场紧急处置、人员疏散、工程抢险和医疗急救等措施方案以及应急救援预案的演练。

知识点索引：《福建省安全生产条例》2016 版第四十九条

关键词：法条　安全

二、《福建省建设工程安全生产管理办法》福建省政府令 106 号 2009 版

1. 根据《福建省建设工程安全生产管理办法》，安全生产措施费包括哪些？

答：（1）施工现场临时设施、环境保护、文明施工等维护建设工程安全作业环境所需费用；

（2）安全施工措施所需费用；

（3）施工现场防抗台风、暴雨等自然灾害所需费用。

知识点索引：《福建省建设工程安全生产管理办法》2009 版第九条

关键词：法条　安全

2.《福建省建设工程安全生产管理办法》中对监理单位的安全生产责任作了哪些规定？

答：（1）应当按照法律、法规和工程建设强制性标准及监理委托合同，对所监理工程的施工安全生产实施监理；

（2）配备与建设工程项目相适应的监理人员，明确工程项目监理人员的安全责任；

（3）制定包括安全监理内容的监理规划，对大、中型建设项目和危险性较大的分部分

项工程应当编制安全监理详细计划；

（4）检查建设工程安全生产措施落实情况，对危险性较大的工程部位和施工环节实施旁站监理。

知识点索引：《福建省建设工程安全生产管理办法》2009版第十五条

关键词：法条　安全

三、《福建省建筑工程施工扬尘防治管理导则（试行）》闽建建〔2016〕17号

1. 根据《福建省建筑工程施工扬尘防治管理导则（试行）》2016版，监理单位的职责是什么？

答：（1）审批施工现场扬尘防治专项方案；

（2）编制工程项目施工扬尘污染防治监理实施细则，并对施工单位扬尘污染防治实施过程进行监督、检查，并形成检查记录；

（3）负责监督施工单位扬尘污染防治措施费用的使用情况；

（4）对工程项目施工扬尘污染防治不力等行为应及时提出整改意见；对拒不整改或情节严重的，应及时报告建设单位和工程项目质量安全监督机构。

知识点索引：《福建省建筑工程施工扬尘防治管理导则（试行）》2016版第3.2.2条

关键词：法条　文明施工

2. 根据《福建省建筑工程施工扬尘防治管理导则（试行）》2016版，主体结构和装饰装修工程用外脚手架应符合什么要求？

答：（1）脚手架周边外侧应全部用密目式安全网封闭；

（2）悬挑脚手架在悬挑层底部采用封闭式防护措施；

（3）应及时清理施工现场、脚手板上垃圾。

知识点索引：《福建省建筑工程施工扬尘防治管理导则（试行）》2016版第4.1.4条

关键词：法条　文明施工

3. 根据《福建省建筑工程施工扬尘防治管理导则（试行）》2016版，房屋建筑工程施工现场围挡设置应符合哪些要求？

答：（1）施工现场必须采用连续、密闭围挡，一般路段工地围挡高度不得低于1.8米，市区主要路段工地围挡不得低于2.5米；

（2）围挡应选用工具式彩钢板、砌体等硬质材料，不得使用彩色编织布、竹笆或安全网等易变形材料；

（3）围挡底边应当封闭，不得有泥浆外漏；围挡落尘应当定期清洗，保证施工工地周围环境整洁。

知识点索引：《福建省建筑工程施工扬尘防治管理导则（试行）》2016版第4.2.2条

关键词：法条　文明施工

4. 根据《福建省建筑工程施工扬尘防治管理导则（试行）》2016版，工程项目占地面积在多少平方米及以上的至少配备一台移动式喷雾水炮？

答：工程项目占地面积在 5000m² 及以上的至少配备一台移动式喷雾水炮。

知识点索引：《福建省建筑工程施工扬尘防治管理导则（试行）》2016 版第 4.2.6 条

关键词：法条　文明施工

5. 根据《福建省建筑工程施工扬尘防治管理导则（试行）》2016 版，主体结构施工进度达到几层及以上时，必须安装并使用施工升降机？

答：主体结构施工进度达到六层及以上时，必须安装并使用施工升降机。

知识点索引：《福建省建筑工程施工扬尘防治管理导则（试行）》2016 版第 4.5.6 条

关键词：法条　文明施工

四、《关于全面深入加强房屋建筑和市政基础设施工程主要建筑材料质量管理的通知》闽建办建〔2017〕55 号

1. 根据福建省住房和城乡建设厅《关于全面深入加强房屋建筑和市政基础设施工程主要建筑材料质量管理的通知》，房屋建筑工程中哪些建设工程材料的性能参数施工现场必须实施平行检验？

答：（1）电线电缆的导电性能、绝缘性能、绝缘厚度、机械性能和阻燃耐火性能；

（2）漏电保护开关的漏电动作时间和漏电动作电流；

（3）有防火性能要求的保温隔热材料燃烧性能。

知识点索引：福建省住房和城乡建设厅《关于全面深入加强房屋建筑和市政基础设施工程主要建筑材料质量管理的通知》

关键词：法条　送检

五、《关于进一步加强建筑施工升降机安全监管工作的通知》闽建电〔2017〕68 号

1. 根据福建省住房和城乡建设厅《关于进一步加强建筑施工升降机安全监管工作的通知》，自 2017 年 11 月 1 日起，载重量多少的施工升降机不予办理设备产权备案？

答：载重量 2 吨以下（不含 2 吨）的施工升降机不予办理设备产权备案。

知识点索引：福建省住房和城乡建设厅《关于进一步加强建筑施工升降机安全监管工作的通知》

关键词：法条　安全　施工升降机

2. 根据福建省住房和城乡建设厅《关于进一步加强建筑施工升降机安全监管工作的通知》，建筑施工升降机原则上承载人数不得超过几人？

答：建筑施工升降机原则上承载人数不得超过 9 人。

知识点索引：福建省住房和城乡建设厅《关于进一步加强建筑施工升降机安全监管工作的通知》

关键词：法条　安全　施工升降机

3. 根据福建省住房和城乡建设厅《关于进一步加强建筑施工升降机安全监管工作的

通知》，建机一体化企业应在什么位置用钢印打上真实准确的设备出厂日期？

答：建机一体化企业应在设备标准节（含基础节和加强节）的规定位置用钢印打上真实准确的设备出厂日期。

知识点索引：福建省住房和城乡建设厅《关于进一步加强建筑施工升降机安全监管工作的通知》

关键词：法条　安全　施工升降机

六、《关于加强建筑施工主要重大危险源安全管控的通知》闽建建〔2017〕30号

1. 根据福建省住房和城乡建设厅《关于加强建筑施工主要重大危险源安全管控的通知》，檐口高度超过多少米或层数超过几层的房屋建筑工程，其外脚手架不得采用落地式脚手架？

答：檐口高度超过24m或层数超过6层的房屋建筑工程，其外脚手架不得采用落地式脚手架。

知识点索引：《关于加强建筑施工主要重大危险源安全管控的通知》

关键词：法条　安全

2. 根据福建省住房和城乡建设厅《关于加强建筑施工主要重大危险源安全管控的通知》，塔机安装和使用时，起重臂端部与周围建筑物及其外围施工设施之间的安全距离应不小于多少米？

答：塔机安装和使用时，起重臂端部与周围建筑物及其外围施工设施之间的安全距离应不小于2米。

知识点索引：《关于加强建筑施工主要重大危险源安全管控的通知》

关键词：法条　安全

3. 根据福建省住房和城乡建设厅《关于加强建筑施工主要重大危险源安全管控的通知》，超过一定规模的危险性较大的模板支架立杆步距应不大于多少米？

答：超过一定规模的危险性较大的模板支架立杆步距应不大于1.5m。

知识点索引：《关于加强建筑施工主要重大危险源安全管控的通知》

关键词：法条　安全

4. 根据福建省住房和城乡建设厅《关于加强建筑施工主要重大危险源安全管控的通知》，扣件式钢管的壁厚要求为多少mm，允许偏差为多少mm？

答：扣件式钢管的壁厚要求为3.6mm，允许偏差为±0.36mm。

知识点索引：《关于加强建筑施工主要重大危险源安全管控的通知》

关键词：法条　安全

5. 根据福建省住房和城乡建设厅《关于加强建筑施工主要重大危险源安全管控的通知》，扣件式钢管脚手架的扣件拧紧力矩值不应小于多少N·m，且不应大于多少N·m？

答：扣件拧紧力矩值不应小于 40N·m，且不应大于 65N·m。

知识点索引：《关于加强建筑施工主要重大危险源安全管控的通知》

关键词：法条　安全

七、《福建省建设工程质量安全动态监管办法》2018 年版

1. 根据《福建省建设工程质量安全动态监管办法》2018 年版，工程项目、责任单位、责任人以什么时间作为记分周期，期满记分值自动归零；当工程项目施工周期超过多少年时，责任人以每几周年为一个记分周期？

答：工程项目、责任单位、责任人以工程项目开竣工或完工时间作为记分周期，期满记分值自动归零；当工程项目施工周期超过 2 周年时，责任人以每 2 周年为一个记分周期。

知识点索引：《福建省建设工程质量安全动态监管办法》2018 年版第八条

关键词：法条　动态监管

2. 根据《福建省建设工程质量安全动态监管办法》2018 年版，有哪些情形之一的，项目监管部门应及时发出《约谈通知书》，约谈责任人单位法定代表人？

答：（1）所属工程项目记分（历任责任人周期记分累计值）达 120 分及以上的；

（2）工程项目因质量安全问题被责令全面停工改正的。

知识点索引：《福建省建设工程质量安全动态监管办法》2018 年版第二十三条

关键词：法条　动态监管

3. 根据《福建省建设工程质量安全动态监管办法》2018 年版，所属工程项目记分值达到多少分时，项目监督部门应给责任单位记 5 分？

答：所属工程项目记分值达到 150 分及以上的，项目监督部门应给责任单位记 5 分。

知识点索引：《福建省建设工程质量安全动态监管办法》2018 年版第二十四条

关键词：法条　动态监管

4. 根据《福建省建设工程质量安全动态监管办法 2018 年版》，项目监管部门对地基基础、主体结构和重大危险源监管检查时，有什么情形之一的，项目监管部门应责令该项目或单位工程全面停工改正？

答：（1）单位工程主要受力构件混凝土强度经监督检测达不到设计要求的；

（2）工程项目单次监管检查项目经理记分值达 60 分及以上的；

（3）工程项目被抽查的危险性较大的分部分项工程均存在发生群死群伤事故安全隐患的。

知识点索引：《福建省建设工程质量安全动态监管办法》2018 年版第二十五条

关键词：法条　动态监管

5. 根据《福建省建设工程质量安全动态监管办法》（2018 年版），施工过程中，哪些分部、分项工程验收时，施工单位的技术、质量部门负责人应参加？

答：地基基础分部、主体结构分部、节能分部、桩基础分项工程及其他重要子分部工程验收时，施工单位技术、质量部门负责人应到场参加。

知识点索引：《福建省建设工程质量安全动态监管办法（2018 年版）》

关键词：法条　动态监管

6. 根据《福建省建设工程质量安全动态监管办法》（2018 年版），施工和监理单位多长时间应对项目进行检查？

答：施工和监理单位每季度应对项目进行检查。

知识点索引：《福建省建设工程质量安全动态监管办法（2018 年版）》

关键词：法条　动态监管

八、《福建省建设工程省级优质工程（闽江杯）评定办法》闽建质安协〔2021〕51 号

1. 根据《福建省建设工程省级优质工程（闽江杯）评定办法》2021 版，申报闽江杯的房屋建筑工程桩身完整性一次检测要求是什么？

答：申报闽江杯的房屋建筑工程桩身完整性一次检测要求是Ⅰ类桩应达到 90% 及以上，其余的均应达到Ⅱ类桩。

知识点索引：《福建省建设工程省级优质工程（闽江杯）评定办法》2021 版

关键词：法条　评优

2. 根据《福建省建设工程省级优质工程（闽江杯）评定办法》2021 版，因质量问题自然年度被动态监管计分（"质量安全行为"和"实体工程质量"部分）累计达多少的，不得申报闽江杯？

答：因质量问题自然年度被动态监管计分（"质量安全行为"和"实体工程质量"部分）累计达 50 分及以上的，不得申报闽江杯。

知识点索引：《福建省建设工程省级优质工程（闽江杯）评定办法》2021 版

关键词：法条　评优

九、《福建省建筑施工安全生产标准化优良项目考评暂行办法》闽建〔2017〕3 号

1. 根据《福建省建筑施工安全生产标准化优良项目考评办法》（2017 版），创建省级标准优良项目的房屋建筑工程应对哪些分部分项工程作标准化样板？

答：创建省级标准优良项目的房屋建筑工程应对模板、外脚手架、钢筋安装、砌体以及屋面、外墙、室内装饰装修等各道工序做法进行施工现场实体样板展示。

知识点索引：《福建省建筑施工安全生产标准化优良项目考评暂行办法》（2017 版）第十四条（五）

关键词：法条　评优

2. 根据《福建省建筑施工安全生产标准化优良项目暂行考评办法》（2017 版），工程

项目安全生产动态考核记分达到多少分以上的项目，不得推荐省级优良标准化考评？

答：工程项目安全生产动态考核记分达到 50 分以上的，不得推荐省级优良标准化考评。

知识点索引：《福建省建筑施工安全生产标准化优良项目考评暂行办法》（2017 版）第十五条（四）

关键词：法条　评优

十、《福建省建筑边坡与深基坑工程管理规定》闽建建〔2010〕41 号

1. 根据《福建省建筑边坡与深基坑工程管理规定》2010 版，监理单位应当建立重要部位和重要施工环节的检查审核制度，其中土方开挖前对开挖条件进行审核的内容包括什么？

答：土方开挖前对开挖条件进行审核的内容包括：施工图、施工方案是否经审查并符合要求，基坑监测方案是否已经开始实施，已完成的支护结构检测是否合格，截水排水检查或者检测是否合格等。

知识点索引：《福建省建筑边坡与深基坑工程管理规定》2010 版第二十四条

关键词：法条　安全　深基坑

2. 根据《福建省建筑边坡与深基坑工程管理规定》2010 版，监理单位应当建立重要部位和重要施工环节的检查审核制度，其中土方开挖过程中必须对哪些关键点进行控制？

答：土方开挖过程中，必须对开挖顺序、开挖深度和支护时间等关键点进行控制。

知识点索引：《福建省建筑边坡与深基坑工程管理规定》2010 版第二十四条

关键词：法条　安全　深基坑

十一、《省直监工程建筑施工转料平台安全技术若干规定》闽建建〔2007〕52 号

1. 根据福建省住房和城乡建设厅《省直监工程建筑施工转料平台安全技术若干规定》2007 版，转料平台专项施工方案应包括哪些安全技术措施内容？

答：转料平台专项施工方案应包括转料平台与建筑物连接及支承等构造详图、荷载取值、使用要求、平台搭设、维护及拆卸等安全技术措施内容。

知识点索引：《省直监工程建筑施工转料平台安全技术若干规定》2007 版第六条

关键词：法条　安全　转料平台

2. 根据福建省住房和城乡建设厅《省直监工程建筑施工转料平台安全技术若干规定》2007 版，转料平台的固定端长度应大于几米？

答：转料平台的固定端长度应大于 1.8 米。

知识点索引：《省直监工程建筑施工转料平台安全技术若干规定》2007 版第十一条

关键词：法条　安全　转料平台

十二、《关于进一步规范桩基检测的通知》闽建建〔2017〕1号

1. 根据福建省住房和城乡建设厅《关于进一步规范桩基检测的通知》，采用声波透射法检测桩身质量必须预埋声测管的，预埋声测管的基桩数量不得少于检测数量的几倍?

答：采用声波透射法检测桩身质量必须预埋声测管的，预埋声测管的基桩数量不得少于检测数量的3倍。

知识点索引：福建省住房和城乡建设厅《关于进一步规范桩基检测的通知》2017版

关键词：法条 桩基检测

2. 根据福建省住房和城乡建设厅《关于进一步规范桩基检测的通知》2017版，采用静载法检测承载力但受设备或现场条件限制导致必须预先选定受检桩的，预先选定的受检桩数量不得少于检测数量的几倍?

答：采用静载法检测承载力但受设备或现场条件限制导致必须预先选定受检桩的，预先选定的受检桩数量不得少于检测数量的3倍。

知识点索引：福建省住房和城乡建设厅《关于进一步规范桩基检测的通知》2017版

关键词：法条 桩基检测

3. 根据福建省住房和城乡建设厅《关于进一步规范桩基检测的通知》2017版，承载力静载检测当受设备或现场条件限制拟改用非静载法的应经过什么程序批准?

答：应由建设单位组织不少于5个具有高级工程师及以上职称、持有静载检测岗位证书的桩基检测专家论证其确实无法采用静载法，方可采用其他检测方法，并书面告知工程质量监督机构论证结果。

知识点索引：福建省住房和城乡建设厅《关于进一步规范桩基检测的通知》2017版

关键词：法条 桩基检测

4. 根据福建省住房和城乡建设厅《关于进一步规范桩基检测的通知》2017版，采用PHC管桩的桩基工程，需按多少数量做桩身完整性检测?

答：采用PHC管桩的桩基工程，需全数做桩身完整性检测。

知识点索引：福建省住房和城乡建设厅《关于进一步规范桩基检测的通知》2017版

关键词：法条 桩基检测

5. 根据福建省住房和城乡建设厅《关于进一步规范桩基检测的通知》2017版，当设计要求采用声波透射法进行桩身完整性检测但由于堵管等原因造成无法采用声波透射法的，应采用什么检测方法代替声波透射法?

答：当设计要求采用声波透射法进行桩身完整性检测但由于堵管等原因造成无法采用

声波透射法的，应采用钻芯法代替声波透射法。

知识点索引：福建省住房和城乡建设厅《关于进一步规范桩基检测的通知》2017 版

关键词：法条　桩基检测

6. 根据福建省住房和城乡建设厅《关于进一步规范桩基检测的通知》2017 版，桩基工程存在什么情形之一的，其桩身完整性检测不得仅采用低应变法，且采用低应变法之外的检测方法进行检测的桩数量不得少于桩身完整性检测总数的 1/3？

答：（1）3 节及以上的预制桩；

（2）桩长超过 40m；

（3）低应变法检测桩底反射不明显的桩。

知识点索引：福建省住房和城乡建设厅《关于进一步规范桩基检测的通知》2017 版

关键词：法条　桩基检测

7. 根据福建省住房和城乡建设厅《关于进一步规范桩基检测的通知》2017 版，承载力检测结果不满足设计要求的，应如何扩大检测？

答：承载力检测结果不满足设计要求的，应对与不合格桩属于同一条件的基桩扩大检测，扩大检测的数量不得少于不合格桩数量的 3 倍。

知识点索引：福建省住房和城乡建设厅《关于进一步规范桩基检测的通知》2017 版

关键词：法条　桩基检测

十三、《关于进一步明确〈福建省建设工程质量安全动态监管办法〉实施过程中有关问题的通知》闽建质安监总〔2016〕44 号

1. 根据关于进一步明确《福建省建设工程质量安全动态监管办法》实施过程中有关问题的通知，2017 年 1 月 1 日起新开工的工程项目其地下室底板以上结构应划分在地基与基础分部工程还是主体结构分部工程？

答：应划分在主体结构分部工程。

知识点索引：关于进一步明确《福建省建设工程质量安全动态监管办法》实施过程中有关问题的通知

关键词：法条　动态监管

2. 根据关于进一步明确《福建省建设工程质量安全动态监管办法》实施过程中有关问题的通知，主体结构工程中，竖向主要受力构件带模养护时间需满足几天？

答：主体结构工程中，竖向主要受力构件带模养护时间需满足三天及以上。

知识点索引：关于进一步明确《福建省建设工程质量安全动态监管办法》实施过程中有关问题的通知

关键词：法条　动态监管

十四、《关于加强建筑外窗工程监督管理和提高建筑外窗工程质量标准的通知》闽建科〔2017〕16号

1. 根据《关于加强建筑外窗工程监督管理和提高建筑外窗工程质量标准的通知》2017版，外窗性能检测的现场见证取样应有哪些单位参加？

答：外窗性能检测的现场见证取样应有外窗检测机构、委托单位、深化设计单位及监理单位参加。

知识点索引：《关于加强建筑外窗工程监督管理和提高建筑外窗工程质量标准的通知》

关键词：法条 外窗 检测

2. 根据《关于加强建筑外窗工程监督管理和提高建筑外窗工程质量标准的通知》2017版，对进场的外窗产品，应检查什么资料？

答：对进场的外窗产品，应检查产品生产企业永久性标识、合格证、使用说明书以及型式试验报告和性能检验报告。

知识点索引：《关于加强建筑外窗工程监督管理和提高建筑外窗工程质量标准的通知》

关键词：法条 外窗

十五、《关于加强绿色建筑项目管理的通知》闽建综〔2014〕1号

1. 根据《关于加强绿色建筑项目管理的通知》2014版，建设单位在组织什么验收时，一并对绿色建筑内容进行分项验收，验收合格后方可进行单位工程竣工验收？

答：建设单位在组织建筑节能分部工程验收时，一并对绿色建筑内容进行分项验收，验收合格后方可进行单位工程竣工验收。

知识点索引：《关于加强绿色建筑项目管理的通知》2014版

关键词：法条 绿色建筑

十六、《关于加强建筑施工安全生产工作有关事项的通知》闽建建〔2015〕23号

1. 根据《关于加强建筑施工安全生产工作有关事项的通知》2015版，扣件式钢管脚手架的扣件进场应提供什么资料？

答：扣件式钢管脚手架的扣件进场应提供生产许可证、质量检测报告、产品质量合格证。

知识点索引：《关于加强建筑施工安全生产工作有关事项的通知》2015版

关键词：法条 安全

2. 根据《关于加强建筑施工安全生产工作有关事项的通知》2015版，扣件式钢管脚手架的钢管进场应按多少比例抽检钢管外径及壁厚？

答：扣件式钢管脚手架的钢管进场应按3%的比例抽检钢管外径及壁厚。

知识点索引：《关于加强建筑施工安全生产工作有关事项的通知》2015版

关键词：法条 安全

3. 根据《关于加强建筑施工安全生产工作有关事项的通知》2015 版，进场的安全网应满足哪些要求？

答：密目式安全立网应有产品合格证、质量检验报告、产品说明书、永久标识，并应具有阻燃性能，且耐贯穿性能和耐冲击性能必须满足国家标准规定。

知识点索引：《关于加强建筑施工安全生产工作有关事项的通知》2015 版

关键词：法条　安全

4. 根据《关于加强建筑施工安全生产工作有关事项的通知》2015 版，高层建筑塔式起重机须什么时候方可报停并组织拆除？

答：高层建筑塔式起重机须待型钢悬挑脚手架拆除完毕方可报停并组织拆除。

知识点索引：《关于加强建筑施工安全生产工作有关事项的通知》2015 版

关键词：法条　安全

十七、《福建省房建和市政基础设施工程项目监理机构人员配备标准》2018 版

1. 根据《福建省房建和市政基础设施工程项目监理机构人员配备标准》2018 版，30000m²（含）～60000m² 的一般房屋建筑工程主体施工阶段监理人员配备最低标准为几人？

答：30000m²（含）～60000m² 的一般房屋建筑工程主体施工阶段监理人员配备最低标准为 5 人。

知识点索引：《福建省房建和市政基础设施工程项目监理机构人员配备标准》2018 版

关键词：法条　监理人员配备

2. 根据《福建省房建和市政基础设施工程项目监理机构人员配备标准》2018 版，120000m²（含）～200000m² 的住宅小区建设工程主体施工阶段监理人员配备最低标准为几人？

答：120000m²（含）～200000m² 的住宅小区建设工程主体施工阶段监理人员配备最低标准为 6 人。

知识点索引：《福建省房建和市政基础设施工程项目监理机构人员配备标准》2018 版

关键词：法条　监理人员配备

3. 根据《福建省房建和市政基础设施工程项目监理机构人员配备标准》2018 版，市政基础设施工程投资 10000 万元（含）～30000 万元的项目，施工阶段监理人员配备最低标准为几人？

答：市政基础设施工程投资 10000 万元（含）～30000 万元的项目，施工阶段监理人员配备最低标准为 5 人。

知识点索引：《福建省房建和市政基础设施工程项目监理机构人员配备标准》2018 版

关键词：法条　监理人员配备

十八、《关于印发福建省房屋建筑和市政基础设施工程标准监理招标文件》闽建建〔2018〕8号

1. 根据《关于印发福建省房屋建筑和市政基础设施工程标准监理招标文件》（2018 年版），属于专业工程等级一级的一般公共建筑有哪些？

答：属于专业工程等级一级的一般公共建筑有：28 层以上；36 米跨度以上（轻钢结构除外）；单项工程建筑面积 3 万平方米以上的一般公共建筑。

知识点索引：《关于印发福建省房屋建筑和市政基础设施工程标准监理招标文件》（2018 年版）

关键词：法条　工程等级

2. 根据《关于印发福建省房屋建筑和市政基础设施工程标准监理招标文件》（2018 年版），属于专业工程等级一级的住宅工程有哪些？

答：属于专业工程等级一级的住宅工程有：小区建筑面积 12 万平方米以上；单项工程 28 层以上的住宅工程。

知识点索引：《关于印发福建省房屋建筑和市政基础设施工程标准监理招标文件》（2018 年版）

关键词：法条　工程等级

十九、《福建省住宅工程质量分户验收管理试行办法》闽建建〔2008〕45 号

1. 根据《福建省住宅工程质量分户验收管理试行办法》2008 版，住宅的分户验收主要包括哪些内容？

答：（1）地面、墙面和顶棚质量；

（2）防水工程质量；

（3）门窗工程质量；

（4）室内给水、排水系统安装质量；

（5）室内电气工程安装质量；

（6）节能工程质量；

（7）其他有关规定、合同中要求分户检查的内容。

知识点索引：《福建省住宅工程质量分户验收管理试行办法》2008 版第四条

关键词：法条　住宅　分户验收

2. 根据《福建省住宅工程质量分户验收管理试行办法》2008 版，住宅的分户验收工作需由哪些人员参加？

答：住宅的分户验收由建设单位项目负责人、专业技术人员、监理单位项目总监理工程师、专业监理工程师、施工单位项目经理、项目技术负责人等相关人员参加。分包单位项目经理、项目技术负责人也应参加分包项目的分户验收。

知识点索引：《福建省住宅工程质量分户验收管理试行办法》2008 版第五条

关键词：法条　住宅　分户验收

3. 根据《福建省住宅工程质量分户验收管理试行办法》2008 版，住宅工程质量分户验收记录需由哪些人员签字确认并加盖验收单位公章？

答：住宅工程质量分户验收记录必须具由建设单位项目负责人、总监理工程师、施工单位项目经理分别签字确认并加盖验收单位公章。

知识点索引：《福建省住宅工程质量分户验收管理试行办法》2008 版第五条（四）

关键词：法条　住宅　分户验收

4. 根据《福建省住宅工程质量分户验收管理试行办法》2008 版，六层及六层以下住宅的阳台栏杆净高不应低于几米，七层及七层以上住宅的阳台栏杆净高不应低于几米？

答：六层及六层以下住宅的阳台栏杆净高不应低于 1.05m，七层及七层以上住宅的阳台栏杆净高不应低于 1.10m。

知识点索引：《福建省住宅工程质量分户验收管理试行办法》2008 版附表一

关键词：法条　住宅　分户验收

二十、《福建省建筑起重机械安全管理导则（试行）》闽建建〔2013〕40 号

1. 根据《福建省建筑起重机械安全管理导则（试行）》2013 版，进入施工现场使用的建筑起重机械必须随机提供什么资料？

答：进入施工现场使用的建筑起重机械必须随机提供特种设备制造许可证、产品合格证、制造监督检验证明、产品使用说明书、备案证。

知识点索引：《福建省建筑起重机械安全管理导则（试行）》2013 版第二十一条

关键词：法条　安全　起重机械

2. 根据《福建省建筑起重机械安全管理导则（试行）》2013 版，建筑起重机械产品标牌需标明哪些信息？

答：建筑起重机械产品标牌需标明最大起重力矩或额定起重量、制造厂家、产品编号及出厂日期。

知识点索引：《福建省建筑起重机械安全管理导则（试行）》2013 版第二十二条

关键词：法条　安全　起重机械

3. 根据《福建省建筑起重机械安全管理导则（试行）》2013 版，建筑起重机械安装（拆卸）前，建机一体化企业应编制哪些方案，报送使用单位和监理单位审批？

答：建筑起重机械安装（拆卸）前，建机一体化企业应编制建筑起重机械安装、拆卸工程专项施工方案和生产安全事故应急救援预案，报送使用单位和监理单位审批。

知识点索引：《福建省建筑起重机械安全管理导则（试行）》2013 版第二十七条

关键词：法条　安全　起重机械

4. 根据《福建省建筑起重机械安全管理导则（试行）》2013 版，建筑起重机械在使用过程中，有哪些情况之一的，应再次进行检测？

答：（1）上次检测后使用期满一年的；

（2）停止使用半年以上重新启用的；

（3）经改造或大修的；

（4）因发生机械事故影响安全使用的；

（5）高度每增加 60 米的；

（6）安装到最终使用高度的。

知识点索引：《福建省建筑起重机械安全管理导则（试行）》2013 版第三十七条

关键词：法条　安全　起重机械

5. 根据《福建省建筑起重机械安全管理导则（试行）》2013 版，每台塔吊使用中需至少配备哪些工作人员、各几名？

答：每台塔机至少配备司机 2 名、信号司索工 1 名。

知识点索引：《福建省建筑起重机械安全管理导则（试行）》2013 版第五十一条

关键词：法条　安全　起重机械

6. 根据《福建省建筑起重机械安全管理导则（试行）》2013 版，现场建筑起重机械附墙杆不符合使用说明书要求的，需经哪些审核手续方可使用？

答：现场建筑起重机械附墙杆不符合使用说明书要求的，其附墙杆计算书、设计图以及制作材料，由制造厂家确认或建机一体化企业技术负责人审核、专家论证后，按设计图纸制作验收合格方可安装。

知识点索引：《福建省建筑起重机械安全管理导则（试行）》2013 版第五十九条

关键词：法条　安全　起重机械

二十一、《福建省既有建筑幕墙安全维护管理实施细则》闽建［2013］13 号

1. 根据《福建省既有建筑幕墙安全维护管理实施细则》2013 版，施工单位应按国家有关规定和合同约定对建筑幕墙实施不少于几年的保修？

答：施工单位应按国家有关规定和合同约定对建筑幕墙实施不少于三年的保修。

知识点索引：《福建省既有建筑幕墙安全维护管理实施细则》2013 版第八条

关键词：法条　幕墙

2. 根据《福建省既有建筑幕墙安全维护管理实施细则》2013 版，幕墙工程竣工验收几年后，应对幕墙工程进行一次全面的检查，此后每几年应检查一次？

答：幕墙工程竣工验收一年后，应对幕墙工程进行一次全面的检查，此后每五年应检查一次。

知识点索引：《福建省既有建筑幕墙安全维护管理实施细则》2013 版第十三条

关键词：法条　幕墙

3. 根据《福建省既有建筑幕墙安全维护管理实施细则》2013 版，施加预拉力的拉杆或拉索结构的幕墙工程在工程竣工验收后几个月，必须进行一次全面的预拉力检查和调整？此后每几年应检查一次？

答：施加预拉力的拉杆或拉索结构的幕墙工程在工程竣工验收后六个月时，必须进行一次全面的预拉力检查和调整，此后每三年应检查一次。

知识点索引：《福建省既有建筑幕墙安全维护管理实施细则》2013 版第十三条

关键词：法条 幕墙

4. 根据《福建省既有建筑幕墙安全维护管理实施细则》2013 版，建筑幕墙工程自竣工验收交付使用后，原则上每几年进行一次安全性鉴定？

答：建筑幕墙工程自竣工验收交付使用后，原则上每十年进行一次安全性鉴定。

知识点索引：《福建省既有建筑幕墙安全维护管理实施细则》2013 版第十七条

关键词：法条 幕墙

二十二、《福建省建筑工人实名制管理实施细则（试行）》闽建〔2020〕3 号

1. 根据《福建省建筑工人实名制管理实施细则（试行）》2020 版，哪些进入施工现场的人员，需纳入实名制管理范畴？

答：进入施工现场的下列人员，均纳入实名制管理范畴：

（一）建设单位的项目管理人员；

（二）监理单位的项目管理人员，包括总监理工程师、专业监理工程师、监理员等；

（三）施工单位（含分包单位）的项目管理人员，包括项目负责人、技术负责人、质量负责人、安全负责人、劳务负责人等；

（四）建筑工人（含临时用工人员）。

知识点索引：《福建省建筑工人实名制管理实施细则（试行）》2020 版第四条

关键词：法条 实名制

2. 根据《福建省建筑工人实名制管理实施细则（试行）》2020 版，实名制信息由哪些内容组成？

答：实名制信息由基本信息、从业信息、诚信信息等内容组成。

知识点索引：《福建省建筑工人实名制管理实施细则（试行）》2020 版第十二条

关键词：法条 实名制

3. 根据《福建省建筑工人实名制管理实施细则（试行）》2020 版，实名制管理的相关纸质管理资料和电子档案应保存多长时间？

答：实名制管理的相关纸质管理资料和电子档案应当保存至工程完工且工资全部结清后至少 3 年。

知识点索引：《福建省建筑工人实名制管理实施细则（试行）》2020 版第十四条

关键词：法条 实名制

二十三、《福建省工程建设领域保障农民工工资支付规范化管理指导手册》（第一版）闽治欠办发〔2020〕28 号

1. 根据《福建省工程建设领域保障农民工工资支付规范化管理指导手册》（第一版），

施工单位在规范劳动用工管理方面需做好哪方面的工作？

答：（1）配备劳资专管员；

（2）实行劳动合同制度；

（3）实行实名制管理制度；

（4）严格实行考勤管理；

（5）严格农民工退场管理。

知识点索引：《福建省工程建设领域保障农民工工资支付规范化管理指导手册》（第一版）

关键词：法条　农民工工资

2. 根据《福建省工程建设领域保障农民工工资支付规范化管理指导手册》（第一版），施工单位在规范工资支付管理方面需做好哪些方面的工作？

答：（1）实行工资专户管理制度；

（2）推行总包企业代发工资制度；

（3）实行按月足额支付工资制度；

（4）农民工工资实行银行打卡发放；

（5）执行工资保证金制度。

知识点索引：《福建省工程建设领域保障农民工工资支付规范化管理指导手册》（第一版）

关键词：法条　农民工工资

二十四、《福建省装配整体式混凝土结构工程监理导则（试行）》闽建建〔2016〕19号

1. 根据《福建省装配整体式混凝土结构工程监理导则（试行）》2016版，预制结构构件采用钢筋套筒灌浆连接时，应在构件生产前进行钢筋套筒灌浆连接接头的什么试验？每种规格的连接接头试件数量不应少于几个？

答：预制结构构件采用钢筋套筒灌浆连接时，应在构件生产前进行钢筋套筒灌浆连接接头的抗拉强度试验。每种规格的连接接头试件数量不应少于3个。

知识点索引：《福建省装配整体式混凝土结构工程监理导则（试行）》2016版第3.1.2条

关键词：法条　装配式

2. 根据《福建省装配整体式混凝土结构工程监理导则（试行）》2016版，预制构件制作单位编制的生产方案应包括什么内容？

答：预制构件制作单位编制的生产方案应包括：生产工艺、生产计划、模具方案、技术质量控制措施、成品保护、堆放、运输方案等内容。

知识点索引：《福建省装配整体式混凝土结构工程监理导则（试行）》2016版第3.2.3条

关键词：法条　装配式

3. 根据《福建省装配整体式混凝土结构工程监理导则（试行）》2016 版，在生产制作阶段，项目监理机构应对哪些内容重点进行巡视检查？

答：（1）混凝土浇筑应按生产方案进行振捣成型操作，应采用机械振捣；

（2）预制构件浇筑混凝土前预埋件及预留钢筋的外露部分宜采取防止污染的保护措施；

（3）混凝土浇筑完毕后应及时采取有效的养护措施，预制构件生产企业应根据具体情况制定养护制度。当采用蒸汽养护时，应按要求严格控制升降温速度和最高温度。

知识点索引：《福建省装配整体式混凝土结构工程监理导则（试行）》2016 版第 3.3.3 条

关键词：法条　装配式

4. 根据《福建省装配整体式混凝土结构工程监理导则（试行）》2016 版，预制构件制作单位应对合格的预制构件作出标识，标识应包括什么内容？

答：预制构件制作单位应对合格的预制构件作出标识，标识内容应包括：生产单位、工程名称、构件型号、生产日期、质量验收标志等信息，

知识点索引：《福建省装配整体式混凝土结构工程监理导则（试行）》2016 版第 3.4.4 条

关键词：法条　装配式

5. 根据《福建省装配整体式混凝土结构工程监理导则（试行）》2016 版，预制构件堆放的层数和高度要求是什么？

答：预制柱、梁的堆置层数不宜超过 3 层，且高度不宜超过 2.0m；预制墙、板的堆置层数不宜超过 6 层，且高度不宜超过 2.0m。

知识点索引：《福建省装配整体式混凝土结构工程监理导则（试行）》2016 版第 3.5.2 条

关键词：法条　装配式

6. 根据《福建省装配整体式混凝土结构工程监理导则（试行）》2016 版，预制柱、预制墙安装施工时，项目监理机构应对哪些作业实施旁站监理，做好旁站监理记录？

答：预制柱、预制墙安装施工时，项目监理机构应对钢筋套筒灌浆连接作业、钢筋浆锚搭接连接灌浆作业实施旁站监理，做好旁站监理记录。

知识点索引：《福建省装配整体式混凝土结构工程监理导则（试行）》2016 版第 4.3.2 条

关键词：法条　装配式

7. 根据《福建省装配整体式混凝土结构工程监理导则（试行）》2016 版，预制构件安装施工的连接检测的主要项目有哪些？

答：预制构件安装施工的连接检测的主要项目有：预制构件间的连接检测、钢筋套筒灌浆连接的灌浆料强度、现场模拟构件套筒灌浆连接接头、后浇混凝土强度、预制构件与

结构连接处钢筋或预埋件连接接头。

知识点索引：《福建省装配整体式混凝土结构工程监理导则（试行）》2016 版第 4.4.3 条

关键词：法条　装配式

二十五、《福建省工程质量安全手册实施细则（试行）》闽建办建〔2020〕10 号

1. 根据《福建省工程质量安全手册实施细则（试行）》2020 版，天然地基验槽前应在基坑或基槽底普遍进行什么检验？

答：天然地基验槽前应在基坑或基槽底普遍进行轻型动力触探检验。

知识点索引：《福建省工程质量安全手册实施细则（试行）》2020 版

关键词：法条　基础

2. 根据《福建省工程质量安全手册实施细则（试行）》2020 版，地基承载力检验时，静载试验最大加载量不应小于设计要求的承载力特征值的几倍？

答：地基承载力检验时，静载试验最大加载量不应小于设计要求的承载力特征值的 2 倍。

知识点索引：《福建省工程质量安全手册实施细则（试行）》2020 版 3.1.3 （2）

关键词：法条　基础

3. 根据《福建省工程质量安全手册实施细则（试行）》2020 版，素土和灰土地基、砂和砂石地基、土工合成材料地基、粉煤灰地基、强夯地基、注浆地基、预压地基的地基承载力的检验数量有何要求？

答：检验数量每 $300 m^2$ 不应少于 1 点，超过 $3000 m^2$ 部分每 $500 m^2$ 不应少于 1 点。每单位工程不应少于 3 点。

知识点索引：《福建省工程质量安全手册实施细则（试行）》2020 版 3.1.3 （3）

关键词：法条　基础

4. 根据《福建省工程质量安全手册实施细则（试行）》2020 版，砂石桩、高压喷射注浆桩、水泥土搅拌桩、土和灰土挤密桩、水泥粉煤灰碎石桩、夯实水泥土桩等复合地基的复合地基承载力的检验数量有何要求？

答：检验数量不应少于总桩数的 0.5％，且不应少于 3 点。有单桩承载力或桩身强度检验要求时，检验数量不应少于总桩数的 0.5％，且不应少于 3 根。

知识点索引：《福建省工程质量安全手册实施细则（试行）》2020 版 3.1.4 （1）

关键词：法条　基础

5. 根据《福建省工程质量安全手册实施细则（试行）》2020 版，通常情况下，桩基础的单桩竖向抗压静载试验检测数量有何要求？

答：通常情况下，单桩竖向抗压静载试验进行承载力检测数量不应少于同一条件

下桩基分项工程总桩数的 1%，且不应少于 3 根；当总桩数小于 50 根时，检测数量不应少于 2 根。

知识点索引：《福建省工程质量安全手册实施细则（试行）》2020 版 3.1.5（1）

关键词：法条　基础

6. 根据《福建省工程质量安全手册实施细则（试行）》2020 版，填方工程施工结束后应进行什么检验？

答：填方工程施工结束后应进行标高及压实系数检验。

知识点索引：《福建省工程质量安全手册实施细则（试行）》2020 版 3.1.7（3）

关键词：法条　基础

7. 根据《福建省工程质量安全手册实施细则（试行）》2020 版，混凝土结构实体检验应包括哪些项目？

答：混凝土结构实体检验应包括混凝土强度、钢筋保护层厚度、结构位置与尺寸偏差以及合同约定的项目。

知识点索引：《福建省工程质量安全手册实施细则（试行）》2020 版 3.5.8（3）

关键词：法条　实体检验

8. 根据《福建省工程质量安全手册实施细则（试行）》2020 版，建筑物中哪些部位的铝合金门窗应使用安全玻璃？

答：（1）七层及七层以上建筑外开窗；

（2）面积大于 $1.5m^2$ 的窗玻璃或玻璃底边离最终装修面小于 500mm 的落地窗；

（3）倾斜安装的铝合金窗。

知识点索引：《福建省工程质量安全手册实施细则（试行）》2020 版 3.8.7（3）

关键词：法条　门窗　安全玻璃

9. 根据《福建省工程质量安全手册实施细则（试行）》2020 版，室内给水管道必须进行水压试验，当设计未注明时，各种材质的给水管道系统试验压力是多少？

答：给水管道系统试验压力均为工作压力的 1.5 倍，且不得小于 0.6MPa。

知识点索引：《福建省工程质量安全手册实施细则（试行）》2020 版 3.9.1（2）

关键词：法条　给水排水

10. 根据《福建省工程质量安全手册实施细则（试行）》2020 版，空调工程中，哪些设备、材料进场时，应见证取样送检？

答：空调工程中，风机盘管和管道的绝热材料进场时，应见证取样送检。

知识点索引：《福建省工程质量安全手册实施细则（试行）》2020 版 3.10.3

关键词：法条　暖通

11. 根据《福建省工程质量安全手册实施细则（试行）》2020 版，道路工程的路基每

层压实层均应进行外观质量检查和什么检验？路床应进行什么检验？

答：路基每层压实层均应进行外观质量检查和压实度检验，路床应进行弯沉检验。

知识点索引：《福建省工程质量安全手册实施细则（试行）》2020 版 3.12.2（1）

关键词：法条　路基

12. 根据《福建省工程质量安全手册实施细则（试行）》2020 版，移动式操作平台的高度和落地式操作平台高度分别不得大于多少？

答：移动式操作平台的高度不应超过 5 米，落地式操作平台高度不得大于 15 米。

知识点索引：《福建省工程质量安全手册实施细则（试行）》2020 版 4.2.5

关键词：法条　安全　操作平台

13. 根据《福建省工程质量安全手册实施细则（试行）》2020 版，施工现场什么情况时应编制临时用电施工组织设计？

答：施工现场临时用电设备在 5 台及以上或设备总容量在 50kW 以上者，应编制临时用电组织设计。

知识点索引：《福建省工程质量安全手册实施细则（试行）》2020 版 4.5.1（1）

关键词：法条　安全　临电

14. 根据《福建省工程质量安全手册实施细则（试行）》2020 版，水泥进场时，应对哪些指标进行检查？并对哪些指标进行检验？

答：水泥进场时，应对其品种、代号、强度等级、包装或散装仓号、出厂日期等进行检查，并应对水泥的强度、安定性和凝结时间进行检验。

知识点索引：《福建省工程质量安全手册实施细则（试行）》2020 版 5.2.1（2）

关键词：法条　检验　水泥

15. 根据《福建省工程质量安全手册实施细则（试行）》2020 版，钢筋进场时，应按国家现行标准的规定抽取试件做哪些项目的检验？

答：钢筋进场时，应按国家现行标准的规定抽取试件作屈服强度、抗拉强度、伸长率、弯曲性能和重量偏差、反向弯曲检验。

知识点索引：《福建省工程质量安全手册实施细则（试行）》2020 版 5.2.2（2）

关键词：法条　检验　钢筋

16. 根据《福建省工程质量安全手册实施细则（试行）》2020 版，民用建筑工程验收时，必须进行室内环境污染物浓度检测。检测项目应包括什么？

答：民用建筑工程验收时，必须进行室内环境污染物浓度检测。检测项目应包括氡、甲醛、氨、苯和总挥发性有机物（TOVC）。

知识点索引：《福建省工程质量安全手册实施细则（试行）》2020 版 5.3.17（2）

关键词：法条　检验　室内环境

第二章 监理规范标准

一、《建设工程监理规范》GB/T 50319－2013

1. 实施建设工程监理应遵循哪些主要依据？

答：实施建设工程监理应遵循的主要依据：

（1）法律法规及工程建设相关标准；

（2）建设工程勘察设计文件；

（3）建设工程监理合同及其他合同文件。

知识点索引：《建设工程监理规范》GB/T 50319－2013 第 1.0.6 条

关键词：工程监理　遵循　主要依据

2. 旁站、巡视的定义分别是什么？

答：（1）旁站是指项目监理机构对工程的关键部位或关键工序的施工质量进行的监督活动；

（2）巡视是指项目监理机构对施工现场进行的定期或不定期的检查活动。

知识点索引：《建设工程监理规范》GB/T 50319－2013 第 2.0.13 条、第 2.0.14 条

关键词：旁站　巡视

3. 平行检验、见证取样的定义分别是什么？

答：（1）平行检验是指项目监理机构在施工单位自检的同时，按照有关规定、建设工程监理合同约定对同一检验项目进行的检测试验活动；

（2）见证取样是指项目监理机构对施工单位进行的涉及结构安全的试块、试件及工程材料现场取样、封样、送检工作的监督活动。

知识点索引：《建设工程监理规范》GB/T 50319－2013 第 2.0.15 条、第 2.0.16 条

关键词：平行检验　见证取样

4. 总监理工程师应履行哪些职责？

答：总监理工程师应履行下列职责：

（1）确定项目监理机构人员及其岗位职责；

（2）组织编制监理规划，审批监理实施细则；

（3）根据工程进展及监理工作情况调配监理人员，检查监理人员工作；

（4）组织召开监理例会；

（5）组织审核分包单位资格；

（6）组织审查施工组织设计、（专项）施工方案；

（7）审查工程开复工报审表，签发工程开工令、工程暂停令和复工令；

（8）组织检查施工单位现场质量、安全生产管理体系的建立及运行情况；

（9）组织审核施工单位的付款申请，签发工程款支付证书，组织审核竣工结算；

（10）组织审查和处理工程变更；

（11）调解建设单位与施工单位的合同争议，处理工程索赔；

（12）组织验收分部工程，组织审查单位工程质量检验资料；

（13）审查施工单位的竣工申请，组织工程竣工预验收，组织编写工程质量评估报告，参与工程竣工验收；

（14）参与或配合工程质量安全事故的调查和处理；

（15）组织编写监理月报、监理工作总结，组织整理监理文件资料。

知识点索引：《建设工程监理规范》GB/T 50319－2013 第 3.2.1 条

关键词：总监理工程师　履行职责

5. 总监理工程师不得将哪些工作委托给总监理工程师代表？

答：总监理工程师不得将下列工作委托给总监理工程师代表：

（1）组织编制监理规划，审批监理实施细则；

（2）根据工程进展情况及监理工作调配监理人员；

（3）组织审查施工组织设计、（专项）施工方案；

（4）签发工程开工令、暂停令和复工令；

（5）签发工程款支付证书，组织审核竣工结算；

（6）调解建设单位与施工单位的合同争议，处理工程索赔；

（7）审查施工单位的竣工申请，组织工程竣工预验收，组织编写工程质量评估报告，参与工程竣工验收；

（8）参与或配合工程质量安全事故的调查和处理。

知识点索引：《建设工程监理规范》GB/T 50319－2013 第 3.2.2 条

关键词：不得委托　总监理工程师代表

6. 专业监理工程师应履行哪些职责？

答：专业监理工程师应履行下列职责：

（1）参与编制监理规划，负责编制监理实施细则；

（2）审查施工单位提交的涉及本专业的报审文件，并向总监理工程师报告；

（3）参与审核分包单位资格；

（4）指导、检查监理员工作，定期向总监理工程师报告本专业监理工作实施情况；

（5）检查进场的工程材料、构配件、设备的质量；

（6）验收检验批、隐蔽工程、分项工程，参与验收分部工程；

（7）处置发现的质量问题和安全事故隐患；

（8）进行工程计量；

（9）参与工程变更的审查和处理；

（10）组织编写监理日志，参与编写监理月报；

（11）收集、汇总、参与整理监理文件资料；

（12）参与工程竣工预验收和竣工验收。

知识点索引：《建设工程监理规范》GB/T 50319－2013 第 3.2.3 条

关键词：专业监理工程师　履行职责

7. 监理员应履行哪些职责？

答：监理员应履行下列职责：

（1）检查施工单位投入工程的人力、主要设备的使用及运行状况；

（2）进行见证取样；

（3）复核工程计量有关数据；

（4）检查工序施工结果；

（5）发现施工作业中的问题，及时指出并向专业监理工程师报告。

知识点索引：《建设工程监理规范》GB/T 50319－2013 第 3.2.4 条

关键词：监理员　履行职责

8. 监理规划应包括哪些主要内容？

答：监理规划应包括下列主要内容：

（1）工程概况；

（2）监理工作的范围、内容、目标；

（3）监理工作依据；

（4）监理组织形式、人员配备及进场计划、监理人员岗位职责；

（5）监理工作制度；

（6）工程质量控制；

（7）工程造价控制；

（8）工程进度控制；

（9）安全生产管理的监理工作；

（10）合同与信息管理；

（11）组织协调；

（12）监理工作设施。

知识点索引：《建设工程监理规范》GB/T 50319－2013 第 4.2.3 条

关键词：监理规划　主要内容

9. 哪些工程应编制监理实施细则？监理实施细则编审应遵循哪些程序？

答：对专业性较强、危险性较大的分部分项工程，项目监理机构应编制监理实施细则。监理实施细则应在相应工程施工开始前由专业监理工程师编制，并报总监理工程师审批。

知识点索引：《建设工程监理规范》GB/T 50319－2013 第 4.3.1 条、第 4.3.2 条

关键词：监理实施细则　编制　审批

10. 监理实施细则应包括哪些主要内容？

答：监理实施细则应包括下列主要内容：

（1）专业工程特点；

（2）监理工作流程；

（3）监理工作要点；

（4）监理工作方法及措施。

知识点索引：《建设工程监理规范》GB/T 50319-2013 第 4.3.4 条

关键词：监理实施细则　主要内容

11. 施工组织设计审查应包括哪些程序和基本内容？

答：项目监理机构应审查施工单位报审的施工组织设计，符合要求时，应由总监理工程师签认后报建设单位。项目监理机构应要求施工单位按已批准的施工组织设计组织施工。施工组织设计需要调整时，项目监理机构应按程序重新进行审查。施工组织设计审查应包括下列基本内容：

（1）编审程序应符合相关规定；

（2）施工进度、施工方案及工程质量保证措施应符合施工合同要求；

（3）资金、劳动力、材料、设备等资源供应计划应满足工程施工需要；

（4）安全技术措施应符合工程建设强制性标准；

（5）施工总平面布置应科学合理。

知识点索引：《建设工程监理规范》GB/T 50319-2013 第 5.1.6 条

关键词：施工组织设计　审查　基本内容

12. 工程开工报审应符合哪些程序？开工应具备什么条件？

答：总监理工程师应组织专业监理工程师审查施工单位报送的工程开工报审表及相关资料；同时具备下列条件时，应由总监理工程师签署审核意见，并应报建设单位批准后，总监理工程师签发工程开工令：

（1）设计交底和图纸会审已完成；

（2）施工组织设计已由总监理工程师签认；

（3）施工单位现场质量、安全生产管理体系已建立，管理及施工人员已到位，施工机械具备使用条件，主要工程材料已落实；

（4）进场道路及水、电、通信等已满足开工要求。

知识点索引：《建设工程监理规范》GB/T 50319-2013 第 5.1.8 条

关键词：开工报审　开工条件

13. 分包单位资格报审程序如何规定？审核应包括哪些基本内容？

答：分包工程开工前，项目监理机构应审核施工单位报送的分包单位资格报审表，专业监理工程师提出审查意见后，应由总监理工程师审核签认。分包单位资格审核应包括下列基本内容：

（1）营业执照、企业资质等级证书；

（2）安全生产许可证；

（3）类似工程业绩；

（4）专职管理人员和特种作业人员的资格。

知识点索引：《建设工程监理规范》GB/T 50319－2013 第 5.1.10 条

关键词：分包单位 资格报审

14. 在《建设工程监理规范》GB/T 50319－2013 中，施工控制测量成果及保护措施的检查、复核的程序和内容有哪些要求？

答：专业监理工程师应检查、复核施工单位报送的施工控制测量成果及保护措施，签署意见。专业监理工程师应对施工单位在施工过程中报送的施工测量放线成果进行查验。施工控制测量成果及保护措施的检查、复核，应包括下列内容：

（1）施工单位测量人员的资格证书及测量设备检定证书；

（2）施工平面控制网、高程控制网和临时水准点的测量成果及控制桩的保护措施。

知识点索引：《建设工程监理规范》GB/T 50319－2013 第 5.2.5 条

关键词：施工控制测量成果 保护措施 检查复核

15. 专业监理工程师应检查施工单位的试验室，检查内容包括哪些？

答：专业监理工程师应检查施工单位为工程提供服务的试验室。试验室的检查应包括下列内容：

（1）试验室的资质等级及试验范围；

（2）法定计量部门对试验设备出具的计量检定证明；

（3）试验室管理制度；

（4）试验人员资格证书。

知识点索引：《建设工程监理规范》GB/T 50319－2013 第 5.2.7 条

关键词：检查 施工单位 试验室

16. 监理人员应对工程施工质量进行巡视，巡视应包括哪些主要内容？

答：项目监理机构应安排监理人员对工程施工质量进行巡视，巡视应包括下列主要内容：

（1）施工单位是否按工程设计文件、工程建设标准和批准的施工组织设计、（专项）施工方案施工；

（2）使用的工程材料、构配件和设备是否合格；

（3）施工现场管理人员、特别是施工质量管理人员是否到位；

（4）特种作业人员是否持证上岗。

知识点索引：《建设工程监理规范》GB/T 50319－2013 第 5.2.12 条

关键词：监理人员 施工质量 巡视

17. 在《建设工程监理规范》GB/T 50319－2013 中，对隐蔽工程、检验批、分项工程和分部工程的报验程序是怎样规定的？

答：项目监理机构应对施工单位报验的隐蔽工程、检验批、分项工程和分部工程进行验收，对验收合格的应予以签认；对验收不合格的应拒绝签认，同时应要求施工单位在指定的时间内整改并重新报验。对已同意覆盖的工程隐蔽部位质量有疑问的，或发现施工单位私自覆盖工程隐蔽部位的，项目监理机构应要求施工单位对该隐蔽部位进行钻孔探测、剥离或其他方法进行重新检验。

知识点索引：《建设工程监理规范》GB/T 50319-2013 第5.2.14条

关键词：报验程序　隐蔽部位　重新检验

18. 项目监理机构发现施工存在质量问题应如何处置？

答：项目监理机构发现施工存在质量问题的，或施工单位采用不适当的施工工艺，或施工不当，造成工程质量不合格的，应及时签发监理通知单，要求施工单位整改。整改完毕后，项目监理机构应根据施工单位报送的监理通知回复单对整改情况进行复查，提出复查意见。

知识点索引：《建设工程监理规范》GB/T 50319-2013 第5.2.15条

关键词：质量问题　施工不当　整改复查

19. 项目监理机构对需要返工处理或加固补强的质量缺陷应如何处置？

答：对需要返工处理或加固补强的质量缺陷，项目监理机构应要求施工单位报送经设计等相关单位认可的处理方案，并应对质量缺陷的处理过程进行跟踪检查，同时应对处理结果进行验收。

知识点索引：《建设工程监理规范》GB/T 50319-2013 第5.2.16条

关键词：质量缺陷　处理方案　跟踪检查

20. 项目监理机构对需要返工处理或加固补强的质量事故应如何处置？

答：对需要返工处理或加固补强的质量事故，项目监理机构应要求施工单位报送质量事故调查报告和经设计等相关单位认可的处理方案，并应对质量事故的处理过程进行跟踪检查，同时应对处理结果进行验收。项目监理机构应及时向建设单位提交质量事故书面报告，并应将完整的质量事故处理记录整理归档。

知识点索引：《建设工程监理规范》GB/T 50319-2013 第5.2.17条

关键词：加固补强　质量事故　调查报告

21. 项目监理机构应按哪些程序进行工程计量和付款签证？

答：项目监理机构应按下列程序进行工程计量和付款签证：

（1）专业监理工程师对施工单位在工程款支付报审表中提交的工程量和支付金额进行复核，确定实际完成的工程量，提出到期应支付给施工单位的金额，并提出相应的支持性材料；

（2）总监理工程师对专业监理工程师的审查意见进行审核，签认后报建设单位审批；

（3）总监理工程师根据建设单位的审批意见，向施工单位签发工程款支付证书。

知识点索引：《建设工程监理规范》GB/T 50319-2013 第5.3.1条

关键词：工程计量　付款签证　支付证书

22. 项目监理机构应按哪些程序进行竣工结算审核？

答：项目监理机构应按下列程序进行竣工结算审核：

（1）专业监理工程师审查施工单位提交的竣工结算款支付申请，提出审查意见；

（2）总监理工程师对专业监理工程师的审查意见进行审核，签认后报建设单位审批，同时抄送施工单位，并就工程竣工结算事宜与建设单位、施工单位协商，达成一致意见的，根据建设单位审批意见向施工单位签发竣工结算款支付证书；不能达成一致意见的，应按施工合同约定处理。

知识点索引：《建设工程监理规范》GB/T 50319-2013 第5.3.4条

关键词：审核程序　竣工结算　支付证书

23. 项目监理机构应审查施工进度计划的基本内容有哪些？

答：项目监理机构应审查施工单位报审的施工总进度计划和阶段性施工进度计划，提出审查意见，并由总监理工程师审核后报建设单位。施工进度计划审查应包括下列基本内容：

（1）施工进度计划应符合施工合同中工期的约定；

（2）施工进度计划中主要工程项目无遗漏，应满足分批投入试运、分批动用需要，阶段性施工进度计划应满足总进度控制目标的要求；

（3）施工顺序的安排应符合施工工艺要求；

（4）施工人员、工程材料、施工机械等资源供应计划应满足施工进度计划的需要；

（5）施工进度计划应符合建设单位提供的资金、施工图纸、施工场地、物资等施工条件。

知识点索引：《建设工程监理规范》GB/T 50319-2013 第5.4.1条

关键词：施工进度计划　审查　基本内容

24. 项目监理机构发现实际进度严重滞后且影响合同工期时应如何处置？

答：项目监理机构应检查施工进度计划的实施情况，发现实际进度严重滞后于计划进度且影响合同工期时，应签发监理通知单，要求施工单位采取调整措施加快施工进度，总监理工程师应向建设单位报告工期延误风险。

知识点索引：《建设工程监理规范》GB/T 50319-2013 第5.4.3条

关键词：实际进度　严重滞后　工期延误

25. 项目监理机构应审查施工单位现场安全生产规章制度的建立和实施情况，具体包括哪些内容？

答：项目监理机构应审查施工单位现场安全生产规章制度的建立和实施情况，并应审查施工单位安全生产许可证及施工单位项目经理、专职安全生产管理人员和特种作业人员的资格，同时应核查施工机械和设施的安全许可验收手续。

知识点索引：《建设工程监理规范》GB/T 50319-2013 第5.5.2条

关键词：审查　安全生产规章制度　建立和实施

26. 项目监理机构审查施工单位报审的专项施工方案有哪些程序要求和基本内容？

答：项目监理机构应审查施工单位报审的专项施工方案，符合要求的，应由总监理工程师签认后报建设单位。超过一定规模的危险性较大的分部分项工程的专项施工方案，应检查施工单位组织专家进行论证、审查的情况，以及是否附具安全验算结果。项目监理机构应要求施工单位按已批准的专项施工方案组织施工。专项施工方案需要调整时，施工单位应按程序重新提交项目监理机构审查。专项施工方案审查应包括下列基本内容：

(1) 编审程序应符合相关规定；

(2) 安全技术措施应符合工程建设强制性标准。

知识点索引：《建设工程监理规范》GB/T 50319－2013 第 5.5.3 条

关键词：专项施工方案　监理审查　专家论证

27. 项目监理机构在实施监理过程中发现工程存在安全事故隐患时应如何处置？

答：项目监理机构在实施监理过程中，发现工程存在安全事故隐患时，应签发监理通知单，要求施工单位整改；情况严重时，应签发工程暂停令，并应及时报告建设单位。施工单位拒不整改或不停止施工时，项目监理机构应及时向有关主管部门报送监理报告。

知识点索引：《建设工程监理规范》GB/T 50319－2013 第 5.5.6 条

关键词：安全事故隐患　停止施工　监理报告

28. 项目监理机构发现什么情况时，总监理工程师应及时签发工程暂停令？

答：项目监理机构发现下列情况之一时，总监理工程师应及时签发工程暂停令：

(1) 建设单位要求暂停施工且工程需要暂停施工的；

(2) 施工单位未经批准擅自施工或拒绝项目监理机构管理的；

(3) 施工单位未按审查通过的工程设计文件施工的；

(4) 施工单位违反工程建设强制性标准的；

(5) 施工存在重大质量、安全事故隐患或发生质量、安全事故的。

知识点索引：《建设工程监理规范》GB/T 50319－2013 第 6.2.2 条

关键词：总监理工程师　暂停施工　事故隐患

29. 总监理工程师签发工程暂停令有哪些程序和工作要求？

答：(1) 总监理工程师在签发工程暂停令时，可根据停工原因的影响范围和影响程度，确定停工范围，并应按施工合同和建设工程监理合同的约定签发工程暂停令；

(2) 总监理工程师签发工程暂停令应征得建设单位同意，在紧急情况下未能事先报告的，应在事后及时向建设单位作出书面报告；

(3) 暂停施工事件发生时，项目监理机构应如实记录所发生的情况；

(4) 总监理工程师应会同有关各方按施工合同约定，处理因工程暂停引起的与工期、费用有关的问题；

（5）因施工单位原因暂停施工时，项目监理机构应检查、验收施工单位的停工整改过程、结果。

知识点索引：《建设工程监理规范》GB/T 50319－2013 第 6.2.1、6.2.3～6.2.6 条

关键词：工程暂停令　程序　停工整改

30. 总监理工程师签发工程复工令有哪些程序和工作要求？

答：当暂停施工原因消失、具备复工条件时，施工单位提出复工申请的，项目监理机构应审查施工单位报送的复工报审表及有关材料，符合要求后，总监理工程师应及时签署审查意见，并应报建设单位批准后签发工程复工令；施工单位未提出复工申请的，总监理工程师应根据工程实际情况指令施工单位恢复施工。

知识点索引：《建设工程监理规范》GB/T 50319－2013 第 6.2.7 条

关键词：复工报审　程序　工程复工令

31. 项目监理机构处理施工单位提出的工程变更有哪些程序要求？

答：项目监理机构可按下列程序处理施工单位提出的工程变更：

（1）总监理工程师组织专业监理工程师审查施工单位提出的工程变更申请，提出审查意见。对涉及工程设计文件修改的工程变更，应由建设单位转交原设计单位修改工程设计文件。必要时，项目监理机构应建议建设单位组织设计、施工等单位召开论证工程设计文件的修改方案的专题会议；

（2）总监理工程师组织专业监理工程师对工程变更费用及工期影响作出评估；

（3）总监理工程师组织建设单位、施工单位等共同协商确定工程变更费用及工期变化，会签工程变更单；

（4）项目监理机构根据批准的工程变更文件监督施工单位实施工程变更。

知识点索引：《建设工程监理规范》GB/T 50319－2013 第 6.3.1 条

关键词：工程变更　处理程序

32. 项目监理机构处理工程变更的计价原则、计价方法或价款是如何规定的？

答：项目监理机构可在工程变更实施前与建设单位、施工单位等协商确定工程变更的计价原则、计价方法或价款。建设单位与施工单位未能就工程变更费用达成协议时，项目监理机构可提出一个暂定价格并经建设单位同意，作为临时支付工程款的依据。工程变更款项最终结算时，应以建设单位与施工单位达成的协议为依据。

知识点索引：《建设工程监理规范》GB/T 50319－2013 第 6.3.3 条、第 6.3.4 条

关键词：工程变更　计价原则　变更款项

33. 项目监理机构处理费用索赔主要依据是什么？

答：项目监理机构应及时收集、整理有关工程费用的原始资料，为处理费用索赔提供证据。项目监理机构处理费用索赔主要依据包括内容：

（1）法律法规；

（2）勘察设计文件、施工合同文件；

（3）工程建设标准；

（4）索赔事件的证据。

知识点索引：《建设工程监理规范》GB/T 50319－2013 第 6.4.1、第 6.4.2 条

关键词：处理　费用索赔　主要依据

34. 项目监理机构处理施工单位提出的费用索赔程序有哪些要求？

答：项目监理机构处理施工单位提出的费用索赔程序：

（1）受理施工单位在施工合同约定的期限内提交的费用索赔意向通知书；

（2）收集与索赔有关的资料；

（3）受理施工单位在施工合同约定的期限内提交的费用索赔报审表；

（4）审查费用索赔报审表。需要施工单位进一步提交详细资料时，应在施工合同约定的期限内发出通知；

（5）与建设单位和施工单位协商一致后，在施工合同约定的期限内签发费用索赔报审表，并报建设单位。

知识点索引：《建设工程监理规范》GB/T 50319－2013 第 6.4.3 条

关键词：处理　费用索赔　程序

35. 项目监理机构批准施工单位费用索赔应同时满足什么条件？

答：项目监理机构批准施工单位费用索赔应同时满足下列条件：

（1）施工单位在施工合同约定的期限内提出费用索赔；

（2）索赔事件是因非施工单位原因造成，且符合施工合同约定；

（3）索赔事件造成施工单位直接经济损失。

知识点索引：《建设工程监理规范》GB/T 50319－2013 第 6.4.5 条

关键词：批准　费用索赔　满足条件

36. 项目监理机构批准施工单位工程延期应同时满足什么条件？

答：项目监理机构批准工程延期应同时满足下列条件：

（1）施工单位在施工合同约定的期限内提出工程延期；

（2）因非施工单位原因造成施工进度滞后；

（3）施工进度滞后影响到施工合同约定的工期。

知识点索引：《建设工程监理规范》GB/T 50319－2013 第 6.5.4 条

关键词：批准　工程延期　满足条件

37. 项目监理机构处理施工合同争议时应进行哪些工作？

答：项目监理机构处理施工合同争议时应进行以下工作：

（1）了解合同争议情况；

（2）及时与合同争议双方进行磋商；

（3）提出处理方案后，由总监理工程师进行协调；

（4）当双方未能达成一致时，总监理工程师应提出处理合同争议的意见。

知识点索引：《建设工程监理规范》GB/T 50319 - 2013 第 6.6.1 条

关键词：项目监理机构 处理 施工合同争议

38. 因建设单位原因导致施工合同解除时，项目监理机构应如何协商确定施工单位应得款项？

答：因建设单位原因导致施工合同解除时，项目监理机构应按施工合同约定与建设单位和施工单位按下列款项协商确定施工单位应得款项，并签发工程款支付证书：

（1）施工单位按施工合同约定已完成的工作应得款项；

（2）施工单位按批准的采购计划订购工程材料、构配件、设备的款项；

（3）施工单位撤离施工设备至原基地或其他目的地的合理费用；

（4）施工单位人员的合理遣返费用；

（5）施工单位合理的利润补偿；

（6）施工合同约定的建设单位应支付的违约金。

知识点索引：《建设工程监理规范》GB/T 50319 - 2013 第 6.7.1 条

关键词：因建设单位 合同解除 应得款项

39. 因施工单位原因导致施工合同解除时，项目监理机构应如何协商偿还建设单位款项？

答：因施工单位原因导致施工合同解除时，项目监理机构应按施工合同约定，从下列款项中确定施工单位应得款项或偿还建设单位的款项，并应与建设单位和施工单位协商后，书面提交施工单位应得款项或偿还建设单位款项的证明：

（1）施工单位已按施工合同约定实际完成的工作应得款项和已给付的款项；

（2）施工单位已提供的材料、构配件、设备和临时工程等的价值；

（3）对已完工程进行检查和验收、移交工程资料、修复已完工程质量缺陷等所需的费用；

（4）施工合同约定的施工单位应支付的违约金。

知识点索引：《建设工程监理规范》GB/T 50319 - 2013 第 6.7.2 条

关键词：因施工单位 合同解除 偿还款项

40. 监理日志应包括哪些主要内容？

答：监理日志应包括下列主要内容：

（1）天气和施工环境情况；

（2）当日施工进展情况；

（3）当日监理工作情况，包括旁站、巡视、见证取样、平行检验等情况；

（4）当日存在的问题及处理情况；

（5）其他有关事项。

知识点索引：《建设工程监理规范》GB/T 50319 - 2013 第 7.2.2 条

关键词：监理日志 主要内容

41. 监理月报应包括哪些主要内容？

答：监理月报应包括下列主要内容：

（1）本月工程实施情况；

（2）本月监理工作情况；

（3）本月施工中存在的问题及处理情况；

（4）下月监理工作重点。

知识点索引：《建设工程监理规范》GB/T 50319－2013 第 7.2.3 条

关键词：监理月报　主要内容

42. 监理工作总结应包括哪些主要内容？

答：监理工作总结应包括下列主要内容：

（1）工程概况；

（2）项目监理机构；

（3）建设工程监理合同履行情况；

（4）监理工作成效；

（5）监理工作中发现的问题及其处理情况；

（6）说明和建议。

知识点索引：《建设工程监理规范》GB/T 50319－2013 第 7.2.4 条

关键词：监理工作总结　主要内容

43. 设备采购文件资料应包括哪些主要内容？

答：设备采购文件资料应包括下列主要内容：

（1）建设工程监理合同及设备采购合同；

（2）设备采购招标投标文件；

（3）工程设计文件和图纸；

（4）市场调查、考察报告；

（5）设备采购方案；

（6）设备采购工作总结。

知识点索引：《建设工程监理规范》GB/T 50319－2013 第 8.2.3 条

关键词：设备采购　文件资料　主要内容

44. 勘察成果评估报告应包括哪些主要内容？

答：工程监理单位应审查勘察单位提交的勘察成果报告，并应向建设单位提交勘察成果评估报告，同时应参与勘察成果验收。勘察成果评估报告应包括下列内容：

（1）勘察工作概况；

（2）勘察报告编制深度、与勘察标准的符合情况；

（3）勘察任务书的完成情况；

（4）存在问题及建议；

（5）评估结论。

知识点索引：《建设工程监理规范》GB/T 50319 - 2013 第 9.2.6 条

关键词：勘察成果评估报告　主要内容

45. 设计成果评估报告应包括哪些主要内容？

答：工程监理单位应审查设计单位提交的设计成果，并应提出评估报告。评估报告应包括下列主要内容：

（1）设计工作概况；

（2）设计深度、与设计标准的符合情况；

（3）设计任务书的完成情况；

（4）有关部门审查意见的落实情况；

（5）存在的问题及建议。

知识点索引：《建设工程监理规范》GB/T 50319 - 2013 第 9.2.10 条

关键词：设计成果评估报告　主要内容

46. 工程保修阶段的服务工作有哪些内容和程序？

答：承担工程保修阶段的服务工作时，工程监理单位应定期回访。对建设单位或使用单位提出的工程质量缺陷，工程监理单位应安排监理人员进行检查和记录，并应要求施工单位予以修复，同时应监督实施，合格后应予以签认。工程监理单位应对工程质量缺陷原因进行调查，并应与建设单位、施工单位协商确定责任归属。对非施工单位原因造成的工程质量缺陷，应核实施工单位申报的修复工程费用，并应签认工程款支付证书，同时应报建设单位。

知识点索引：《建设工程监理规范》GB/T 50319 - 2013 第 9.3.1～9.3.3 条

关键词：工程保修阶段　服务工作内容　程序

二、《建设工程监理工作评价标准》T/CAEC 01 - 2020；T/CECS 723 - 2020

1. 根据《建设工程监理工作评价标准》，建设工程监理工作评价由分项评价和综合评价组成，其中分项评价包括哪几个分项内容？

答：分项评价包括综合管理，质量控制，安全生产及文明施工管理，进度控制，造价控制，工程变更、索赔及施工合同争议管理和监理文件资料管理 7 个分项内容。

知识点索引：《建设工程监理工作评价标准》T/CAEC 01 - 2020 第 4.2.2 条

关键词：监理工作评价

三、《装配式建筑工程监理规程》T/CAEC 002 - 2021

1. 《装配式建筑工程监理规程》适用于哪些监理工作？

答：本规程适用于钢筋混凝土结构、钢结构、木结构装配式建筑工程现场和驻厂监理工作。

知识点索引：《装配式建筑工程监理规程》T/CAEC 002 - 2021 第 1.0.2 条

关键词：装配式建筑

四、《福建省建设工程监理文件管理规程》DBJ/T 13-144-2019

1. 根据《福建省建设工程监理文件管理规程》2019 版，监理文件宜按哪几个分类归档？

答：监理文件宜按项目监理机构组建文件，监理技术管理文件，监理指令与检查整改文件，监理工作记录，施工项目管理机构与施工方案报审文件，工程质量控制文件，危险性较大的分部分项工程验收文件，工程造价与进度控制文件，竣工验收监理文件进行收集分类归档。

知识点索引：《福建省建设工程监理文件管理规程》DBJ/T 13-144-2019 第 3.1.5 条

关键词：监理文件

五、《城市轨道交通工程施工监理规程》DBJ/T 13-335-2020

1. 根据《城市轨道交通工程施工监理规程》DBJ/T 13-335-2020 的规定，城市轨道交通工程关键节点应包括哪些内容？

答：轨道交通工程关键节点应包括下列内容：

（1）深基坑开挖；

（2）暗挖工程竖井开挖；

（3）暗挖工程马头门开挖；

（4）暗挖工程扩大段开挖；

（5）盾构机始发和到达施工；

（6）盾构机带压开仓和常压开仓；

（7）盾构隧道联络通道开口施工；

（8）暗挖隧道首次开挖；

（9）暗挖隧道穿越江河、建构筑物、管线；

（10）跨越铁路或道路的预制梁架设；

（11）高大模板支撑系统等；

（12）盾构穿越重大风险或复杂环境；

（13）盾构机吊装、起重吊装作业；龙门吊、塔式起重机等起重机械安装/拆卸（含起重量 300kN 及以上的其他起重设备）；

（14）建设单位文件规定和其他相关管理部文件规定的关键节点。

知识点索引：《城市轨道交通工程施工监理规程》DBJ/T 13-335-2020 第 7.2.4 条

关键词：轨道交通工程　关键节点　内容

第三章 安全文明施工

一、《建筑施工安全检查标准》JGJ 59－2011

1. 文明施工检查评定保证项目、一般项目包括哪些？

答：（1）保证项目：现场围挡、封闭管理、施工场地、材料管理、现场办公与住宿、现场防火；

（2）一般项目：综合治理、公示标牌、生活设施、社区服务。

知识点索引：《建筑施工安全检查标准》JGJ 59－2011 第3.2.2条

关键词：文明施工　检查　安全

2. 扣件式钢管脚手架检查评定保证项目、一般项目包括哪些？

答：（1）保证项目：施工方案、立杆基础、架体与建筑结构拉结、杆件间距与剪刀撑、脚手板与防护栏杆、交底与验收；

（2）一般项目：横向水平杆设置、杆件连接、层间防护、构配件材质、通道。

知识点索引：《建筑施工安全检查标准》JGJ 59－2011 第3.3.2条

关键词：扣件式钢管架　检查　安全

3. 门式钢管脚手架检查评定保证项目、一般项目包括哪些？

答：（1）保证项目：施工方案、架体基础、架体稳定、杆件锁臂、脚手板、交底与验收；

（2）一般项目：架体防护、构配件材质、荷载、通道。

知识点索引：《建筑施工安全检查标准》JGJ 59－2011 第3.4.2条

关键词：门式钢管架　检查　安全

4. 承插型盘扣式钢管脚手架检查评定保证项目、一般项目包括哪些？

答：（1）保证项目：施工方案、架体基础、架体稳定、杆件设置、脚手板、交底与验收；

（2）一般项目：架体防护、杆件连接、构配件材质、通道。

知识点索引：《建筑施工安全检查标准》JGJ 59－2011 第3.6.2条

关键词：承插型盘扣式钢管　检查　安全

5. 满堂脚手架检查评定保证项目、一般项目包括哪些？

答：（1）保证项目：施工方案、架体基础、架体稳定、杆件锁件、脚手板、交底与验收；

（2）一般项目：架体防护、构配件材质、荷载、通道。

知识点索引：《建筑施工安全检查标准》JGJ 59－2011 第3.7.2条

关键词：满堂脚手架　检查　安全

6. 悬挑式脚手架检查评定保证项目、一般项目包括哪些？

答：（1）保证项目：施工方案、悬挑钢梁、架体稳定、脚手板、荷载、交底与验收；

（2）一般项目：杆件间距、架体防护、层间防护、构配件材质。

知识点索引：《建筑施工安全检查标准》JGJ 59－2011 第3.8.2条

关键词：悬挑式脚手架　检查　安全

7. 附着式升降脚手架检查评定保证项目、一般项目包括哪些？

答：（1）保证项目：施工方案、安全装置、架体构造、附着支座、架体安装、架体升降；

（2）一般项目：检查验收、脚手板、架体防护、安全作业。

知识点索引：《建筑施工安全检查标准》JGJ 59－2011 第3.9.2条

关键词：附着式升降脚手架　检查　安全

8. 高处作业吊篮检查评定保证项目、一般项目包括哪些？

答：（1）保证项目：施工方案、安全装置、悬挂机构、钢丝绳、安装作业、升降作业；

（2）一般项目：交底与验收、安全防护、吊篮稳定、荷载。

知识点索引：《建筑施工安全检查标准》JGJ 59－2011 第3.10.2条

关键词：高处作业吊篮　检查　安全

9. 基坑工程检查评定保证项目、一般项目包括哪些？

答：（1）保证项目：施工方案、基坑支护、降排水、基坑开挖、坑边荷载、安全防护；

（2）一般项目：基坑监测、支撑拆除、作业环境、应急预案。

知识点索引：《建筑施工安全检查标准》JGJ 59－2011 第3.11.2条

关键词：基坑工程　检查　安全

10. 模板支架检查评定保证项目、一般项目包括哪些？

答：（1）保证项目：施工方案、支架基础、支架构造、支架稳定、施工荷载、交底与验收；

（2）一般项目：杆件连接、底座与托撑、构配件材质、支架拆除。

知识点索引：《建筑施工安全检查标准》JGJ 59－2011 第3.12.2条

关键词：模板工程　检查　安全

11. 高处作业检查评定项目包括？

答：安全帽、安全网、安全带、临边防护、洞口防护、通道口防护、攀登作业、悬空作业、移动式操作平台、悬挑式物料钢平台。

知识点索引：《建筑施工安全检查标准》JGJ 59-2011 第 3.13.2 条

关键词：高处作业　检查　安全

12. 施工升降机检查评定保证项目、一般项目包括哪些？

答：（1）项目应包括：安全装置、限位装置、防护设施、附墙架、钢丝绳、滑轮与对重、安拆、验收与使用；

（2）一般项目：导轨架、基础、电气安全、通信装置。

知识点索引：《建筑施工安全检查标准》JGJ 59-2011 第 3.16.2 条

关键词：施工升降机　检查　安全

13. 塔式起重机检查评定保证项目、一般项目包括哪些？

答：（1）保证项目：载荷限制装置、行程限位装置、保护装置、吊钩、滑轮、卷筒与钢丝绳、多塔作业、安拆、验收与使用；

（2）一般项目：附着、基础与轨道、结构设施、电气安全。

知识点索引：《建筑施工安全检查标准》JGJ 59-2011 第 3.17.2 条

关键词：塔式起重机　检查　安全

14. 建筑施工安全检查评定中，保证项目检查应达到什么要求？

答：保证项目应全数检查。

知识点索引：《建筑施工安全检查标准》JGJ 59-2011 第 4.0.1 条

关键词：检查标准　安全

15. 当建筑施工安全检查评定的等级为不合格时，需要怎样整改？

答：必须限期整改达到合格。

知识点索引：《建筑施工安全检查标准》JGJ 59-2011 第 5.0.3 条

关键词：评定　等级　安全

二、《建筑施工脚手架安全技术统一标准》GB 51210-2016

1. 根据《建筑施工脚手架安全技术统一标准》GB 51210-2016 的规定，脚手架的设计、搭设、使用和维护应满足哪些要求？

答：（1）应能承受设计荷载；

（2）结构应稳固，不得发生影响正常使用的变形；

（3）应满足使用要求，具有安全防护功能；

（4）在使用中，脚手架结构性能不得发生明显改变；

（5）当遇意外作用或偶然超载时，不得发生整体破坏；

（6）脚手架所依附、承受的工程结构不应受到损害。

知识点索引：《建筑施工脚手架安全技术统一标准》GB 51210－2016 第 3.1.3 条

关键词：脚手架　使用　安全

2. 脚手架结构重要性系数 γ_0，按照《建筑施工脚手架安全技术统一标准》GB 51210－2016 要求，怎么进行取值？

答：安全等级为Ⅰ级，结构重要性系数 $\gamma_0＝1.1$；安全等级为Ⅱ级，结构重要性系数 $\gamma_0＝1.0$。

知识点索引：《建筑施工脚手架安全技术统一标准》GB 51210－2016 第 3.2.3 条

关键词：脚手架　重要性系数　安全

3. 根据《建筑施工脚手架安全技术统一标准》GB 51210－2016 的规定，脚手架的永久荷载应包含哪些项目？

答：（1）脚手架结构件自重；

（2）脚手板、安全网、栏杆等附件的自重；

（3）支撑脚手架的支承体系自重；

（4）支撑脚手架之上的建筑结构材料及堆放物的自重；

（5）其他可按永久荷载计算的荷载。

知识点索引：《建筑施工脚手架安全技术统一标准》GB 51210－2016 第 5.1.2 条

关键词：脚手架　永久荷载　安全

4. 根据《建筑施工脚手架安全技术统一标准》GB 51210－2016 的规定，作业脚手架的宽度和作业层高度有哪些规定？

答：作业脚手架的宽度不应小于 0.8m，且不宜大于 1.2m。作业层高度不应小于 1.7m，且不宜大于 2.0m。

知识点索引：《建筑施工脚手架安全技术统一标准》GB 51210－2016 第 8.2.1 条

关键词：作业脚手架　安全

5. 根据《建筑施工脚手架安全技术统一标准》GB 51210－2016 的规定，在作业脚手架的纵向外侧立面上应设置竖向剪刀撑，并应符合哪些规定？

答：（1）每道剪刀撑的宽度应为 4 跨～6 跨，且不应小于 6m，也不应大于 9m；剪刀撑斜杆与水平面的倾角应在 45°～60°；

（2）搭设高度在 24m 以下时，应在架体两端、转角及中间每隔不超过 15m 各设置一道剪刀撑，并由底至顶连续设置；搭设高度在 24m 及以上时，应在全外侧立面上由底至顶连续设置；

（3）悬挑脚手架、附着式升降脚手架应在全外侧立面上由底至顶连续设置。

知识点索引：《建筑施工脚手架安全技术统一标准》GB 51210－2016 第 8.2.3 条

关键词：作业脚手架　剪刀撑　安全

6. 根据《建筑施工脚手架安全技术统一标准》GB 51210－2016 的规定，支撑脚手架

的立杆间距和步距应按设计计算确定，且间距和步距分别不宜大于多少？

答：间距不宜大于 1.5m，步距不应大于 2.0m。

知识点索引：《建筑施工脚手架安全技术统一标准》GB 51210 - 2016 第 8.3.1 条

关键词：支撑脚手架　间距和步距　安全

7. 根据《建筑施工脚手架安全技术统一标准》GB 51210 - 2016 的规定，支撑脚手架独立架体高宽比不应大于多少？

答：支撑脚手架独立架体高宽比不应大于 3.0。

知识点索引：《建筑施工脚手架安全技术统一标准》GB 51210 - 2016 第 8.3.2 条

关键词：支撑脚手架　高宽比　安全

8. 根据《建筑施工脚手架安全技术统一标准》GB 51210 - 2016 的规定，作业脚手架连墙件的安装要求有哪些？

答：（1）连墙件的安装必须随作业脚手架搭设同步进行，严禁滞后安装；

（2）当作业脚手架操作层高出相邻连墙件 2 个步距及以上时，在上层连墙件安装完毕前，必须采取临时拉结措施。

知识点索引：《建筑施工脚手架安全技术统一标准》GB 51210 - 2016 第 9.0.5 条

关键词：作业脚手架　连墙件　安全

9. 根据《建筑施工脚手架安全技术统一标准》GB 51210 - 2016 的规定，脚手架的拆除作业需要符合哪些要求？

答：（1）架体的拆除应从上而下逐层进行，严禁上下同时作业；

（2）同层杆件和构配件必须按先外后内的顺序拆除；剪刀撑、斜撑杆等加固杆件必须在拆卸至该杆件所在部位时再拆除；

（3）作业脚手架连墙件必须随架体逐层拆除，严禁先将连墙件整层或数层拆除后再拆架体。拆除作业过程中，当架体的自由端高度超过 2 个步距时，必须采取临时拉结措施。

知识点索引：《建筑施工脚手架安全技术统一标准》GB 51210 - 2016 第 9.0.8 条

关键词：作业脚手架　拆除　安全

10. 根据《建筑施工脚手架安全技术统一标准》GB 51210 - 2016 的规定，脚手架工程应按哪些规定进行质量控制？

答：（1）对搭设脚手架的材料、构配件和设备应进行现场检验；

（2）脚手架搭设过程中应分步校验，并应进行阶段施工质量检查；

（3）在脚手架搭设完工后应进行验收，并应在验收合格后方可使用。

知识点索引：《建筑施工脚手架安全技术统一标准》GB 51210 - 2016 第 10.0.2 条

关键词：作业脚手架　质量　安全

三、《建筑施工扣件式钢管脚手架安全技术规范》JGJ 130 - 2011

1. 满堂扣件式钢管脚手架的定义？

答：在纵、横方向，由不少于三排立杆并与水平杆、水平剪刀撑、竖向剪刀撑、扣件等构成的脚手架。该架体顶部作业层施工荷载通过水平杆传递给立杆，顶部立杆呈偏心受压状态，简称满堂脚手架。

知识点索引：《建筑施工扣件式钢管脚手架安全技术规范》JGJ 130－2011 第 2.1.5 条

关键词：脚手架　安全

2. 满堂扣件式钢管支撑架的定义？

答：在纵、横方向，由不少于三排立杆并与水平杆、水平剪刀撑、竖向剪刀撑、扣件等构成的承力支架。该架体顶部的钢结构安装等（同类工程）施工荷载通过可调托撑轴心传力给立杆，顶部立杆呈轴心受压状态，简称满堂支撑架。

知识点索引：《建筑施工扣件式钢管脚手架安全技术规范》JGJ 130－2011 第 2.1.6 条

关键词：支撑架　安全

3. 单、双排扣件式钢管脚手架拆除作业的要求有哪些？

答：拆除作业必须由上而下逐层进行，严禁上下同时作业；连墙件必须随脚手架逐层拆除，严禁先将连墙件整层或数层拆除后再拆脚手架；分段拆除高差大于两步时，应增设连墙件加固。

知识点索引：《建筑施工扣件式钢管脚手架安全技术规范》JGJ 130－2011 第 7.4.2 条

关键词：脚手架　拆除　安全

4. 扣件式钢管脚手架及其地基基础应在哪些阶段进行检查与验收？

答：（1）基础完工后及脚手架搭设前；

（2）作业层上施加荷载前；

（3）每搭设完 6m～8m 高度后；

（4）达到设计高度后；

（5）遇有六级强风及以上风或大雨后，冻结地区解冻后；

（6）停用超过一个月。

知识点索引：《建筑施工扣件式钢管脚手架安全技术规范》JGJ 130－2011 第 8.2.1 条

关键词：脚手架　检查　验收　安全

5. 在扣件式钢管脚手架使用期间，严禁拆除哪些杆件？

答：（1）主节点处的纵、横向水平杆，纵、横向扫地杆；

（2）连墙件。

知识点索引：《建筑施工扣件式钢管脚手架安全技术规范》JGJ 130－2011 第 9.0.13 条

关键词：脚手架　拆除　安全

四、《福建省铝合金模板体系技术规程》DBJ/T 13－236－2016

1. 铝合金模板体系单立杆支撑技术的最大允许支撑高度？

　　答：单立杆支撑技术的最大允许支撑高度为 3m。

　　知识点索引：《福建省铝合金模板体系技术规程》DBJ/T 13-236-2016 第 1.0.3 条

　　关键词：铝模板　立杆　安全

2. 铝合金模板体系的定义？

　　答：铝合金模板体系是由背肋式铝合金模板、连接角模、销钉、铝梁、梁底晚拆头、板底晚拆头、工具式钢支撑等组成，而且各组件之间相互连接形成整体共同受力的一种模板及支撑体系。

　　知识点索引：《福建省铝合金模板体系技术规程》DBJ/T 13-236-2016 第 2.1.1 条

　　关键词：铝模板　安全

3. 根据《福建省铝合金模板体系技术规程》DBJ/T 13-236-2016 的规定，现场拆除组合铝合金模板时，应遵守哪些规定？

　　答：（1）拆模前应制定好拆模程序、拆模方法及安全措施；

　　（2）先拆除侧面模板，再拆除承重模板；

　　（3）支承件和连接件应逐件拆卸，模板应逐块拆卸传递，拆除时不得损伤铝合金模板和混凝土结构；

　　（4）拆下的模板和配件均应分类堆放整齐。

　　知识点索引：《福建省铝合金模板体系技术规程》DBJ/T 13-236-2016 第 7.2.1 条

　　关键词：铝模板　拆除　安全

五、《组合铝合金模板工程技术规程》JGJ 386-2016

1. 组合铝合金模板进场时应按哪些规定进行模板、支撑的材料验收？

　　答：（1）应检查铝合金模板出厂合格证；

　　（2）应按模板及配件规格、品种与数量明细表、支撑系统明细表核对进场产品的数量；

　　（3）模板使用前应进行外观质量检查，模板表面应平整，无油污、破损和变形，焊缝应无明显缺陷。

　　知识点索引：《组合铝合金模板工程技术规程》JGJ 386-2016 第 5.1.4 条

　　关键词：铝模板　验收　安全

2. 组合铝合金模板工程哪些情况需要编制安全专项施工方案，并按照要求组织专家进行专项技术论证？

　　答：（1）层高超过 3.3m 的可调钢支撑模板工程；

　　（2）超过一定规模的模板工程安全专项施工方案。

　　知识点索引：《组合铝合金模板工程技术规程》JGJ 386-2016 第 5.5.1 条

　　关键词：铝模板　验收　安全

3. 组合铝合金模板安装需符合哪些规定？

答：（1）模板的接缝应平整、严密，不应漏浆；

（2）模板与混凝土的接触面应清理干净并涂刷脱模剂；

（3）浇筑混凝土前，模板内的杂物应清理干净。

知识点索引：《组合铝合金模板工程技术规程》JGJ 386-2016 第6.0.6条

关键词：铝模板　验收　安全

六、《建筑施工工具式脚手架安全技术规范》JGJ 202-2010

1. 附着式升降脚手架结构构造的尺寸应符合哪些规定？

答：（1）架体高度不得大于5倍楼层高；

（2）架体宽度不得大于1.2m；

（3）直线布置的架体支承跨度不得大于7m，折线或曲线布置的架体，相邻两主框架支撑点处的架体外侧距离不得大于5.4m；

（4）架体的水平悬挑长度不得大于2m，且不得大于跨度的1/2；

（5）架体全高与支承跨度的乘积不得大于110m²。

知识点索引：《建筑施工工具式脚手架安全技术规范》JGJ 202-2010 第4.4.2条

关键词：脚手架　构造　安全

2. 附着支承结构应包括附墙支座、悬臂梁及斜拉杆，其构造应符合哪些规定？

答：（1）竖向主框架所覆盖的每个楼层处应设置一道附墙支座；

（2）在使用工况时，应将竖向主框架固定于附墙支座上；

（3）在升降工况时，附墙支座上应设有防倾、导向的结构装置；

（4）附墙支座应采用锚固螺栓与建筑物连接，受拉螺栓的螺母不得少于两个或应采用弹簧垫圈加单螺母，螺杆露出螺母端部的长度不应少于3扣，并不得小于10mm，垫板尺寸应由设计确定，且不得小于100mm×100mm×10mm；

（5）附墙支座支承在建筑物上连接处混凝土的强度应按设计要求确定，且不得小于C10。

知识点索引：《建筑施工工具式脚手架安全技术规范》JGJ 202-2010 第4.4.5条

关键词：脚手架　支承结构　安全

3. 附着式升降脚手架必须具有的安全装置？

答：必须具有防倾覆、防坠落和同步升降控制的安全装置。

知识点索引：《建筑施工工具式脚手架安全技术规范》JGJ 202-2010 第4.5.1条

关键词：脚手架　安全装置　安全

4. 根据《建筑施工工具式脚手架安全技术规范》JGJ 202-2010 的规定，吊篮内的作业人员不应超过几人？

答：吊篮内的作业人员不应超过2个。

知识点索引：《建筑施工工具式脚手架安全技术规范》JGJ 202-2010 第5.5.8条

关键词：吊篮　作业人员　安全

5. 根据《建筑施工工具式脚手架安全技术规范》JGJ 202-2010 的规定，外挂防护架每一处连墙件的设置要求？

答：每一处连墙件应至少有 2 套杆件，每一套杆件应能够独立承受架体上的全部荷载。

知识点索引：《建筑施工工具式脚手架安全技术规范》JGJ 202-2010 第 6.3.4 条

关键词：外挂防护架　连墙件　安全

6. 根据《建筑施工工具式脚手架安全技术规范》JGJ 202-2010 的规定，防护架的提升索具（钢丝绳）使用应符合现行国家标准，且钢丝绳直径不应小于？

答：钢丝绳直径不应小于 12.5mm。

知识点索引：《建筑施工工具式脚手架安全技术规范》JGJ 202-2010 第 6.5.1 条

关键词：防护架　钢丝绳　安全

7. 根据《建筑施工工具式脚手架安全技术规范》JGJ 202-2010 的规定，防护架在提升时，必须遵守的原则？

答：必须按照"提升一片、固定一片、封闭一片"的原则进行，严禁提前拆除两片以上的架体、分片处的连接杆、立面及底部封闭设施。

知识点索引：《建筑施工工具式脚手架安全技术规范》JGJ 202-2010 第 6.5.10 条

关键词：防护架　提升　安全

8. 根据《建筑施工工具式脚手架安全技术规范》JGJ 202-2010 的规定，拆除防护架的准备工作有哪些？

答：（1）对防护架的连接扣件、连墙件、竖向桁架、三角臂应进行全面检查，并应符合构造要求；

（2）应根据检查结果补充完善专项施工方案中的拆除顺序和措施，并应经总包和监理单位批准后方可实施；

（3）应对操作人员进行拆除安全技术交底；

（4）应清除防护架上杂物及地面障碍物。

知识点索引：《建筑施工工具式脚手架安全技术规范》JGJ 202-2010 第 6.6.1 条

关键词：防护架　拆除　安全

七、《建筑施工起重机械安全检测标准》DBJ/T 13-67-2021

1. 在用建筑起重机械具有哪些情况，应进行安全检测？

答：（1）安装后拟投入使用前的；

（2）上次检测后使用期满一年的；

（3）停止使用半年以上重新启用的；

（4）经改造或重大修理的；

（5）因发生机械事故影响安全使用的；

（6）高度每增加 60 米的；

（7）安装到最终使用高度的；

（8）法律法规规定的其他情形。

知识点索引：《建筑施工起重机械安全检测标准》DBJ/T 13-67-2021 第 4.0.1 条

关键词：建筑起重机械　检测　安全

2. 根据对建筑起重机械使用安全的影响程度，检测项目按什么要求划分为 A 类项目、B 类项目的标准？

答：（1）存在严重的安全隐患，划分为 A 类项目；

（2）存在一般的安全隐患，划分为 B 类项目。

知识点索引：《建筑施工起重机械安全检测标准》DBJ/T 13-67-2021 第 4.0.2 条

关键词：建筑起重机械　检测　安全

3. 建筑起重机械检测时现场风速应符合哪些规定？

答：（1）侧向垂直度检测时风速不得大于 3m/s；

（2）其他项目检测时风速不得大于 8.3m/s。

知识点索引：《建筑施工起重机械安全检测标准》DBJ/T 13-67-2021 第 5.0.5 条

关键词：建筑起重机械　检测　安全

4. 根据《建筑施工起重机械安全检测标准》DBJ/T 13-67-2021 的规定，施工升降机及运动部件最外侧边缘与架空输电线路的边线之间，必须保持安全作业距离，各种情况的最小安全作业距离是多少？

答：

架空输电线电压（kV）	<1	1～10	35～110	220	330～550
最小安全作业距离（m）	4	6	8	10	15

知识点索引：《建筑施工起重机械安全检测标准》DBJ/T 13-67-2021 第 9.2.2 条第 1 点

关键词：建筑起重机械　安全距离

八、《建筑机械使用安全技术规程》JGJ 33-2012

1. 履带式起重机械启动前应重点检查哪些项目？

答：（1）各安全防护装置及各指示仪表应齐全完好；

（2）钢丝绳及连接部位应符合规定；

（3）燃油、润滑油、液压油、冷却水等应添加充足；

（4）各连接件不得松动；

（5）在回转空间范围内不得有障碍物。

知识点索引：《建筑机械使用安全技术规程》JGJ 33-2012 第 4.2.2 条

关键词：起重机械　检查　安全

2. 根据《建筑机械使用安全技术规程》JGJ 33 - 2012 的规定，施工升降机的防坠安全器标定期限为多久？

答：施工升降机的防坠安全器标定期限不应超过一年。

知识点索引：《建筑机械使用安全技术规程》JGJ 33 - 2012 第 4.9.8 条

关键词：施工升降机　标定期限　安全

3. 根据《建筑机械使用安全技术规程》JGJ 33 - 2012 的规定，两台以上推土机在同一地区作业时，相邻距离的要求？

答：两台以上推土机在同一地区作业时，前后距离应大于 8.0m；左右距离应大于 1.5m。

知识点索引：《建筑机械使用安全技术规程》JGJ 33 - 2012 第 5.4.18 条

关键词：推土机　距离　安全

4. 根据《建筑机械使用安全技术规程》JGJ 33 - 2012 的规定，蛙式夯实机作业前应重点检查哪些项目？

答：（1）漏电保护器应灵敏有效，接零或接地及电缆线接头应绝缘良好；

（2）传动皮带应松紧合适，皮带轮与偏心块应安装牢固；

（3）转动部分应安装防护装置，并应进行试运转，确认正常；

（4）负荷线应采用耐气候型的四芯橡皮护套软电缆。电缆线长不应大于 50m。

知识点索引：《建筑机械使用安全技术规程》JGJ 33 - 2012 第 5.11.2 条

关键词：夯实机　检查　安全

5. 根据《建筑机械使用安全技术规程》JGJ 33 - 2012 的规定，混凝土布料机作业前应重点检查哪些内容？

答：（1）支腿应打开垫实，并应锁紧；

（2）塔架的垂直度应符合使用说明书要求；

（3）配重块应与臂架安装长度匹配；

（4）臂架回转机构润滑应充足，转动应灵活；

（5）机动混凝土布料机的动力装置、传动装置、安全及制动装置应符合要求；

（6）混凝土输送管道应连接牢固。

知识点索引：《建筑机械使用安全技术规程》JGJ 33 - 2012 第 8.10.4 条

关键词：布料机　检查　安全

6. 根据《建筑机械使用安全技术规程》JGJ 33 - 2012 的规定，顶管机千斤顶的安装应满足哪些规定？

答：（1）千斤顶宜固定在支撑架上，并应与管道中心线对称，其合力应作用在管道中心的垂面上；

（2）当千斤顶多于一台时，宜取偶数，且其规格宜相同；当规格不同时，其行程应同步，并应将同规格的千斤顶对称布置；

（3）千斤顶的油路应并联，每台千斤顶应有进油、回油的控制系统。

知识点索引：《建筑机械使用安全技术规程》JGJ 33－2012 第 11.2.3 条

关键词：顶管机　千斤顶　安全

7. 根据《建筑机械使用安全技术规程》JGJ 33－2012 的规定，盾构机在盾构掘进中，当遇哪些情况之一时，应暂停施工，并应在排除险情后继续施工？

答：（1）盾构位置偏离设计轴线过大；

（2）管片严重碎裂和渗漏水；

（3）开挖面发生坍塌或严重的地表隆起、沉降现象；

（4）遭遇地下不明障碍物或意外的地质变化；

（5）盾构旋转角度过大，影响正常施工；

（6）盾构扭矩或顶力异常。

知识点索引：《建筑机械使用安全技术规程》JGJ 33－2012 第 11.3.8 条

关键词：盾构机　盾构掘进　安全

九、《建筑施工塔式起重机安装、使用、拆卸安全技术规程》JGJ 196－2010

1. 塔式起重机安装、拆卸作业应配备哪些人员？

答：（1）持有安全生产考核合格证书的项目负责人和安全负责人、机械管理人员；

（2）具有建筑施工特种作业操作资格证书的建筑起重机械安装拆卸工、起重司机、起重信号工、司索工等特种作业操作人员。

知识点索引：《建筑施工塔式起重机安装、使用、拆卸安全技术规程》JGJ 196－2010 第 2.0.3 条

关键词：塔式起重机　安装　拆卸　安全

2. 塔式起重机启用前应检查哪些内容？

答：（1）塔式起重机的备案登记证明等文件；

（2）建筑施工特种作业人员的操作资格证书；

（3）专项施工方案；

（4）辅助起重机械的合格证及操作人员资格证书。

知识点索引：《建筑施工塔式起重机安装、使用、拆卸安全技术规程》JGJ 196－2010 第 2.0.6 条

关键词：塔式起重机　检查　安全

3. 塔式起重机存在哪种情况之一严禁使用？

答：（1）国家明令淘汰的产品；

（2）超过规定使用年限经评估不合格的产品；

（3）不符合国家现行相关标准的产品；

（4）没有完整安全技术档案的产品。

知识点索引：《建筑施工塔式起重机安装、使用、拆卸安全技术规程》JGJ 196－2010

第 2.0.9 条

关键词：塔式起重机 严禁使用 安全

4. 当多台塔式起重机在同一施工现场交叉作业时，应编制专项方案，并应采取防碰撞的安全措施。任意两台塔式起重机之间的最小架设距离应符合哪些规定？

答：（1）低位塔式起重机的起重臂端部与另一台塔式起重机的塔身之间的距离不得小于 2m；

（2）高位塔式起重机的最低位置的部件（或吊钩升至最高点或平衡重的最低部位）与低位塔式起重机中处于最高位置部件之间的垂直距离不得小于 2m。

知识点索引：《建筑施工塔式起重机安装、使用、拆卸安全技术规程》JGJ 196－2010 第 2.0.14 条

关键词：塔式起重机 距离 安全

十、《建筑施工升降机安装、使用、拆卸安全技术规程》JGJ 215－2010

1. 建筑施工升降机安装，施工总承包单位进行的工作应包括哪些内容？

答：（1）向安装单位提供拟安装设备位置的基础施工资料，确保施工升降机进场安装所需的施工条件；

（2）审核施工升降机的特种设备制造许可证、产品合格证、制造监督检验证书、备案证明等文件；

（3）审核安装单位、使用单位的资质证书、安全生产许可证和特种作业人员的特种作业操作资格证书；

（4）审核安装单位制定的施工升降机安装、拆卸工程专项施工方案；

（5）审核使用单位制定的施工升降机安全应急预案；

（6）指定专职安全生产管理人员监督检查施工升降机安装、使用、拆卸情况。

知识点索引：《建筑施工升降机安装、使用、拆卸安全技术规程》JGJ 215－2010 第 3.0.10 条

关键词：施工升降机 总承包单位 工作内容

2. 建筑施工升降机安装，监理单位进行的工作包括哪些内容？

答：（1）审核施工升降机特种设备制造许可证、产品合格证、制造监督检验证书、备案证明等文件；

（2）审核施工升降机安装单位、使用单位的资质证书、安全生产许可证和特种作业人员的特种作业操作资格证书；

（3）审核施工升降机安装、拆卸工程专项施工方案；

（4）监督安装单位对施工升降机安装、拆卸工程专项施工方案的执行情况；

（5）监督检查施工升降机的使用情况；

（6）发现存在生产安全事故隐患的，应当要求安装单位、使用单位限期整改，对安装单位、使用单位拒不整改的，及时向建设单位报告。

知识点索引：《建筑施工升降机安装、使用、拆卸安全技术规程》JGJ 215－2010 第

3.0.11 条

关键词：施工升降机　监理单位　工作内容

3. 施工升降机存在哪种情况之一不得安装使用？

答：（1）属国家明令淘汰或禁止使用的；

（2）超过由安全技术标准或制造厂家规定使用年限的；

（3）经检验达不到安全技术标准规定的；

（4）无完整安全技术档案的；

（5）无齐全有效的安全保护装置的。

知识点索引：《建筑施工升降机安装、使用、拆卸安全技术规程》JGJ 215－2010 第 4.1.6 条

关键词：施工升降机　淘汰　安全

4. 施工升降机必须安装防坠安全器，它的有效标定期为多久？

答：防坠安全器有效标定期为一年。

知识点索引：《建筑施工升降机安装、使用、拆卸安全技术规程》JGJ 215－2010 第 4.1.7 条

关键词：施工升降机　安全器　安全

5. 使用单位应自施工升降机安装验收合格之日起多少日内，将施工升降机安装验收资料、施工升降机安全管理制度、特种作业人员名单等，向工程所在地县级以上建设行政主管部门办理使用登记备案？

答：30 日内。

知识点索引：《建筑施工升降机安装、使用、拆卸安全技术规程》JGJ 215－2010 第 4.3.5 条

关键词：施工升降机　备案　安全

6. 施工升降机的防护棚搭设要求？

答：当建筑物超过 2 层时，施工升降机地面通道上方应搭设防护棚；当建筑物高度超过 24m 时，应设置双层防护棚。

知识点索引：《建筑施工升降机安装、使用、拆卸安全技术规程》JGJ 215－2010 第 5.2.6 条

关键词：施工升降机　防护棚　安全

十一、《建筑施工高处作业安全技术规范》JGJ 80－2016

1. 根据《建筑施工高处作业安全技术规范》JGJ 80－2016 的规定，安全防护设施验收应包括哪些主要内容？

答：（1）防护栏杆的设置与搭设；

（2）攀登与悬空作业的用具与设施搭设；

（3）操作平台及平台防护设施的搭设；

（4）防护棚的搭设；

（5）安全网的设置；

（6）安全防护设施、设备的性能与质量、所用的材料、配件的规格；

（7）设施的节点构造，材料配件的规格、材质及其与建筑物的固定、连接状况。

知识点索引：《建筑施工高处作业安全技术规范》JGJ 80 - 2016 第 3.0.10 条

关键词：防护　验收　安全

2. 根据《建筑施工高处作业安全技术规范》JGJ 80 - 2016 的规定，安全防护设施宜采用定型化、工具化设施，防护栏应涂刷什么标示？

答：防护栏应为黑黄或红白相间的条纹标示。

知识点索引：《建筑施工高处作业安全技术规范》JGJ 80 - 2016 第 3.0.13 条

关键词：防护栏杆　涂刷　安全

3. 根据《建筑施工高处作业安全技术规范》JGJ 80 - 2016 的规定，电梯井口应设置防护门，其设置要求？

答：（1）防护门高度不应小于 1.5m；

（2）防护门底端距地面高度不应大于 50mm，并应设置挡脚板。

知识点索引：《建筑施工高处作业安全技术规范》JGJ 80 - 2016 第 4.2.2 条

关键词：防护门　安全高度

4. 根据《建筑施工高处作业安全技术规范》JGJ 80 - 2016 的规定，防护栏杆立杆底端应固定牢固，并应符合哪些要求？

答：（1）当在土体上固定时，应采用预埋或打入方式固定；

（2）当在混凝土楼面、地面、屋面或墙面固定时，应将预埋件与立杆连接牢固；

（3）当在砌体上固定时，应预先砌入相应规格含有预埋件的混凝土块，预埋件应与立杆连接牢固。

知识点索引：《建筑施工高处作业安全技术规范》JGJ 80 - 2016 第 4.3.2 条

关键词：防护栏杆　固定　安全

5. 根据《建筑施工高处作业安全技术规范》JGJ 80 - 2016 的规定，悬挑式操作平台设置应符合哪些规定？

答：（1）操作平台的搁置点、拉结点、支撑点应设置在稳定的主体结构上，且应可靠连接；

（2）严禁将操作平台设置在临时设施上；

（3）操作平台的结构应稳定可靠，承载力应符合设计要求。

知识点索引：《建筑施工高处作业安全技术规范》JGJ 80 - 2016 第 6.4.1 条

关键词：操作平台　构造　安全

6. 根据《建筑施工高处作业安全技术规范》JGJ 80 - 2016 的规定，安全防护棚搭设应符合哪些规定？

答：（1）当安全防护棚为非机动车辆通行时，棚底至地面高度不应小于 3m；当安全防护棚为机动车辆通行时，棚底至地面高度不应小于 4m；

（2）当建筑物高度大于 24m 并采用木质板搭设时，应搭设双层安全防护棚；两层防护的间距不应小于 700mm，安全防护棚的高度不应小于 4m；

（3）当安全防护棚的顶棚采用竹笆或木质板搭设时，应采用双层搭设，间距不应小于 700mm；当采用木质板或与其等强度的其他材料搭设时，可采用单层搭设，木板厚度不应小于 50mm；防护棚的长度应根据建筑物高度与可能坠落半径确定。

知识点索引：《建筑施工高处作业安全技术规范》JGJ 80 - 2016 第 7.2.1 条

关键词：防护棚　构造　安全

十二、《建筑施工作业劳动防护用品配备及使用标准》JGJ 184 - 2009

1. 作业人员进入施工现场作业有哪些防护要求？

答：作业人员必须戴安全帽、穿工作鞋和工作服；应按作业要求正确使用劳动防护用品。在 2m 及以上的无可靠安全防护设施的高处、悬崖和陡坡作业时，必须系挂安全带。

知识点索引：《建筑施工作业劳动防护用品配备及使用标准》JGJ 184 - 2009 第 2.0.4 条

关键词：作业人员　防护　安全

2. 架子工、起重吊装工、信号指挥工的劳动防护用品配备应符合哪些规定？

答：（1）架子工、塔式起重机操作人员、起重吊装工应配备灵便紧口的工作服、系带防滑鞋和工作手套；

（2）信号指挥工应配备专用标志服装。在自然强光环境条件作业时，应配备有色防护眼镜。

知识点索引：《建筑施工作业劳动防护用品配备及使用标准》JGJ 184 - 2009 第 3.0.1 条

关键词：作业人员　防护　安全

3. 电工的劳动防护用品配备应符合哪些规定？

答：（1）维修电工应配备绝缘鞋、绝缘手套和灵便紧口的工作服；

（2）安装电工应配备手套和防护眼镜；

（3）高压电气作业时，应配备相应等级的绝缘鞋、绝缘手套和有色防护眼镜。

知识点索引：《建筑施工作业劳动防护用品配备及使用标准》JGJ 184 - 2009 第 3.0.2 条

关键词：作业人员　防护　安全

十三、《建筑施工起重吊装工程安全技术规范》JGJ 276 - 2012

1. 根据《建筑施工起重吊装工程安全技术规范》JGJ 276 - 2012 的规定，伸缩式起重

臂的伸缩，需要符合哪些规定？

答：（1）起重臂的伸缩，应在起吊前进行。当起吊过程中需伸缩时，起吊荷载不得大于其额定值的50%；

（2）起重臂伸出后的上节起重臂长度不得大于下节起重臂长度，且起重臂伸出后的仰角不得小于使用说明中相应的规定值；

（3）在伸起重臂同时下降吊钩时，应满足使用说明中动、定滑轮组间的最小安全距离规定。

知识点索引：《建筑施工起重吊装工程安全技术规范》JGJ 276－2012第4.1.4条第8点

关键词：起重机　伸缩　安全

2. 根据《建筑施工起重吊装工程安全技术规范》JGJ 276－2012的规定，起重机制动器的制动鼓表面磨损达到什么程度，应进行更换？

答：制动鼓表面磨损达到2.0mm或制动带磨损超过原厚度50%时，应予更换。

知识点索引：《建筑施工起重吊装工程安全技术规范》JGJ 276－2012第4.1.4条第9点

关键词：起重机　制动鼓　安全

3. 根据《建筑施工起重吊装工程安全技术规范》JGJ 276－2012的规定，拔杆式起重机的制作安装应符合哪些规定？

答：（1）拔杆式起重机应进行专门设计和制作，经严格的测试、试运转和技术鉴定合格后，方可投入使用。

（2）安装时的地基、基础、缆风绳和地锚等设施，应经计算确定。缆风绳与地面的夹角应在30°～45°之间。缆风绳不得与供电线路接触，在靠近电线处，应装设由绝缘材料制作的护线架。

知识点索引：《建筑施工起重吊装工程安全技术规范》JGJ 276－2012第4.1.6条

关键词：起重机　制作安装　安全

4. 根据《建筑施工起重吊装工程安全技术规范》JGJ 276－2012的规定，混凝土结构构件的运输应符合哪些规定？

答：（1）构件运输应严格执行所制定的运输技术措施；

（2）运输道路应平整，有足够的承载力、宽度和转弯半径；

（3）高宽比较大的构件的运输，应采用支承框架、固定架、支撑或用捯链等予以固定，不得悬吊或堆放运输。支承架应进行设计计算，应稳定、可靠和装卸方便；

（4）当大型构件采用半拖或平板车运输时，构件支承处应设转向装置；

（5）运输时，各构件应拴牢于车厢上。

知识点索引：《建筑施工起重吊装工程安全技术规范》JGJ 276－2012第5.1.1条

关键词：构件　运输　安全

5. 根据《建筑施工起重吊装工程安全技术规范》JGJ 276 - 2012 的规定，混凝土梁的吊装应符合哪些规定？

答：（1）梁的吊装应在柱永久固定和柱间支撑安装后进行。吊车梁的吊装，应在基础杯口二次浇筑的混凝土达到设计强度 50% 以上，方可进行。

（2）重型吊车梁应边吊边校，然后再进行统一校正。

（3）梁高和底宽之比大于 4 时，应采用支撑撑牢或用 8 号钢丝将梁捆于稳定的构件上后，方可摘钩。

（4）吊车梁的校正应在梁吊装完，也可在屋面构件校正并最后固定后进行。校正完毕后，应立即焊接固定。

知识点索引：《建筑施工起重吊装工程安全技术规范》JGJ 276 - 2012 第 5.2.2 条

关键词：构件　吊装　安全

6. 根据《建筑施工起重吊装工程安全技术规范》JGJ 276 - 2012 的规定，钢结构厂房钢柱吊装应符合哪些规定？

答：（1）钢柱起吊至柱脚离地脚螺栓或杯口 300mm～400mm 后，应对准螺栓或杯口缓慢就位，经初校后，立即进行临时固定，然后方可脱钩；

（2）柱校正后，应立即紧固地脚螺栓，将承重垫板点焊固定，并随即对柱脚进行永久固定。

知识点索引：《建筑施工起重吊装工程安全技术规范》JGJ 276 - 2012 第 6.2.1 条

关键词：钢结构　吊装　安全

7. 根据《建筑施工起重吊装工程安全技术规范》JGJ 276 - 2012 的规定，钢结构厂房钢屋架吊装应符合哪些规定？

答：（1）应根据确定的绑扎点对钢屋架的吊装进行验算，不满足时应进行临时加固；

（2）屋架吊装就位后，应在校正和可靠的临时固定后方可摘钩，并按设计要求进行永久固定。

知识点索引：《建筑施工起重吊装工程安全技术规范》JGJ 276 - 2012 第 6.2.3 条

关键词：钢结构　吊装　安全

十四、《建设工程施工现场消防安全技术规范》GB 50720 - 2011

1. 施工现场哪些临时用房和临时设施应纳入施工现场总平面布置图？

答：（1）施工现场的出入口、围墙、围挡；

（2）场内临时道路；

（3）给水管网或管路和配电线路敷设或架设的走向、高度；

（4）施工现场办公用房、宿舍、发电机房、变配电房、可燃材料库房、易燃易爆危险品库房、可燃材料堆场及其加工场、固定动火作业场等；

（5）临时消防车道、消防救援场地和消防水源。

知识点索引：《建设工程施工现场消防安全技术规范》GB 50720 - 2011 第 3.1.2 条

关键词：总平面布置图　安全

2. 易燃易爆危险品库房，可燃材料堆场及其加在场，固定动火作业场，其他临时用房、临时设施与在建工程的防火间距要求？

答：易燃易爆危险品库房与在建工程的防火间距不应小于15m，可燃材料堆场及其加工场、固定动火作业场与在建工程的防火间距不应小于10m，其他临时用房、临时设施与在建工程的防火间距不应小于6m。

知识点索引：《建设工程施工现场消防安全技术规范》GB 50720－2011第3.2.1条

关键词：防火　间距　安全

3. 临时消防车道的设置应满足哪些规定？

答：（1）临时消防车道宜为环形，设置环形车道确有困难时，应在消助车道尽端设置尺寸不小于12m×12m的回车场；

（2）临时消防车道的净宽度和净空高度均不应小于4m；

（3）临时消防车道的右侧应设置消防车行进路线指示标识；

（4）临时消防车道路基、路面及其下部设施应能承受消防车通行压力及工作荷载。

知识点索引：《建设工程施工现场消防安全技术规范》GB 50720－2011第3.3.2条

关键词：临时　消防车道　安全

4. 在建工程及临时用房的哪些场所应配置灭火器？

答：（1）易燃易爆危险品存放及使用场所；

（2）动火作业场所；

（3）可燃材料存放、加工及使用场所；

（4）厨房操作间、锅炉房、发电机房、变配电房、设备用房、办公用房、宿舍等临时用房；

（5）其他具有火灾危险的场所。

知识点索引：《建设工程施工现场消防安全技术规范》GB 50720－2011第5.2.1条

关键词：临时　灭火器　安全

十五、《建设工程施工现场环境与卫生标准》JGJ 146－2013

1. 根据《建设工程施工现场环境与卫生标准》JGJ 146－2013的规定，绿色施工的定义？

答：绿色施工是工程建设中实现环境保护的一种手段，在保证质量、安全等基本要求的前提下，通过科学管理和技术进步，最大限度地节约资源与减少对环境负面影响的施工活动，实现节能、节地、节水、节材和环境保护。

知识点索引：《建设工程施工现场环境与卫生标准》JGJ 146－2013第2.0.3条

关键词：绿色施工　安全

2. 根据《建设工程施工现场环境与卫生标准》JGJ 146－2013的规定，施工现场应实行封闭管理，并应采用硬质围挡，各种情况的围挡高度分别是多少米？

答：市区主要路段的施工现场围挡高度不应低于2.5m，一般路段围挡高度不应低于 1.8m。

知识点索引：《建设工程施工现场环境与卫生标准》JGJ 146－2013 第 3.0.8 条

关键词：硬质围挡　高度　安全

3. 根据《建设工程施工现场环境与卫生标准》JGJ 146－2013 的规定，职工宿舍的布置要求？

答：宿舍内应保证必要的生活空间，室内净高不得小于 2.5m，通道宽度不得小于 0.9m，住宿人员人均面积不得小于 2.5m²，每间宿舍居住人员不得超过 16 人。宿舍应有专人负责管理，床头宜设置姓名卡。

知识点索引：《建设工程施工现场环境与卫生标准》JGJ 146－2013 第 5.1.5 条

关键词：职工宿舍　安全

十六、《高大模板工程扣件式钢管支架安全技术标准》DBJ/T 13－181－2020

1. 高大模板的定义？

答：搭设高度 5m 及以上，或搭设跨度 10m 及以上，或施工总荷载（设计值）10kN/m² 及以上，或集中线荷载（设计值）15kN/m 及以上，或高度大于支撑水平投影宽度且相对独立无联系构件的混凝土模板支撑工程。

知识点索引：《高大模板工程扣件式钢管支架安全技术标准》DBJ/T 13－181－2020 第 2.1.2 条

关键词：高大模板　定义　安全

2. 根据《高大模板工程扣件式钢管支架安全技术标准》DBJ/T 13－181－2020 的规定，扣件式钢管支撑架，当支架高度在 8m～20m 及 20m 以上时，水平杆的构造要求？

答：当支架高度在 8m～20m 时，在最顶上步距上下水平杆中间应加设一道纵横向水平拉杆；当支架高度大于 20m 时，在最顶两个步距中间均应分别增加一道纵横向水平拉杆。

知识点索引：《高大模板工程扣件式钢管支架安全技术标准》DBJ/T 13－181－2020 第 6.0.4 条第 5 点

关键词：高大模板　水平杆　安全

3. 根据《高大模板工程扣件式钢管支架安全技术标准》DBJ/T 13－181－2020 的规定，当梁跨度在 18m 及以上时，需设置格构柱，格构柱的设置要求？

答：当梁跨度在 18m 及以上时，梁的支架两端和中间应增设竖向格构式立柱，格构式立柱间距不宜大于 9m。

知识点索引：《高大模板工程扣件式钢管支架安全技术标准》DBJ/T 13－181－2020 第 6.0.6 条

关键词：高大模板　格构柱　安全

4. 高大模板工程扣件式钢管支架应重点检查哪些内容？

答：（1）立杆底部基础应回填夯实，无积水；

（2）垫板应满足设计要求，无晃动；

（3）底座位置应正确，顶托螺杆伸出长度应符合规定；

（4）立杆的规格尺寸和垂直度应符合要求，不得出现偏心荷载；

（5）扫地杆、水平拉杆、剪刀撑等构造设置应符合规定，固定可靠；

（6）专项施工方案的各项安全技术措施落实到位；

（7）扣件扭力矩应符合要求。

知识点索引：《高大模板工程扣件式钢管支架安全技术标准》DBJ/T 13-181-2020第8.2.1条

关键词：高大模板　钢管支架　安全

十七、《建筑边坡工程技术规范》GB 50330-2013

1. 什么是永久性边坡？什么是临时性边坡？

答：设计使用年限超过 2 年的边坡为永久性边坡；设计使用年限不超过 2 年的边坡为临时性边坡。

知识点索引：《建筑边坡工程技术规范》GB 50330-2013 第2.1.4，2.1.5条

关键词：边坡　年限　安全

2. 建筑边坡工程的设计使用年限要求？

答：设计使用年限不应低于被保护的建（构）筑物设计使用年限。

知识点索引：《建筑边坡工程技术规范》GB 50330-2013 第3.1.3条

关键词：边坡　年限　安全

3. 边坡支护结构的原材料质量检验应包括哪些内容？

答：（1）材料出厂合格证检查；

（2）材料现场抽检；

（3）锚杆浆体和混凝土的配合比试验，强度等级检验。

知识点索引：《建筑边坡工程技术规范》GB 50330-2013 第19.2.1条

关键词：边坡　材料　安全

十八、《建筑基坑支护技术规程》JGJ 120-2012

1. 基坑支护的定义？

答：为保护地下主体结构施工和基坑周边环境的安全，对基坑采用的临时性支挡、加固、保护与地下水控制的措施。

知识点索引：《建筑基坑支护技术规程》JGJ 120-2012 第2.1.3条

关键词：支护　定义　安全

2. 截水帷幕的定义？

答：用以阻隔或减少地下水通过基坑侧壁与坑底流入基坑和控制基坑外地下水位下降的幕墙状竖向截水体。

知识点索引：《建筑基坑支护技术规程》JGJ 120－2012 第 2.1.23 条

关键词：支护　监测　安全

3. 基坑支护设计应规定其设计使用期限，其设计使用期限应不少于多久？

答：基坑支护的设计使用期限不应小于一年。

知识点索引：《建筑基坑支护技术规程》JGJ 120－2012 第 3.1.1 条

关键词：基坑　支护　安全

4. 基坑支护应满足哪些功能要求？

答：（1）保证基坑周边建（构）筑物、地下管线、道路的安全和正常使用；

（2）保证主体地下结构的施工空间。

知识点索引：《建筑基坑支护技术规程》JGJ 120－2012 第 3.1.2 条

关键词：基坑　支护　安全

5. 根据《建筑基坑支护技术规程》JGJ 120－2012 的规定，基坑安全等级为一级、二级的支护结构，在基坑开挖过程与支护结构使用期内，必须对哪些方面进行沉降监测？

答：支护结构的水平位移监测和基坑开挖影响范围内建（构）筑物、地面。

知识点索引：《建筑基坑支护技术规程》JGJ 120－2012 第 8.2.2 条

关键词：基坑　监测　安全

6. 根据《建筑基坑支护技术规程》JGJ 120－2012 的规定，各类水平位移观测、沉降观测的基准点应设置在变形影响范围外，且基准点数量不应少于几个？

答：基准点数量不应少于两个。

知识点索引：《建筑基坑支护技术规程》JGJ 120－2012 第 8.2.16 条

关键词：监测　变形　安全

7. 根据《建筑基坑支护技术规程》JGJ 120－2012，支护结构的安全等级分为几级，其破坏结果分别是什么？

答：（1）一级：支护结构失效、土体过大变形对基坑周边环境或主体结构施工安全的影响很严重；

（2）二级：支护结构失效、土体过大变形对基坑周边环境或主体结构施工安全的影响严重；

（3）三级：支护结构失效、土体过大变形对基坑周边环境或主体结构施工安全的影响不严重。

知识点索引：《建筑基坑支护技术规程》JGJ 120－2012（3.1.3）

关键词：支护结构　等级

8. 根据《建筑基坑支护技术规程》JGJ 120－2012，土钉墙高度不大于 12m 时，喷射混凝土面层的构造有何要求？

答：（1）喷射混凝土面层厚度宜取 80mm～100mm；

（2）喷射混凝土设计强度等级不宜低于 C20；

（3）喷射混凝土面层中应配置钢筋网和通长的加强钢筋。

知识点索引：《建筑基坑支护技术规程》JGJ 120－2012（5.3.6）

关键词：土钉墙　面层要求

9. 根据《建筑基坑支护技术规程》JGJ 120－2012，基坑开挖应遵守哪些规定？

答：（1）当支护结构件强度达到开挖阶段的设计强度时，方可下挖基坑，对采用预应力锚杆的支护结构，应在锚杆施加预加力后，方可下挖基坑；对土钉墙，应在土钉、喷射混凝土面层的养护时间大于 2d 后，方可下挖基坑；

（2）应按支护结构设计规定的施工顺序和开挖深度分层开挖；

（3）锚杆、土钉的施工作业面与锚杆、土钉的高差不宜大于 500mm；

（4）开挖时，挖土机械不得碰撞或损害锚杆、腰梁、土钉墙面、内支撑及其连接件等构件，不得损害已施工的基础桩；

（5）当基坑采用降水时，应在降水后开挖地下水位以下的土方；

（6）当开挖揭露的实际土层性状或地下水情况与设计依据的勘察资料明显不符，或出现异常现象、不明物体时，应停止开挖，在采取相应处理措施后方可继续开挖；

（7）挖至坑底时，应避免扰动基底持力土层的原状结构。

知识点索引：《建筑基坑支护技术规程》JGJ 120－2012（8.1.1）

关键词：基坑开挖　规定

10. 根据《建筑基坑支护技术规程》JGJ 120－2012，基坑开挖和支护结构使用期内，应按哪些要求对基坑进行维护？

答：（1）雨期施工时，应在坑顶、坑底采取有效的截排水措施；对地势低洼的基坑，应考虑周边汇水区域地面径流向基坑汇水的影响；排水沟、集水井应采取防渗措施；

（2）基坑周边地面宜作硬化或防渗处理；

（3）基坑周边的施工用水应有排放措施，不得渗入土体内；

（4）当坑体渗水、积水或有渗流时，应及时进行疏导、排泄、截断水源；

（5）开挖至坑底后，应及时进行混凝土垫层和主体地下结构施工；

（6）主体地下结构施工时，结构外墙与基坑侧壁之间应及时回填。

知识点索引：《建筑基坑支护技术规程》JGJ 120—2012（8.1.6）

关键词：基坑　维护

11. 根据《建筑基坑支护技术规程》JGJ 120－2012，基坑支护设计根据支护结构类型和地下水控制方法，可选择的监测项目有哪些？

答：（1）支护结构顶部水平位移；

（2）基坑周边建（构）筑物、地下管线、道路沉降；

（3）坑边地面沉降；

（4）支护结构深部水平位移；

（5）锚杆拉力；

（6）支撑轴力；

（7）挡土构件内力；

（8）支撑立柱沉降；

（9）挡土构件、水泥土墙沉降；

（10）地下水位；

（11）土压力；

（12）孔隙水压力。

知识点索引：《建筑基坑支护技术规程》JGJ 120 - 2012（8.2.1）

关键词：基坑监测　项目

12. 根据《建筑基坑支护技术规程》JGJ 120 - 2012，支护结构选型应综合考虑哪些因素？

答：（1）基坑深度；

（2）土的性状及地下水条件；

（3）基坑周边环境对基坑变形的承受能力及支护结构失效的后果；

（4）主体地下结构和基础形式及其施工方法、基坑平面尺寸及形状；

（5）支护结构施工工艺的可行性；

（6）施工场地条件及施工季节；

（7）经济指标、环保性能和施工工期。

知识点索引：《建筑基坑支护技术规程》JGJ 120 - 2012（3.3.1）

关键词：支护结构　选型

13. 根据《建筑基坑支护技术规程》JGJ 120 - 2012，相邻的咬合桩按什么顺序进行施工？

答：相邻咬合桩应按先施工素混凝土桩、后施工钢筋混凝土桩的顺序进行。

知识点索引：《建筑基坑支护技术规程》JGJ 120 - 2012（4.4.7第2点）

关键词：基坑支护　咬合桩

14. 根据《建筑基坑支护技术规程》JGJ 120 - 2012，基坑支护设计采用混凝土灌注桩时，其质量检测应符合哪些规定？

答：采用混凝土灌注桩时，其质量检测应符合下列规定：

（1）应采用低应变动测法检测桩身完整性，检测桩数不宜少于总桩数的20%，且不得少于5根；

（2）当根据低应变动测法判定的桩身完整性为Ⅲ类或Ⅳ类时，应采用钻芯法进行验证，并应扩大低应变动测法检测的数量。

知识点索引：《建筑基坑支护技术规程》JGJ 120 - 2012（4.4.10）

关键词：基坑支护、灌注桩

15. 根据《建筑基坑支护技术规程》JGJ 120－2012，基坑支护设计采用地下连续墙的，应做哪些质量检测？

答：地下连续墙的应做以下质量检测：

（1）槽壁垂直度检测；

（2）槽底沉渣厚度检测；

（3）采用声波透射法对墙体混凝土质量进行检测；

（4）当根据声波透射法判定的墙身质量不合格时，应采用钻芯法进行验证；

（5）地下连续墙作为主体地下结构构件时，其质量检测尚应符合相关标准的要求。

知识点索引：《建筑基坑支护技术规程》JGJ 120－2012（4.6.16）

关键词：基坑支护　地下连续墙

16. 根据《建筑基坑支护技术规程》JGJ 120－2012，锚杆抗拔承载力的检测应符合哪些规定？

答：（1）检测数量不应少于锚杆总数的5%，且同一土层中的锚杆检测数量不应少于3根；

（2）检测试验应在锚固段注浆固结体强度达到15MPa或达到设计强度的75%后进行；

（3）检测锚杆应采用随机抽样的方法选取；

（4）抗拔承载力检测值一级≥1.4，二级≥1.3，三级≥1.2（抗拔承载力与轴向拉力标准值的比值）；

（5）当检测的锚杆不合格时，应扩大检测数量。

知识点索引：《建筑基坑支护技术规程》JGJ 120－2012（4.8.8）

关键词：锚杆抗拔承载力　检测

17. 根据《建筑基坑支护技术规程》JGJ 120－2012，土钉的抗拔承载力检测数量有何要求？

答：土钉的抗拔承载力进行检测，土钉检测数量不宜少于土钉总数的1%，且同一土层中的土钉检测数量不应少于3根。

知识点索引：《建筑基坑支护技术规程》JGJ 120－2012（5.4.10第1点）

关键词：基坑支护　土钉

18. 根据《建筑基坑支护技术规程》JGJ 120－2012，土钉墙面层喷射混凝土的现场试块强度试验的数量有何要求？

答：土钉墙面层喷射混凝土的现场试块强度试验，每500㎡喷射混凝土面积的试验数量不应少于一组，每组试块不应少于3个。

知识点索引：《建筑基坑支护技术规程》JGJ 120－2012（5.4.10第2点）

关键词：基坑支护　土钉

19. 根据《建筑基坑支护技术规程》JGJ 120－2012，土钉墙的喷射混凝土面层厚度

检测有何要求？

答：土钉墙的喷射混凝土面层厚度检测，每 500 m^2 喷射混凝土面积的检测数量不应少于一组，每组的检测点不应少于 3 个；全部检测点的面层厚度平均值不应小于厚度设计值，最小厚度不应小于厚度设计值的 80%。

知识点索引：《建筑基坑支护技术规程》JGJ 120－2012（5.4.10 第 3 点）

关键词：基坑支护　土钉

20. 根据《建筑基坑支护技术规程》JGJ 120－2012，地下水的控制方法有哪些？

答：截水、降水、集水明排，地下水回灌。

知识点索引：《建筑基坑支护技术规程》JGJ 120－2012（7.1.1）

关键词：地下水　控制方法

21. 根据《建筑基坑支护技术规程》JGJ 120－2012，高压喷射注浆帷幕的施工有何要求？

答：（1）采用与排桩咬合的高压喷射注浆帷幕时，应先进行排桩施工，后进行高压喷射注浆施工；

（2）高压喷射注浆的施工作业顺序应采用隔孔分序方式，相邻孔喷射注浆的间隔时间不宜小于 24h；

（3）喷射注浆时，应由下而上均匀喷射，停止喷射的位置宜高于帷幕设计顶面 1m；

（4）可采用复喷工艺增大固结体半径、提高固结体强度；

（5）喷射注浆时，当孔口的返浆量大于注浆量的 20% 时，可采用提高喷射压力等措施；

（6）当因浆液渗漏而出现孔口不返浆的情况时，应将注浆管停置在不返浆处持续喷射注浆，并宜同时采用从孔口填入中租砂、注浆液掺入速凝剂等措施，直至出现孔口返浆；

（7）喷射注浆后，当浆液析水、液面下降时，应进行补浆；

（8）当喷射注浆因故中途停喷后，继续注浆时应与停喷前的注浆体搭接，其搭接长度不应小于 500mm；

（9）当注浆孔邻近既有建筑物时，宜采用速凝浆液进行喷射注浆。

知识点索引：《建筑基坑支护技术规程》JGJ 120－2012（7.2.12）

关键词：高压喷射注浆帷幕　施工要求

22. 根据《建筑基坑支护技术规程》JGJ 120－2012，基坑降水后的水位应低于坑底多少？

答：降水后基坑内的水位应低于坑底 0.5m。

知识点索引：《建筑基坑支护技术规程》JGJ 120－2012（7.3.2）

关键词：基坑支护　降水

23. 根据《建筑基坑支护技术规程》JGJ 120－2012，基坑工程中出现什么情况时必须立即进行危险报警？

答：（1）支护结构位移达到设计规定的位移限值；

（2）支护结构位移速率增长且不收敛；

（3）支护结构构件的内力超过其设计值；

（4）基坑周边建（构）筑物、道路、地面的沉降达到设计规定的沉降、倾斜限值；基坑周边建（构）筑物、道路、地面开裂；

（5）支护结构构件出现影响整体结构安全性的损坏；

（6）基坑出现局部坍塌；

（7）开挖面出现隆起现象；

（8）基坑出现流土、管涌现象。

知识点索引：《建筑基坑支护技术规程》JGJ 120-2012（8.2.23）

关键词：基坑监测 危险报警

十九、《建筑基坑工程监测技术标准》GB 50497-2019

1. 根据《建筑基坑工程监测技术标准》GB 50497-2019 的规定，建筑基坑的定义？

答：为进行建（构）筑物地下部分的施工，由地面向下开挖出的空间。

知识点索引：《建筑基坑工程监测技术标准》GB 50497-2019 第 2.0.1 条

关键词：基坑 定义 安全

2. 基坑工程监测的定义？

答：在建筑基坑施工及使用阶段，采用仪器量测、现场巡视等手段和方法对基坑及周边环境的安全状况、变化特征及其发展趋势实施的定期或连续巡查、量测、监视以及数据采集、分析、反馈活动。

知识点索引：《建筑基坑工程监测技术标准》GB 50497-2019 第 2.0.3 条

关键词：基坑工程监测 定义 安全

3. 根据《建筑基坑工程监测技术标准》GB 50497-2019 的规定，哪些基坑应实施基坑工程监测？

答：（1）基坑设计安全等级为一、二级的基坑。

（2）开挖深度大于或等于 5m 的下列基坑：

1）土质基坑；

2）极软岩基坑、破碎的软岩基坑、极破碎的岩体基坑；

3）上部为土体，下部为极软岩、破碎的软岩、极破碎的岩体构成的土岩组合基坑。

（3）开挖深度小于 5m 但现场地质情况和周围环境较复杂的基坑。

知识点索引：《建筑基坑工程监测技术标准》GB 50497-2019 第 3.0.1 条

关键词：基坑 监测 安全

4. 根据《建筑基坑工程监测技术标准》GB 50497-2019 的规定，基坑支护工程施工中，出现哪些险情，必须立即进行危险报警，并应通知有关各方对基坑支护结构和周边环境保护对象采取应急措施？

答：（1）基坑支护结构的位移值突然明显增大或基坑出现流砂、管涌、隆起、陷落等；

（2）基坑支护结构的支撑或锚杆体系出现过大变形、压屈、断裂、松弛或拔出的迹象；

（3）基坑周边建筑的结构部分出现危害结构的变形裂缝；

（4）基坑周边地面出现较严重的突发裂缝或地下空洞、地面下陷；

（5）基坑周边管线变形突然明显增长或出现裂缝、泄漏等；

（6）冻土基坑经受冻融循环时，基坑周边土体温度显著上升，发生明显的冻融变形；

（7）出现基坑工程设计方提出的其他危险报警情况，或根据当地工程经验判断，出现其他必须进行危险报警的情况。

知识点索引：《建筑基坑工程监测技术标准》GB 50497－2019 第 8.0.9 条

关键词：监测　预警　安全

5. 根据《建筑基坑工程监测技术标准》GB 50497－2019，基坑工程支护结构巡视检查的内容有哪些？

答：（1）支护结构成型质量；

（2）冠梁、支撑、围檩或腰梁是否有裂缝；

（3）冠梁、围檩或腰梁的连续性，有无过大变形；

（4）围檩或腰梁与围护桩的密贴性，围檩与支撑的防坠落措施；

（5）锚杆垫板有无松动、变形；

（6）立柱有无倾斜、沉陷或隆起；

（7）止水帷幕有无开裂、渗漏水；

（8）基坑有无涌土、流砂、管涌；

（9）面层有无开裂、脱落。

知识点索引：《建筑基坑工程监测技术标准》GB 50497－2019 第 4.3.2 条

关键词：基坑　巡视检查

二十、《建筑施工模板安全技术规范》JGJ 162－2008

1. 根据《建筑施工模板安全技术规范》JGJ 162－2008 的规定，当采用扣件式钢管作立柱支撑时，立柱接长严禁搭接，必须采用对接扣件连接，其构造要求为？

答：相邻两立柱的对接接头不得在同步内，且对接接头沿竖向错开的距离不宜小于500mm，各接头中心距主节点不宜大于步距的 1/3。

知识点索引：《建筑施工模板安全技术规范》JGJ 162－2008 第 6.2.4 条第 3 点

关键词：模板　支撑架　安全

2. 根据《建筑施工模板安全技术规范》JGJ 162－2008 的规定，当采用扣件式钢管作为立柱支撑时，支架立柱高度超过 5m，应在立柱周圈外侧和中间有结构柱的部位，按多少间距与建筑结构设置一个固结点？

答：按水平间距 6m～9m、竖向间距 2m～3m 与建筑结构设置一个固结点。

知识点索引：《建筑施工模板安全技术规范》JGJ 162－2008 第 6.2.4 条第 6 点

关键词：模板　支撑架　安全

3. 根据《建筑施工模板安全技术规范》JGJ 162－2008 的规定，模板工程施工过程中的检查项目应符合哪些要求？

答：（1）立柱底部基土应回填夯实；

（2）垫木应满足设计要求；

（3）底座位置应正确，顶托螺杆伸出长度应符合规定；

（4）立杆的规格尺寸和垂直度应符合要求，不得出现偏心荷载；

（5）扫地杆、水平拉杆、剪刀撑等的设置应符合规定，固定应可靠；

（6）安全网和各种安全设施应符合要求。

知识点索引：《建筑施工模板安全技术规范》JGJ 162－2008 第 8.0.5 条

关键词：模板　支撑架　安全

4. 根据《建筑施工模板安全技术规范》JGJ 162－2008，梁、板模板拆除有何规定？

答：（1）梁、板模板应先折梁侧模，再拆板底模，最后拆除梁底模，并应分段分片进行，严禁成片撬落或成片拉拆。

（2）拆除时，作业人员应站在安全的地方进行操作，严禁站在已拆或松动的模板上进行拆除作业。

（3）拆除模板时，严禁用铁棍或铁锤乱砸，已拆下的模板应妥善传递或用绳钩放至地面。

（4）严禁作业人员站在悬臂结构边缘敲拆下面的底模。

（5）待分片、分段的模板全部拆除后，方允许将模板、支架、零配件等按指定地点运出堆放，并进行拔钉、清理、整修、刷防锈油或脱模剂，入库备用。

知识点索引：《建筑施工模板安全技术规范》JGJ 162－2008（7.3.4）

关键词：模板拆除　规定

第四章 地基与基础工程、主体结构工程

一、《建筑桩基技术规范》JGJ 94-2008

1. 灌注桩桩身混凝土及混凝土保护层厚度有哪些要求?

答: (1) 桩身混凝土强度等级不得小于 C25,混凝土预制桩尖强度等级不得小于 C30;

(2) 灌注桩主筋的混凝土保护层厚度不应小于 35mm;

(3) 水下灌注桩的主筋混凝土保护层厚度不得小于 50mm;

(4) 四类、五类环境中桩身混凝土保护层厚度应符合国家现行标准的相关规定。

知识点索引:《建筑桩基技术规范》JGJ 94-2008 (4.1.2)

关键词:桩身混凝土及保护层厚度 要求

2. 预应力混凝土桩可采用什么方法连接?

答:预应力混凝土桩的连接可采用端板焊接连接、法兰连接、机械啮合连接、螺纹连接。

知识点索引:《建筑桩基技术规范》JGJ 94-2008 (4.1.12)

关键词:预应力混凝土桩

3. 工程桩与承台的连接构造有哪些规定?

答: (1) 桩嵌入承台内的长度对中等直径桩不宜小于 50mm;对大直径桩不宜小于 100mm;

(2) 混凝土桩的桩顶纵向主筋应锚入承台内,其锚入长度不宜小于 35 倍纵向主筋直径。对于抗拔桩,桩顶纵向主筋的锚固长度应符合国家现行标准的相关规定;

(3) 对于大直径灌注桩,当采用一柱一桩时可设置承台或将桩与柱直接连接。

知识点索引:《建筑桩基技术规范》JGJ 94-2008 (4.2.4)

关键词:桩与承台 连接要求

4. 柱与承台的连接构造有何要求?

答:(1) 对于一柱一桩基础,柱与桩直接连接时,柱纵向主筋锚入桩身内长度不应小于 35 倍纵向主筋直径;

(2) 对于多桩承台,柱纵向主筋应锚入承台不小于 35 倍纵向主筋直径;当承台高度不满足锚固要求时,竖向锚固长度不应小于 20 倍纵向主筋直径,并向柱轴线方向呈 90° 弯折;

(3) 当有抗震设防要求时,对于一、二级抗震等级的柱,纵向主筋锚固长度应乘以

1.15 的系数；对于三级抗震等级的柱，纵向主筋锚固长度应乘以 1.05 的系数。

知识点索引：《建筑桩基技术规范》JGJ 94-2008（4.2.5）

关键词：柱与承台　连接要求

5. 灌注桩施工中，钻孔机具及工艺的选择应根据哪些情况确定？

答：钻孔机具及工艺的选择，应根据桩型、钻孔深度、土层情况、泥浆排放及处理条件综合确定。

知识点索引：《建筑桩基技术规范》JGJ 94-2008（6.1.2）

关键词：灌注桩

6. 灌注桩施工中，摩擦型桩及端承摩擦桩成孔的控制深度应符合哪些要求？

答：（1）摩擦桩应以设计桩长控制成孔深度；

（2）端承摩擦桩必须保证设计桩长及桩端进入持力层深度。

知识点索引：《建筑桩基技术规范》JGJ 94-2008（6.2.3）

关键词：灌注桩

7. 泥浆护壁成孔灌注桩灌注混凝土前，孔底 500mm 以内的泥浆相对密度有何要求？

答：灌注混凝土前，孔底 500mm 以内的泥浆相对密度应小于 1.25。

知识点索引：《建筑桩基技术规范》JGJ 94-2008（6.3.2）

关键词：灌注桩

8. 正、反循环钻孔灌注桩施工时，当钻孔达到设计深度，灌注混凝土之前，端承桩和摩擦桩的孔底沉渣厚度指标应分别符合哪些规定？

答：孔底沉渣厚度指标应符合下列规定：

对端承型桩，不应大于 50mm；

对摩擦型桩，不应大于 100mm。

知识点索引：《建筑桩基技术规范》JGJ 94-2008（6.3.9）

关键词：灌注桩

9. 灌注桩施工时，水下灌注混凝土坍落度宜为多少？

答：水下灌注混凝土坍落度宜为 180mm～220mm。

知识点索引：《建筑桩基技术规范》JGJ 94-2008（6.3.27）

关键词：灌注桩

10. 灌注桩灌注水下混凝土时，超灌高度宜为多少？

答：灌注桩灌注水下混凝土超灌高度宜为 0.8m～1.0m。

知识点索引：《建筑桩基技术规范》JGJ 94-2008（6.3.30）

关键词：灌注桩

11. 灌注桩后注浆作业，当满足什么条件时可终止注浆？

答：当满足下列条件之一时可终止注浆：

(1) 注浆总量和注浆压力均达到设计要求；

(2) 注浆总量已达到设计值的 75%，且注浆压力超过设计值。

知识点索引：《建筑桩基技术规范》JGJ 94-2008（6.7.6）

关键词：灌注桩、后注浆

12. 灌注桩后注浆施工完成后应提供哪些资料？

答：后注浆施工完成后应提供水泥材质检验报告、压力表检定证书、试注浆记录、设计工艺参数、后注浆作业记录、特殊情况处理记录等资料。

知识点索引：《建筑桩基技术规范》JGJ 94-2008（6.7.9）

关键词：灌注桩、后注浆

13. 灌注桩后注浆施工完成后多久可以进行承载力检验？

答：在桩身混凝土强度达到设计要求的条件下，承载力检验应在注浆完成 20d 后进行，浆液中掺入早强剂时可于注浆完成 15d 后进行。

知识点索引：《建筑桩基技术规范》JGJ 94-2008（6.7.9）

关键词：灌注桩、后注浆

14. 静力压桩的终压条件应符合哪些规定？

答：终压条件应符合下列规定：

(1) 应根据现场试压桩的试验结果确定终压标准；

(2) 终压连续复压次数应根据桩长及地质条件等因素确定。对于入土深度大于或等于 8m 的桩，复压次数可为 2 次~3 次；对于入土深度小于 8m 的桩，复压次数可为 3 次~5 次；

(3) 稳压压桩力不得小于终压力，稳定压桩的时间宜为 5s~10s。

知识点索引：《建筑桩基技术规范》JGJ 94-2008（7.5.9）

关键词：静力压桩

15. 静力压桩出现哪些情况时，应暂停压桩作业，并分析原因，采取相应措施？

答：出现下列情况之一时，应暂停压桩作业，并分析原因，采取相应措施：

(1) 压力表读数显示情况与勘察报告中的土层性质明显不符；

(2) 桩难以穿越硬夹层；

(3) 实际桩长与设计桩长相差较大；

(4) 出现异常响声，压桩机械工作状态出现异常；

(5) 桩身出现纵向裂缝和桩头混凝土出现剥落等异常现象；

(6) 夹持机构打滑；

(7) 压桩机下陷。

知识点索引：《建筑桩基技术规范》JGJ 94-2008（7.5.12）

关键词：静力压桩

16. 静力压桩采用引孔时，引孔作业和压桩作业的间隔时间如何要求？

答：引孔作业和压桩作业应连续进行，间隔时间不宜大于 12h；在软土地基中不宜大于 3h。

知识点索引：《建筑桩基技术规范》JGJ 94 - 2008（7.5.14）

关键词：静力压桩

17. 预制桩（混凝土预制桩、钢桩）施工前应进行哪些检验？

答：预制桩（混凝土预制桩、钢桩）施工前应进行下列检验：

（1）成品桩应按选定的标准图或设计图制作，现场应对其外观质量及桩身混凝土强度进行检验；

（2）应对接桩用焊条、压桩用压力表等材料和设备进行检验。

知识点索引：《建筑桩基技术规范》JGJ 94 - 2008（9.2.2）

关键词：预制桩

18. 混凝土灌注桩施工前应进行哪些检验？

答：灌注桩施工前应进行下列检验：

（1）混凝土拌制应对原材料质量与计量、混凝土配合比、坍落度、混凝土强度等级等进行检查；

（2）钢筋笼制作应对钢筋规格、焊条规格、品种、焊口规格、焊缝长度、焊缝外观和质量、主筋和箍筋的制作偏差等进行检查，钢筋笼制作允许偏差应符合规范要求。

知识点索引：《建筑桩基技术规范》JGJ 94 - 2008（9.2.3）

关键词：灌注桩

19. 预制桩（混凝土预制桩、钢桩）施工过程中应进行哪些检验？

答：预制桩（混凝土预制桩、钢桩）施工过程中应进行下列检验：

（1）打入（静压）深度、停锤标准、静压终止压力值及桩身（架）垂直度检查；

（2）接桩质量、接桩间歇时间及桩顶完整状况；

（3）每米进尺锤击数、最后 1.0m 进尺锤击数、总锤击数、最后三阵贯入度及桩尖标高等。

知识点索引：《建筑桩基技术规范》JGJ 94 - 2008（9.3.1）

关键词：预制桩

20. 桩基验收应具备哪些资料？

答：（1）岩土工程勘察报告、桩基施工图、图纸会审纪要、设计变更单及材料代用通知单等；

（2）经审定的施工组织设计、施工方案及执行中的变更情况；

（3）桩位测量放线图，包括工程桩位线复核签证单；

（4）成桩质量检查报告；

（5）单桩承载力检测报告；

（6）基坑挖至设计标高的基桩竣工平面图及桩顶标高资料。

知识点索引：《建筑桩基技术规范》JGJ 94－2008（9.5.2）

关键词：基桩验收　资料

21. 桩基沉降变形可用哪些指标表示？

答：（1）沉降量；

（2）沉降差；

（3）整体倾斜：建筑物桩基础倾斜方向两端点的沉降差与其距离之比值；

（4）局部倾斜：墙下条形承台沿纵向某一长度范围内桩基础两点的沉降差与其距离之比值。

知识点索引：《建筑桩基技术规范》JGJ 94－2008（5.5.2）

关键词：桩基沉降　指标

二、《建筑地基基础工程施工质量验收标准》GB 50202－2018

1. 地基承载力检验时，静载试验最大加载量有哪些要求？

答：地基承载力检验时，静载试验最大加载量不应小于设计要求的承载力特征值的2倍。

知识点索引：《建筑地基基础工程施工质量验收标准》GB 50202－2018（4.1.3）

关键词：地基

2. 强夯地基、注浆地基、预压地基的地基承载力的检验数量有哪些要求？

答：强夯地基、注浆地基、预压地基的地基承载力的检验数量每 300㎡ 不应少于1点，超过 3000㎡ 部分每 500㎡ 不应少于1点。每单位工程不应少于3点。

知识点索引：《建筑地基基础工程施工质量验收标准》GB 50202－2018（4.1.4）

关键词：地基

3. 高压喷射注浆桩、水泥土搅拌桩等复合地基的承载力检验数量有哪些要求？

答：高压喷射注浆桩、水泥土搅拌桩等复合地基的承载力检验数量不应少于总桩数的0.5%，且不应少于3点。

知识点索引：《建筑地基基础工程施工质量验收标准》GB 50202－2018（4.1.5）

关键词：地基

4. 强夯地基施工中应检查哪些方面？

答：强夯地基施工中应检查夯锤落距、夯点位置、夯击范围、夯击击数、夯击遍数、每击夯沉量、最后两击的平均夯沉量、总夯沉量和夯点施工起止时间等。

知识点索引：《建筑地基基础工程施工质量验收标准》GB 50202－2018（4.6.2）

关键词：地基、强夯

5. 强夯地基的主控项目有哪些？

答：强夯地基的主控项目有地基承载力、处理后地基土的强度、变形指标。

知识点索引：《建筑地基基础工程施工质量验收标准》GB 50202－2018（4.6.4）

关键词：强夯地基、主控项目

6. 预压地基的施工控制要点有哪些？

答：（1）施工前应检查施工监测措施和监测初始数据、排水设施和竖向排水体等。

（2）施工中应检查堆载高度、变形速率，真预压施工时应检查密封膜的密封性能、真空表读数等。

（3）施工结束后，应进行地基承载力与地基土强度和变形指标检验。

知识点索引：《建筑地基基础工程施工质量验收标准》GB 50202－2018（4.8）

关键词：地基、预压地基

7. 高压喷射注浆复合地基主控项目有哪些？

答：高压喷射注浆复合地基主控项目有：复合地基承载力、单桩承载力、水泥用量、桩长、桩身强度。

知识点索引：《建筑地基基础工程施工质量验收标准》GB 50202－2018（4.10.4）

关键词：地基、高压喷射注浆复合地基

8. 水泥土搅拌桩复合地基监理控制要点有哪些？

答：（1）审查施工专项方案；

（2）对全部原材料进行检查、复验；

（3）检查桩位、搅拌机工作性能，并应对各种计量设备进行检定或校准；

（4）施工中应检查机头提升速度、水泥浆或水泥注入量、搅拌桩的长度及标高；

（5）施工结束后，应检验桩体的强度和直径，以及单桩与复合地基的承载力。

知识点索引：《建筑地基基础工程施工质量验收标准》GB 50202－2018（4.11）

关键词：水泥土搅拌桩　控制要点

9. 灌注桩混凝土强度检验的试件取样有何规定？

答：（1）取样应在施工现场随机抽取；

（2）来自同一搅拌站的混凝土，每浇筑 $50m^3$ 必须至少留置 1 组试件，当混凝土浇筑量不足 $50m^3$，每连续浇筑 12h 必须至少留置 1 组试件；

（3）对单柱单桩，每根桩应至少留置 1 组试件。

知识点索引：《建筑地基基础工程施工质量验收标准》GB 50202－2018（5.1.3）

关键词：灌注桩混凝土强度检验　取样要求

10. 桩基设计等级为甲级或地质条件复杂时，静载试验的检验桩数的规定？

答：工程桩静载试验的检验桩数不应少于总桩数的 1%，且不应少于 3 根，当总桩数少于 50 根时，不应少于 2 根。

知识点索引：《建筑地基基础工程施工质量验收标准》GB 50202－2018（5.1.6）

关键词：桩、静载

11. 筏形与箱形基础施工过程控制要点有哪些？

答：（1）施工前应对放线尺寸进行检验。

（2）施工中应对轴线、预埋件、预留洞中心线位置、钢筋位置及钢筋保护层厚度进行检验。

（3）施工结束后，应对筏形和箱形基础的混凝土强度、轴线位置、基础顶面标高及平整度进行验收。

知识点索引：《建筑地基基础工程施工质量验收标准》GB 50202－2018（5.4）

关键词：筏形基础

12. 泥浆护壁成孔灌注桩监理控制要点有哪些？

答：（1）审查施工专项方案；

（2）施工前应检验灌注桩的原材料及桩位处的地下障碍物处理资料；

（3）施工中应对成孔、钢筋笼制作与安装、水下混凝土灌注各项质量指标进行检查验收，嵌岩桩应对桩端的岩性和入岩深度进行检验；

（4）施工后应对桩身完整性、混凝土强度及承载力进行检验；

（5）泥浆护壁成孔灌注桩质量检验标准的相关规定。

知识点索引：《建筑地基基础工程施工质量验收标准》GB 50202－2018（5.6）

关键词：泥浆护壁成孔灌注桩　控制要点

13. 泥浆护壁成孔灌注桩的桩身完整性检测的方法有哪些？

答：泥浆护壁成孔灌注桩的桩身完整性检测的方法有钻芯法、低应变法、声波透射法。

知识点索引：《建筑地基基础工程施工质量验收标准》GB 50202－2018（5.6.4）

关键词：灌注桩

14. 锚杆静压桩的控制要点有哪些？

答：（1）施工前应对成品桩做外观及强度检验，接桩用焊条应有产品合格证书，或送有关部门检验；压桩用压力表、锚杆规格及质量应进行检查；

（2）压桩施工中应检查压力、桩垂直度、接桩间歇时间、桩的连接质量及压入深度。重要工程应对电焊接桩的接头进行探伤检查。对承受反力的结构应加强观测；

（3）施工结束后应进行桩的承载力检验。

知识点索引：《建筑地基基础工程施工质量验收标准》GB 50202－2018（5.11）

关键词：锚杆静压桩　控制要点

15. 三轴水泥土搅拌桩截水帷幕的主控项目有哪些？

答：三轴水泥土搅拌桩截水帷幕的主控项目有：桩身长度、水泥用量、桩长、导向架垂直度、桩径。

知识点索引：《建筑地基基础工程施工质量验收标准》GB 50202－2018（7.2.9）

关键词：截水帷幕、三轴水泥土搅拌桩

16. 土钉墙质量检验的主控项目及一般项目有哪些?

答：（1）主控项目：抗拔承载力、土钉长度、分层开挖厚度；

（2）一般项目：土钉位置、土钉直径、土钉孔倾斜度、水胶比、注浆量、注浆压力、浆体强度、钢筋网间距、土钉面层厚度、面层混凝土强度、预留土墩尺寸及间距、微型桩桩位、微型桩垂直度。

知识点索引：《建筑地基基础工程施工质量验收标准》GB 50202－2018（表7.6.5）

关键词：土钉墙　质量检验

17. 基坑支护的内支撑施工结束后，对应的下层土方开挖前，应对水平支撑的哪些方面施工质量进行检验?

答：基坑支护的内支撑施工结束后，对应的下层土方开挖前，应对水平支撑的尺寸、位置、标高、支撑与围护结构的连接节点、钢支撑的连接节点和钢立柱的施工质量进行检验。

知识点索引：《建筑地基基础工程施工质量验收标准》GB 50202－2018（7.10.3）

关键词：基坑支护、内支撑

18. 基坑支护的锚杆施工质量检验主控项目有哪些?

答：基坑支护的锚杆施工质量检验主控项目有抗拔承载力、锚固体强度、预加力、锚杆长度。

知识点索引：《建筑地基基础工程施工质量验收标准》GB 50202－2018（7.11.4）

关键词：基坑支护、锚杆

19. 基坑支护的排水系统最大排水能力有何要求?

答：基坑支护的排水系统最大排水能力不应小于工程所需最大排水量的1.2倍。

知识点索引：《建筑地基基础工程施工质量验收标准》GB 50202－2018（8.1.1）

关键词：基坑支护、降排水

20. 基础土方开挖的原则?

答：开槽支撑，先撑后挖，分层开挖，严禁超挖。

知识点索引：《建筑地基基础工程施工质量验收标准》GB 50202－2018（9.1.3）

关键词：土方开挖　原则

21. 基础土方开挖的控制要点?

答：（1）施工前应检查支护结构质量、定位放线、排水和地下水控制系统，以及对周边影响范围内地下管线和建（构）筑物保护措施的落实、土方运输车辆的行走路线及弃土场。附近有重要保护设施的基坑，应在土方开挖前对围护体的止水性能通过预降水进行检验；

（2）施工中应检查平面位置、水平标高、边坡坡率、压实度、排水系统、地下水控制系统、预留土墩、分层开挖厚度、支护结构的变形，并随时观测周围环境变化；

（3）施工结束后应检查平面几何尺寸、水平标高、边坡坡率、表面平整度和基底土性等。

知识点索引：《建筑地基基础工程施工质量验收标准》GB 50202-2018（9.2）

关键词：土方开挖　控制要点

22. 土石方回填工程的分层压实系数检测方法有哪些？

答：土石方回填工程的分层压实系数检测方法有环刀法、灌水法、灌砂法。

知识点索引：《建筑地基基础工程施工质量验收标准》GB 50202-2018（9.5.4）

关键词：土石方回填、压实系数

23. 重力式挡土墙施工结束后，应对哪些项目进行检验？

答：重力式挡土墙施工结束后，应检验砌体墙面质量、墙体高度、顶面宽度，砌缝、勾缝质量，结构变形缝的位置、宽度，泄水孔的位置、坡率等。

知识点索引：《建筑地基基础工程施工质量验收标准》GB 50202-2018（10.3.3）

关键词：挡土墙

三、《建筑基桩检测技术规范》JGJ 106-2014

1. 基桩工程验收检测的受检桩选择有哪些规定？

答：（1）施工质量有疑问的桩；

（2）局部地基条件出现异常的桩；

（3）承载力验收检测时部分选择完整性检测中判定的三类桩；

（4）设计方认为重要的桩；

（5）施工工艺不同的桩。

知识点索引：《建筑基桩检测技术规范》JGJ 106-2014（3.2.6）

关键词：基桩检测　选择规定

2. 混凝土桩的桩身完整性检测数量应有哪些规定？

答：（1）建筑柱基设计等级为甲级，或地基条件复杂、成桩质量可靠性较低的灌注桩工程，检测数量不应少于总桩数的30%且不应少于20根；其他桩基工程，检测数量不应少于总桩数的20%，且不应少于10根；

（2）除符合本条上款规定外，每个柱下承台检测桩数不应少于1根；

（3）大直径嵌岩灌注桩或设计等级为甲级的大直径灌注桩，除符合上述要求外，还按不少于总桩数10%的比例采用声波透射法或钻芯法检测。

知识点索引：《建筑基桩检测技术规范》JGJ 106-2014（3.3.3）

关键词：基桩完整性检测　数量规定

3. 单桩竖向抗压静载试验进行承载力验收检测时，检测数量有哪些要求？

答：单桩竖向抗压静载试验检测数量不应少于同一条件下桩基分项工程总桩数的1%，且不应少于3根；当总桩数小于50根时，检测数量不应少于2根。

知识点索引：《建筑基桩检测技术规范》JGJ 106－2014（3.3.4）

关键词：单桩竖向抗压静载试验　检测数量

4. 对低应变法检测中不能明确桩身完整性类别的桩或三类桩，可根据实际情况采用哪些方法进行验证？

答：可采用静载法、钻芯法、高应变法、开挖等方法进行验证检测。

知识点索引：《建筑基桩检测技术规范》JGJ 106－2014（3.4.5）

关键词：低应变　检测　验证

5. 钻芯法钻芯孔数和钻孔位置，应符合什么规定？

答：（1）桩径小于1.2m的桩的钻孔数量可为1个～2个孔，桩径为1.2m～1.6m的桩的钻孔数量宜为2个孔，桩径大于1.6m的桩的钻孔数量宜为3个孔；

（2）当钻芯孔为1个时，宜在距桩中心100mm～150mm的位置开孔；当钻芯孔为2个或2个以上时，开孔位置宜在距桩中心$0.15D～0.25D$范围内均匀对称布置；

（3）对桩端持力层的钻探，每根受检桩不应少于1个孔。

知识点索引：《建筑基桩检测技术规范》JGJ 106－2014（7.1.2）

关键词：钻芯法钻芯孔数位置

6. 声波透射法声测管埋设需满足哪些要求？

答：（1）声测管内径应大于换能器外径；

（2）声测管应有足够的径向刚度，声测管材料的温度系数应与混凝土接近；

（3）声测管应下端封闭、上端加盖、管内无异物；声测管连接处应光顺过渡，管口应高出混凝土顶面100mm以上；

（4）浇灌混凝土前应将声测管有效固定。

知识点索引：《建筑基桩检测技术规范》JGJ 106－2014（10.3.1）

关键词：声测管理　规定

四、《静压桩施工技术规程》JGJ/T 394－2017

1. 静压桩接桩可采用哪些接桩方式？

答：接桩可采用焊接或螺纹式、啮合式、卡扣式、抱箍式等机械快速连接方式。

知识点索引：《静压桩施工技术规程》JGJ/T 394－2017（5.5.1）

关键词：静压桩

2. 静压桩焊接接头探伤抽样检测数量有何要求？

答：静压桩焊接接头应进行探伤抽样检测，检测数量不应少于总桩数的1%，且不应少于3根。

知识点索引：《静压桩施工技术规程》JGJ/T 394－2017（5.5.4）

关键词：静压桩

3. 静压桩送桩深度不宜大于多少?

答：静压桩送桩深度不宜大于 10m～12m。

知识点索引：《静压桩施工技术规程》JGJ/T 394－2017（5.6.1）

关键词：静压桩

4. 当静压桩出现压桩困难时，可采用哪些辅助措施?

答：当压桩出现困难时，可采用复压、引孔、组合桩法等一种或多种辅助措施。

知识点索引：《静压桩施工技术规程》JGJ/T 394－2017（5.7.1）

关键词：静压桩

5. 在静压桩压桩施工前，可采用哪些措施减小压桩对周边环境的影响?

答：在压桩施工前，可采用下列措施减小压桩对周边环境的影响：

（1）选择接地压强小的压桩机；

（2）在场地四周开挖防挤沟，或设置应力释放孔；

（3）在饱和软黏土中可设置袋装砂井、塑料排水板、管笼井等竖向排水通道；

（4）设置板桩、水泥土搅拌桩等隔离屏蔽措施。

知识点索引：《静压桩施工技术规程》JGJ/T 394－2017（6.2.4）

关键词：静压桩

6. 在静压桩压桩过程中，可采用哪些措施减小压桩对周边环境和已施工工程桩的影响?

答：在压桩过程中，可采用下列措施减小压桩对周边环境和已施工工程桩的影响：

（1）按设计要求和地质条件选用合适的桩尖；

（2）根据施工监测数据，在密集压桩区域内宜调整压桩参数或设置应力释放孔；

（3）可采用引孔压桩法。

知识点索引：《静压桩施工技术规程》JGJ/T 394－2017（6.2.5）

关键词：静压桩

7. 静压桩施工监测应包括哪些内容?

答：静压桩施工监测应包括工程桩监测和周边环境监测。

知识点索引：《静压桩施工技术规程》JGJ/T 394－2017（6.3.1）

关键词：静压桩

8. 静压桩施工前，需对成品桩哪些方面进行检查和检测?

答：施工前，应对成品桩进行下列检查和检测：

（1）桩规格、型号及合格证；

（2）尺寸偏差、外观质量抽检；

（3）端板或连接部件抽检；

（4）桩身结构钢筋、混凝土强度抽检；

（5）桩尖检查。

知识点索引：《静压桩施工技术规程》JGJ/T 394-2017（7.1.1）

关键词：静压桩

9. 静压桩采用焊接接头时，焊接接头检查需符合哪些规定？

答：采用焊接接头时，焊接接头检查应符合下列规定：

（1）重点检查桩套箍和端板的材质、厚度和电焊坡口尺寸；

（2）抽查端板厚度的桩节数量不应少于桩节数的2%且不应少于3节；

（3）严禁使用端板厚度或电焊坡口尺寸不合格的桩；

（4）宜随机选取2个~3个端板进行材质检测，当有一个不合格，该批桩不得使用。

知识点索引：《静压桩施工技术规程》JGJ/T 394-2017（7.1.4）

关键词：静压桩

10. 静压桩桩尖的检查和检测，需符合哪些规定？

答：桩尖的检查和检测，应符合下列规定：

（1）按设计要求和国家现行有关标准，检查规格和构造，生产厂家应提供桩尖钢材化学和力学性能的测试报告；

（2）除量测各尺寸外，宜随机抽取3%的桩尖进行重量检查，单个桩尖重量达不到理论值的90%时，应判定为不合格；

（3）应逐个检查，不合格者不得使用。

知识点索引：《静压桩施工技术规程》JGJ/T 394-2017（7.1.8）

关键词：静压桩

11. 静压桩施工压桩过程中对桩的质量检查需包括哪些内容？

答：压桩过程中对桩的质量检查应包括下列内容：

（1）桩位和桩身垂直度检查；

（2）桩接头施工质量检查；

（3）压桩阻力和终压控制的检查；

（4）压桩记录检查。

知识点索引：《静压桩施工技术规程》JGJ/T 394-2017（7.2.1）

关键词：静压桩

12. 静压桩焊接接头质量检查和检验应符合哪些规定？

答：焊接接头质量检查和检验应符合下列规定：

（1）焊缝检查应符合现行国家标准的规定；

（2）焊缝直观检查应无气孔、无焊瘤、无裂缝、焊缝饱满；

（3）记录并监控焊接时间、焊接后的冷却时间。

知识点索引：《静压桩施工技术规程》JGJ/T 394－2017（7.2.3）

关键词：静压桩

13. 静压桩压桩作业前，安全准备工作需应满足哪些规定？

答：压桩作业前，安全准备工作应符合下列规定：

（1）场地应整平压实，地基承载力应符合压桩机的作业要求；

（2）作业区与架空输电管线、地下管线和地下设施的安全距离应符合有关要求；

（3）应对作业人员进行技术安全交底。

知识点索引：《静压桩施工技术规程》JGJ/T 394－2017（8.0.3）

关键词：静压桩

五、《混凝土结构工程施工规范》GB 50666－2011

1. 扣件式钢管作模板支架时，质量检查要点有哪些？

答：（1）模板支架搭设所采用的钢管、扣件规格，应符合设计要求；立杆纵距、立杆横距、支架步距以及构造要求，应符合施工方案的要求。

（2）立杆纵距、立杆横距不应大于1.5m，支架步距不应大于2.0m；立杆纵向和横向宜设置扫地杆，纵向扫地杆距立杆底部不宜大于200mm；横向扫地杆宜设置在纵向扫地杆的下方；立杆底部宜设置底座或垫板。

（3）立杆接长除顶层步距可采用搭接外，其余各层步距接头应采用对接扣件连接，两个相邻立杆的接头不应设置在同一步距内。

（4）立杆步距的上下两端应设置双向水平杆，水平杆与立杆的交错点应采用扣件连接，双向水平杆与立杆的连接扣件之间的距离不应大于150mm。

（5）支架周边应连续设置竖向剪刀撑。支架长度或宽度大于6m时，应设置中部纵向或横向的竖向剪刀撑，剪刀撑的间距和单幅剪刀撑的宽度均不宜大于8m，剪刀撑与水平杆的夹角宜为45°～60°；支架高度大于3倍步距时，支架顶部宜设置一道水平剪刀撑，剪刀撑应延伸至周边。

（6）立杆、水平杆、剪刀撑的搭接长度，不应小于0.8m，且不应少于2个扣件连接，扣件盖板边缘至杆端不应小于100mm。

（7）扣件螺栓的拧紧力矩不应小于40N·m，且不应大于65N·m。

（8）支架立杆搭设的垂直偏差不宜大于1/200。

知识点索引：《混凝土结构工程施工规范》GB 50666－2011（4.4.7）

关键词：扣件式钢管模板　检查要点

2. 当采用扣件式钢管作为高大模板支架时，支架立杆的纵横距、步距分别不应大于多少？

答：立杆纵距、横距不应大于1.2m，支架步距不应大于1.8m。

知识点索引：《混凝土结构工程施工规范》GB 50666－2011（4.4.8）

关键词：高大模板

3. 当采用扣件式钢管作为高大模板支架时，如果立杆顶层步距内采用搭接，应如何搭接？

答：扣件式钢管作为高大模板支架时，如果立杆顶层步距内采用搭接，搭接长度不应小于 1m，且不应少于 3 个扣件连接。

知识点索引：《混凝土结构工程施工规范》GB 50666 - 2011 (4.4.8)

关键词：高大模板

4. 模板工程拆除的顺序有何要求？

答：模板拆除时，可采取先支的后拆、后支的先拆，先拆非承重模板、后拆承重模板的顺序，并应从上而下进行拆除。

知识点索引：《混凝土结构工程施工规范》GB 50666 - 2011 (4.5.1)

关键词：模板

5. 碗扣式、盘扣式或盘销式钢管架作模板支架时，质量检查要点有哪些？

答：（1）插入立杆顶端可调托座伸出顶层水平杆的悬臂长度，不应超过 650mm；

（2）水平杆杆端与立杆连接的碗扣、插接和盘销的连接状况不应松脱；

（3）按规定设置的竖向和水平斜撑。

知识点索引：《混凝土结构工程施工规范》GB 50666 - 2011 (4.6.4)

关键词：碗扣式　盘扣式或盘销式　检查要点

6. 有抗震设防要求的结构，其纵向受力钢筋的性能需满足哪些要求？

答：纵向受力钢筋的性能应满足设计要求；当设计无具体要求时，对按一、二、三级抗震等级设计的框架和斜撑构件（含梯段）中的纵向受力普通钢筋应采用 HRB335E、HRB400E、HRB500E、HRBF335E、HRBF400E 或 HRBF500E 钢筋，其强度和最大力下总伸长率的实测值，应符合下列规定：

（1）钢筋的抗拉强度实测值与屈服强度实测值的比值不应小于 1.25；

（2）钢筋的屈服强度实测值与屈服强度标准值的比值不应大于 1.30；

（3）钢筋的最大力下总伸长率不应小于 9％。

知识点索引：《混凝土结构工程施工规范》GB 50666 - 2011 (5.2.2)

关键词：向受力钢筋　性能要求

7. 对有抗震设防要求的结构构件，箍筋弯钩的弯折角度和弯折后的平直段长度需满足哪些要求？

答：对有抗震设防要求的结构构件，箍筋弯钩的弯折角度不应小于 135°，弯折后平直段长度不应小于箍筋直径的 10 倍和 75mm 两者之中的较大值。

知识点索引：《混凝土结构工程施工规范》GB 50666 - 2011 (5.3.6)

关键词：钢筋

8. 钢筋接头需满足哪些规定？

答：钢筋接头宜设置在受力较小处；有抗震设防要求的结构中，梁端、柱端箍筋加密区范围内不宜设置钢筋接头，且不应进行钢筋搭接。同一纵向受力钢筋不宜设置两个或两个以上接头，接头末端至钢筋弯起点的距离，不应小于钢筋直径的 10 倍。

知识点索引：《混凝土结构工程施工规范》GB 50666－2011（5.4.1）

关键词：钢筋连接 规定

9. 钢筋机械连接接头的混凝土保护层厚度不得小于多少？接头间横向间距不宜小于多少？

答：钢筋机械连接接头的混凝土保护层厚度不得小于 15mm。接头之间的横向净间距不宜小于 25mm。

知识点索引：《混凝土结构工程施工规范》GB 50666－2011（5.4.2）

关键词：钢筋

10. 钢筋原材进场应检查哪些内容？

答：（1）应检查钢筋的质量证明文件；

（2）应按国家现行有关标准的规定抽样检验屈服强度、抗拉强度、伸长率、弯曲性能及单位长度重量偏差；

（3）钢筋的外观质量；

（4）当无法准确判断钢筋品种、牌号时，应增加化学成分，晶粒度等检验项目。

知识点索引：《混凝土结构工程施工规范》GB 50666－2011（5.5.1）

关键词：钢筋进场 检查内容

11. 同一构件纵向受力钢筋的接头面积百分率有哪些规定？

答：（1）当纵向受力钢筋采用机械连接或焊接接头时，纵向受力钢筋接头面积百分率应符合下列规定：

1）受拉接头，不宜大于 50%；受压接头，可不受限制；

2）板、墙、柱中受拉机械连接接头，可根据实际情况放宽；装配式混凝土结构构件连接处受拉接头，可根据实际情况放宽；

3）直接承受动力荷载的结构构件中，不宜采用焊接；当采用机械连接时，不应超过 50%。

（2）当纵向受力钢筋采用绑扎搭接接头时，纵向受压钢筋的接头面积百分率可不受限制；纵向受拉钢筋的接头面积百分率应符合下列规定：

1）梁类、板类及墙类构件，不宜超过 25%；基础筏板不宜超过 50%；

2）柱类构件，不宜超过 50%；

3）当工程中确有必要增大接头面积百分率时，对梁类构件，不应大于 50%；对其他构件，可根据实际情况适当放宽。

知识点索引：《混凝土结构工程施工规范》GB 50666－2011（5.4）

关键词：纵向受力钢筋接头 规定

12. 预应力筋的张拉需满足哪些规定?

答：预应力张拉应符合设计要求，且符合下列规定：

（1）应根据结构受力特点、施工方便及操作安全等因素确定张拉顺序；

（2）预应力筋宜按均匀、对称的原则张拉；

（3）现浇预应力混凝土楼盖，宜先张拉楼板、次梁的预应力筋，后张拉主梁的预应力筋；

（4）对预制屋架等平卧叠浇构件，应从上而下逐榀张拉。

知识点索引：《混凝土结构工程施工规范》GB 50666 - 2011（6.4.6）

关键词：张拉 规定

13. 预应力筋张拉中出现筋断裂或滑脱时，应符合哪些规定?

答：（1）对后张法预应力结构构件，断裂或滑脱的数量严禁超过同一截面预应力筋总根数的 3%，且每束钢丝或每根钢绞线不得超过一丝；对多跨双向连续板，其同一截面应按每跨计算；

（2）对先张法预应力构件，在浇筑混凝土前发生断裂或滑脱的预应力筋必须更换。

知识点索引：《混凝土结构工程施工规范》GB 50666 - 2011（6.4.10）

关键词：预应力张拉 断裂或滑脱 措施

14. 水泥的选用需满足哪些规定?

答：（1）水泥品种与强度等级应根据设计、施工要求，以及工程所处环境条件确定；

（2）普通混凝土宜选用通用硅酸盐水泥；有特殊需要时，也可选用其他品种水泥；

（3）有抗渗、抗冻融要求的混凝土，宜选用硅酸盐水泥或普通硅酸盐水泥；

（4）处于潮湿环境的混凝土结构，当使用碱活性骨料时，宜采用低碱水泥。

知识点索引：《混凝土结构工程施工规范》GB 50666 - 2011（7.2.2）

关键词：水泥 选用规定

15. 混凝土结构粗骨料最大粒径有哪些要求?

答：（1）粗骨料最大粒径不应超过构件截面最小尺寸的 1/4，且不应超过钢筋最小净间距的 3/4；对实心混凝土板，粗骨料的最大粒径不宜超过板厚的 1/3，且不应超过 40mm；

（2）粗骨料宜采用连续粒级，也可用单粒级组合成满足要求的连续粒级。

知识点索引：《混凝土结构工程施工规范》GB 50666 - 2011（7.2.3）

关键词：混凝土结构 骨料最大粒径要求

16. 混凝土中外加剂的使用需满足哪些要求?

答：（1）当使用碱活性骨料时，由外加剂带入的碱含量（以当量氧化钠计）不宜超过 $1.0kg/m^3$，混凝土总碱含量尚应符合现行国家标准的有关规定；

（2）不同品种外加剂首次复合使用时，应检验混凝土外加剂相容性。

知识点索引：《混凝土结构工程施工规范》GB 50666 - 2011（7.2.8）

关键词：混凝土　外加剂规定

17. 大体积混凝土配合比设计需符合哪些规定？

答：（1）在保证混凝土强度及工作性要求的前提下，应控制水泥量，宜选用中、低水化热水泥，并宜掺加粉煤灰、矿渣粉；

（2）温度控制要求较高的大体积混凝土，其胶凝材料用量、品种等宜通过水化热和绝热温升试验确定；

（3）宜采用高性能减水剂。

知识点索引：《混凝土结构工程施工规范》GB 50666－2011（7.3.7）

关键词：大体积混凝土配合比　要求

18. 混凝土首次使用的配合比应进行开盘鉴定，开盘鉴定应包括哪些内容？

答：（1）混凝土的原材料与配合比设计所采用原材料的一致性；

（2）出机混凝土工作性与配合比设计要求的一致性；

（3）混凝土强度；

（4）混凝土凝结时间；

（5）工程有要求时，尚应包括混凝土耐久性能等。

知识点索引：《混凝土结构工程施工规范》GB 50666－2011（7.4.5）

关键词：开盘鉴定　内容

19. 水泥进场复检性能指标有哪些？

答：强度、安定性、凝结时间、水化热等性能指标。

知识点索引：《混凝土结构工程施工规范》GB 50666－2011（7.6.3）

关键词：水泥　复检指标

20. 柱、墙混凝土设计强度比梁、板混凝土设计强度高两个等级及以上时，交界区域需如何浇筑混凝土？

答：柱、墙混凝土设计强度比梁、板混凝土设计强度高两个等级及以上时，应在交界区域采取分隔措施；分隔位置应在低强度等级的构件中，且距高强度等级构件边缘不应小于 500mm。

知识点索引：《混凝土结构工程施工规范》GB 50666－2011（8.3.8）

关键词：混凝土

21. 柱、墙混凝土设计强度等级高于梁、板混凝土设计强度等级时，混凝土浇筑需采取何措施？

答：（1）柱、墙混凝土设计强度比梁、板混凝土设计强度高一个等级时，柱、墙位置梁、板高度范围内的混凝土经设计单位确认，可采用与梁、板混凝土设计强度等级相同的混凝土进行浇筑；

（2）柱、墙混凝土设计强度比梁、板混凝土设计强度高两个等级及以上时，应在交界区域采取分隔措施；分隔位置应在低强度等级的构件中，且距高强度等级构件边缘不应小于 500mm；

（3）宜先浇筑强度等级高的混凝土，后浇筑强度等级低的混凝土。

知识点索引：《混凝土结构工程施工规范》GB 50666－2011（8.3.8）

关键词：柱、墙、梁、板强度等级　措施

22. 型钢混凝土结构浇筑需满足哪些规定？

答：型钢混凝土结构浇筑应符合下列规定：

（1）混凝土粗骨料最大粒径不应大于型钢外侧混凝土保护层厚度的 1/3，且不宜大于 25mm；

（2）浇筑应有足够的下料空间，并应使混凝土充盈整个构件各部位；

（3）型钢周边混凝土浇筑宜同步上升，混凝土浇筑高差不应大于 500mm。

知识点索引：《混凝土结构工程施工规范》GB 50666－2011（8.3.12）

关键词：型钢混凝土

23. 施工缝或后浇带处浇筑混凝土有哪些规定？

答：（1）结合面应为粗糙面，并应清除浮浆、松动石子、软弱混凝土层；

（2）结合面处应洒水湿润，但不得有积水；

（3）施工缝处已浇筑混凝土的强度不应小于 1.2MPa；

（4）柱、墙水平施工缝水泥砂浆接浆层厚度不应大于 30mm，接浆层水泥砂浆应与混凝土浆液成分相同；

（5）后浇带混凝土强度等级及性能应符合设计要求；当设计无具体要求时，后浇带混凝土强度等级宜比两侧混凝土提高一级，并宜采用减小收缩的技术措施。

知识点索引：《混凝土结构工程施工规范》GB 50666－2011（8.3.10）

关键词：施工缝　后浇带　浇筑规定

24. 地下室底层和上部结构首层柱、墙混凝土需如何进行养护？

答：地下室底层和上部结构首层柱、墙混凝土带模养护时间不应少于 3d；带模养护结束后，可采用洒水养护方式继续养护，也可采用覆盖养护或喷涂养护剂养护方式继续养护。

知识点索引：《混凝土结构工程施工规范》GB 50666－2011（8.5.7）

关键词：混凝土养护

25. 水平施工缝的留设位置有哪些规定？

答：（1）柱、墙施工缝可留设在基础、楼层结构顶面，柱施工缝与结构上表面的距离宜为 0～100mm，墙施工缝与结构上表面的距离宜为 0～300mm；

（2）柱、墙施工缝也可留设在楼层结构底面，施工缝与结构下表面的距离宜为 0～50mm；当板下有梁托时，可留设在梁托下 0～20mm；

（3）高度较大的柱、墙、梁以及厚度较大的基础，可根据施工需要在其中部留设水平施工缝；当因施工缝留设改变受力状态而需要调整构件配筋时，应经设计单位确认；

（4）特殊结构部位留设水平施工缝应经设计单位确认。

知识点索引：《混凝土结构工程施工规范》GB 50666－2011（8.6.2）

关键词：水平施工缝　留设位置

26. 竖向施工缝和后浇带的留设位置需满足哪些规定？

答：（1）有主次梁的楼板施工缝应留设在次梁跨度中间 1/3 范围内；

（2）单向板施工缝应留设在与跨度方向平行的任何位置；

（3）楼梯梯段施工缝宜设置在梯段板跨度端部 1/3 范围内；

（4）墙的施工缝宜设置在门洞口过梁跨中 1/3 范围内，也可设在纵横墙交接处；

（5）后浇带留设位置应符合设计要求；

（6）特殊结构部位留设竖向施工缝应经设计单位确认。

知识点索引：《混凝土结构工程施工规范》GB 50666－2011（8.6.3）

关键词：竖向施工缝　后浇带　留设位置

27. 大体积混凝土的裂缝控制需采取哪些措施？

答：大体积混凝土结构或构件不仅指厚大基础底板，也包括厚墙、大柱、宽梁等。其裂缝控制与边界条件、环境条件、原材料、配合比、混凝土过程控制和养护等因素密切相关。下面提出几项主要措施：

（1）采用 60d、90d 龄期的混凝土强度，有利于提高矿物掺合料的用量并降低水泥用量，从而达到降低水化热防止温度升高产生裂缝的目的；

（2）大体积混凝土应对混凝土温度进行控制；

（3）大体积混凝土配合比应符合下列规定：

1）在保证混凝土强度及工作性能要求前提下，应控制水泥用量，宜选用中、低水化热水泥，并掺加矿物掺合料；

2）对温度控制高的混凝土，其胶凝材料用量、品种宜通过水化热和绝热温升试验确定；

3）宜采用高性能减水剂，如果羟酸类高效减水剂。

知识点索引：《混凝土结构工程施工规范》GB 50666－2011（8.7）

关键词：大体积混凝土　裂缝控制

28. 大体积混凝土施工时，温度需如何控制？

答：（1）入模温度不宜大于 30℃，浇筑体最大温升值不宜大于 50℃。

（2）在覆盖养护或带模养护阶段，混凝土浇筑体表面以内 40mm～10mm 位置处温度与混凝土浇筑体表面温度差值不应大于 25℃；结束覆盖养护或拆模后，混凝土浇筑体表面以内 40mm～100mm 位置处的温度与环境温度差值不应大于 25℃。

（3）混凝土降温速率不宜大于 2.0℃/天。

（4）基础厚度不大于 1.6m，裂缝控制技术措施完善，可不进行测温。

（5）柱、墙、梁结构实体最小尺寸大于 2m，且混凝土强度等级不低于 60℃时应进行测温。

（6）混凝土浇筑体表面以内 40mm～100mm 的温度与环境温度位置的差值小于 20℃时，可停止测温。

（7）大体积混凝土测温频率：1d～4d，每 4h 不少于 1 次；5d～7d，每 8h 不少于 1 次；7d 到结束，每 12h 不少于 1 次。

知识点索引：《混凝土结构工程施工规范》GB 50666 - 2011（8.7.1～8.7.7）

关键词：大体积混凝土　温度控制

29. 钢筋工程隐蔽验收内容有哪些？

答：（1）钢筋的规格、数量；

（2）钢筋的位置；

（3）钢筋的混凝土保护层厚度；

（4）预埋件规格、数量、位置及固定。

知识点索引：《混凝土结构工程施工规范》GB 50666 - 2011（8.8.4）

关键词：钢筋隐蔽工程　验收内容

30. 模板工程施工的检查内容有哪些？

答：（1）模板及支架位置、尺寸；

（2）模板的变形和密封性；

（3）模板涂刷脱模剂及必要的表面湿润；

（4）模板内杂物清理。

知识点索引：《混凝土结构工程施工规范》GB 50666 - 2011（8.8.4）

关键词：模板施工　检查要点

31. 混凝土结构外观一般缺陷修整有哪些要求？

答：混凝土结构外观一般缺陷修整应符合下列规定：

（1）露筋、蜂窝、孔洞、夹渣、疏松、外表缺陷，应凿除胶结不牢固部分的混凝土，应清理表面，洒水湿润后应用 1：2～1：2.5 水泥砂浆抹平；

（2）应封闭裂缝；

（3）连接部位缺陷、外形缺陷可与面层装饰施工一并处理。

知识点索引：《混凝土结构工程施工规范》GB 50666 - 2011（8.9.3）

关键词：混凝土缺陷修整

32. 装配式结构施工质量检查的内容有哪些？

答：（1）预制构件的堆放应进行下列检查：

1）堆放场地；

2）垫木或垫块的位置、数量；

3）预制构件堆垛层数、稳定措施。

（2）预制构件安装前应进行下列检查：

1）已施工完成结构的混凝土强度、外观质量和尺寸偏差；

2）预制构件的混凝土强度，预制构件、连接件及配件的型号、规格和数量；

3）安装定位标识；

4）预制构件与后浇混凝土结合面的粗糙度，预留钢筋的规格、数量和位置；

5）吊具及吊装设备的型号、数量、工作性能。

（3）预制构件安装连接应进行下列检查：

1）预制构件的位置及尺寸偏差；

2）预制构件临时支撑、垫片的规格、位置、数量；

3）连接处现浇混凝土或砂浆的强度、外观质量；

4）连接处钢筋连接及其他连接质量。

知识点索引：《混凝土结构工程施工质量验收规范》GB 50666－2011（9.6）

关键词：装配式结构 质量检查内容

33. 受拉钢筋及受压钢筋搭接长度有哪些要求？

答：（1）受拉钢筋的搭接长度不应小于 300mm；

（2）受压钢筋的搭接长度不应小于 200mm。

知识点索引：《混凝土结构工程施工质量验收规范》GB 50666－2011（C.0.3）

关键词：钢筋 搭接长度

六、《混凝土质量控制标准》GB 50164－2011

1. 混凝土中矿物掺合料需符合哪些规定？

答：（1）掺用矿物掺合料的混凝土，宜采用硅酸盐水泥和普通硅酸盐水泥；

（2）在混凝土中掺用矿物拌合料时，其种类和掺量应经试验确定；

（3）矿物掺合料宜与高效减水剂同时使用；

（4）对高强度混凝土或有抗渗、抗冻、抗腐蚀、耐磨等其他特殊要求的混凝土，不宜采用低于 II 级的粉煤灰；

（5）对于高强度混凝土和耐腐蚀混凝土，当需要采用硅灰时，不宜采用二氧化硅含量小于 90% 的硅灰。

知识点索引：《混凝土质量控制标准》GB 50164－2011（2.4.3）

关键词：混凝土矿物掺合料 规定

七、《建筑工程检测试验技术管理规范》JGJ 190－2010

1. 建设工程施工现场取样和送检有哪些强制性规定？

答：（1）施工单位及其取样、送检人员必须确保提供的检测试样具有真实性和代表性；

（2）见证人员必须对见证取样和送检的过程进行见证，且必须确保见证取样和送检过程的真实性；

（3）检测机构应确保检测数据和检测报告的真实性和准确性；

（4）进场材料的检测试样，必须从施工现场随机抽取，严禁在现场外制取；

（5）施工过程质量检测试样，除确定工艺参数可制作模拟试样外，必须从现场相应的

施Ⅰ部位制取;

（6）对检测试验结果不合格的报告严禁抽撤、替换或修改。

知识点索引：《建筑工程检测试验技术管理规范》JGJ 190 - 2010（3.0.4，3.0.6，3.0.8，5.4.1，5.4.2，5.7.4）

关键词：取样　强制性规定

八、《混凝土强度检验评定标准》GB/T 50107 - 2010

1. 混凝土试件的取样频率和数量有哪些规定？

答：（1）每 100 盘，但不超过 $100m^3$ 的同配合比混凝土，取样次数不应少于一次;

（2）每一工作班拌制的同配合比混凝土，不足 100 盘和 $100m^3$ 时其取样次数不应少于一次;

（3）当一次连续浇筑的同配合比混凝土超过 $1000m^3$ 时，每 $200m^3$ 取样不应少于一次;

（4）对房屋建筑，每一楼层、同一配合比的混凝土，取样不应少于一次。

知识点索引：《混凝土强度检验评定标准》GB/T 50107 - 2010（4.1.3）

关键词：试件　取样频率

九、《混凝土结构工程施工质量验收规范》GB 50204 - 2015

1. 模板工程支架立杆基础落在土层上时，有哪些要求？

答：（1）土层应坚实、平整，其承载力或密实度应符合施工方案的要求;

（2）应有防水、排水措施；对冻胀性土，应有预防冻融措施;

（3）支架竖杆下应有底座或垫板。

知识点索引：《混凝土结构工程施工质量验收规范》GB 50204 - 2015（4.2.4）

关键词：土层上模板支架安装　要求

2. 模板工程安装质量控制要点有哪些？

答：（1）模板的接缝应严密;

（2）模板内不应有杂物、积水或冰雪等;

（3）模板与混凝土的接触面应平整、清洁;

（4）用作模板的地坪、胎膜等应平整、清洁，不应有影响构件质量的下沉、裂缝、起砂或起鼓;

（5）对清水混凝土及装饰混凝土构件，应使用能达到设计效果的模板。

知识点索引：《混凝土结构工程施工质量验收规范》GB 50204 - 2015（4.2.5）

关键词：模板安装　要求

3. 钢筋工程隐蔽验收需验收哪些内容？

答：（1）纵向受力钢筋的牌号、规格、数量、位置;

（2）钢筋的连接方式、接头位置、接头质量、接头面积百分率、搭接长度、锚固方式及锚固长度;

（3）箍筋、横向钢筋的牌号、规格、数量、间距、位置、箍筋弯钩的弯折角度及平直段长度；

（4）预埋件的规格、数量和位置。

知识点索引：《混凝土结构工程施工质量验收规范》GB 50204－2015（5.1.1）

关键词：钢筋

4. 梁、柱类构件的纵向受力钢筋搭接长度范围内箍筋的设置设计无具体要求时，需满足哪些要求？

答：（1）箍筋直径不应小于搭接钢筋较大直径的 1/4；

（2）受拉搭接区段的箍筋间距不应大于搭接钢筋较小直径的 5 倍，且不应大于 100mm；

（3）受压搭接区段的箍筋间距不应大于搭接钢筋较小直径的 10 倍，且不应大于 200mm；

（4）当柱中纵向受力钢筋直径大于 25 mm 时，应在搭接接头两个端面外 100mm 范围内各设置二道箍筋，其间距宜为 50mm。

知识点索引：《混凝土结构工程施工质量验收规范》GB 50204－2015　（5.4.8）

关键词：纵向受力钢筋搭接长　箍筋的设置

5. 混凝土强度检验评定需采用哪种试件？

答：检验评定混凝土强度时，应采用 28d 或设计规定龄期的标准养护试件。

知识点索引：《混凝土结构工程施工质量验收规范》GB 50204－2015（7.1.1）

关键词：混凝土

6. 水泥进场时，应对哪些方面进行检查、检验？

答：水泥进场时，应对其品种、代号、强度等级、包装或散装编号、出厂日期等进行检查，并应对水泥的强度、安定性和凝结时间进行检验，检验结果应符合现行国家标准的相关规定。

知识点索引：《混凝土结构工程施工质量验收规范》GB 50204－2015（7.2.1）

关键词：水泥　检验

7. 水泥进场时，检验数量有哪些要求？

答：水泥检查数量：按同一厂家、同一品种、同一代号、同一强度等级、同一批号且连续进场的水泥，袋装不超过 200t 为一批，散装不超过 500t 为一批，每批抽样数量不应少于一次。

知识点索引：《混凝土结构工程施工质量验收规范》GB 50204－2015（7.2.1）

关键词：混凝土　检验

8. 混凝土外加剂进场时，检验数量有哪些要求？

答：混凝土外加剂检查数量：按同一厂家、同一品种、同一性能、同一批号且连续进场的混凝土外加剂，不超过50t为一批，每批抽样数量不应少于一次。

知识点索引：《混凝土结构工程施工质量验收规范》GB 50204－2015（7.2.2）

关键词：混凝土 检验

9. 现浇结构外观质量出现严重缺陷时，需按照哪些要求处理？

答：对已经出现的严重缺陷，应由施工单位提出技术处理方案，并经监理单位认可后进行处理；对裂缝或连接位的严重缺陷及其他影响结构安全的严重缺陷，技术处理方案尚应经设计单位认可，对经处理的部位应重新验收。

知识点索引：《混凝土结构工程施工质量验收规范》GB 50204－2015（8.2.1）

关键词：混凝土缺陷

10. 装配式结构连接节点及叠合构件浇筑混凝土之前，应进行隐蔽工程验收，隐蔽工程验收的内容有哪些？

答：（1）混凝土粗糙面的质量，建槽的尺寸、数量、位置；

（2）钢筋的牌号、规格、数量、位置、间距，箍筋弯钩的弯折角度及平直段长度；

（3）钢筋的连接方式、接头位置、接头数量、接头面积百分率、搭接长度、锚固方式及锚固长度；

（4）预埋件、预留管线的规格、数量、位置。

知识点索引：《混凝土结构工程施工质量验收规范》GB 50204－2015（9.1.1）

关键词：装配式结构连接节点及叠合构件隐蔽工程验收

11. 当混凝土结构施工质量不符合要求时，应做如何处理？

答：(1) 经返工、返修或更换构件、部件的，应重新进行验收；

（2）经有资质的检测机构按国家现行相关标准检测鉴定达到设计要求的，应予以验收；

（3）经有资质的检测机构按国家现行相关标准检测鉴定达不到设计要求，但经原设计单位核算并确认仍可满足结构安全和使用功能的，可予以验收；

（4）经返修或加固处理能够满足结构可靠性要求的，可根据技术处理方案和协商文件进行验收。

知识点索引：《混凝土结构工程施工质量验收规范》GB 50204－2015（10.2.2）

关键词：混凝土结构施工质量不符合 处理

十、《钢-混凝土组合结构施工规范》GB 50901－2013

1. 钢-混凝土组合结构包括哪些结构体系？

答：包括框架结构、剪力墙结构、框架-剪力墙结构、筒体结构、板柱-剪力墙结构等结构体系。

知识点索引：《钢-混凝土组合结构施工规范》GB 50901－2013（3.1.1）

关键词：钢-混凝土组合结构 结构体系

2. 钢-混凝土组合结构中钢构件与钢筋的连接节点是重要环节，常用处理方法有哪些？

答：（1）钢筋绕开法：节点处的钢筋通过弯曲调整，绕开组合构件中的钢骨进行锚固的方法；

（2）钢筋穿孔法：在组合构件中的钢骨上打孔，钢筋直穿孔洞进行锚固的方法；

（3）连接件法：在组合构件中的钢骨上焊接连接钢板、套筒或两者组合器件，而后连接钢筋和连接钢板焊接或和套筒丝接的方法。

知识点索引：《钢-混凝土组合结构施工规范》GB 50901－2013（3.3.1）

关键词：钢-混凝土组合结构中钢构件与钢筋连接

3. 钢管混凝土柱的钢管制作需满足哪些规定？

答：（1）圆钢管可采用直焊缝钢管或者螺旋焊缝钢管；当管径较小无法卷制时，可采用无缝钢管，并应满足设计要求；

（2）采用常温卷管时，Q235 的最小卷管内径不应小于钢板厚度的 35 倍，Q345 的最小卷管内径不应小于钢板厚度的 40 倍，Q390 或以上的最小卷管内径不应小于钢板厚度的 45 倍；

（3）直缝焊接钢管应在卷板机上进行弯管，在弯曲前钢板两端应先进行压头处理；螺旋焊钢管应由专业生产厂加工制造；

（4）钢板宜选择定尺采购，每节圆管不宜超过一条纵向焊缝；

（5）焊接成型的矩形钢管纵向焊缝应设在角部，焊缝数量不宜超过 4 条；

（6）钢管混凝土柱加工时应根据不同的混凝土浇筑方法留置浇灌孔、排气孔及观察孔。

知识点索引：《钢-混凝土组合结构施工规范》GB 50901－2013（5.2.1）

关键词：钢管混凝土柱　制作规定

4. 钢管柱安装需满足哪些规定？

答：（1）钢管柱吊装时，管上口应临时加盖或包封。钢管柱吊装就位后，应进行校正，并应采取固定措施。

（2）由钢管混凝土柱-钢框架梁构成的多层和高层框架结构，应在一个竖向安装段的全部构件安装、校正和固定完毕，并应经测量检验合格后，方可浇筑管芯混凝土。

（3）由钢管混凝土柱-钢筋混凝土框架梁构成的多层或高层框架结构，竖向安装柱段不宜超过 3 层。在钢管柱安装、校正并完成上下柱段的焊接后，方可浇筑管芯混凝土和施工楼层的钢筋混凝土梁板。

知识点索引：《钢-混凝土组合结构施工规范》GB 50901－2013（5.2.4）

关键词：钢管柱　安装规定

5. 钢管柱与钢筋混凝土梁连接时，可采用哪些连接方式？

答：（1）在钢管上直接钻孔，将钢筋直接穿过钢管；

（2）在钢管外侧设环板，将钢筋直接焊在环板上，在钢管内侧对应位置设置内加劲环板；

（3）在钢管外侧焊接钢筋连接器，钢筋通过连接器与钢管柱相连接。

知识点索引：《钢-混凝土组合结构施工规范》GB 50901－2013（5.2.5）

关键词：钢管柱与钢筋混凝土梁连接　方式

6. 支设型钢混凝土柱模板，有哪些规定？

答：（1）宜设置对拉螺栓，螺杆可在型钢腹板开孔穿过或焊接连接套筒；

（2）当采用焊接对拉螺栓固定模板时，宜采用 T 形对拉螺杆，焊接长度不宜小于 $10d$，焊缝高度不宜小于 $d/2$；

（3）对拉螺栓的变形值不应超过模板的允许偏差；

（4）当无法设置对拉螺杆时，可采用刚度较大的整体式套框固定，模板支撑体系应进行强度、刚度、变形等验算。

知识点索引：《钢-混凝土组合结构施工规范》GB 50901－2013（6.2.11）

关键词：支设型钢混凝土柱模板规定

7. 钢-混凝土组合剪力墙中型钢或钢板上设置的混凝土灌浆孔、流淌孔、排气孔和排水孔等有哪些规定？

答：（1）孔的尺寸和位置应在施工深化设计阶段完成，并应征得设计单位同意，必要时应采取相应的加强措施；

（2）对型钢混凝土剪力墙和带钢斜撑混凝土剪力墙，内置型钢的水平隔板上应开设混凝土灌浆孔和排气孔；

（3）对单层钢板混凝土剪力墙，当两侧混凝土不同步浇筑时，可在内置钢板上开设流淌孔，必要时应在开孔部位采取加强措施；

（4）对双层钢板混凝土剪力墙，双层钢板之间的水平隔板应开设灌浆孔，并宜在双层钢板的侧面适当位置开设排气孔和排水孔；

（5）灌浆孔的孔径不宜小于 150mm，流淌孔的孔径不宜小于 200mm，排气孔及排水孔的孔径不宜小于 10mm；

（6）钢板制孔时，应由制作厂进行机械制孔，严禁用火焰切割制孔。

知识点索引：《钢-混凝土组合结构施工规范》GB 50901－2013（8.2.6）

关键词：钢-混凝土组合剪力墙中型钢或钢板　孔的制作规定

8. 钢-混凝土组合结构子分部工程分项工程有哪些？

答：分项工程有：型钢（钢管）焊接、螺栓连接，型钢（钢管）与钢筋连接、型钢（钢管）制作、型钢（钢管）安装、混凝土。

知识点索引：《钢-混凝土结构施工规范》GB 50901－2013（10.1.2）

关键词：钢-混凝土组合结构子分部工程分项

9. 钢-混凝土组合结构中钢筋与钢构件可采用什么方法连接？

答：钢-混凝土组合结构中钢筋与钢构件的连接应根据节点设计情况，可采用钢筋绕开法、穿孔法、连接件法及其组合方式等。

知识点索引：《钢-混凝土组合结构施工规范》GB 50901-2013（3.3.1）

关键词：钢筋与钢构件连接方法

10. 钢管混凝土柱工艺流程？

答：钢管混凝土柱工艺流程宜为：钢管混凝土柱的钢管加工制作→钢管柱安装→管芯混凝土浇筑→混凝土养护→钢管外壁防火涂层。

知识点索引：《钢-混凝土组合结构施工规范》GB 50901-2013（5.1.3）

关键词：钢管混凝土柱工艺流程

11. 型钢混凝土柱，柱钢筋绑扎前应根据什么确定绑扎顺序？

答：柱钢筋绑扎前应根据型钢形式、钢筋间距和位置、栓钉位置等确定绑扎顺序。

知识点索引：《钢-混凝土组合结构施工规范》GB 50901-2013（6.2.4）

关键词：确定绑扎顺序

12. 型钢混凝土柱，当柱内竖向钢筋与梁内型钢采用钢筋绕开法或连接件法连接时，应符合哪些规定？

答：（1）当采用钢筋绕开法时，钢筋应按不小于1：6角度折弯绕过型钢。

（2）当采用连接件法时，钢筋下端宜采用钢筋连接套筒连接，上端宜采用连接板连接，并应在梁内型钢相应位置设置加劲肋。

（3）当竖向钢筋较密时，部分可代换成架立钢筋，伸至梁内型钢后断开，两侧钢筋相应加大，代换钢筋应满足设计要求。

知识点索引：《钢-混凝土组合结构施工规范》GB 50901-2013（6.2.5）

关键词：钢筋绕开法 连接件法

13. 型钢混凝土柱，当钢筋与型钢采用连接板焊接连接时，应符合哪些规定？

答：（1）钢筋与钢板焊接时，宜采用双面焊。当不能进行双面焊时，方可采用单面焊。双面焊时，钢筋与钢板的搭接长度不应小于5d（d为钢筋直径），单面焊时，搭接长度不应小于10d。

（2）钢筋与钢板的焊缝宽度不得小于钢筋直径的0.60倍，焊缝厚度不得小于钢筋直径的0.35倍。

知识点索引：《钢-混凝土组合结构施工规范》GB 50901-2013（6.2.7）

关键词：钢筋与型钢 焊接

14. 型钢混凝土梁，混凝土浇筑应符合哪些规定？

答：（1）大跨度型钢混凝土组合梁应分层连续浇筑混凝土，分层投料高度控制在500mm以内；对钢筋密集部位，宜采用小直径振捣器浇筑混凝土或选用自密实混凝土进行浇筑。

（2）在型钢组合转换梁的上部立柱处，宜采用分层赶浆和间歇法浇筑混凝土。

知识点索引：《钢-混凝土组合结构施工规范》GB 50901－2013（7.2.3）

关键词：型钢混凝土梁浇筑

15. 钢-混凝土组合剪力墙，墙体混凝土浇筑前，应完成哪些检测和验收工作？

答：墙体混凝土浇筑前，应完成钢结构焊接、螺栓和栓钉的检测和验收工作。

知识点索引：《钢-混凝土组合结构施工规范》GB 50901－2013（8.1.2）

关键词：检测　验收

16. 钢-混凝土组合板中，压型钢板或钢筋桁架板的加工与运输，应符合哪些规定？

答：（1）压型钢板批量加工前，应根据设计要求的外形尺寸、波宽、波高等进行试制。

（2）钢筋桁架板加工时钢筋桁架节点与底模接触点，均应采用电阻焊，根据试验确定焊接工艺。

（3）压型钢板运输过程中，应采取保护措施。

知识点索引：《钢-混凝土组合结构施工规范》GB 50901－2013（9.2.1）

关键词：加工　运输

17. 钢-混凝土组合板中，桁架板的钢筋施工应符合哪些规定？

答：（1）钢筋桁架板的同一方向的两块压型钢板或钢筋桁架板连接处，应设置上下弦连接钢筋；上部钢筋按计算确定，下部钢筋按构造配置。

（2）钢筋桁架板的下弦钢筋伸入梁内的锚固长度不应小于钢筋直径的 5 倍，且不应小于 50mm。

知识点索引：《钢-混凝土组合结构施工规范》GB 50901－2013（9.2.6）

关键词：桁架板钢筋施工

18. 钢-混凝土组合板中，临时支撑应符合哪些规定？

答：（1）应验算压型钢板在工程施工阶段的强度和挠度；当不满足要求时，应增设临时支撑，并应对临时支撑体系再进行安全性验算；临时支撑应按施工方案进行搭设。

（2）临时支撑底部、顶部应设置宽度不小于 100mm 的水平带状支撑。

知识点索引：《钢-混凝土组合结构施工规范》GB 50901－2013（9.2.7）

关键词：临时支撑

十一、《钢结构工程施工质量验收标准》GB 50205－2020

1. 钢结构钢板进场时，应按国家现行标准的规定抽取试件对哪些项目进行检验？

答：钢板进场时，应按国家现行标准的规定抽取试件且应进行屈服强度、抗拉强度、伸长率和厚度偏差检验。

知识点索引：《钢结构工程施工质量验收标准》GB 50205－2020（4.2.1）

关键词：钢结构

2. 钢结构焊接材料进场时，应按国家现行标准的规定抽取试件对哪些项目进行检验？

答：焊接材料进场时，应按国家现行标准的规定抽取试件且应进行化学成分和力学性能检验。

知识点索引：《钢结构工程施工质量验收标准》GB 50205－2020（4.6.1）

关键词：钢结构

3. 什么情况下的钢结构所采用的焊接材料应按其产品标准的要求进行抽样复验？

答：（1）结构安全等级为一级的一、二级焊缝；

（2）结构安全等级为二级的一级焊缝；

（3）需要进行疲劳验算构件的焊缝；

（4）材料混批或质量证明文件不齐全的焊接材料；

（5）设计文件或合同文件要求复检的焊接材料。

知识点索引：《钢结构工程施工质量验收规范》GB 50205－2020（4.6.2）

关键词：焊接材料　抽样复验

4. 钢结构高强度大六角头螺栓连接副和扭剪型高强度螺栓连接副进场时，应按国家现行标准的规定抽取试件对哪些项目进行检验？

答：高强度大六角头螺栓连接副和扭剪型高强度螺栓连接副进场时，应按国家现行标准的规定抽取试件且应分别进行扭矩系数和紧固轴力（预拉力）检验。

知识点索引：《钢结构工程施工质量验收标准》GB 50205－2020（4.7.1）

关键词：钢结构

5. 钢结构热浸镀锌高强度螺栓镀层厚度有哪些要求？

答：（1）镀层厚度应满足设计要求；

（2）当设计无要求时，镀层厚度不应小于 $40\mu m$。

知识点索引：《钢结构工程施工质量验收规范》GB 50205－2020（4.7.4）

关键词：镀锌高强度螺栓镀　镀层厚度

6. 钢结构设计要求全焊透的焊缝，其内部缺陷的检测比例为多少？

答：（1）一级焊缝应进行 100％ 的检验；

（2）二级焊缝应进行抽检，抽检比例应不小于 20％。

知识点索引：《钢结构工程施工质量验收规范》GB 50205－2020（5.2.4）

关键词：焊缝　检验要求

7. 钢网架挠度值测量的检查数量有哪些要求？

答：跨度24m 及以下钢网架、网壳结构，测量下弦中央一点；跨度24m 以上钢网架、网壳结构，测量下弦中央一点及各向下弦跨度的四等分点。

知识点索引：《钢结构工程施工质量验收标准》GB 50205－2020（11.3.1）

关键词：钢结构

8. 钢结构工程当设计对防腐涂料涂层厚度无要求时，涂层干漆膜总厚度有哪些要求？

答：当设计对涂层厚度无要求时，涂层干漆膜总厚度：室外不应小于 $150\mu m$，室内不应小于 $125\mu m$。

知识点索引：《钢结构工程施工质量验收标准》GB 50205－2020（13.2.3）

关键词：钢结构

9. 钢结构防火涂料检查数量和项目有哪些要求？

答：防火涂料检查数量和项目有以下要求：每使用 100t 或不足 100t 薄涂型防火涂料应抽检一次粘结强度；每使用 500t 或不足 500t 厚涂型防火涂料应抽检一次粘结强度和抗压强度。

知识点索引：《钢结构工程施工质量验收标准》GB 50205－2020（13.4.2）

关键词：钢结构

10. 钢结构工程哪些情况的钢材进场需进行抽样复验？

答：（1）结构安全等级为一级的重要建筑主体结构用钢材；

（2）结构安全等级为二级的一般建筑，当其结构跨度大于 60m 或高度大于 100m 时或承受动力荷载需要验算疲劳的主体结构用钢材；

（3）板厚不小于 40mm，且设计有 Z 向性能要求的厚板；

（4）强度等级大于或等于 420MPa 高强度钢材；

（5）进口钢材、混批钢材或质量证明文件不齐全的钢材；

（6）设计文件或合同文件要求复验的钢材。

知识点索引：《钢结构工程施工质量验收规范》GB 50205－2020（A.0.1）

关键词：钢材　复验

11. 钢结构防腐涂装涂层性能评定应符合哪些规定？

答：（1）涂层与钢材的附着力不应低于 5MPa（拉开法）或不低于 1 级（划格法）；

（2）各道涂层之间的附着力不应低于 3MPa（拉开法）或不低于 1 级（划格法）；

（3）用于外露钢结构时，各道涂层之间的附着力不应低于 5MPa（拉开法）或不低于 1 级（划格法）。

知识点索引：《钢结构工程施工质量验收规范》GB 50205－2020（D.0.7）

关键词：涂层　性能评定

12. 钢结构工程有关安全及功能见证取样送样检测项目有哪些？

答：（1）钢材复验；

（2）焊材复验；

（3）高强度螺栓连接副复验；

（4）摩擦面抗滑移系数试验；

（5）金属屋面系统抗风能力试验。

知识点索引：《钢结构工程施工质量验收规范》GB 50205－2020 附表 F

关键词：钢结构工程　样检测项目

13. 钢结构焊接分项工程主控项目有哪些？

答：钢结构焊接分项工程主控项目有：焊接材料进场、焊接材料复检、材料匹配、焊工证书、焊接工艺评定、内部缺陷、组合焊缝尺寸。

知识点索引：《钢结构工程施工质量验收标准》GB 50205－2020 附表 H.0.1

关键词：钢结构

14. 钢结构高强度螺栓连接分项工程主控项目有哪些？

答：钢结构高强度螺栓连接分项工程主控项目有：成品进场、扭矩系数或轴力复检、抗滑移系数试验、终拧扭矩。

知识点索引：《钢结构工程施工质量验收标准》GB 50205－2020 附表 H.0.4

关键词：钢结构

15. 钢结构防腐涂料涂装分项工程主控项目有哪些？

答：钢结构防腐涂料涂装分项工程主控项目有：产品进场、表面处理、涂层厚度。

知识点索引：《钢结构工程施工质量验收标准》GB 50205－2020 附表 H.0.14

关键词：钢结构

16. 钢结构网架结构安装分项工程主控项目有哪些？

答：钢结构网架结构安装分项工程主控项目有：焊接球；螺栓球；封板、锥头、套筒；支座、橡胶垫；基础验收；支座；结构桡度。

知识点索引：《钢结构工程施工质量验收标准》GB 50205－2020 附表 H.0.10

关键词：钢结构　网架

17. 钢结构防火涂料涂装分项工程主控项目有哪些？

答：钢结构防火涂料涂装分项工程主控项目有：产品进场；涂装基层验收；强度试验；涂层厚度。

知识点索引：《钢结构工程施工质量验收标准》GB 50205－2020 附表 H.0.15

关键词：钢结构

十二、《钢结构高强度螺栓连接技术规程》JGJ 82－2011

1. 钢结构高强度螺栓连接有哪些要求？

答：（1）在同一连接接头中，高强度螺栓连接不应与普通螺栓连接混用。承压型高强度螺栓连接不应与焊接连接并用；

（2）每一杆件在高强度螺栓连接节点及拼接接头的一端，其连接的高强度螺栓数量不应少于2个；

（3）高强度螺栓连接副应按批配套进场，并附有出厂质量保证书。高强度螺栓连接副应在同批内配套使用。

知识点索引：《钢结构高强度螺栓连接技术规程》JGJ 82 - 2011（3.1.7，4.3.1，6.1.2）

关键词：高强度螺栓连接　要求

十三、《钢筋焊接及验收规程》JGJ 18 - 2012

1. 在钢筋工程焊接开工之前，参与该项工程施焊的焊工必须进行什么试验，应经试验合格后，方准于焊接生产？

答：在钢筋工程焊接开工之前，参与该项工程施焊的焊工必须进行现场条件下的焊接工艺试验，应经试验合格后，方准于焊接生产。

知识点索引：《钢筋焊接及验收规程》JGJ 18 - 2012（4.1.3）

关键词：焊接

2. 钢筋闪光对焊接头、钢筋气压焊接接头的主控项目有什么？

答：钢筋闪光对焊接头、钢筋气压焊接接头的主控项目有：接头试件拉伸试验、接头试件弯曲试验。

知识点索引：《钢筋焊接及验收规程》JGJ 18 - 2012（A.0.1、A.0.5）

关键词：焊接

3. 钢筋电弧焊接接头、钢筋电渣压力焊接接头主控项目是什么？

答：钢筋电弧焊接接头主控项目是接头试件拉伸试验。

知识点索引：《钢筋焊接及验收规程》JGJ 18 - 2012（A.0.3 - 4）

关键词：焊接

4. 焊接作业区防火安全应符合哪些规定？

答：焊接作业区防火安全应符合下列规定：

（1）焊接作业区和焊机周围 6m 以内，严禁堆放易燃、易爆物；

（2）除必须在施工工作面焊接外，钢筋应在专门搭设的防雨、防潮、防晒的工房内焊接；

（3）高空作业的下方和焊接火星所及范围内，必须彻底清除易燃、易爆物品；

（4）焊接作业区应配置足够的灭火设备。

知识点索引：《钢筋焊接及验收规程》JGJ 18 - 2012（7.0.4）

关键词：焊接

十四、《钢筋机械连接技术规程》JGJ 107 - 2016

1. 钢筋接头性能包括哪些？

答：接头性能应包括单向拉伸、高应力反复拉压、大变形反复拉压和疲劳性能。

知识点索引：《钢筋机械连接技术规程》JGJ 107 - 2016（3.0.3）

关键词：钢筋接头

2. 当在同一连接区段内钢筋接头面积百分率为100%时，应选用几级接头？

答：当在同一连接区段内钢筋接头面积百分率为100%时，应选用Ⅰ级接头。

知识点索引：《钢筋机械连接技术规程》JGJ 107-2016（4.0.1）

关键词：钢筋接头

3. 连接件的混凝土保护层厚度除了宜符合现行国家标准《混凝土结构设计规范》GB 50010中的规定外，还应满足什么要求？

答：连接件的混凝土保护层厚度宜符合现行国家标准《混凝土结构设计规范》GB 50010中的规定，且不应小于0.75倍钢筋最小保护层厚度和15mm的较大值。

知识点索引：《钢筋机械连接技术规程》JGJ 107-2016（4.0.2）

关键词：钢筋接头

4. 结构构件中纵向受力钢筋机械连接的连接区段长度如何确定？

答：结构构件中纵向受力钢筋机械连接的连接区段长度应按$35d$计算，当直径不同的钢筋连接时，按直径较小的钢筋计算。

知识点索引：《钢筋机械连接技术规程》JGJ 107-2016（4.0.3）

关键词：钢筋接头

5. 在哪些情况下，钢筋接头应进行型式检验？

答：下列情况应进行型式检验：

（1）确定接头性能等级时；

（2）套筒材料、规格、接头加工工艺改动时；

（3）型式检验报告超过4年时。

知识点索引：《钢筋机械连接技术规程》JGJ 107-2016（5.0.1）

关键词：钢筋接头

6. 机械接头的钢筋端部应采用哪些机械切平？

答：钢筋端部应采用带锯、砂轮锯或带圆弧形刀片的专用钢筋切断机切平。

知识点索引：《钢筋机械连接技术规程》JGJ 107-2016（6.2.1）

关键词：钢筋接头

7. 标准型、正反丝型、异径型接头安装后的单侧外露螺纹不宜超过多少？

答：标准型、正反丝型、异径型接头安装后的单侧外露螺纹不宜超过2p。

知识点索引：《钢筋机械连接技术规程》JGJ 107-2016（6.3.1）

关键词：钢筋接头

8. 对钢筋连接接头技术提供单位提交的接头相关技术资料进行审查与验收，应包括哪些内容？

答：应包括下列内容：

（1）工程所用接头的有效型式检验报告；

（2）连接件产品设计、接头加工安装要求的相关技术文件；

（3）连接件产品合格证和连接件原材料质量证明书。

知识点索引：《钢筋机械连接技术规程》JGJ 107－2016（7.0.1）

关键词：钢筋接头

9. 钢筋接头施工过程中更换什么单位时，应补充进行工艺检验？

答：施工过程中更换钢筋生产厂或接头技术提供单位时，应补充进行工艺检验。

知识点索引：《钢筋机械连接技术规程》JGJ 107－2016（7.0.2）

关键词：钢筋接头

10. 螺纹接头安装前检验项目应包括哪些？

答：螺纹接头安装前检验项目包括套筒标志、进场套筒适用的钢筋强度等级、进场套筒与形式检验的套筒尺寸和材料的一致性。

知识点索引：《钢筋机械连接技术规程》JGJ 107－2016（7.0.4）

关键词：钢筋接头

11. 钢筋接头现场抽检验收批应如何划分？

答：同钢筋生产厂、同强度等级、同规格、同类型和同型式接头应以 500 个为一个验收批进行检验与验收，不足 500 个也应作为一个验收批。

知识点索引：《钢筋机械连接技术规程》JGJ 107－2016（7.0.5）

关键词：钢筋接头

12. 现场截取钢筋接头抽样试件后，原接头位置可用哪些方法补接？

答：现场截取抽样试件后，原接头位置的钢筋可采用同等规格的钢筋进行绑扎搭接连接、焊接或机械连接方法补接。

知识点索引：《钢筋机械连接技术规程》JGJ 107－2016（7.0.12）

关键词：钢筋接头

十五、《钢结构焊接规范》GB 50661－2011

1. 根据《钢结构焊接规范》，钢结构工程焊接难度可分几个等级？

答：根据《钢结构焊接规范》，钢结构工程焊接难度可分为 A、B、C、D 四个等级。

知识点索引：《钢结构焊接规范》GB 50661－2011（3.0.1）

关键词：钢结构　焊接

2. 根据《钢结构焊接规范》，承担钢结构焊接工程的施工单位应符合哪些规定？

答：承担钢结构焊接工程的施工单位应符合下列规定：

（1）具有相应的焊接质量管理体系和技术标准；

（2）具有相应资格的焊接技术人员、焊接检验人员、无损检测人员、焊工、焊接热处理人员；

（3）具有与所承担的焊接工程相适应的焊接设备、检验和试验设备；

（4）检验仪器、仪表应经计量检定、校准合格且在有效期内；

（5）对承担焊接难度等级为 C 级和 D 级的施工单位，应具有焊接工艺试验室。

知识点索引：《钢结构焊接规范》GB 50661－2011（3.0.3）

关键词：钢结构　焊接

3. 根据《钢结构焊接规范》的要求，除符合本规范规定的免予评定条件外，哪些情况应在钢结构构件制作及安装施工之前进行焊接工艺评定？

答：除符合本规范规定的免予评定条件外，施工单位首次采用的钢材、焊接材料、焊接方法、接头形式、焊接位置、焊后热处理制度以及焊接工艺参数、预热和后热措施等各种参数的组合条件，应在钢结构构件制作及安装施工之前进行焊接工艺评定。

知识点索引：《钢结构焊接规范》GB 50661－2011（6.1.1）

关键词：钢结构　焊接

4. 钢结构焊接的焊中检验至少包括哪些内容？

答：焊中检验应至少包括下列内容：

（1）实际采用的焊接电流、焊接电压、焊接速度、预热温度、层间温度及后热温度和时间等焊接工艺参数与焊接工艺文件的符合性检查；

（2）多层多道焊焊道缺欠的处理情况确认；

（3）采用双面焊清根的焊缝，应在清根后进行外观检查及规定的无损检测；

（4）多层多道焊中焊层、焊道的布置及焊接顺序等检查。

知识点索引：《钢结构焊接规范》GB 50661－2011（8.1.2）

关键词：钢结构　焊接

5. 钢结构焊接的焊后检验至少包括哪些内容？

答：焊后检验应至少包括下列内容：

（1）焊缝的外观质量与外形尺寸检查；

（2）焊缝的无损检测；

（3）焊接工艺规程记录及检验报告审查。

知识点索引：《钢结构焊接规范》GB 50661－2011（8.1.2）

关键词：钢结构　焊接

6. 钢结构常见焊缝外观质量缺陷有哪些？

答：常见焊缝外观质量缺陷有：裂纹、未满焊、根部收缩、咬边、电弧擦伤、接头不良、表面气孔、表面夹渣。

知识点索引：《钢结构焊接规范》GB 50661－2011（8.2.1）

关键词：钢结构　焊接

十六、《钢管混凝土工程施工质量验收规范》GB 50628－2010

1. 钢管混凝土工程，对焊工资格及施焊范围有哪些要求？

答：焊工必须经考试合格并取得合格证书，持证焊工必须在其考试合格项目及合格证规定的范围内施焊。

知识点索引：《钢管混凝土工程施工质量验收规范》GB 50628－2010（3.0.6）

关键词：焊工资格 施焊范围

2. 钢管混凝土工程，设计要求全焊透的一、二级焊缝应采用什么方法进行焊缝内部缺陷检验？

答：设计要求全焊透的一、二级焊缝应采用超声波探伤进行焊缝内部缺陷检验，超声波探伤不能对缺陷作出判断时，应采用射线探伤检验。

知识点索引：《钢管混凝土工程施工质量验收规范》GB 50628－2010（3.0.7）

关键词：焊缝内部缺陷检验

3. 钢管混凝土构件吊装与钢管内混凝土浇筑顺序应满足哪些要求？

答：钢管混凝土构件吊装与钢管内混凝土浇筑顺序应满足结构强度和稳定性的要求。

知识点索引：《钢管混凝土工程施工质量验收规范》GB 50628－2010（3.0.8）

关键词：施工顺序要求

4. 钢管混凝土分项工程，钢管构件进场验收的主控项目有哪些？

答：（1）钢管构件进场应进行验收，其加工制作质量应符合设计要求和合同约定。

（2）钢管构件进场应按安装工序配套核查构件、配件的数量。

（3）钢管构件上的钢板翅片、加劲肋板、栓钉及管壁开孔的规格和数量应符合设计要求。

知识点索引：《钢管混凝土工程施工质量验收规范》GB 50628－2010（4.1.1-4.1.3）

关键词：钢管构件 主控项目

5. 钢管混凝土子分部工程质量验收合格应符合哪些规定？

答：（1）子分部工程所含分项工程的质量均应验收合格。

（2）质量控制资料应完整。

（3）钢管混凝土子分部工程结构检验和抽样检测结果应符合有关规定。

（4）钢管混凝土子分部工程观感质量验收应符合要求。

知识点索引：《钢管混凝土工程施工质量验收规范》GB 50628－2010（5.0.4）

关键词：子分部工程质量验收

十七、《建筑钢结构防火技术规范》GB 51249－2017

1. 钢结构的防火保护可采用哪些措施？

答：（1）喷涂（抹涂）防火涂料。

（2）包覆防火板。

（3）包覆柔性毡状隔热材料。

（4）外包混凝土、金属网抹砂浆或砌筑砌体。

知识点索引：《建筑钢结构防火技术规范》GB 51249-2017（4.1.2）

关键词：防火保护措施

2. 钢结构采用喷涂防火涂料保护时，应符合哪些规定？

答：（1）室内隐蔽构件，宜选用非膨胀型防火涂料。

（2）设计耐火极限大于 1.50h 的构件，不宜选用膨胀型防火涂料。

（3）室外、半室外钢结构采用膨胀型防火涂料时，应选用符合环境对其性能要求的产品。

（4）非膨胀型防火涂料涂层的厚度不应小于 10mm。

（5）防火涂料与防腐涂料应相容、匹配。

知识点索引：《建筑钢结构防火技术规范》GB 51249-2017（4.1.3）

关键词：防火涂料保护

3. 钢结构采用包覆柔性毡状隔热材料保护时，应符合哪些规定？

答：（1）不应用于易受潮或受水的钢结构。

（2）在自重作用下，毡状材料不应发生压缩不均的现象。

知识点索引：《建筑钢结构防火技术规范》GB 51249-2017（4.1.5）

关键词：隔热材料保护

4. 钢结构采用喷涂非膨胀型防火涂料保护时，什么情况下宜在涂层内设置与钢构件相连接的镀锌铁丝网或玻璃纤维布？

答：（1）构件承受冲击、振动荷载。

（2）防火涂料的粘结强度不大于 0.05MPa。

（3）构件的腹板高度大于 500mm 且涂层厚度不小于 30mm。

（4）构件的腹板高度大于 500mm 且涂层长期暴露在室外。

知识点索引：《建筑钢结构防火技术规范》GB 51249-2017（4.2.1）

关键词：非膨胀型防火涂料保护

5. 钢结构防火保护检验批、分项工程质量验收的程序和组织，应符合哪些规定？

答：（1）检验批应由专业监理工程师组织施工单位项目专业质量检查员、专业工长等进行验收。

（2）分项工程应由专业监理工程师组织施工单位项目专业技术负责人等进行验收。

知识点索引：《建筑钢结构防火技术规范》GB 51249-2017（9.1.11）

关键词：验收的程序和组织

6. 钢结构防火板保护层的厚度允许偏差是多少？

答：防火板保护层的厚度不应小于设计厚度，其允许偏差应为设计厚度的 ±10%，且不应大于±2mm。

知识点索引：《建筑钢结构防火技术规范》GB 51249－2017（9.4.1）

关键词：防火板保护层厚度

十八、《装配式混凝土建筑技术标准》GB/T 51231－2016

1. 根据《装配式混凝土建筑技术标准》GB/T 51231－2016，高层建筑装配整体式混凝土结构应符合哪些规定？

答：（1）当设置地下室时，宜采用现浇混凝土。

（2）剪力墙结构和部分框支剪力墙结构底部加强部位宜采用现浇混凝土。

（3）框架结构的首层柱宜采用现浇混凝土。

（4）当底部加强部位的剪力墙、框架结构的首层柱采用预制混凝土时，应采取可靠技术措施。

知识点索引：《装配式混凝土建筑技术标准》GB/T 51231－2016（5.1.7）

关键词：混凝土结构

2. 装配式混凝土结构中，节点及接缝处的纵向钢筋连接宜根据接头受力、施工工艺等要求选用哪些连接方式？

答：装配式混凝土结构中，节点及接缝处的纵向钢筋连接宜根据接头受力、施工工艺等要求选用套筒灌浆连接、机械连接、浆锚搭接连接、焊接连接、绑扎搭接连接等连接方式。

知识点索引：《装配式混凝土建筑技术标准》GB/T 51231－2016（5.4.4）

关键词：连接方式

3. 装配整体式剪力墙结构，当采用套筒灌浆连接或浆锚搭接连接时应符合哪些规定？

答：当采用套筒灌浆连接或浆锚搭接连接时，预制剪力墙底部接缝宜设置在楼面标高处。接缝高度不宜小于20mm，宜采用灌浆料填实，接缝处后浇混凝土上表面应设置粗糙面。

知识点索引：《装配式混凝土建筑技术标准》GB/T 51231－2016（5.7.7）

关键词：装配整体式剪力墙 连接

4. 装配式混凝土建筑，金属骨架组合外墙应符合哪些规定？

答：（1）金属骨架应设置有效的防腐蚀措施。

（2）骨架外部、中部和内部可分别设置防护层、隔离层、保温隔气层和内饰层，并根据使用条件设置防水透气材料、空气间层、反射材料、结构蒙皮材料和隔汽材料等。

知识点索引：《装配式混凝土建筑技术标准》GB/T 51231－2016（6.3.4 ）

关键词：金属骨架组合外墙

5. 装配式混凝土建筑，钢筋进厂时，应全数检查外观质量，并应按国家现行有关标准的规定抽取试件做哪些检验？

答：钢筋进厂时，应全数检查外观质量，并应按国家现行有关标准的规定抽取试件做屈服强度、抗拉强度、伸长率、弯曲性能和重量偏差检验。

知识点索引：《装配式混凝土建筑技术标准》GB/T 51231－2016（9.2.2）

关键词：钢筋　检验

6. 装配式混凝土建筑，混凝土拌制及养护用水除应符合现行行业标准《混凝土用水标准》JGJ 63 的有关规定外，还应符合哪些规定？

答：（1）采用饮用水时，可不检验。

（2）采用中水、搅拌站清洗水或回收水时，应对其成分进行检验，同一水源每年至少检验一次。

知识点索引：《装配式混凝土建筑技术标准》GB/T 51231－2016（9.2.11）

关键词：混凝土拌制及养护用水

7. 装配式混凝土建筑，预埋吊件进厂检验应符合哪些规定？

答：（1）同一厂家、同一类别、同一规格预埋吊件，不超过 10000 件为一批。

（2）按批抽取试样进行外观尺寸、材料性能、抗拉拔性能等试验。

（3）检验结果应符合设计要求。

知识点索引：《装配式混凝土建筑技术标准》GB/T 51231－2016（9.2.15）

关键词：预埋吊件　检验

8. 装配式混凝土建筑，内外叶墙体拉结件进厂检验应符合哪些规定？

答：（1）同一厂家、同一类别、同一规格产品，不超过 10000 为一批。

（2）按批抽取试样进行外观尺寸、材料性能、力学性能检验，检验结果应符合设计要求。

知识点索引：《装配式混凝土建筑技术标准》GB/T 51231－2016（9.2.16）

关键词：内外叶墙体拉结件　检验

9. 装配式混凝土建筑，预应力筋下料应符合哪些规定？

答：（1）预应力筋的下料长度应根据台座的长度、锚夹具长度等经过计算确定。

（2）预应力筋应使用砂轮锯或切断机等机械方法切断，不得采用电弧或气焊切断。

知识点索引：《装配式混凝土建筑技术标准》GB/T 51231－2016（9.5.3）

关键词：预应力筋下料

10. 装配式混凝土建筑，带保温材料的预制构件宜采用水平浇筑方式成型。夹芯保温墙板成型应符合哪些规定？

答：（1）拉结件的数量和位置应满足设计要求。

（2）应采取可靠措施保证拉结件位置、保护层厚度，保证拉结件在混凝土中可靠锚固。

（3）应保证保温材料间拼缝严密或使用粘结材料密封处理。

（4）在上层混凝土浇筑完成之前，下层混凝土不得初凝。

知识点索引：《装配式混凝土建筑技术标准》GB/T 51231－2016（9.6.6）

关键词：夹芯保温墙板成型

11. 装配式混凝土建筑，混凝土浇筑应符合哪些规定？

答：（1）混凝土浇筑前，预埋件及预留钢筋的外露部分宜采取防止污染的措施。

（2）混凝土倾落高度不宜大于 600mm，并应均匀摊铺。

（3）混凝土浇筑应连续进行。

（4）混凝土从出机到浇筑完毕的延续时间，气温高于 25℃时不宜超过 60min，气温不高于 25℃时不宜超过 90min。

知识点索引：《装配式混凝土建筑技术标准》GB/T 51231－2016（9.6.7）

关键词：混凝土浇筑

12. 装配式混凝土建筑，混凝土振捣应符合哪些规定？

答：（1）混凝土宜采用机械振捣方式成型。振捣设备应根据混凝土的品种、工作性、预制构件的规格和形状等因素确定，应制定振捣成型操作规程。

（2）当采用振捣棒时，混凝土振捣过程中不应碰触钢筋骨架、面砖和预埋件。

（3）混凝土振捣过程中应随时检查模具有无漏浆、变形或预埋件有无移位等现象。

知识点索引：《装配式混凝土建筑技术标准》GB/T 51231－2016（9.6.8）

关键词：混凝土振捣

13. 装配式混凝土建筑，预制构件粗糙面成型应符合哪些规定？

答：（1）可采用模板面预涂缓凝剂工艺，脱模后采用高压水冲洗露出骨料。

（2）叠合面粗糙面可在混凝土初凝前进行拉毛处理。

知识点索引：《装配式混凝土建筑技术标准》GB/T 51231－2016（9.6.9）

关键词：预制构件粗糙面成型

14. 装配式混凝土建筑，预制构件交付的产品质量证明文件应包括哪些内容？

答：（1）出厂合格证。

（2）混凝土强度检验报告。

（3）钢筋套筒等其他构件钢筋连接类型的工艺检验报告。

（4）合同要求的其他质量证明文件。

知识点索引：《装配式混凝土建筑技术标准》GB/T 51231－2016（9.9.2）

关键词：预制构件质量证明文件

15. 装配式混凝土建筑，水平预制构件安装采用临时支撑时，应符合哪些规定？

答：（1）首层支撑架体的地基应平整坚实，宜采取硬化措施。

（2）临时支撑的间距及其与墙、柱、梁边的净距应经设计计算确定，竖向连续支撑层数不宜少于 2 层且上下层支撑宜对准。

（3）叠合板预制底板下部支架宜选用定型独立钢支柱，竖向支撑间距应经计算确定。

知识点索引：《装配式混凝土建筑技术标准》GB/T 51231－2016（10.3.5）

关键词：水平预制构件　临时支撑

16. 装配式混凝土建筑，预制柱安装应符合哪些规定？

答：（1）宜按照角柱、边柱、中柱顺序进行安装，与现浇部分连接的柱宜先行吊装。

（2）预制柱的就位以轴线和外轮廓线为控制线，对于边柱和角柱，应以外轮廓线控制为准。

（3）就位前应设置柱底调平装置，控制柱安装标高。

（4）预制柱安装就位后应在两个方向设置可调节临时固定措施，并应进行垂直度、扭转调整。

（5）采用灌浆套筒连接的预制柱调整就位后，柱脚连接部位宜采用模板封堵。

知识点索引：《装配式混凝土建筑技术标准》GB/T 51231－2016（10.3.6）

关键词：预制柱安装

17. 装配式混凝土建筑，叠合板预制底板安装应符合哪些规定？

答：（1）预制底板吊装完后应对板底接缝高差进行校核；当叠合板板底接缝高差不满足设计要求时，应将构件重新起吊，通过可调托座进行调节。

（2）预制底板的接缝宽度应满足设计要求。

（3）临时支撑应在后浇混凝土强度达到设计要求后方可拆除。

知识点索引：《装配式混凝土建筑技术标准》GB/T 51231－2016（10.3.9）

关键词：叠合板预制底板安装

18. 装配式混凝土建筑，外墙板接缝防水施工应符合哪些规定？

答：（1）防水施工前，应将板缝空腔清理干净。

（2）应按设计要求填塞背衬材料。

（3）密封材料嵌填应饱满、密实、均匀、顺直、表面平滑，其厚度应满足设计要求。

知识点索引：《装配式混凝土建筑技术标准》GB/T 51231－2016（10.4.11）

关键词：外墙板接缝防水

19. 装配式混凝土结构建筑的部品部件，安装前应做好哪些准备工作？

答：（1）应编制施工组织设计和专项施工方案，包括安全、质量、环境保护方案及施工进度计划等内容。

（2）应对所有进场部品、零配件及辅助材料按设计规定的品种、规格、尺寸和外观要求进行检查。

（3）应进行技术交底。

（4）现场应具备安装条件，安装部位应清理干净。

（5）装配安装前应进行测量放线工作。

知识点索引：《装配式混凝土建筑技术标准》GB/T 51231－2016（10.5.2）

关键词：部品部件　安装准备工作

20. 装配式混凝土建筑，龙骨隔墙安装应符合哪些规定？

答：（1）龙骨骨架应与主体结构连接牢固，并应垂直、平整、位置准确。

（2）龙骨的间距应满足设计要求。

（3）门、窗洞口等位置应采用双排竖向龙骨。

（4）壁挂设备、装饰物等的安装位置应设置加固措施。

（5）隔墙饰面板安装前，隔墙板内管线应进行隐蔽工程验收。

（6）面板拼缝应错缝设置，当采用双层面板安装时，上下层板的接缝应错开。

知识点索引：《装配式混凝土建筑技术标准》GB/T 51231－2016（10.5.9 第 2 点）

关键词：龙骨隔墙安装

十九、《装配式钢结构建筑技术标准》GB/T 51232－2016

1. 装配式钢结构建筑性能应符合哪些规定？

答：装配式钢结构建筑应符合国家现行标准对建筑适用性能、安全性能、环境性能、经济性能、耐久性能等综合规定。

知识点索引：《装配式钢结构建筑技术标准》GB/T 51232－2016（4.2.1）

关键词：装配式钢结构建筑性能

2. 高层民用装配式建筑钢结构的中心支撑宜采用什么体系？

答：高层民用建筑钢结构的中心支撑宜采用：十字交叉斜杆，单斜杆，人字形斜杆或V 形斜杆体系。

知识点索引：《装配式钢结构建筑技术标准》GB/T 51232－2016（5.2.14）

关键词：高层民用建筑钢结构支撑体系

3. 当抗震设防烈度为 8 度及以上时，装配式钢结构建筑可采用什么结构？

答：当抗震设防烈度为 8 度及以上时，装配式钢结构建筑可采用隔震或消能减震结构。

知识点索引：《装配式钢结构建筑技术标准》GB/T 51232－2016（5.2.21）

关键词：抗震　结构

4. 装配式钢结构建筑，建筑部品部件生产如何进行质量过程控制？

答：（1）凡涉及安全、功能的原材料，应按现行国家标准规定进行复验，见证取样、送样。

（2）各工序应按生产工艺要求进行质量控制，实行工序检验。

（3）相关专业工种之间应进行交接检验。

（4）隐蔽工程在封闭前应进行质量验收。

知识点索引：《装配式钢结构建筑技术标准》GB/T 51232－2016（6.1.6）

关键词：质量过程控制

5. 装配式钢结构建筑，部品部件堆放应符合哪些规定？

答：（1）堆放场地应平整、坚实、并按部品部件的保管技术要求采用相应的防雨、防潮、防暴晒、防污染和排水等措施。

（2）构件支垫应坚实，垫块在构件下的位置宜与脱模、吊装时的起吊位置一致。

（3）重叠堆放构件时，每层构件间的垫块应上下对齐，堆垛层数应根据构件、垫块的承载力确定，并应根据需要采取防止堆垛倾覆的措施。

知识点索引：《装配式钢结构建筑技术标准》GB/T 51232－2016（6.5.4）

关键词：部品部件堆放

6. 装配式钢结构建筑，墙板运输与堆放应符合哪些规定？

答：（1）当采用靠放架堆放或运输时，靠放架应具有足够的承载力和刚度，与地面倾斜角度宜大于80°；墙板宜对称放置且外饰面朝外，墙板上部宜采用木垫块隔开；运输时应固定牢固。

（2）当采用插放架直立堆放或运输时，宜采用直立方式运输；插放架应有足够的承载力和刚度，并应支垫稳固。

（3）采用叠层平放的方式堆放或运输时，应采取防止产生损坏的措施。

知识点索引：《装配式钢结构建筑技术标准》GB/T 51232－2016（6.5.5）

关键词：墙板运输与堆放

7. 装配式钢结构建筑施工前，施工单位应编制哪些技术文件，并按规定审批和论证？

答：（1）施工组织设计及配套的专项施工方案。

（2）安全专项方案。

（3）环境保护专项方案。

知识点索引：《装配式钢结构建筑技术标准》GB/T 51232－2016（7.1.2）

关键词：技术文件

8. 装配式钢结构施工期间，应对哪些方面进行过程监测？

答：钢结构施工期间，应对结构变形、环境变化等进行过程监测。

知识点索引：《装配式钢结构建筑技术标准》GB/T 51232－2016（7.2.5）

关键词：钢结构施工监测

9. 装配式钢结构建筑，混凝土叠合板施工应符合哪些规定？

答：（1）应根据设计要求或施工方案设置临时支撑。

（2）施工荷载应均匀布置，且不超过设计规定。

（3）端部的搁置长度应符合设计或国家现行有关标准的规定。

（4）叠合层混凝土浇筑前，应按设计要求检查结合面的粗糙度及外露钢筋。

知识点索引：《装配式钢结构建筑技术标准》GB/T 51232－2016（7.2.11）

关键词：混凝土叠合板

10. 装配式钢结构工程测量应符合哪些规定?

答：（1）钢结构安装前应设置施工控制网；施工测量前，应根据设计图和安装方案，编制测量专项方案。

（2）施工阶段的测量应包括平面控制、高程控制和细部测量。

知识点索引：《装配式钢结构建筑技术标准》GB/T 51232 - 2016（7.2.13）

关键词：钢结构工程测量

11. 装配式钢结构建筑，预制外墙安装应符合哪些规定?

答：（1）墙板应设置临时固定和调整装置。

（2）墙板应在轴线、标高和垂直度调校合格后方可永久固定。

（3）当条板采用双层墙板安装时，内、外层墙板的拼缝宜错开。

（4）蒸压加气混凝土板施工应符合现行行业标准《蒸压加汽混凝土建筑应用技术规程》JGJ /T 17 的规定。

知识点索引：《装配式钢结构建筑技术标准》GB/T 51232 - 2016（7.3.4）

关键词：预制外墙安装

12. 装配式钢结构建筑，内装部品施工前应做好哪些准备工作?

答：（1）安装前应进行设计交底。

（2）应对进场部品进行检查，其品种、规格、性能应满足设计要求和符合国家现行标准的有关规定，主要部品应提供产品合格证书或性能检测报告。

（3）在全面施工前应先施工样板间，样板间应经设计、建设及监理单位确认。

知识点索引：《装配式钢结构建筑技术标准》GB/T 51232 - 2016（7.5.3）

关键词：施工前准备

13. 装配式钢结构建筑，对钢梁、钢柱的防火板包覆施工应符合哪些规定?

答：（1）支撑件应固定牢固，防火板安装应牢固稳定，封闭良好。

（2）防火板表面应洁净平整。

（3）分层包覆时，应分层固定，相互压缝。

（4）防火板接缝应严密、顺直，边缘整齐。

（5）采用复合防火保护时，填充的防火材料应为不燃材料，且不得有空鼓、外露。

知识点索引：《装配式钢结构建筑技术标准》GB/T 51232 - 2016（7.5.5）

关键词：防火板包覆施工

14. 装配式钢结构建筑，装配式吊顶部品安装应符合哪些规定?

答：（1）吊顶龙骨与主体结构应固定牢靠。

（2）超过3kg的灯具、电扇及其他设备应设置独立吊挂结构。

（3）饰面板安装前应完成吊顶内管道管线施工，并应经隐蔽验收合格。

知识点索引：《装配式钢结构建筑技术标准》GB/T 51232 - 2016（7.5.7）

关键词：装配式吊顶部品安装

15. 装配式钢结构建筑，外围护系统应在验收前完成哪些性能的试验和测试？

答：（1）抗压性能、层间变形性能、耐撞击性能、耐火极限等实验室检测。

（2）连接件材性、锚栓拉拔强度等检测。

知识点索引：《装配式钢结构建筑技术标准》GB/T 51232－2016（8.3.2）

关键词：外围护系统性能试验　测试

16. 装配式钢结构建筑，外围护系统应根据工程实际情况进行哪些现场试验和测试？

答：（1）饰面砖（板）的粘结强度测试。

（2）墙板接缝及外门窗安装部位的现场淋水试验。

（3）现场隔声测试。

（4）现场传热系数测试。

知识点索引：《装配式钢结构建筑技术标准》GB/T 51232－2016（8.3.3）

关键词：外围护系统现场试验　测试

17. 装配式钢结构建筑，外围护部品应完成哪些隐蔽项目的现场验收？

答：（1）预埋件。

（2）与主体结构的连接节点。

（3）与主体结构之间的封堵构造节点。

（4）变形缝及墙面转角处的构造节点。

（5）防雷装置。

（6）防火构造。

知识点索引：《装配式钢结构建筑技术标准》GB/T 51232－2016（8.3.4）

关键词：外围护部品隐蔽验收项目

二十、《高层建筑混凝土结构技术规程》JGJ 3－2010

1. 高层建筑混凝土结构，控制轴线投测至施工层后，应进行闭合校验。控制轴线应包括哪些？

答：（1）建筑物外轮廓轴线。

（2）伸缩缝、沉降缝两侧轴线。

（3）电梯间、楼梯间两侧轴线。

（4）单元、施工流水段分界轴线。

知识点索引：《高层建筑混凝土结构技术规程》JGJ 3－2010（13.2.6）

关键词：控制轴线

2. 高层建筑混凝土结构，基础工程可采用哪些方法施工？

答：基础工程可采用放坡开挖顺作法、有支护顺作法、逆作法或半逆作法施工。

知识点索引：《高层建筑混凝土结构技术规程》JGJ 3－2010（13.3.4）

关键词：基础工程作法

3. 高层建筑混凝土结构，地基处理可采用哪些方法？

答：地基处理可采用挤密桩、压力注浆、深层搅拌等方法。

知识点索引：《高层建筑混凝土结构技术规程》JGJ 3－2010（13.3.6）

关键词：地基处理

4. 高层建筑混凝土结构，外脚手架应根据建筑物的高度选择怎样的合理形式？

答：（1）低于 50m 的建筑，宜采用落地脚手架或悬挑脚手架。

（2）高于 50m 的建筑，宜采用附着式升降脚手架、悬挑脚手架。

知识点索引：《高层建筑混凝土结构技术规程》JGJ 3－2010（13.5.3）

关键词：外脚手架形式

5. 根据《高层建筑混凝土结构技术规程》JGJ 3－2010，悬挑脚手架应符合哪些规定？

答：（1）悬挑构件宜采用工字钢，架体宜采用双排扣件式钢管脚手架或碗扣式、承插式钢管脚手架。

（2）分段搭设的脚手架，每段高度不得超过 20m。

（3）悬挑构件可采用预埋件固定，预埋件应采用未经冷处理的钢材加工。

（4）当悬挑支架放置在阳台、悬挑梁或大跨度梁等部位时，应对其安全性进行验算。

知识点索引：《高层建筑混凝土结构技术规程》JGJ 3－2010（13.5.5）

关键词：悬挑脚手架

6. 根据《高层建筑混凝土结构技术规程》JGJ 3－2010，卸料平台应符合哪些规定？

答：（1）应对卸料平台结构进行设计和验算，并编制专项施工方案。

（2）卸料平台应与外脚手架脱开。

（3）卸料平台严禁超载使用。

知识点索引：《高层建筑混凝土结构技术规程》JGJ 3－2010（13.5.6）

关键词：卸料平台

7. 高层建筑混凝土结构，墙体、柱的模板选型应符合哪些规定？

答：（1）墙体宜选用大模板、倒模、滑动模板和爬升模板等工具式模板施工。

（2）柱模宜采用定型模板。圆柱模板可采用玻璃钢或钢板成型。

知识点索引：《高层建筑混凝土结构技术规程》JGJ 3－2010（13.6.3 第 1、2 点）

关键词：模板选型

8. 高层建筑混凝土结构，大模板安装的垂直度允许偏差是多少？

答：大模板安装的垂直度允许偏差是 3mm。

知识点索引：《高层建筑混凝土结构技术规程》JGJ 3－2010（13.6.5）

关键词：大模板垂直度偏差

9. 高层建筑混凝土结构，模板拆除应符合哪些规定？

答：（1）常温施工时，柱混凝土拆模强度不应低于 1.5MPa，墙体拆模强度不应低于 1.2MPa。

（2）冬期拆模与保温应满足混凝土抗冻临界强度的要求。

（3）梁、板底模拆模时，跨度不大于 8m 时混凝土强度应达到设计强度的 75%，跨度大于 8m 时混凝土强度应达到设计强度的 100%。

（4）悬挑构件拆模时，混凝土强度应达到设计强度的 100%。

（5）后浇带拆模时，混凝土强度应达到设计强度的 100%。

知识点索引：《高层建筑混凝土结构技术规程》JGJ 3－2010（13.6.9）

关键词：模板拆除

10. 根据《高层建筑混凝土结构技术规程》JGJ 3－2010，大体积混凝土养护、测温应符合哪些规定？

答：（1）大体积混凝土浇筑后，应在 12h 内采取保湿、控温措施。混凝土浇筑体的里表温差不宜大于 25℃，混凝土浇筑体表面与大气温差不宜大于 20℃。

（2）宜采用自动测温系统测量温度，并设专人负责；测温点布置应具有代表性，测温频次应符合相关标准的规定。

知识点索引：《高层建筑混凝土结构技术规程》JGJ 3－2010（13.9.6）

关键词：大体积混凝土养护　测温

11. 高层建筑混凝土结构，超长大体积混凝土施工可采取哪些方法？

答：超长大体积混凝土施工可采取留置变形缝、后浇带施工或跳仓法施工。

知识点索引：《高层建筑混凝土结构技术规程》JGJ 3－2010（13.9.7）

关键词：大体积混凝土施工方法

12. 高层建筑混凝土混合结构施工，型钢混凝土竖向构件应按照什么顺序组织施工？

答：型钢混凝土竖向构件应按照钢结构、钢筋、模板、混凝土的顺序组织施工，型钢安装应先于混凝土施工至少一个安装节。

知识点索引：《高层建筑混凝土结构技术规程》JGJ 3－2010（13.10.6）

关键词：竖向构件　施工顺序

13. 高层建筑混凝土结构，混凝土结构转换层、加强层施工应符合哪些规定？

答：（1）当转换层梁或板混凝土支撑体系利用下层楼板或其他结构传递荷载时，应通过计算确定，必要时应采取加固措施。

（2）混凝土桁架、空腹钢架等斜向构件的模板和支架应进行荷载分析及水平推力计算。

知识点索引：《高层建筑混凝土结构技术规程》JGJ 3－2010（13.11.2）

关键词：转换层、加强层

14. 高层建筑混凝土结构，绿色施工应采用哪些节材及材料利用措施？

答：（1）采用节材与材料资源合理利用的新技术、新工艺、新材料和新设备。

（2）宜采用可循环利用材料。

（3）废弃物应分类回收，并进行再生利用。

知识点索引：《高层建筑混凝土结构技术规程》JGJ 3 - 2010（13.13.5）

关键词：绿色施工

二十一、《砌体结构工程施工质量验收规范》GB 50203 - 2011

1. 用于砌筑石砌体的石材有何质量与外观要求？

答：（1）石砌体采用的石材应质地坚实，无裂纹和无明显风化剥落；用于清水墙、柱表面的石材，尚应色泽均匀；石材的放射性应经检验，其安全性应符合现行国家标准《建筑材料放射性核素限量》GB 6566 的有关规定。

（2）石材表面的泥垢、水锈等杂质，砌筑前应清除干净。

知识点索引：《砌体结构工程施工质量验收规范》GB 50203 - 2011 第 7.1.2、7.1.3 条

关键词：石砌体石材要求

2. 用于毛石砌体的组砌方法有何要求？

答：（1）砌筑毛石基础的第一皮石块应坐浆，并将大面向下；砌筑料石基础的第一皮石块应用丁砌层坐浆砌筑。

（2）毛石砌体的第一皮及转角处、交接处和洞口处，应用较大的平毛石砌筑。每个楼层（包括基础）砌体的最上一皮，宜选用较大的毛石砌筑。

（3）毛石砌筑时，对石块间存在较大的缝隙，应先向缝内填灌砂浆并捣实，然后再用小石块嵌填，不得先填小石块后填灌砂浆，石块间不得出现无砂浆相互接触现象。

（4）砌筑毛石挡土墙应按分层高度砌筑，并应符合下列规定：每砌 3 皮～4 皮为一个分层高度，每个分层高度应将顶层石块砌平；两个分层高度间分层处的错缝不得小于 80mm。

知识点索引：《砌体结构工程施工质量验收规范》GB 50203 - 2011 第 7.1.4、7.1.5、7.1.6、7.1.7 条

关键词：毛石砌体组砌

3. 砌筑料石挡土墙中间采用毛石砌筑有何要求？

答：料石挡土墙，当中间部分用毛石砌筑时，丁砌料石伸入毛石部分的长度不应小于 200mm。

知识点索引：《砌体结构工程施工质量验收规范》GB 50203 - 2011 第 7.1.8 条

关键词：料石挡墙砌筑要求

4. 毛石或料石砌体灰缝有何要求？

答：毛石、毛料石、粗料石、细料石砌体灰缝厚度应均匀，灰缝厚度应符合下列规定：

（1）毛石砌体外露面的灰缝厚度不宜大于 40mm；

（2）毛料石和粗料石的灰缝厚度不宜大于 20mm；

（3）细料石的灰缝厚度不宜大于 5mm。

知识点索引：《砌体结构工程施工质量验收规范》GB 50203－2011 第 7.1.9 条

关键词：毛石或料石砌体灰缝

5. 当设计无规定时，石砌挡土墙的泄水孔有何要求？

答：挡土墙的泄水孔当设计无规定时，施工应符合下列规定：

（1）泄水孔应均匀设置，在每米高度上间隔 2m 左右设置一个泄水孔；

（2）泄水孔与土体间铺设长宽各为 300mm、厚 200mm 的卵石或碎石作疏水层。

知识点索引：《砌体结构工程施工质量验收规范》GB 50203－2011 第 7.1.10 条

关键词：挡土墙泄水孔

6. 石砌挡土墙回填土有何要求？

答：挡土墙内侧回填土必须分层夯填，分层松土厚度宜为 300mm。墙顶土面应有适当坡度使流水流向挡土墙外侧面。

知识点索引：《砌体结构工程施工质量验收规范》GB 50203－2011 第 7.1.11 条

关键词：挡土墙回填土

7. 根据《砌体结构工程施工质量验收规范》GB 50203，毛石砌体与砖砌体组砌有何要求？

答：（1）在毛石和实心砖的组合墙中，毛石砌体与砖砌体应同时砌筑，并每隔 4 皮～6 皮砖用 2 皮～3 皮丁砖与毛石砌体拉结砌合；两种砌体间的空隙应填实砂浆。

（2）毛石墙和砖墙相接的转角处和交接处应同时砌筑。转角处、交接处应自纵墙（或横墙）每隔 4 皮～6 皮砖高度引出不小于 120mm 与横墙（或纵墙）相接。

知识点索引：《砌体结构工程施工质量验收规范》GB 50203－2011 第 7.1.12、7.1.13 条

关键词：毛石与砖砌体组砌

8. 砌筑填充墙使用轻骨料混凝土小型空心砌块和蒸压加气混凝土砌块的产品龄期和含水率有何要求？

答：砌筑填充墙时，轻骨料混凝土小型空心砌块和蒸压加气混凝土砌块的产品龄期不应小于 28d，蒸压加气混凝土砌块的含水率宜小于 30％。

知识点索引：《砌体结构工程施工质量验收规范》GB 50203－2011 第 9.1.2 条

关键词：砌筑填充墙砌块规定

9. 烧结空心砖、各种砌块运输、装卸及堆放有何规定？

答：烧结空心砖、蒸压加气混凝土砌块、轻骨料混凝土小型空心砌块等的运输、装卸过程中，严禁抛掷和倾倒；进场后应按品种、规格堆放整齐，堆置高度不宜超过 2m。蒸

压加气混凝土砌块在运输及堆放中应防止雨淋。

知识点索引：《砌体结构工程施工质量验收规范》GB 50203-2011 第 9.1.3 条

关键词：砌筑填充墙材料装卸堆放

10. 轻骨料混凝土小型空心砌块及采用薄灰砌筑法施工的蒸压加气混凝土砌块湿润有何规定？

答：（1）吸水率较小的轻骨料混凝土小型空心砌块及采用薄灰砌筑法施工的蒸压加气混凝土砌块，砌筑前不应对其浇（喷）水湿润。

（2）在气候干燥炎热的情况下，对吸水率较小的轻骨料混凝土小型空心砌块宜在砌筑前喷水湿润。

知识点索引：《砌体结构工程施工质量验收规范》GB 50203-2011 第 9.1.4 条

关键词：填充墙砌块喷水

11. 采用普通砌筑砂浆砌筑填充墙时，烧结空心砖、轻骨料混凝土小型空心砌块、蒸压加气混凝土砌块砌体材料有何湿润要求？

答：采用普通砌筑砂浆砌筑填充墙时，烧结空心砖、吸水率较大的轻骨料混凝土小型空心砌块应提前 1d～2d 浇（喷）水湿润。蒸压加气混凝土砌块采用蒸压加气混凝土砌块砌筑砂浆或普通砌筑砂浆砌筑时，应在砌筑当天对砌块砌筑面喷水湿润。块体湿润程度宜符合下列规定：

（1）烧结空心砖的相对含水率 60%～70%；

（2）吸水率较大的轻骨料混凝土小型空心砌块、蒸压加气混凝土砌块的相对含水率40%～50%。

知识点索引：《砌体结构工程施工质量验收规范》GB 50203-2011 第 9.1.5 条

关键词：填充墙材料湿润要求

12. 厨房、卫生间、浴室采用砌块砌筑墙体时，墙底部需采取什么措施？

答：在厨房、卫生间、浴室等处采用轻骨料混凝土小型空心砌块、蒸压加气混凝土砌块砌筑墙体时，墙底部宜现浇混凝土坎台，其高度宜为 150mm。

知识点索引：《砌体结构工程施工质量验收规范》GB 50203-2011 第 9.1.6 条

关键词：厨、卫、浴砌块墙体要求

13. 砌块填充墙体拉结筋有何要求？

答：（1）填充墙拉结筋处的下皮小砌块宜采用半盲孔小砌块或用混凝土灌实孔洞的小砌块；薄灰砌筑法施工的蒸压加气混凝土砌块砌体，拉结筋应放置在砌块上表面设置的沟槽内。

（2）填充墙留置的拉结钢筋或网片的位置应与块体皮数相符合。拉结钢筋或网片应置于灰缝中，埋置长度应符合设计要求，竖向位置偏差不应超过一皮高度。

知识点索引：《砌体结构工程施工质量验收规范》GB 50203-2011 第 9.1.7、9.3.3 条

关键词：砌块墙体拉结筋

14. 填充墙砌体混砌施工与砌筑时间有哪些规定？

答：（1）蒸压加气混凝土砌块、轻骨料混凝土小型空心砌块不应与其他块体混砌，不同强度等级的同类块体也不得混砌。

（2）填充墙砌体砌筑，应待承重主体结构检验批验收合格后进行。填充墙与承重主体结构间的空（缝）隙部位施工，应在填充墙砌筑 14d 后进行。

知识点索引：《砌体结构工程施工质量验收规范》GB 50203－2011 第 9.1.8、9.1.9 条

关键词：砌块墙体拉结筋

15. 填充墙砌体与主体结构连接构造有何要求？

答：（1）填充墙砌体应与主体结构可靠连接，其连接构造应符合设计要求，未经设计同意，不得随意改变连接构造方法。每一填充墙与柱的拉结筋的位置超过一皮块体高度的数量不得多于一处。

（2）填充墙与承重墙、柱、梁的连接钢筋，当采用化学植筋的连接方式时，应进行实体检测。锚固钢筋拉拔试验的轴向受拉非破坏承载力检验值应为 6.0kN。抽检钢筋在检验值作用下应基材无裂缝、钢筋无滑移宏观裂损现象；持荷 2min 期间荷载值降低不大于 5%。

知识点索引：《砌体结构工程施工质量验收规范》GB 50203－2011 第 9.2.2、9.2.3 条

关键词：填充墙砌体连接

16. 填充墙砌体工程砌筑允许偏差是多少？

答：（1）填充墙砌体尺寸、位置的允许偏差为：轴线位移 10mm。

（2）每层高度≤3m 垂直度 5mm，每层高度＞3m 垂直度 10mm。

（3）表面平整度 8mm。门窗润口及后塞口高、宽±10mm；外墙上、下窗口偏移 20mm。

知识点索引：《砌体结构工程施工质量验收规范》GB 50203－2011 第 9.3.1 条

关键词：填充墙砌筑允许偏差

17. 填充墙搭砌与灰缝有何要求？

答：（1）砌筑填充墙时应错缝搭砌，蒸压加气混凝土砌块搭砌长度不应小于砌块长度的 1/3；轻骨料混凝土小型空心砌块搭砌长度不应小于 90mm；竖向通缝不应大于 2 皮。

（2）填充墙的水平灰缝厚度和竖向灰缝宽度应正确，烧结空心砖、轻骨料混凝土小型空心砌块砌体的灰缝应为 8mm～12mm；蒸压加气混凝土砌块砌体当采用水泥砂浆、水泥混合砂浆或蒸压加气混凝土砌块砌筑砂浆时，水平灰缝厚度和竖向灰缝宽度不应超过 15mm；当蒸压加气混凝土砌块砌体采用蒸压加气混凝土砌块粘结砂浆时，水平灰缝厚度和竖向灰缝宽度宜为 3mm～4mm。

知识点索引：《砌体结构工程施工质量验收规范》GB 50203－2011 第 9.3.4、9.3.5 条

关键词：填充墙搭砌与灰缝

二十二、《砌体填充墙结构构造》国家建筑标准设计图集号 12G614-1

1. 填充墙砌体材料有何强度及厚度要求？

答：填充墙体应优先采用轻质砌体材料，填充墙砌体材料的强度等级应符合下列规定：

（1）混凝土小型空心砌块（简称小砌块）强度等级不低于 MU3.5，用于外墙及潮湿环境的内墙时不应低于 MU5.0；全烧结陶粒保温砌块仅用于内墙（不得用于外墙），其强度等级不应低于 MU2.5，密度不应大于 $800kg/m^3$。

（2）烧结空心砖的强度等级不应低于 MU3.5，用于外墙及潮湿环境的内墙时不应低于 MU5.0。

（3）烧结多孔砖的强度等级不宜低于 MU7.5。

（4）蒸压加气混凝土砌块的强度等级不应低于 A2.5，用于外墙及潮湿环境的内墙时不应低于 A3.5。

（5）填充墙的厚度：外围护墙不应小于 120mm，内隔墙不应小于 90mm。

知识点索引：《砌体填充墙结构构造》GJBT－1203 图集号 12G614－1 总说明第 4.1、5.2 条

关键词：填充墙砌体材料

2. 填充墙砌体砌筑砂浆有何要求？

答：（1）填充墙砌筑砂浆的强度等级：普通砖砌体砌筑砂浆强度等级不应低于 M5.0；蒸压加气混凝土砌块砂浆强度等级不应低于 Ma5.0；混凝土砌块砌筑砂浆强度等级不应低于 Mb5.0；蒸压普通砖砌筑砂浆强度等级不应低于 Ms5.0。

（2）室内地坪以下及潮湿环境应采用水泥砂浆、预拌砂浆或专用砂浆；蒸压加气混凝土砌块砌体应采用专用砂浆砌筑。

知识点索引：《砌体填充墙结构构造》GJBT-1203 图集号 12G614-1 总说明第 4.2、4.3 条

关键词：填充墙砌筑砂浆

3. 填充墙砌体构件混凝土强度有何要求？

答：构造柱、水平系梁等构件混凝土强度等级不应低于 C20，用于 2 类环境时，混凝土强度等级不应低于 C20；灌芯混凝土强度等级不应低于 Cb20。

知识点索引：《砌体填充墙结构构造》GJBT－1203 图集号 12G614－1 总说明第 4.4 条

关键词：填充墙混凝土构件

4. 填充墙使用钢筋、预埋件、焊条有何要求？

答：（1）填充墙使用钢筋：箍筋采用 HPB300（φ），拉结钢筋采用 HPB300（φ）或 HRB335（Φ）或 HRB400（Φ）；构造柱、水平系梁主筋采用 HRB335（Φ）或 HRB400

（Φ），也可采用满足伸长率要求的冷轧带肋钢筋。

（2）预埋件：预埋件锚板宜采用 Q235-B 级钢，锚筋应采用 HPB300、HRB335 或 HRB400，严禁采用冷加工钢筋。设置预埋件的结构构件，混凝土强度等级不应低于 C20。

（3）焊条：焊条的型号为 E4303、E5003，并应符合《钢筋焊接及验收规程》JCJ 18 的规定。

知识点索引：《砌体填充墙结构构造》GJBT-1203 图集号 12C614-1 总说明第 4.5、4.6、4.7 条

关键词：填充墙钢筋　预埋件　焊条

5. 从设计方面，采用砌体填充墙时，如何减少对主体结构的不利影响？

答：采用砌体填充墙，应采取措施减少对主体结构的不利影响。

（1）平面布置宜均匀对称，减少因砌体填充墙的质量和刚度偏心造成的主体结构扭转；

（2）砌体填充墙的竖向布置宜均匀连续，避免产生上、下刚度突变；

（3）避免框架柱形成短柱；

（4）应考虑墙体刚度和质量对主体结构抗震的不利影响，特别应注意在水平地震作用下填充墙对角柱产生的不利影响。

知识点索引：《砌体填充墙结构构造》GJBT-1203 图集号 12C614-1 总说明第 5.3.3 条

关键词：填充墙不利影响

6. 填充墙与主体结构如何做好可靠拉结？

答：砌体填充墙与主体结构的拉结及填充墙墙体之间的拉结，根据不同情况可采用拉结钢筋（以下简称拉结筋）、焊接钢筋网片、水平连系梁和构造柱。

（1）填充墙应沿框架柱全高每隔 500mm～600mm 设 2Φ6 拉结筋（墙厚大于 240mm 时宜设 3Φ6 拉结筋），拉结筋伸入墙内的长度，6、7 度时宜沿墙全长贯通，8 度时应全长贯通。

（2）砌体填充墙的墙段长度大于 5m 时或墙长大于 2 倍层高时，墙顶宜与梁底或板底拉结，墙体中部应设钢筋混凝土构造柱。

（3）当有门窗洞口的填充墙尽端至门窗洞口边距离小于 240mm 时，宜采用钢筋混凝土门窗框。

（4）当砌体填充墙的墙高超过 4m 时，宜在墙体半高处设置与柱连接且沿墙全长贯通的现浇钢筋混凝土水平连系梁，梁截面高度不小于 60mm。填充墙高不宜超过 6m。

（5）楼梯间和人流通道处的填充墙，应采用钢丝网砂浆面层加强。

知识点索引：《砌体填充墙结构构造》GJBT-1203 图集号 12C614-1 总说明第 5.4 条

关键词：填充墙拉结构造

7. 填充墙构造柱和水平系梁的钢筋保护层有何要求？

答：构造柱、水平系梁最外层钢筋的保护层厚度不应小于 20mm；灰缝中拉结钢筋外

露砂浆保护层的厚度不应小于 15mm。

　　知识点索引：《砌体填充墙结构构造》GJBT-1203 图集号 12C614-1 总说明第 5.5 条

　　关键词：填充墙钢筋保护层

8. 填充墙构造柱、水平系梁钢筋和墙体拉结筋连接有何要求？

　　答：（1）构造柱、水平系梁纵向钢筋采用绑扎搭接时，全部纵筋可在同一连接区段搭接，钢筋搭接长度 50d。

　　（2）墙体拉结筋的连接：采用焊接接头时，单面焊的焊接长度 10d；采用绑扎搭接连接时，搭接长度 55d 且不小于 400mm。

　　知识点索引：《砌体填充墙结构构造》GJBT-1203 图集号 12C614-1 总说明第 5.6 条

　　关键词：填充墙钢筋连接

9. 填充墙砌体块材进场有何保管要求？

　　答：块材进入施工现场后应按品种、规格、强度等级分类堆放整齐，堆置高度不宜超过 2m，并应有防潮湿、防雨雪措施。

　　知识点索引：《砌体填充墙结构构造》GJBT-1203 图集号 12C614-1 总说明第 6.2 条

　　关键词：砌体保管

10. 填充墙砌体砌筑砂浆有何要求？

　　答：砌筑砂浆应按照《砌筑砂浆配合比设计规程》JGJ/T 98－2010 的要求进行试配，砂浆基本性能检验方法应符合《建筑砂浆基本性能试验方法》JGJ 70－2009 的规定。水泥砂浆应在拌成后 3h 内使用完毕；当施工期间最高温度超过 30℃时，必须在拌成后 2h 内使用完毕，砂浆拌合后和使用中出现泌水现象时，应在砌筑前再次拌和。有条件地区可推荐采用预拌砂浆或干粉砂浆。

　　知识点索引：《砌体填充墙结构构造》GJBT-1203 图集号 12C614-1 总说明第 6.3 条

　　关键词：填充墙砌筑砂浆

11. 填充墙砌体砌筑有何要求？

　　答：（1）填充墙的砌筑，应待承重主体结构检验批验收合格后进行。填充墙与承重主体结构间的空（缝）隙部位施工，应在填充墙砌筑 14d 后进行。

　　（2）防潮层以下应采用实心砖或预先将孔灌实的多孔砖或灌孔小型混凝土空心砌块砌筑。

　　（3）在厨房、卫生间、浴室等处采用轻集料混凝土小型空心砌块、蒸压加气混凝土砌块砌筑墙体时，墙底部宜现浇与填充墙同厚度的混凝土坎台，其高度宜为 150mm～200mm。

　　（4）填充墙砌筑时应错缝搭砌。拉结筋不应放在孔洞上，应保证钢筋被砂浆或灌浆包裹。

　　（5）砌体填充墙砌至接近梁、板底时，应留一定空隙，待砌体变形稳定后并应至少间隔 7d 后，再将其补砌挤紧。

（6）砌体填充墙砌筑完成后，应让其充分干燥、收缩后再做面层（一般7d以后）。

知识点索引：《砌体填充墙结构构造》GJBT-1203图集号12C614-1总说明第6.4、6.5、6.6、6.7、6.8条

关键词：填充墙砌筑要求

12. 填充墙构造柱施工有何要求？

答：（1）设置混凝土构造柱的墙体，应按绑扎钢筋、砌筑墙体、支设模板、浇筑构造柱混凝土的施工顺序进行。

（2）墙体与构造柱连接处宜砌成马牙槎，马牙槎伸入墙体60mm～100mm、槎高200mm～300mm并应为砌体材料高度的整倍数。

（3）构造柱两侧模板必须紧贴墙面，支撑必须牢固，严禁板缝漏浆。

（4）浇筑构造柱混凝土前应清除落地灰等杂物并将模板浇水湿润，然后注入50mm厚与混凝土配比（去掉石子）相同的水泥砂浆，再分段浇灌、振捣混凝土。振捣时振捣棒不应直接触碰墙体。

知识点索引：《砌体填充墙结构构造》GJBT-1203图集号12C614-1总说明第6.10条

关键词：填充墙构造柱

13. 蒸压加气混凝土砌块砌筑施工有何要求？

答：（1）蒸压加气混凝土砌块的含水率宜小于30％。

（2）蒸压加气混凝土砌块应将沾有油污的表面切掉，其切割面不应有切割附着屑。

（3）蒸压加气混凝土砌块采用蒸压加气混凝土砌块砌筑砂浆或普通砌筑砂浆砌筑时，应在砌筑当天对砌块砌筑面喷水湿润，砌块的相对含水率宜为40％～50％。

（4）蒸压加气混凝土砌块砌筑时，砌块间相互上下错缝，搭接长度不宜小于砌块长度的1/3。

（5）切锯砌块应采用专用工具，不得用斧子或瓦刀任意砍劈，洞口两侧，应选用规格整齐的砌块砌筑。

知识点索引：《砌体填充墙结构构造》GJBT-1203图集号12C614-1总说明第6.11条

关键词：蒸压加气混凝土砌块砌筑

14. 混凝土小型空心砌块砌筑施工有何要求？

答：（1）吸水率较大的轻骨料混凝土小型空心砌块采用普通砌筑砂浆砌筑时应提前1d～2d浇（喷）水湿润，砌块的相对含水率宜为40％～50％。

（2）砌块应每皮顺砌，上下皮应对孔，竖缝应互相错开1/2主规格小砌块长度。

知识点索引：《砌体填充墙结构构造》GJBT-1203图集号12C614-1总说明第6.12条

关键词：混凝土小型空心砌块砌筑

15. 烧结空心砖砌体砌筑施工有何要求？

答：烧结空心砖砌体采用普通砌筑砂浆砌筑时，烧结空心砖应提前1d～2d浇（喷）水湿润，块体的相对含水率宜为60％～70％。

知识点索引：《砌体填充墙结构构造》GJBT-1203 图集号 12C614-1 总说明第 6.13 条

关键词：烧结空心砖砌体砌筑

16. 填充墙拉结采用化学植筋的方法连接有何要求？

答：填充墙的拉结与混凝土墙、柱、梁、板采用化学植筋的方法连接时，应符合《混凝土结构后锚固技术规程》JGJ 145 的相关规定，并应按《砌体结构工程施工质量验收规范》CB 50203－2011 的要求进行实体检测。

知识点索引：《砌体填充墙结构构造》GJBT-1203 图集号 12C614-1 总说明第 8.4 条

关键词：填充墙化学植筋

第五章　建筑装饰装修工程

一、《建筑装饰装修工程质量验收标准》GB 50210－2018

1.《建筑装饰装修工程质量验收标准》GB 50210－2018 对于建筑装饰装修设计有哪些要求？

答：（1）建筑装饰装修设计应符合城市规划、防火、环保、节能、减排等有关规定。建筑装饰装修耐久性应满足使用要求。

（2）承担建筑装饰装修工程设计的单位应对建筑物进行了解和实地勘察。设计深度应满足施工要求。由施工单位完成的深化设计应经建筑装饰装修设计单位确认。

（3）既有建筑装饰装修工程设计涉及主体和承重结构变动时，必须在施工前委托原结构设计单位或者具有相应资质条件的设计单位提出设计方案，或由检测鉴定单位对建筑结构的安全性进行鉴定。

（4）建筑装饰装修工程的防火、防雷和抗震设计应符合现行国家标准的规定。

（5）当墙体或吊顶内的管线可能产生冰冻或结露时，应进行防冻或防结露设计。

知识点索引：《建筑装饰装修工程质量验收标准》GB 50210－2018 第 3.1.2～3.1.6 条

关键词：装修设计规定

2. 建筑装饰装修质量验收有关安全和功能的检验项目有哪些？

答：（1）门窗子分部工程：建筑外窗的气密性能、水密性能和抗风压性能。

（2）饰面板子分部工程：饰面板后置埋件的现场拉拔力。

（3）饰面砖子分部工程：外墙饰面砖样板及工程的饰面砖粘结强度。

（4）幕墙子分部工程：1）硅酮结构胶的相容性和剥离粘结性；2）幕墙后置埋件和槽式预埋件的现场拉拔力；3）幕墙的气密性、水密性、耐风压性能及层间变形性能。

知识点索引：《建筑装饰装修工程质量验收标准》GB 50210－2018 第 15.0.6 条

关键词：装修安全和功能检验

3. 幕墙工程隐蔽验收的内容有哪些？

答：（1）预埋件或后置埋件、锚栓及连接件。

（2）构件的连接节点，构件与主体结构的连接安装。

（3）幕墙四周、组合幕墙交接部位以及幕墙内表面与主体结构之间的封堵。

（4）伸缩缝、沉降缝、防震缝及墙面转角节点。

（5）隐框玻璃板块的固定以及固定块的材质、间距、数量。

（6）幕墙防雷连接节点。

（7）幕墙防火、隔烟节点、防火材料的设置。

（8）单元式幕墙与主体结构的连接节点、封口节点、起底节点、与构件式幕墙交接节点、顶收口节点。

（9）钢材端口、钢材焊缝的二次防腐。

（10）其他带有隐蔽性质的项目。

知识点索引：《建筑装饰装修工程质量验收标准》GB 50210－2018 第 11.1.4 条、《福建省建筑幕墙工程质量验收规程》DBJT13－24－2017 第 3.3.12 条

关键词：幕墙隐蔽验收

4. 石材幕墙工程主控项目有哪些?

答：（1）石材幕墙工程所用材料质量。

（2）石材幕墙的造型、立面分格、颜色、光泽、花纹和图案。

（3）石材孔、槽加工质量。

（4）石材幕墙主体结构上的埋件。

（5）石材幕墙连接安装质量。

（6）金属框架和连接件的防腐处理。

（7）石材幕墙的防雷。

（8）石材幕墙的防火、保温、防潮材料的设置。

（9）变形缝、墙角的连接节点。

（10）石材表面和板缝的处理。

（11）有防水要求的石材幕墙防水效果。

知识点索引：《建筑装饰装修工程质量验收标准》GB 50210－2018 第 11.4.1 条

关键词：石材幕墙　主控项目

5. 涂饰工程的基层处理有何规定?

答：（1）新建筑物的混凝土或抹灰基层在用腻子找平或直接涂饰涂料前应涂刷抗碱封闭底漆。

（2）既有建筑墙面在用腻子找平或直接涂饰涂料前应清除疏松的旧装修层，并涂刷界面剂。

（3）混凝土或抹灰基层在用溶剂型腻子找平或直接涂刷溶剂型涂料时，含水率不得大于8%；在用乳液型腻子找平或直接涂刷乳液型涂料时，含水率不得大于10%，木材基层的含水率不得大于12%。

（4）找平层应平整、坚实、牢固，无粉化、起皮和裂缝；内墙找平层的粘结强度应符合现行行业标准《建筑室内用腻子》JG/T 298 的规定。

（5）厨房、卫生间墙面的找平层应使用耐水腻子。

知识点索引：《建筑装饰装修工程质量验收标准》GB 50210－2018 第 12.1.5 条

关键词：装修　涂饰规定

6. 裱糊工程基层处理应满足什么规定?

答：（1）应对基层封闭底漆、腻子、封闭底胶及软包内衬材料进行隐藏工程验收。

（2）新建筑物的混凝土抹灰基层墙面在刮腻子前应涂刷抗碱封闭底漆。

（3）粉化的旧墙面应先除去粉化层，并在刮涂腻子前涂刷一层界面处理剂。

（4）混凝土或抹灰基层含水率不得大于 8％，木材基层的含水率不得大于 12％。

（5）石膏板基层，接缝及裂缝处应贴加强网布后再刮腻子。

（6）基层腻子应平整、坚实、牢固，无粉化、起皮、空鼓、酥松、裂缝和泛碱，腻子的粘结强度不得小于 0.3MPa。

（7）基层表面平整度、立面垂直度及阴阳角方正应达到 GB 50210-2018 高级抹灰的要求。

（8）基层表面颜色应一致。

（9）裱糊前应用封闭底胶涂刷基层。

知识点索引：《建筑装饰装修工程质量验收标准》GB 50210-2018 第 13.1.4 条

关键词：装修　裱糊工程基层处理规定

二、《民用建筑工程室内环境污染控制标准》GB 50325-2020

1. 民用建筑工程哪些室内使用材料应测定游离甲醛释放量？限量多少？

答：（1）室内用人造木板及其制品，环境测试舱法测定限量不大于 0.124mg/m³，干燥器法测定不应大于 1.5mg/L。

（2）水性装饰板涂料、水性墙面涂料、水性墙面腻子以外的其他水性涂料和水性腻子，其限量应≤100mg/kg。

（3）室内用水性阻燃剂（包括防火涂料）、防水剂、防腐剂、增强剂等水性处理剂，其限量不应大于 100mg/kg。

知识点索引：《民用建筑工程室内环境污染控制标准》GB 50325-2020 第 3.2、3.3.2、3.5.1 条

关键词：室内材料甲醛测定要求

2. 新建、扩建民用建筑工程地质勘察资料，应包括土壤氡哪些数据？

答：新建、扩建的民用建筑工程的工程地质勘察资料，应包括工程所在城市区域土壤氡浓度或土壤表面氡析出率测定历史资料及土壤氡浓度或土壤表面氡析出率平均值数据。

知识点索引：《民用建筑工程室内环境污染控制标准》GB 50325-2020 第 4.2.1 条

关键词：地质勘察氡数据

3. 根据民用建筑工程场地土壤氡浓度测定结果，应采取处理措施的情况有哪些规定？

答：（1）当民用建筑工程场地土壤氡浓度测定结果大于 20000Bq/m³ 且小于 30000Bq/m³ 时，或土壤表面氡析出率大于 0.05Bq/（m²·s）且小于 0.10Bq/（m²·s）时，应采取建筑物底层地面抗开裂措施。

（2）当民用建筑工程场地土壤氡浓度测定结果不小于 30000Bq/m³ 且小于 50000Bq/m³ 时，或土壤表面氡析出率不小于 0.10Bq/（m²·s）且小于 0.30Bq/（m²·s）时，除采取建筑物底层地面抗开裂措施外，还必须按现行国家标准《地下工程防水技术规范》GB 50108 中的一级防水要求，对基础进行处理。

（3）当民用建筑工程场地土壤氡浓度平均值不小于 50000Bq/m³ 或土壤表面氡析出率平均值不小于 0.30Bq/(m² · s) 时，应采取建筑物综合防氡措施。

知识点索引：《民用建筑工程室内环境污染控制标准》GB 50325 - 2020 第 4.2.4、4.2.5、4.2.6 条

关键词：土壤氡浓度超过标准的处理

4. 民用建筑室内装饰装修不应采用材料有何规定？

答：（1）不应采用聚乙烯醇水玻璃内墙涂料、聚乙烯醇缩甲醛内墙涂料和树脂以硝化纤维素为主、溶剂以二甲苯为主的水包油型（O/W）多彩内墙涂料。

（2）不应采用聚乙烯醇缩甲醛类胶粘剂。

（3）装饰装修中所使用的木地板及其他木质材料，严禁采用沥青、煤焦油类防腐、防潮处理剂。

（4）Ⅰ类民用建筑室内装饰装修粘贴塑料地板时，不应采用溶剂型胶粘剂。

（5）Ⅱ类民用建筑中地下室及不与室外直接自然通风的房间粘贴塑料地板时，不宜采用溶剂型胶粘剂。

知识点索引：《民用建筑工程室内环境污染控制标准》GB 50325 - 2020 第 4.3.4～4.3.8 条

关键词：室内装饰装修不应采用材料

5. 民用建筑工程哪些材料进场施工单位应查验其放射性指标检测报告？

答：民用建筑工程采用的无机非金属建筑主体材料和建筑装饰装修材料进场时，施工单位应查验其放射性指标检测报告。

知识点索引：《民用建筑工程室内环境污染控制标准》GB 50325 - 2020 第 5.2.1 条

关键词：放射性检测报告查验

6. 民用建筑室内装饰装修什么材料应进行放射性指标的抽查复验？

答：民用建筑室内装饰装修中采用的天然花岗石石材或瓷质砖使用面积大于 200m² 时，应对不同产品、不同批次材料分别进行放射性指标的抽查复验。

知识点索引：《民用建筑工程室内环境污染控制标准》GB 50325 - 2020 第 5.2.2 条

关键词：放射性指标抽查复验

7. 民用建筑室内装饰装修什么材料进场时，施工单位应查验其游离甲醛释放量检测报告？

答：民用建筑室内装饰装修中所采用的人造木板及其制品、水性涂料、水性处理剂、水性胶粘剂、壁纸（布）进场时，施工单位应查验其游离甲醛释放量检测报告。

知识点索引：《民用建筑工程室内环境污染控制标准》GB 50325 - 2020 第 5.2.3、5.2.5、5.2.6、5.2.7 条

关键词：游离甲醛释放量检测报告

8. 民用建筑室内装饰装修什么材料进场时，应对游离甲醛释放量进行抽查复验？

答：（1）民用建筑室内装饰装修中采用的人造木板面积大于 500m² 时，应对不同产品、不同批次材料的游离甲醛释放量分别进行抽查复验。

（2）幼儿园、学校教室、学生宿舍等民用建筑室内装饰装修，应对不同产品、不同批次的人造木板及其制品的甲醛释放量进行抽查复验。

知识点索引：《民用建筑工程室内环境污染控制标准》GB 50325－2020 第 5.2.4、5.2.9 条

关键词：游离甲醛释放量抽查复验

9. 民用建筑室内装饰装修严禁使用哪些稀释剂和溶剂？

答：（1）民用建筑室内装饰装修时，严禁使用苯、工业苯、石油苯、重质苯及混苯等含苯稀释剂和溶剂。

（2）民用建筑室内装饰装修严禁使用有机溶剂清洗施工用具。

知识点索引：《民用建筑工程室内环境污染控制标准》GB 50325－2020 第 5.3.3、5.3.6 条

关键词：严禁使用稀释剂和溶剂

10. 民用建筑工程竣工验收，室内环境污染物氡、甲醛浓度限量是多少？

答：民用建筑工程竣工验收时，必须进行室内环境污染物浓度检测，Ⅰ类民用建筑工程室内环境污染物浓度限量氡≤150Bq/m³、甲醛≤0.07mg/m³；Ⅱ类民用建筑工程室内环境污染物浓度限量氡≤150Bq/m³、甲醛≤0.08mg/m³。

知识点索引：《民用建筑工程室内环境污染控制标准》GB 50325－2020 第 6.0.4 条

关键词：民用建筑污染物浓度

三、《建筑地面工程施工质量验收规范》GB 50209－2010

1. 有防水要求的建筑地面找平层铺设前需做什么工作？

答：有防水要求的建筑地面工程，找平层铺设前必须对立管、套管和地漏与楼板节点之间进行密封处理，并应进行隐蔽验收；排水坡度应符合设计要求。

知识点索引：《建筑地面工程施工质量验收规范》GB 50209－2010 第 4.9.3 条

关键词：装修地面找平层

2. 厕浴间和有防水要求的建筑地面隔离层有何要求？

答：（1）厕浴间和有防水要求的建筑地面必须设置防水隔离层。楼层结构必须采用现浇混凝土或整块预制混凝土板，混凝土强度等级不应小于 C20；房间的楼板四周除门洞外应做混凝土翻边，高度不应小于 200mm，宽同墙厚，混凝土强度等级不应小于 C20。施工时结构层标高和预留孔洞位置应准确，严禁乱凿洞。

（2）水泥类防水隔离层的防水等级和强度等级应符合设计要求。

（3）防水隔离层严禁渗漏，排水的坡向应正确、排水通畅。

知识点索引：《建筑地面工程施工质量验收规范》GB 50209－2010 第 4.10.11；

4.10.12；4.10.13 条

关键词：装修地面隔离层

四、《建筑内部装修设计防火规范》GB 50222－2017

1. 建筑内部装修不应擅自减少、改动、拆除、遮挡哪些设施或标志？

答：建筑内部装修不应擅自减少、改动、拆除、遮挡消防设施、疏散指示标志、安全出口、疏散出口、疏散走道和防火分区、防烟分区等。

知识点索引：《建筑内部装修设计防火规范》GB 50222－2017 第 4.0.1 条

关键词：装修防火规范

2. 建筑内部装修时消火栓箱门有何规定？

答：建筑内部消火栓箱门不应被装饰物遮掩，消火栓箱门四周的装修材料颜色应与消火栓箱门的颜色有明显区别或在消火栓箱门表面设置发光标志。

知识点索引：《建筑内部装修设计防火规范》GB 50222－2017 第 4.0.2

关键词：装修　消火栓箱门

3. 《建筑内部装修设计防火规范》GB 50222－2017 中，对于疏散走道和安全出口的顶棚墙面有何要求？

答：疏散走道和安全出口的顶棚墙面不应采用影响人员安全疏散的镜面反光材料。

知识点索引：《建筑内部装修设计防火规范》GB 50222－2017 第 4.0.3 条

关键词：装修　疏散走道和安全出口的顶棚墙面

4. 《建筑内部装修设计防火规范》GB 50222－2017 中，对于水平疏散走道和安全出口的门厅选用装修材料防火等级有何要求？

答：（1）地上建筑的水平疏散走道和安全出口的门厅，其顶棚应采用 A 级装修材料，其他部位应采用不低于 B_1 级的装修材料。

（2）地下民用建筑的疏散走道和安全出口的门厅，其顶棚、墙面和地面均应采用 A 级装修材料。

知识点索引：《建筑内部装修设计防火规范》GB 50222－2017 第 4.0.4 条

关键词：装修　走道、门厅装修材料

5. 《建筑内部装修设计防火规范》GB 50222－2017 中规定哪些特别场所部位选用装修材料必须为 A 级？

答：（1）疏散楼梯间和前室的顶棚、墙面和地面。

（2）建筑物内设有上下层相连通的中庭、走马廊、开敞楼梯、自动扶梯时，其连通部位的顶棚、墙面。

（3）无窗房间内部装修。

（4）消防水泵房、机械加压送风排烟机房、固定灭火系统钢瓶间、配电室、变压器室、发电机房、储油间、通风和空调机房等，其内部所有装修材料。

（5）消防控制室等重要房间的顶棚和墙面。

（6）建筑物内厨房的顶棚、墙面、地面均应采用。

（7）经常使用明火器具的餐厅、科研试验室的装修材料。

（8）展览性场所装修：在展厅设置电加热设备的餐饮操作区内，与电加热设备贴邻的墙面、操作台均应采用；展台与卤钨灯等高温照明灯具贴邻部位的材料应采用。

知识点索引：《建筑内部装修设计防火规范》GB 50222－2017 第 4.0.5、4.0.6、4.0.8～4.0.14 条

关键词：装修　A 级装修材料

6. 办公场所以及宾馆、饭店的客房及公共活动用房的什么部位选用装修材料必须为 A 级？

答：《建筑内部装修设计防火规范》GB 50222－2017 第 5 章"民用建筑"规定办公场所以及宾馆、饭店的客房及公共活动用房设置送回风道（管）的集中空气调节系统时顶棚选用装修材料必须为 A 级。

知识点索引：《建筑内部装修设计防火规范》GB 50222－2017 第 5.1.1 条

关键词：装修　A 级装修材料

7.《建筑内部装修设计防火规范》GB 50222－2017 中，规定单层、多层民用建筑什么建筑物及场所的内部装修墙面必须选用燃烧性能等级 A 级装修材料？

答：（1）候机楼的候机大厅、贵宾候机室、售票厅、商店、餐饮场所等。

（2）建筑面积＞10000m² 汽车站、火车站、轮船客运站的候车（船）室、商店、餐饮场所等。

（3）每个厅建筑面积＞400m² 观众厅、会议厅、多功能厅、等候厅等。

（4）＞3000 座位体育馆。

（5）养老院、托儿所、幼儿园的居住及活动场所。

（6）医院的病房区、诊疗区、手术区。

（7）存放文物、纪念展览物品、重要图书、档案、资料的场所。

（8）A、B 级电子信息系统机房及装有重要机器、仪器的房间。

知识点索引：《建筑内部装修设计防火规范》GB 50222－2017 第 5.1.1 条

关键词：装修　A 级装修材料

8. 高层民用建筑内部装修墙面必须选用燃烧性能等级 A 级装修材料的建筑物及场所有哪些？

答：（1）候机楼的候机大厅、贵宾候机室、售票厅、商店、餐饮场所等。

（2）建筑面积＞10000m² 汽车站、火车站、轮船客运站的候车（船）室、商店、餐饮场所等。

（3）每个厅建筑面积＞400m² 观众厅、会议厅、多功能厅、等候厅等。

（4）养老院、托儿所、幼儿园的居住及活动场所。

（5）医院的病房区、诊疗区、手术区。

（6）存放文物、纪念展览物品、重要图书、档案、资料的场所。

（7）A、B级电子信息系统机房及装有重要机器、仪器的房间。

（8）一类建筑的电信楼、财贸金融楼、邮政楼、广播电视楼、电力调度楼、防灾指挥调度楼。

知识点索引：《建筑内部装修设计防火规范》GB 50222－2017 第5.2.1条

关键词：装修　A级装修材料

9. 地下民用建筑哪些建筑物及场所地面装修必须选用燃烧性能等级A级装修材料？

答：（1）观众厅、会议厅、多功能厅、等候厅等，商店的营业厅。

（2）存放文物、纪念展览物品、重要图书、档案、资料的场所。

（3）餐饮场所。

知识点索引：《建筑内部装修设计防火规范》GB 50222－2017 第5.3.1条

关键词：装修　A级装修材料

10. 地下民用建筑哪些建筑物及场所隔断和固定家具装修必须选用燃烧性能等级A级装修材料？

答：（1）存放文物、纪念展览物品、重要图书、档案、资料的场所。

（2）汽车库、修车库。

知识点索引：《建筑内部装修设计防火规范》GB 50222－2017 第5.3.1条

关键词：装修　A级装修材料

11. 哪些厂房仓库哪些地面装修必须选用燃烧性能等级A级装修材料？

答：（1）甲、乙类厂房，丙类厂房中的甲、乙类生产车间，有明火的丁类厂房、高温车间。

（2）高层厂房的劳动密集型丙类生产车间或厂房，火灾荷载较高的丙类生产车间或厂房，洁净车间。

（3）地下丙类厂房。

（4）甲、乙类仓库。

（5）丙、丁、戊类高层及地下仓库。

（6）丙类高架仓库。

知识点索引：《建筑内部装修设计防火规范》GB 50222－2017 第6.0.1条

关键词：装修　A级装修材料

12. 哪些厂房仓库的隔断和固定家具装修必须选用燃烧性能等级A级装修材料？

答：（1）甲、乙类厂房，丙类厂房中的甲、乙类生产车间，有明火的丁类厂房、高温车间。

（2）甲、乙类仓库隔断。

（3）丙类高层及地下仓库、高架仓库隔断。

知识点索引：《建筑内部装修设计防火规范》GB 50222－2017 第6.0.1条

关键词：装修　A 级装修材料

13. 装修材料燃烧性能等级如何划分？

答：（1）A 级为不燃烧。

（2）B₁ 级为难燃烧。

（3）B₂ 级为可燃烧。

（4）B₃ 级为易燃烧。

知识点索引：《建筑内部装修设计防火规范》GB 50222－2017 第 3.0.2 条

关键词：装修　材料燃烧性能

五、《建筑内部装修防火施工及验收规范》GB 50354－2005

1.《建筑内部装修防火施工及验收规范》GB 50354－2005 对于进场装修材料有何要求？

答：（1）装修施工前，应对各部位装修材料的燃烧性能进行技术交底。

（2）进入施工现场的装修材料应完好，并应核查其燃烧性能或耐火极限、防火性能型式检验报告、合格证书等技术文件是否符合防火设计要求。核查检验时，应按规范填写进场验收记录。

（3）装修材料进入施工现场后，应按规范规定，在监理单位或建设单位监督下，由施工单位有关人员进行现场取样，并由具备相应资质的检验单位进行见证取样检验。

（4）装修施工过程中装修材料应远离火源，并应指派专人负责施工现场的防火安全。

知识点索引：《建筑内部装修防火施工及验收规范》GB 50354－2005 第 2.0.3～2.0.6 条

关键词：装修材料要求

2.《建筑内部装修防火施工及验收规范》GB 50354－2005 对于防火装修施工有何要求？

答：（1）建筑工程内部装修不得影响消防设施的使用功能。装修施工过程中，当确需变更防火设计时，应经原设计单位或具有相应资质的设计单位按有关规定进行。

（2）装修施工过程中，应分阶段对所选用的防火装修材料按规范的规定进行抽样检验。对隐蔽工程的施工，应在施工过程中及完工后进行抽样检验。现场进行阻燃处理、喷涂、安装作业的施工，应在相应的施工作业完成后进行抽样检验。

知识点索引：《建筑内部装修防火施工及验收规范》GB 50354－2005 第 2.0.8、2.0.9 条

关键词：装修　防火装修施工要求

3.《建筑内部装修防火施工及验收规范》GB 50354－2005 对于纺织织物施工的主控项目和一般项目有哪些？

答：（1）纺织织物燃烧性能等级应符合设计要求。

（2）现场进行阻燃施工时，应检查阻燃剂的用量、适用范围、操作方法。阻燃施工过

程中，应使用计量合格的称量器具，并严格按使用说明书的要求进行施工。阻燃剂必须完全浸透织物纤维，阻燃剂干含量应符合检验报告或说明书的要求。

（3）现场进行阻燃处理的多层纺织织物，应逐层进行阻燃处理。

（4）纺织织物进行阻燃处理过程中，应保持施工区段的洁净；现场处理的纺织织物不应受污染。

（5）阻燃处理后的纺织织物外观、颜色、手感等应无明显异常。

知识点索引：《建筑内部装修防火施工及验收规范》GB 50354－2005 第 3.0.5～3.0.9 条

关键词：装修　纺织织物施工要求

4.《建筑内部装修防火施工及验收规范》GB 50354－2005 中对于木质材料用料主控项目有哪些？

答：（1）木质材料燃烧性能等级应符合设计要求。

（2）木质材料进行阻燃处理前，表面不得涂刷油漆。

（3）木质材料在进行阻燃处理时，木质材料含水率不应大于12％。

知识点索引：《建筑内部装修防火施工及验收规范》GB 50354－2005 第 4.0.5～4.0.7 条

关键词：装修　木质材料用料要求

5.《建筑内部装修防火施工及验收规范》GB 50354－2005 对于木质材料阻燃施工有何要求？

答：（1）现场进行阻燃施工时，应检查阻燃剂的用量、适用范围、操作方法。阻燃施工过程中，应使用计量合格的称量器具，并严格按使用说明书的要求进行施工。

（2）木质材料涂刷或浸渍阻燃剂时，应对木质材料所有表面都进行涂刷或浸渍，涂刷或浸渍后的木材阻燃剂的干含量应符合检验报告或说明书的要求。

（3）木质材料表面粘贴装饰表面或阻燃饰面时，应先对木质材料进行阻燃处理。

（4）木质材料表面进行防火涂料处理时，应对木质材料的所有表面进行均匀涂刷，且不应少于2次，第二次涂刷应在第一次涂层表面干后进行；涂刷防火涂料用量不应少于 $500g/m^2$。

（5）现场进行阻燃处理时，应保持施工区段的洁净，现场处理的木质材料不应受污染。

（6）木质材料在涂刷防火涂料前应清理表面，且表面不应有水、灰尘或油污。

（7）阻燃处理后的木质材料表面应无明显返潮及颜色异常变化。

知识点索引：《建筑内部装修防火施工及验收规范》GB 50354－2005 第 4.0.8～4.0.14 条

关键词：装修　木质材料阻燃施工要求

6. 建筑内部装修工程防火验收应检查哪些文件和记录？

答：（1）建筑内部装修防火设计审核文件、申请报告、设计图纸、装修材料的燃烧性能设计要求、设计变更通知单、施工单位的资质证明等。

（2）进场验收记录，包括所用装修材料的清单、数量、合格证及防火性能型式检验报告。

（3）装修施工过程的施工记录。

（4）隐蔽工程施工防火验收记录和工程质量事故处理报告等。

（5）装修施工过程中所用防火装修材料的见证取样检验报告。

（6）装修施工过程中的抽样检验报告，包括隐蔽工程的施工过程中及完工后的抽样检验报告。

（7）装修施工过程中现场进行涂刷、喷涂等阻燃处理的抽样检验报告。

知识点索引：《建筑内部装修防火施工及验收规范》GB 50354－2005 第 8.0.1 条

关键词：装修　内部装修防火验收文件

7. 建筑内部装修工程防火验收应符合哪些要求？

答：（1）技术资料应完整。

（2）所用装修材料或产品的见证取样检验结果应满足设计要求。

（3）装修施工过程中的抽样检验结果，包括隐蔽工程的施工过程中及完工后的抽样检验结果应符合设计要求。

（4）现场进行阻燃处理、喷涂、安装作业的抽样检验结果应符合设计要求。

（5）施工过程中的主控项目检验结果应全部合格。

（6）施工过程中的一般项目检验结果合格率应达到80％。

知识点索引：《建筑内部装修防火施工及验收规范》GB 50354－2005 第 8.0.2 条

关键词：装修　内部装修防火验收要求

8. 建筑内部装修防火施工，不应改变装修材料以及装修所涉及的其他内部设施的哪些使用功能？

答：装修材料的装饰性、保温性、隔声性、防水性和空调管道材料的保温性能等。

知识点索引：《建筑内部装修防火施工及验收规范》GB 50354－2005 条文说明第1.0.4 条

关键词：装修　内部装修防火施工

9. 建筑防火门的表面加装贴面材料或其他装修时有哪些要求？

答：防火门的表面加装贴面材料或其他装修时，不得减小门框和门的规格尺寸，不得降低防火门的耐火性能，所用贴面材料的燃烧性能等级不应低于B₁级。

知识点索引：《建筑内部装修防火施工及验收规范》GB 50354－2005 第 7.0.6 条

关键词：装修　防火门贴面装修

六、《建筑防火封堵应用技术标准》GB/T 51410－2020

1. 根据《建筑防火封堵应用技术标准》GB/T 51410－2020，建筑防火封堵材料如何选定？

答：建筑防火封堵材料应根据封堵部位的类型、缝隙或开口大小以及耐火性能要求确定，并应符合以下规定：

（1）对于建筑缝隙，宜选用柔性有机堵料、防火密封胶、防火密封漆等及其组合。

（2）对于环形间隙较小的贯穿孔口，宜选用柔性有机堵料、防火密封胶、泡沫封堵材料、阻火包带、阻火圈等及其组合。

（3）对于环形间隙较大的贯穿孔口，宜选用无机堵料、阻火包、阻火模块、防火封堵板材、阻火包带、阻火圈等及其组合。

知识点索引：《建筑防火封堵应用技术标准》GB/T 51410－2020 第 3.0.2 条

关键词：装修　防火封堵

2. 根据《建筑防火封堵应用技术标准》GB/T 51410－2020，建筑幕墙的层间封堵应符合哪些规定？

答：（1）幕墙与建筑窗槛墙之间的空腔应在建筑缝隙上、下沿处分别采用矿物棉等背衬材料填塞且填塞高度均不应小于 200mm；在矿物棉等背衬材料的上面应覆盖具有弹性的防火封堵材料，在矿物棉下面应设置承托板。

（2）幕墙与防火墙或防火隔墙之间的空腔应采用矿物棉等背衬材料填塞，填塞厚度不应小于防火墙或防火隔墙的厚度，两侧的背衬材料的表面均应覆盖具有弹性的防火封堵材料。

（3）承托板应采用钢质承托板，且承托板的厚度不应小于 1.5mm。承托板与幕墙、建筑外墙之间及承托板之间的缝隙，应采用具有弹性的防火封堵材料封堵。

（4）防火封堵的构造应具有自承重和适应缝隙变形的性能。

知识点索引：《建筑防火封堵应用技术标准》GB/T 51410－2020 第 4.0.3 条

关键词：装修　建筑幕墙层间封堵

3. 根据《建筑防火封堵应用技术标准》GB/T 51410－2020，建筑外墙外保温系统与基层墙体、装饰层之间的空腔的层间防火封堵应符合哪些规定？

答：（1）在与楼板水平的位置采用矿物棉等背衬材料完全填塞，且背衬材料的填塞高度不应小于 200mm。

（2）在矿物棉等背衬材料的上面应覆盖具有弹性的防火封堵材料。

（3）防火封堵的构造应具有自承重和适应缝隙变形的性能。

知识点索引：《建筑防火封堵应用技术标准》GB/T 51410－2020 第 4.0.4 条

关键词：装修　建筑外墙外保温层间封堵

4. 根据《建筑防火封堵应用技术标准》GB/T 51410－2020，沉降缝、伸缩缝、抗震缝等建筑变形缝在防火分隔部位的防火封堵应符合哪些规定？

答：（1）采用矿物棉等背衬材料填塞。

（2）背衬材料的填塞厚度不应小于 200mm，背衬材料的下部应设置钢质承托板，承托板的厚度不应小于 1.5mm。

（3）承托板之间、承托板与主体结构之间的缝隙，应采用具有弹性的防火封堵材料填塞。

(4) 在背衬材料的外面应覆盖具有弹性的防火封堵材料。

知识点索引：《建筑防火封堵应用技术标准》GB/T 51410－2020 第 4.0.5 条

关键词：装修　变形缝防火封堵

5. 根据《建筑防火封堵应用技术标准》GB/T 51410－2020，熔点不低于 1000℃ 且无绝热层的金属管道贯穿具有耐火性能要求的建筑结构或构件时，贯穿孔口的防火封堵应符合哪些规定？

答：(1) 环形间隙应采用无机或有机防火封堵材料封堵；或采用矿物棉等背衬材料填塞并覆盖有机防火封堵材料；或采用防火封堵材料封堵，并在管道与防火封堵板材之间的缝隙填塞有机防火封堵材料。

(2) 贯穿部位附近存在可燃物时，被贯穿体两侧长度各不小于 1.0m 范围内的管道应采取防火隔热措施。

知识点索引：《建筑防火封堵应用技术标准》GB/T 51410－2020 第 5.2.1 条

关键词：装修　无绝热层金属管道贯穿孔口封堵

6. 根据《建筑防火封堵应用技术标准》GB/T 51410－2020，熔点不低于 1000℃ 且有绝热层的金属管道贯穿具有耐火性能要求的建筑结构或构件时，贯穿孔口的防火封堵应符合哪些规定？

答：(1) 当绝热层为熔点不低于 1000℃ 的不燃材料或贯穿部位未采取绝热措施时，防火封堵应符合本标准第 5.2.1 条的规定。

(2) 当绝热层为可燃材料，但被贯穿体两侧长度各不小于 1.0m 范围内的管道绝热层为熔点不低于 1000℃ 的不燃材料时，防火封堵应符合本标准第 5.2.1 条的规定。

(3) 当不符合上述第 1 款、第 2 款的规定时，环形间隙应采用矿物棉等背衬材料填塞并覆盖膨胀性的防火封堵材料；或采用防火封堵板材封堵，并在管道与防火封堵板材之间的缝隙填塞膨胀性的防火封堵材料。在竖向贯穿部位的下侧或水平贯穿部位两侧的管道上，还应设置阻火圈或阻火包带。

知识点索引：《建筑防火封堵应用技术标准》GB/T 51410－2020 第 5.2.2 条

关键词：装修　有绝热层金属管道贯穿孔口封堵

7. 根据《建筑防火封堵应用技术标准》GB/T 51410－2020，熔点低于 1000℃ 的金属管道贯穿具有耐火性能要求的建筑结构或构件时，贯穿孔口的防火封堵应符合哪些规定？

答：(1) 当为单根管道贯穿时，环形间隙应采用矿物棉等背衬材料填塞并覆盖膨胀性的防火封堵材料。对于公称直径大于 50mm 的管道，在竖向贯穿部位的下侧或水平贯穿部位两侧的管道上还应设置阻火圈或阻火包带。

(2) 当为多根管道贯穿时应符合本条第 1 款的规定；或采用防火封堵板材封堵，并在管道与防火封堵板材之间的缝隙填塞膨胀性的防火封堵材料。每根管道均应设置阻火圈或阻火包带。

(3) 当在无绝热层的管道贯穿部位附近存在可燃物时，被贯穿体两侧长度各不小于

1.0m 范围内的管道还应采取防火隔热防护措施。

　　知识点索引:《建筑防火封堵应用技术标准》GB/T 51410－2020 第 5.2.3 条

　　关键词:装修　低熔点金属管道贯穿孔口封堵

　　8. 根据《建筑防火封堵应用技术标准》GB/T 51410－2020,塑料管道贯穿具有耐火性能要求的建筑结构或构件时,贯穿孔口的防火封堵应符合哪些规定?

　　答:塑料管道贯穿具有耐火性能要求的建筑结构或构件时,贯穿部位的环形间隙应采用矿物棉等背衬材料填塞并覆盖膨胀性的防火封堵材料;或采用防火封堵板材封堵,并在管道与防火封堵板材之间的缝隙填塞膨胀性的防火封堵材料。对于公称直径大于 50mm 的管道,还应在竖向贯穿部位的下侧或水平贯穿部位两侧的管道上设置阻火圈或阻火包带。

　　知识点索引:《建筑防火封堵应用技术标准》GB/T 51410－2020 第 5.2.4 条

　　关键词:装修　塑料管道贯穿孔口封堵

　　9. 根据《建筑防火封堵应用技术标准》GB/T 51410－2020,耐火风管贯穿部位的环形间隙的防火封堵应符合哪些规定?

　　答:耐火风管贯穿部位的环形间隙宜采用具有弹性的防火封堵材料封堵;或采用矿物棉等背衬材料填塞并覆盖具有弹性的防火封堵材料;或采用防火封堵板材封堵,并在风管与防火封堵板材之间的缝隙填塞具有弹性的防火封堵材料。

　　知识点索引:《建筑防火封堵应用技术标准》GB/T 51410－2020 第 5.2.5 条

　　关键词:装修　耐火风管贯穿孔口封堵

　　10. 根据《建筑防火封堵应用技术标准》GB/T 51410－2020,管道井、管沟、管窿防火分隔处的防火封堵应符合哪些规定?

　　答:管道井、管沟、管窿防火分隔处的封堵应采用矿物棉等背衬材料填塞并覆盖有机防火封堵材料;或采用防火封堵板材封堵,并在管道与防火封堵板材之间的缝隙填塞有机防火封堵材料。

　　知识点索引:《建筑防火封堵应用技术标准》GB/T 51410－2020 第 5.2.6 条

　　关键词:装修　管道井防火封堵

七、《防火卷帘、防火门、防火窗施工及验收规范》GB 50877－2014

　　1. 根据《防火卷帘、防火门、防火窗施工及验收规范》,防火卷帘门、防火门、防火窗施工应具备什么条件?

　　答:(1) 现场施工条件满足连续作业的要求。

　　(2) 主、配件齐全,其品种、规格、型号符合设计要求。

　　(3) 施工所需的预埋件和孔洞等基建条件符合设计要求。

　　(4) 施工现场相关条件与设计相符。

　　(5) 设计单位向施工单位技术交底。

　　知识点索引:《防火卷帘、防火门、防火窗施工及验收规范》GB 50877－2014 第

3.0.3 条

关键词：装修 防火门窗施工条件

2. 根据《防火卷帘、防火门、防火窗施工及验收规范》GB 50877，防火卷帘门、防火门、防火窗及配件如何进行进场检验？

答：防火卷帘、防火门、防火窗主、配件进场应进行检验。检验应由施工单位负责，并应由监理单位监督。需要抽样复验时，应由监理工程师抽样，并应送市场准入制度规定的法定检验机构进行复检检验，不合格者不应安装。

知识点索引：《防火卷帘、防火门、防火窗施工及验收规范》GB 50877 - 2014 第 4.1.1 条

关键词：装修 防火门窗检验

3. 根据《防火卷帘、防火门、防火窗施工及验收规范》GB 50877，防火卷帘门、防火门、防火窗进场如何进行外观检查？

答：（1）防火卷帘的钢质帘面及卷门机控制器等金属零部件的表面不应有裂纹、压坑及明显的凹凸、锤痕、毛刺等缺陷。

（2）防火卷帘无机纤维复合帘面，不应有撕裂、缺角、挖补、倾斜、跳线、断线、经纬纱密度明显不匀及色差等缺陷。

（3）防火门的门框、门扇及各配件表面应平整、光洁，并应无明显凹痕或机械损伤。

（4）防火窗表面应平整、光洁，并应无明显凹痕或机械损伤。

知识点索引：《防火卷帘、防火门、防火窗施工及验收规范》GB 50877 - 2014 第 4.2.3、4.2.4、4.3.3、4.4.3 条

关键词：装修 防火门窗检查

4. 根据《防火卷帘、防火门、防火窗施工及验收规范》，防火卷帘门、防火门、防火窗安装工程安装质量控制的程序是怎样的？

答：防火卷帘、防火门、防火窗的安装过程每道工序结束后应进行质量检查，检查应由施工单位负责，并应由监理单位监督。隐蔽工程在隐蔽前应由施工单位通知有关单位进行验收。

知识点索引：《防火卷帘、防火门、防火窗施工及验收规范》GB 50877 - 2014 第 5.1.2 条

关键词：装修 防火门窗质量控制

5. 根据《防火卷帘、防火门、防火窗施工及验收规范》，防火卷帘帘板（面）安装有何规定？

答：（1）钢质防火卷帘相邻帘板串接后应转动灵活，摆动 90°不应脱落。

（2）钢质防火卷帘的帘板装配完毕后应平直，不应有孔洞或缝隙。

（3）钢质防火卷帘帘板两端挡板或防窜机构应装配牢固，卷帘运行时，相邻帘板窜动量不应大于 2mm。

（4）无机纤维复合防火卷帘帘面两端应安装防风钩。

（5）无机纤维复合防火卷帘帘面应通过固定件与卷轴相连。

知识点索引：《防火卷帘、防火门、防火窗施工及验收规范》GB 50877 - 2014 第 5.2.1 条

关键词：装修　防火卷帘门安装

6. 根据《防火卷帘、防火门、防火窗施工及验收规范》GB 50877，防火卷帘导轨安装有何规定？

答：（1）防火卷帘帘板或帘面嵌入导轨的深度应规范的规定。导轨间距大于 9000mm 时，导轨间距每增加 1000mm，每端嵌入深度应增加 10mm，且卷帘安装后不应变形。

（2）导轨顶部应成圆弧形，其长度应保证卷帘正常运行。

（3）导轨的滑动面应光滑、平直。帘片或帘面、滚轮在导轨内运行时应平稳顺畅，不应有碰撞和冲击现象。

（4）单帘面卷帘的两根导轨应互相平行，双帘面卷帘不同帘面的导轨也应互相平行，其平行度误差均不应大于 5mm。

（5）卷帘的导轨安装后相对于基础面的垂直度误差不成大于 1.5mm/m，全长不应大于 20mm。

（6）卷帘的防烟装置与帘面应均匀紧密贴合，其贴合面长度不应小于导轨长度的 80%。

（7）防火卷帘的导轨应安装在建筑结构上，并应采用预埋螺栓、焊接或膨胀螺栓连接。导轨安装应牢固，固定点间距应为 600mm～10000mm。

知识点索引：《防火卷帘、防火门、防火窗施工及验收规范》GB 50877 - 2014 第 5.2.2 条

关键词：装修　防火卷帘导轨安装

7. 根据《防火卷帘、防火门、防火窗施工及验收规范》GB 50877，防火卷帘空隙如何处理？

答：防火卷帘、防护罩等与楼板、梁和墙、柱之间的空隙，应采用防火封堵材料等封堵，封堵部位的耐火极限不应低于防火卷帘的耐火极限。

知识点索引：《防火卷帘、防火门、防火窗施工及验收规范》GB 50877 - 2014 第 5.2.9 条

关键词：装修　防火卷帘空隙处理

8. 根据《防火卷帘、防火门、防火窗施工及验收规范》GB 50877，防火门安装有何规定？

答：（1）除特殊情况外，防火门应向疏散方向开启，防火门在关闭后应从任何一侧手动开启。

（2）常闭防火门应安装闭门器等，双扇和多扇防火门应安装顺序器。

（3）常开防火门，应安装火灾时能自动关闭门扇的控制、信号反馈装置和现场手动控

制装置，且应符合产品说明书要求。

（4）防火门电动控制装置的安装应符合设计和产品说明书要求。

（5）防火插销应安装在双扇门或多扇门相对固定一侧的门扇上。

（6）防火门门框与门扇、门扇与门角的缝隙处嵌装的防火密封件应牢固完好。

（7）设置在变形缝附近的防火门，应安装在楼层数较多的一侧，且门扇开启后不应跨越变形缝。

（8）钢质防火门门框内应充填水泥砂浆。门框与墙体应用预埋钢件或膨胀螺检等连接牢固，其固定点间距不宜大于 600mm。

（9）防火门门扇与门框的搭接尺寸不应小于 12mm。

（10）防火门门扇与门框的配合活动间隙应符合下列规定：①门扇与门框有合页一侧的配合活动间隙不应大于设计图纸规定的尺寸公差；②门扇与门框有锁一侧的配合活动间隙不应大于设计图纸规定的尺寸公差；③门扇与上框的配合活动间隙不应大于 3mm；④双扇、多扇门的门扇之间缝隙不应大于 3mm；⑤门扇与下框或地面的活动间隙不应大于 9mm；⑥门扇与门框贴合面间隙、门扇与门框有合页一侧、有锁一侧及上框的贴合面间隙，均不应大于 3mm。

（11）防火门安装完成后，其门扇应启闭灵活，并应无反弹、翘角、卡阻和关闭不严现象。

（12）除特殊情况外，防火门门扇的开启力不应大于 80N。

知识点索引：《防火卷帘、防火门、防火窗施工及验收规范》GB 50877－2014 第 5.3.1～5.3.12 条

关键词：装修　防火门安装规定

八、《建筑防腐蚀工程施工规范》GB 50212－2014

1. 钢结构基层防腐蚀处理有何规定？

答：（1）钢结构表面处理可采用喷射或抛射、手工或动力工具、高压射流等处理方法。

（2）高压射流表面处理质量应符合下列规定：①钢材表面应无可见的油脂和污垢，且氧化皮、铁锈涂料涂层等附着物已清除，底材显露部分的表面应具有金属光泽；②高压射流处理的钢材表面经干燥处理后 4h 内应涂刷底层涂料。

（3）已处理的钢结构表面不得再次污染，当受到二次污染时应再次进行表面处理。

（4）经过处理的钢结构基面应及时涂刷底层涂料，间隔时间不应超过 5h。

知识点索引：《建筑防腐蚀工程施工规范》GB 50212－2014 第 4.3.1～4.3.5 条

关键词：钢结构防腐蚀

2. 树脂自流平整体面层的施工有何规定？

答：（1）当基层上无纤维增强塑料隔离层时，在基层上应均匀涂刷封底料；用树脂胶泥修补基层的凹陷不平处。

（2）将树脂自流平料均匀刮涂在基层表面。

（3）当基层上有纤维增强塑料隔离层或树脂砂浆层时，可直接进行树脂自流平面层

施工。

（4）每次施工厚度：乙烯基酯树脂或溶剂型环氧树脂自流平不宜超过 1mm，无溶剂型环氧树脂自流平不宜超过 3mm。

知识点索引：《建筑防腐蚀工程施工规范》GB 50212－2014 第 5.5.5 条

关键词：树脂自流平施工

九、《铝合金结构工程施工质量验收规范》GB 50576－2010

1. 根据《铝合金结构工程施工质量验收规范》GB 50576－2010，铝合金幕墙结构安装工程应如何划分检验批？

答：（1）相同设计、材料、工艺和施工条件的幕墙工程每 500m² ～1000m² 为一个检验批，不足 500m² 应划分为一个检验批。每个检验批每 100m² 抽查不应少于一处，每处不应小于 10m²。

（2）同一单位工程的不连续的幕墙工程应单独划分检验批。

（3）异型或有特殊要求的幕墙检验批的划分，应根据幕墙的结构、工艺特点及幕墙工程规模，由监理单位（或建设单位）和施工单位协商确定。

知识点索引：《铝合金结构工程施工质量验收规范》GB 50576－2010 第 13.1.2 条

关键词：铝合金幕墙检验批

2. 根据《铝合金结构工程施工质量验收规范》GB 50576－2010，铝合金幕墙结构安装检验批验收的前提是什么？

答：铝合金幕墙结构安装检验批应在进场验收、焊接连接、紧固件连接、制作等分项工程验收合格的基础上进行验收。

知识点索引：《铝合金结构工程施工质量验收规范》GB 50576－2010 第 13.1.3 条

关键词：铝合金幕墙检验批验收

3. 根据《铝合金结构工程施工质量验收规范》GB 50576－2010，铝合金幕墙结构安装非允许误差的主控项目有哪些？

答：（1）铝合金幕墙结构所使用的各种材料构件和组件的质量，应符合设计要求及国家现行有关标准的规定。

（2）铝合金幕墙结构与主体结构连接的各种预埋件、连接件、紧固件必须安装牢固，其数量、规格、位置、连接方法和防腐处理应符合设计要求。

（3）各种连接件、紧固件的螺栓应有防松动措施，焊接连接应符合设计要求和国家现行有关标准的规定。

知识点索引：《铝合金结构工程施工质量验收规范》GB 50576－2010 第 13.3 条

关键词：铝合金幕墙检验批验收

4. 铝合金结构工程施工质量不符合规范要求时如何处理？

答：（1）经返工重做或更换构（配）件的检验批，应重新进行验收。

（2）经有资质的检测单位检测鉴定能够达到设计要求的检验批，应予以验收。

（3）经有资质的检测单位检测鉴定达不到设计要求，但经原设计单位核算认可能够满足结构安全和使用功能的检验批，应予以验收。

（4）经返修或加固处理的分项、分部工程，虽然改变外形尺寸但仍能满足安全使用要求时，应按处理技术方案和协商文件进行验收。

知识点索引：《铝合金结构工程施工质量验收规范》GB 50576－2010 第 15.0.7 条

关键词：铝合金结构不合格处理

5. 铝合金结构工程何种情况严禁验收？

答：通过返修或加固处理仍不能满足安全使用要求的铝合金结构分部（子分部）工程，严禁验收。

知识点索引：《铝合金结构工程施工质量验收规范》GB 50576－2010 第 15.0.8 条

关键词：铝合金结构验收

6. 铝合金结构分部（子分部）工程有关安全及功能的见证检测项目有哪些？

答：（1）铝材及焊接材料复验。

（2）高强度螺检预拉力、扭矩系数复验。

（3）摩擦面抗滑移系数复验。

知识点索引：《铝合金结构工程施工质量验收规范》GB 50576－2010 附录 F

关键词：铝合金结构见证检测

7. 铝合金结构分部（子分部）工程有关安全及功能的现场检查项目有哪些？

答：（1）焊缝质量：内部缺陷、外观缺陷、焊缝尺寸。

（2）高强度螺栓施工质量：终拧扭矩、梅花头检查、网格螺栓球节点。

（3）柱脚及网格支座：锚栓紧固，垫板、垫块，二次灌浆。

（4）主要构件变形：铝合金桁架、铝合金梁等垂直度和侧向弯曲，铝合金柱垂直度。

知识点索引：《铝合金结构工程施工质量验收规范》GB 50576－2010 附录 F

关键词：铝合金结构现场检查

十、《玻璃幕墙工程技术规范》JGJ 102－2003

1. 玻璃幕墙密封胶的选用有何要求？

答：（1）隐框和半隐框玻璃幕墙，其玻璃与铝型材的粘结必须采用中性硅酮结构密封胶；全玻幕墙和点支承幕墙采用镀膜玻璃时，不应采用酸性硅酮结构密封胶粘结。

（2）硅酮结构密封胶和硅酮建筑密封胶必须在有效期内使用。

知识点索引：《玻璃幕墙工程技术规范》JGJ 102－2003 第 3.1.4、3.1.5 条

关键词：玻璃幕墙密封胶

2. 玻璃幕墙采用中空玻璃时，除应符合国家标准《中空玻璃》GB/T 11944 的有关规定外，还应符合哪些要求？

答：（1）中空玻璃气体层厚度不应小于 9mm。

（2）中空玻璃应采用双道密封。一道密封应采用丁基热熔密封胶。隐框、半隐框及点支承玻璃幕墙用中空玻璃的二道密封应采用硅酮结构密封胶；明框玻璃幕墙用中空玻璃的二道密封宜采用聚硫类中空玻璃密封胶，也可采用硅酮密封胶。二道密封应采用专用打胶机进行混合、打胶。

（3）中空玻璃的间隔铝框可采用连续折弯型或插角型，不得使用热熔型间隔胶条。间隔铝框中的干燥剂宜采用专用设备装填。

（4）中空玻璃加工过程应采取措施，消除玻璃表面可能产生的凹、凸现象。

知识点索引：《玻璃幕墙工程技术规范》JGJ 102-2003 第 3.4.3 条

关键词：幕墙中空玻璃

3. 玻璃幕墙采用硅酮结构密封胶有何要求？

答：（1）幕墙用中性硅酮结构密封胶及酸性硅酮结构密封胶的性能，应符合现行国家标准《建筑用硅酮结构密封胶》CB 16776 的规定。

（2）硅酮结构密封胶使用前，应经国家认可的检测机构进行与其相接触材料的相容性和剥离粘结性试验，并应对邵氏硬度、标准状态拉伸粘结性能进行复验。检验不合格的产品不得使用。进口硅酮结构密封胶应具有商检报告。

（3）硅酮结构密封胶生产商应提供其结构胶的变位承受能力数据和质量保证书。

知识点索引：《玻璃幕墙工程技术规范》JGJ 102-2003 第 3.6.1～3.6.3 条

关键词：玻璃幕墙结构胶

4. 玻璃幕墙性能检测有何要求？

答：（1）玻璃幕墙性能检测项目，应包括抗风压性能、气密性能和水密性能，必要时可增加平面内变形性能及其他性能检测。

（2）玻璃幕墙的性能检测，应由国家认可的检测机构实施。检测试件的材质、构造、安装施工方法应与实际工程相同。

（3）幕墙性能检测中，由于安装缺陷使某项性能未达到规定要求时，允许在改进安装工艺、修补缺陷后重新检测。检测报告中应叙述改进的内容，幕墙工程施工时应按改进后的安装工艺实施；由于设计或材料缺陷导致幕墙性能检测未达到规定值域时，应停止检测，修改设计或更换材料后，重新制作试件，另行检测。

知识点索引：《玻璃幕墙工程技术规范》JGJ 102-2003 第 4.2.10～4.0.12 条

关键词：玻璃幕墙性能检测

5. 玻璃幕墙使用玻璃有何安全规定？

答：（1）框支承玻璃幕墙，宜采用安全玻璃。

（2）点支承玻璃幕墙的面板玻璃应采用钢化玻璃。

（3）采用玻璃肋支承的点支承玻璃幕墙，其玻璃肋应采用钢化夹层玻璃。

（4）人员流动密度大、青少年或幼儿活动的公共场所以及使用中容易受到撞击的部位，其玻璃墙应采用安全玻璃；对使用中容易受到撞击的部位，尚应设明显的警示标志。

（5）当与玻璃幕墙相邻的楼面外缘无实体墙时，应设置防撞设施。

知识点索引：《玻璃幕墙工程技术规范》JGJ 102-2003 第 4.4.1～4.4.5 条

关键词：玻璃幕墙玻璃安全

6. 玻璃幕墙立柱与主体混凝土结构连接有何要求？

答：玻璃幕墙立柱与主体混凝土结构应通过预埋件连接，预埋件应在主体结构混凝土施工时埋入，预埋件的位置应准确；当没有条件采用预埋件连接时，应采用其他可靠的连接措施，并通过试验确定其承载力。

知识点索引：《玻璃幕墙工程技术规范》JGJ 102-2003 第 5.5.4 条

关键词：玻璃幕墙结构连接

7. 框支承玻璃幕墙立柱型材截面厚度有何要求？

答：（1）铝型材截面开口部位的厚度不应小于 3.0mm，闭口部位的厚度不应小于 2.5mm；型材孔壁与螺钉之间直接采用螺纹受力连接时，其局部厚度尚不应小于螺钉的公称直径。

（2）钢型材截面主要受力部位的厚度不应小于 3.0mm。

知识点索引：《玻璃幕墙工程技术规范》JGJ 102-2003 第 6.3.1 条

关键词：框支玻璃幕墙立柱

8. 全玻幕墙板面间隙、玻璃肋、胶缝有何强制性要求？

答：（1）全玻幕墙的板面不得与其他刚性材料直接接触。板面与装修面或结构面之间的空隙不应小于 8mm，且应采用密封胶密封。

（2）全玻幕墙玻璃肋的截面厚度不应小于 12mm，截面高度不应小于 100mm。

（3）采用胶缝传力的全玻幕墙，其胶缝必须采用硅酮结构密封胶。

知识点索引：《玻璃幕墙工程技术规范》JGJ 102-2003 第 7.1.6、7.3.1、7.4.1 条

关键词：全玻幕墙构造要求

9. 玻璃幕墙验收时应提交哪些资料？

答：（1）幕墙工程的竣工图或施工图、结构计算书、设计变更文件及其他设计文件。

（2）幕墙工程所用各种材料、附件及紧固件、构件及组件的产品合格证书、性能检测报告、进场验收记录和复验报告。

（3）进口硅酮结构胶的商检证；国家指定检测机构出具的硅酮结构胶相容性和剥离粘结性试验报告。

（4）后置埋件的现场拉拔检测报告。

（5）幕墙的风压变形性能、气密性能、水密性能检测报告及其他设计要求的性能检测报告。

（6）打胶、养护环境的温度、湿度记录，双组分硅酮结构胶的混匀性试验记录及拉断试验记录。

（7）防雷装置测试记录。

（8）隐蔽工程验收文件。

（9）幕墙构件和组件的加工制作记录，幕墙安装施工记录。

（10）张拉杆索体系预拉力张拉记录。

（11）淋水试验记录。

（12）其他质量保证资料。

知识点索引：《玻璃幕墙工程技术规范》JGJ 102－2003 第 11.1.2 条

关键词：玻璃幕墙验收

10. 玻璃幕墙工程验收前，应在安装施工中完成哪些隐蔽项目的现场验收？

答：幕墙工程验收前应完成施工过程现场隐蔽验收的项目有：

（1）预埋件或后置螺栓连接件；

（2）幕墙构件与主体结构的连接节点；

（3）幕墙四周、幕墙内表面与主体结构之间的封堵；

（4）幕墙伸缩缝、沉降缝、防震缝及墙面转角节点；

（5）隐框玻璃板块的固定；

（6）幕墙防雷连接节点；

（7）幕墙防火、隔烟节点；

（8）单元式幕墙的封口节点。

知识点索引：《玻璃幕墙工程技术规范》JGJ 102－2003 第 11.1.3 条

关键词：玻璃幕墙隐蔽验收

十一、《金属与石材幕墙工程技术规范》 JGJ 133－2001

1. 根据《金属与石材幕墙工程技术规范》JGJ 133，幕墙采用硅酮密封胶有何要求？

答：（1）幕墙应采用中性硅酮结构密封胶。硅酮结构密封胶分单组分和双组分，其性能应符合现行国家标准《建筑用硅酮结构密封胶》GB 16776 的规定。

（2）同一幕墙工程应采用同一品牌的单组分或双组分的硅酮结构密封胶，并应有保质年限的质量证书。用于石材幕墙的硅酮结构密封胶还应有证明无污染的试验报告。

（3）同一幕墙工程应采用同一品牌的硅酮结构密封胶和硅酮耐候密封胶配套使用。

（4）硅酮结构密封胶和硅酮耐候密封胶应在有效期内使用。

知识点索引：《金属与石材幕墙工程技术规范》JGJ 133－2001 第 3.5.1～3.5.4 条

关键词：金属石材幕墙密封胶

2. 金属与石材幕墙的性能包括哪些项目？

答：（1）风压变形性能。

（2）雨水渗漏性能。

（3）空气渗透性能。

（4）平面内变形性能。

（5）保温性能。

（6）隔声性能。

（7）耐撞击性能。

知识点索引：《金属与石材幕墙工程技术规范》JGJ 133 - 2001 第 4.2.1 条

关键词：金属与石材幕墙性能

3. 根据《金属与石材幕墙工程技术规范》JGJ 133，幕墙的防雨水渗漏设计有何要求？

答：（1）幕墙构架的立柱与横梁的截面形式宜按等压原理设计。

（2）单元幕墙或明框幕墙应有泄水孔。有霜冻的地区，应采用室内排水装置；无霜冻地区，排水装置可设在室外，但应有防风装置。石材幕墙的外表面不宜有排水管。

（3）采用无硅酮耐候密封胶设计时，必须有可靠的防风雨措施。

知识点索引：《金属与石材幕墙工程技术规范》JGJ 133 - 2001 第 4.3.1 条

关键词：幕墙防雨水渗漏设计

4. 金属与石材幕墙的防雷设计有何要求？

答：金属与石材幕墙的防雷设计除应符合现行国家标准《建筑物防雷设计规范》GB 50057 的有关规定外，还应符合下列规定：

（1）在幕墙结构中应自上而下地安装防雷装置，并应与主体结构的防雷装置可靠连接。

（2）导线应在材料表面的保护膜除掉部位进行连接。

（3）幕墙的防雷装置设计及安装应经建筑设计单位认可。

知识点索引：《金属与石材幕墙工程技术规范》JGJ 133 - 2001 第 4.4.2 条

关键词：幕墙防雷设计

5. 根据《金属与石材幕墙工程技术规范》JGJ 133，金属与石材幕墙的结构设计有何要求？

答：（1）金属与石材幕墙应按围护结构进行设计。幕墙的主要构件应悬挂在主体结构上，幕墙在进行结构设计计算时，不应考虑分担主体结构所承受的荷载和作用，只应考虑承受直接施加于其上的荷载与作用。

（2）幕墙及其连接件应具有足够的承载力、刚度和相对于主体结构的位移能力。幕墙构架立柱的连接金属角码与其他连接件应采用螺栓连接，螺栓垫板应有防滑措施。

（3）抗震设计要求的幕墙，在设防烈度地震作用下经修理后幕墙应仍可使用；在罕遇地震作用下，幕墙骨架不得脱落。

（4）幕墙构件的设计，在重力荷载、设计风荷载、设防烈度地震作用、温度作用和主体结构变形影响下，应具有安全性。

知识点索引：《金属与石材幕墙工程技术规范》JGJ 133 - 2001 第 5.1.1～5.1.4 条

关键词：幕墙结构设计

6. 根据《金属与石材幕墙工程技术规范》JGJ 133，幕墙的上下立柱设计有何要求？

答：幕墙上下立柱之间应有不小于 15mm 的缝隙，并应采用芯柱连结。芯柱总长度不应小于 400mm。芯柱与立柱应紧密接触。芯柱与下柱之间应采用不锈钢螺栓固定。

知识点索引：《金属与石材幕墙工程技术规范》JGJ 133 - 2001 第 5.7.2 条

关键词：幕墙立柱设计

7. 幕墙的石板加工有何规定？

答：（1）石板连接部位应无崩坏、暗裂等缺陷；其他部位崩边不大于 5mm×20mm，或缺角不大于 20mm 时可修补后使用，但每层修补的石板块数不应大于 2%，且宜用于立面不明显部位。

（2）石板的长度、宽度、厚度、直角、异型角、半圆弧形状、异型材及花纹图案造型、石板的外形尺寸均应符合设计要求。

（3）石板外表面的色泽应符合设计要求，花纹图案应按样板检查。石板四周围不得有明显的色差。

（4）火烧石应按样板检查火烧后的均匀程度，火烧石不得有暗裂、崩裂情况。

（5）石板的编号应同设计一致，不得因加工造成混乱。

（6）石板应结合其组合形式，并应确定工程中使用的基本形式后进行加工。

（7）石板加工尺寸允许偏差应符合现行行业标准《天然花岗石建筑板材》JC 205 的有关规定中一等品要求。

知识点索引：《金属与石材幕墙工程技术规范》JGJ 133 - 2001 第 6.3.1 条

关键词：幕墙石板加工

8. 根据《金属与石材幕墙工程技术规范》JGJ 133，幕墙的单层铝板加工有何规定？

答：（1）单层铝板折弯加工时，折弯外圆弧半径不应小于板厚的 1.5 倍。

（2）单层铝板加劲肋的固定可采用电栓钉，但应确保铝板外表面不应变形、褪色，固定应牢固。

（3）单层铝板的固定耳子应符合设计要求。固定耳子可采用焊接、铆接或在铝板上直接冲压而成，并应位置准确，调整方便，固定牢固。

（4）单层铝板构件四周边应采用铆接、螺栓或胶黏与机械连接相结合的形式固定，并应做到构件刚性好、固定牢固。

知识点索引：《金属与石材幕墙工程技术规范》JGJ 133 - 2001 第 6.4.3 条

关键词：幕墙铝板加工

9. 根据《金属与石材幕墙工程技术规范》JGJ 133，幕墙的铝塑复合板加工有何规定？

答：（1）在切割铝塑复合板内层铝板和聚乙烯塑料时，应保留不小于 0.3mm 厚的聚乙烯塑料，并不得划伤外层铝板的内表面。

（2）打孔、切口等外露的聚乙烯塑料及角缝，应采用中性硅酮耐候密封胶密封。

（3）在加工过程中铝塑复合板严禁与水接触。

知识点索引：《金属与石材幕墙工程技术规范》JGJ 133 - 2001 第 6.4.4 条

关键词：幕墙铝塑板加工

10. 根据《金属与石材幕墙工程技术规范》JGJ 133，金属幕墙的吊挂件、安装件有何要求？

答：（1）单元金属幕墙使用的吊挂件、支撑件，宜采用铝合金件或不锈钢件，并应具备可调整范围。

（2）单元幕墙的吊挂件与预埋件的连接应采用穿透螺栓。

（3）铝合金立柱的连接部位的局部壁厚不得小于5mm。

知识点索引：《金属与石材幕墙工程技术规范》JGJ 133-2001 第6.4.7条

关键词：金属幕墙构件要求

11. 根据《金属与石材幕墙工程技术规范》JGJ 133，幕墙构件检验有何要求？

答：（1）金属与石材幕墙构件应按同一种类构件的5％进行抽样检查，且每种构件不得少于5件。当有一个构件抽检不符合上述规定时，应加倍抽样复验，全部合格后方可出厂。

（2）构件出厂时，应附有构件合格证书。

知识点索引：《金属与石材幕墙工程技术规范》JGJ 133-2001 第6.5.1、6.5.2条

关键词：幕墙构件检验

12. 金属与石材幕墙安装施工准备有何要求？

答：（1）搬运、吊装构件时不得碰撞、损坏和污染构件。

（2）构件储存时应依照安装顺序排列放置，放置架应有足够的承载力和刚度。在室外储存时应采取保护措施。

（3）构件安装前应检查制造合格证，不合格的构件不得安装。

（4）金属、石材幕墙与主体结构连接的预埋件，应在主体结构施工时按设计要求埋设。预埋件应牢固，位置准确，预埋件的位置误差应按设计要求进行复查。当设计无明确要求时，预埋件的标高偏差不应大于10mm，预埋件位置差不应大于20mm。

知识点索引：《金属与石材幕墙工程技术规范》JGJ 133-2001 第7.2.1～7.2.4条

关键词：幕墙安装施工准备

13. 金属与石材幕墙金属板与石板安装有何要求？

答：（1）应对横竖连接件进行检查、测量、调整。

（2）金属板、石板安装时，左右、上下的偏差不应大于1.5mm。

（3）金属板、石板空缝安装时，必须有防水措施，并应有符合设计要求的排水出口。

（4）填充硅酮耐候密封胶时，金属板、石板缝的宽度、厚度应根据硅酮耐候密封胶的技术参数，经计算后确定。

知识点索引：《金属与石材幕墙工程技术规范》JGJ 133-2001 第7.3.4条

关键词：幕墙金属板与石板安装

14. 金属与石材幕墙工程观感检验应符合哪些规定？

答：（1）幕墙外露框应横平竖直，造型应符合设计要求。

（2）幕墙的胶缝应横平竖直，表面应光滑无污染。

（3）铝合金板应无脱膜现象，颜色应均匀，其色差可同色板相差一级。

（4）石材颜色应均匀，色泽应同样板相符，花纹图案应符合设计要求。

（5）沉降缝、伸缩缝、防震缝的处理，应保持外观效果的一致性，并应符合设计要求。

（6）金属板材表面应平整，站在距幕墙表面3m处肉眼观察时不应有可觉察的变形、波纹或局部压砸等缺陷。

（7）石材表面不得有凹坑、缺角、裂缝、斑痕。

知识点索引：《金属与石材幕墙工程技术规范》JGJ 133-2001第8.0.3条

关键词：幕墙工程观感检验

十二、《铝合金门窗工程技术规范》JGJ 214-2010

1. 铝合金门窗主型材的壁厚有何要求？

答：铝合金门窗主型材的壁厚应经计算或试验确定，除压条、扣板等需要弹性装配的型材外，门用主型材主要受力部位基材截面最小实测壁厚不应小于2.0mm，窗用主型材主要受力部位基材截面最小实测壁厚不应小于1.4mm。

知识点索引：《铝合金门窗工程技术规范》JGJ 214-2010第3.1.2条

关键词：铝合金门窗主型材壁厚

2. 铝合金门窗采用中空玻璃有何要求？

答：铝合金门窗选用中空玻璃除应符合现行国家标准《中空玻璃》GB/T 11944的有关规定外，尚应符合下列规定：

（1）中空玻璃的单片玻璃厚度相差不宜大于3mm；

（2）中空玻璃应使用加入干燥剂的金属间隔框，亦可使用塑性密封胶制成的含有干燥剂和波浪形铝带胶条；

（3）中空玻璃产地与使用地海拔高度相差超过800m时，宜加装金属毛细管，毛细管应在安装地调整压差后密封。

知识点索引：《铝合金门窗工程技术规范》JGJ 214-2010第3.2.2条

关键词：铝合金门窗中空玻璃

3. 铝合金门窗设计有哪些强制性安全规定？

答：（1）人员流动性大的公共场所，易于受到人员和物体碰撞的铝合金门窗应采用安全玻璃。

（2）建筑物中下列部位的铝合金门窗应使用安全玻璃：①七层及七层以上建筑物外开窗；②面积大于1.5m²的窗玻璃或玻璃底边离最终装修面小于500mm的落地窗；③倾斜安装的铝合金窗。

（3）铝合金推拉门、推拉窗的扇应有防止从室外侧拆卸的装置。推拉窗用于外墙时，应设置防止窗扇向室外脱落的装置。

知识点索引：《铝合金门窗工程技术规范》JGJ 214-2010第4.12.1、4.12.2、4.12.4条

关键词：铝合金门窗安全规定

4. 铝合金门窗采用干法施工安装有哪些要求？

答：（1）金属附框安装应在洞口及墙体抹灰湿作业前完成，铝合金门窗安装应在洞口及墙体抹灰湿作业后进行。

（2）金属附框宽度应大于 30mm。

（3）金属附框的内、外两侧宜采用固定片与洞口墙体连接固定；固定片宜用 Q235 钢材，厚度不应小于 1.5mm，宽度不应小于 20mm，表面应做防腐处理。

（4）金属附框固定片安装位置应满足：角部的距离不应大于 150mm，其余部位的固定片中心距不应大于 500mm；固定片与墙体固定点的中心位置至墙体边缘距离不应小于 50mm。

（5）相邻洞口金属附框平面内位置偏差应小于 10mm。金属附框内缘应与抹灰后的洞口装饰面齐平，金属附框宽度和高度允许尺寸偏差±3mm，对角线允许尺寸偏差±4mm。

（6）铝合金门窗框与金属附框连接固定应牢固可靠。连接固定点设置应符合规范要求。

知识点索引：《铝合金门窗工程技术规范》JGJ 214-2010 第 7.3.1 条

关键词：铝合金门窗干法安装

5. 铝合金门窗采用湿法施工安装有哪些要求？

答：（1）铝合金门窗框安装应在洞口及墙体抹灰湿作业前完成。

（2）铝合金门窗框采用固定片连接洞口时，固定片宜用 Q235 钢材，厚度不应小于 1.5mm，宽度不应小于 20mm，表面应做防腐处理。

（3）铝合金门窗框与墙体连接固定点的设置应满足：角部的距离不应大于 150mm，其余部位的固定片中心距不应大于 500mm；固定片与墙体固定点的中心位置至墙体边缘距离不应小于 50mm。

（4）固定片与铝合金门窗框连接宜采用卡槽连接方式。与无槽口铝门窗框连接时，可采用自攻螺钉或抽芯铆钉，钉头处应密封。

（5）铝合金门窗安装固定时，其临时固定物不得导致门窗变形或损坏，不得使用坚硬物体。安装完成后，应及时移除临时固定物体。

（6）铝合金门窗框与洞口缝隙，应采用保温、防潮且无腐蚀性的软质材料填塞密实；亦可使用防水砂浆填塞，但不宜使用海砂成分的砂浆。使用聚氨酯泡沫填缝胶，施工前应清除粘接面的灰尘，墙体粘接面应进行淋水处理，固化后的聚氨酯泡沫胶缝表面应作密封处理。

（7）与水泥砂浆接触的铝合金框应进行防腐处理。湿法抹灰施工前，应对外露铝型材表面进行可靠保护。

知识点索引：《铝合金门窗工程技术规范》JGJ 214-2010 第 7.3.2 条

关键词：铝合金门窗湿法安装

6. 铝合金门窗工程验收时应检查哪些文件和记录？

答：（1）铝合金门窗工程的施工图、设计说明及其他设计文件。

（2）根据工程需要出具的铝合金门窗的抗风压性能、水密性能以及气密性能、保温性能、遮阳性能、采光性能、可见光透射比等检验报告；或抗风压性能、水密性能检验以及建筑门窗节能性能标识证书等。

（3）铝合金型材、玻璃、密封材料及五金件等材料的产品质量合格证书、性能检测报告和进场验收记录。

（4）隐框窗应提供硅酮结构胶相容性试验报告。

（5）铝合金门窗框与洞口墙体连接固定、防腐、缝隙填塞及密封处理、防雷连接等隐蔽工程验收记录。

（6）铝合金门窗产品合格证书。

（7）铝合金门窗安装施工自检记录。

（8）进口商品应提供报关单和商检证明。

知识点索引：《铝合金门窗工程技术规范》JGJ 214－2010 第 8.1.3 条

关键词：铝合金门窗验收

十三、《福建省建筑幕墙工程质量验收规程》DBJ/T 13－24－2017

1. 《福建省建筑幕墙工程质量验收规程》DBJ/T 13－24－2017 规定幕墙工程材料及其性能指标复验有哪些要求？

答：（1）主受力杆件的铝材、钢材的力学性能。

（2）防火、保温材料的燃烧性能。

（3）铝塑复合板、石材蜂窝板的剥离强度。

（4）金属面板厚度、防腐层厚度、金属板材表面氟碳树脂涂层的物理性能。

（5）石材的弯曲强度、有霜冻地区石材的耐冻融性。

（6）玻璃、金属幕墙结构胶、耐候胶的邵氏硬度、标准条件拉伸粘结强度、相容性试验；石材用结构胶的粘结强度。

知识点索引：《福建省建筑幕墙工程质量验收规程》DBJ/T 13－24－2017 第 3.2.8 条

关键词：装修　幕墙材料复验

2. 《福建省建筑幕墙工程质量验收规程》DBJ/T 13－24－2017 规定幕墙节能工程应见证取样送检复验的材料性能指标有哪些？

答：（1）保温材料的导热系数或热阻、密度、燃烧性能。

（2）幕墙玻璃的可见光透射比、传热系数、遮阳系数（太阳得热系数）、中空玻璃露点。

（3）隔热型材的抗拉强度、抗剪强度。

知识点索引：《福建省建筑幕墙工程质量验收规程》DBJ/T 13－24－2017 第 3.2.9 条

关键词：装修　幕墙节能见证取样送检

3. 《福建省建筑幕墙工程质量验收规程》DBJ/T 13－24－2017 规定幕墙节能工程施工隐蔽验收有哪些内容？

答：幕墙节能工程施工过程中应对下列隐蔽工程项目进行验收，并应有详细的文字记录和必要的图像资料：

（1）保温材料种类、规格及其固定。

（2）幕墙周边与墙体、屋面、地面的接缝处保温材料的填充。

（3）构造缝、结构缝。

（4）隔气层。

（5）热桥部位、断热节点。

（6）单元式幕墙板块间的接缝构造。

（7）冷凝水收集和排放构造。

（8）幕墙的通风换气装置。

（9）遮阳构件的锚固和连接。

知识点索引：《福建省建筑幕墙工程质量验收规程》DBJ/T 13-24-2017 第3.3.13条

关键词：装修　幕墙节能隐蔽

4.《福建省建筑幕墙工程质量验收规程》DBJ/T 13-24-2017 规定幕墙防火及保温材料及其物理性能有哪些要求？

答：（1）幕墙防火材料的品种、材质、耐火等级和铺设厚度等必须符合设计要求和国家现行有关标准的规定。

（2）幕墙使用的保温材料，其导热系数或热阻、密度、燃烧性能及厚度应符合设计要求，安装应牢固，不松脱。

知识点索引：《福建省建筑幕墙工程质量验收规程》DBJ/T 13-24-2017 第13.2.1、13.2.2条

关键词：装修　幕墙防火及保温材料

5.《福建省建筑幕墙工程质量验收规程》DBJ/T 13-24-2017 规定高层建筑无窗间墙和窗槛墙的幕墙防火有何专门要求？

答：对高层建筑无窗间墙和窗槛墙的幕墙，应在每层楼外沿设置耐火极限不低于1h、高度不低于0.80m 的不燃烧实体裙墙。

知识点索引：《福建省建筑幕墙工程质量验收规程》DBJ/T 13-24-2017 第13.2.3条

关键词：装修　高层建筑幕墙防火

6.《福建省建筑幕墙工程质量验收规程》DBJ/T 13-24-2017 规定幕墙防火节点构造必须符合设计要求，还应符合哪些规定？

答：（1）防火层的材料应采用不燃或难燃材料，并应符合消防等相关规定。

（2）镀锌钢衬板不得与铝合金型材直接接触，衬板就位后，应进行密封处理。

（3）防火层与幕墙和主体结构间的缝隙必须用防火密封胶严密封闭。

知识点索引：《福建省建筑幕墙工程质量验收规程》DBJ/T 13-24-2017 第13.2.5条

关键词：装修　幕墙防火节点构造

7.《福建省建筑幕墙工程质量验收规程》DBJ/T 13-24-2017 规定幕墙防火材料铺

设应符合哪些规定?

答:(1)防火材料应安装牢固,无遗漏。

(2)搁置防火材料的镀锌钢板厚度不应小于 1.5 mm,连接处无空隙,安装牢固。

(3)防火材料铺设应饱满、均匀、无遗漏,厚度不应小于 100mm。

(4)防火材料不得与幕墙玻璃直接接触,防火材料朝玻璃面处宜采用装饰材料覆盖。

知识点索引:《福建省建筑幕墙工程质量验收规程》DBJ/T 13-24-2017 第 13.2.6 条

关键词:装修　幕墙防火材料铺设

8.《福建省建筑幕墙工程质量验收规程》DBJ/T 13-24-2017 规定幕墙采用有机保温材料有何要求?

答:保温材料应与基层墙体可靠粘结或锚固,并应采用不燃材料作防护层,防护层应将保温材料完全覆盖。

知识点索引:《福建省建筑幕墙工程质量验收规程》DBJ/T 13-24-2017 第 13.2.7 条

关键词:装修　幕墙有机保温材料

9.《福建省建筑幕墙工程质量验收规程》DBJ/T 13-24-2017 规定幕墙工程防雷体系如何设置?

答:幕墙工程应按建筑物防雷分类设置屋面接闪器、立面等电位联结网格和防雷接地引下线,形成自身的、自上而下的防雷体系,与建筑物防雷系统连接,形成导电通路;连接点应符合设计要求,且水平间距不应大于防雷引下线的间距,垂直间距不应大于均压环的间距。

知识点索引:《福建省建筑幕墙工程质量验收规程》DBJ/T 13-24-2017 第 14.2.3 条

关键词:装修　幕墙防雷体系设置

10.《福建省建筑幕墙工程质量验收规程》DBJ/T 13-24-2017 规定幕墙自身防雷体系连接应符合哪些规定?

答:(1)幕墙利用自身金属材料作为防雷接闪器,其压顶板应选用厚度不小于 3mm 的铝合金单板,截面积应不小于 70mm^2。

(2)女儿墙压顶罩板应与女儿墙部位幕墙构架可靠连接,且幕墙构架与防雷装置的连接节点宜明露,其连接应符合设计要求。

(3)幕墙龙骨采用铝型材时,立柱与立柱、立柱与横梁之间应采用铝排跨接,其截面应符合设计要求,安装平正,整齐;用螺栓连接,连接部位应在型材表面的保护膜除掉部位进行,接触面积应符合设计要求,周边打胶密封,连接应紧密,牢固有防松措施。

知识点索引:《福建省建筑幕墙工程质量验收规程》DBJ/T 13-24-2017 第 14.3.3 条

关键词:装修　幕墙防雷体系连接

十四、《福建省民用建筑外窗工程技术规范》DBJ 13-255-2016

1.《福建省民用建筑外窗工程技术规范》DBJ 13-255-2016 规定建筑设计单位应当在设计文件中明确外窗的哪些要求?

答：建筑设计单位在设计文件中应根据建筑功能要求，提出外窗抗风压、气密、水密、保温、隔热、采光、空气声隔声、反复启闭耐久性等性能指标及立面分格要求。

知识点索引：《福建省民用建筑外窗工程技术规范》DBJ 13－255－2016 第 3.0.1 条

关键词：外窗设计要求

2.《福建省民用建筑外窗工程技术规范》DBJ 13－255－2016 规定外窗产品永久性标识内容有哪些？

答：外窗产品必须在明显位置设置永久性标识，内容至少应包括生产企业名称、联系电话，产品品种系列规格。

知识点索引：《福建省民用建筑外窗工程技术规范》DBJ 13－255－2016 第 3.0.4 条

关键词：外窗产品标识

3.《福建省民用建筑外窗工程技术规范》DBJ 13－255－2016 规定建筑外窗采用标准化外窗有何要求？

答：建筑外窗应优先选用标准化外窗。标准化外窗在同一工程中的应用比例应不低于60%，非标准化外窗的材料、安装方式和性能均应与标准化外窗一致。对于体育建筑（如体育场馆、游泳馆）、交通运输建筑（机场、火车站）、文化建筑（展览馆、影剧院）等具有特殊使用功能的公共建筑，其标准化外窗的应用比例可不受限制。

知识点索引：《福建省民用建筑外窗工程技术规范》DBJ 13－255－2016 第 3.0.6 条

关键词：外窗标准化要求

4.《福建省民用建筑外窗工程技术规范》DBJ 13－255－2016 规定外窗的反复启闭耐久性有何要求？

答：外窗的反复启闭耐久性应根据设计使用年限确定，且反复启闭次数要求：推拉平移类不应低于 1 万次；平开旋转类不应低于 2 万次。

知识点索引：《福建省民用建筑外窗工程技术规范》DBJ 13－255－2016 第 4.0.7 条

关键词：外窗产品启闭耐久性

5. 根据《福建省民用建筑外窗工程技术规范》DBJ 13－255－2016，除不锈钢外的黑色金属材料防腐处理有何要求？

答：除不锈钢外的黑色金属材料均应进行热镀锌、氧化、喷涂防锈漆等防腐蚀处理，型材应进行表面处理。

知识点索引：《福建省民用建筑外窗工程技术规范》DBJ 13－255－2016 第 5.1.2 条

关键词：外窗金属材料要求

6.《福建省民用建筑外窗工程技术规范》DBJ 13－255－2016 规定塑料外窗型材有何规定？

答：（1）塑料外窗用型材除应符合现行国家标准《建筑用塑料窗》GB/T 28887 和《门、窗用未增塑聚氯乙烯（PVC-U）型材》GB/T 8814 的规定，还应符合下列要求：

1）不宜使用通体彩色型材；

2）老化时间不应小于 6000h；

3）主型材可视面最小实测壁厚不应小于 2.5mm，非可视面最小实测壁厚不应小于 2.2mm；

4）主型材截面腔室不应少于 3 个，应具有独立的保温隔声、增强型钢及排水腔室。

（2）塑料外窗主型材应内衬增强型钢，增强型钢除应符合现行行业标准《聚氯乙烯（PVC）门窗增强型钢》JG/T 131 的规定，还应符合下列要求：

1）增强型钢应满足工程设计要求，且最小壁厚不应小于 1.5mm；

2）增强型钢应与型材内腔匹配，与型材腔体间的单边配合间隙不应大于 1mm；

3）增强型钢表面应采用热镀锌防腐处理。

知识点索引：《福建省民用建筑外窗工程技术规范》DBJ 13 - 255 - 2016 第 5.2.2 条

关键词：塑料外窗型材要求

7.《福建省民用建筑外窗工程技术规范》DBJ 13 - 255 - 2016 规定外窗中空玻璃应满足哪些要求？

答：（1）中空玻璃应符合现行国家标准《中空玻璃》GB/T 11944 中的相关规定；

（2）单中空层中空玻璃的气体层厚度不应小于 12mm；玻璃厚度不应小于 5mm，两片玻璃厚度相差不应大于 3mm；

（3）中空玻璃间隔条应采用连续折弯方式加工，禁止使用 PVC 产品做暖边间隔条；

（4）中空玻璃间隔条中应使用 3A 分子筛，禁止使用氯化钙、氧化钙类干燥剂；

（5）镀膜中空玻璃在合片前应做膜层与密封胶的相容性试验，离线 Low-E 镀膜玻璃在合成中空前应进行边部除膜处理；

（6）中空玻璃正常使用寿命应不低于 15 年。

知识点索引：《福建省民用建筑外窗工程技术规范》DBJ 13 - 255 - 2016 第 5.3.4 条

关键词：外窗中空玻璃要求

8.《福建省民用建筑外窗工程技术规范》DBJ 13 - 255 - 2016 规定外窗防火玻璃应满足哪些要求？

答：（1）应符合现行国家标准《建筑用安全玻璃　第 1 部分：防火玻璃》的要求；

（2）制作和安装防火中空玻璃用的密封胶（条）应使用阻燃防火玻璃胶（条）。

知识点索引：《福建省民用建筑外窗工程技术规范》DBJ 13 - 255 - 2016 第 5.3.5 条

关键词：防火玻璃材料要求

9.《福建省民用建筑外窗工程技术规范》规定推拉窗使用的密封毛条和密封胶条有何要求？

答：推拉窗用密封毛条应选用毛束致密的硅化加片型毛条，并应符合现行行业标准《建筑门窗密封毛条技术条件》JC/T 635 的规定。推拉窗用密封胶条应采用低阻力自滑润的热塑性弹性密封胶条，并应符合现行行业标准《建筑门窗、幕墙用密封胶条》GB/T 24498 的规定。

知识点索引：《福建省民用建筑外窗工程技术规范》DBJ 13 - 255 - 2016 第 5.4.2 条

关键词：推拉窗密封材料要求

10.《福建省民用建筑外窗工程技术规范》DBJ 13 - 255 - 2016 规定隐框、半隐框窗用密封胶有何要求？

答：（1）隐框、半隐框窗应采用中性硅酮结构密封胶、中性硅酮耐候密封胶，应有与所接触材料的相容性试验合格报告，并应有保证使用年限的质量证书。进口的中性硅酮结构密封胶、中性硅酮耐候密封胶还应提供商检证明。中性硅酮结构密封胶、中性硅酮耐候密封胶必须在有效期内使用，不得使用酸性胶。

（2）硅酮结构密封胶的粘结宽度、厚度的设计计算，应符合现行行业标准《玻璃幕墙工程技术规范》JGJ 102 的有关规定。

（3）硅酮结构密封胶不应承受永久荷载。

知识点索引：《福建省民用建筑外窗工程技术规范》DBJ 13 - 255 - 2016 第 5.9.4、6.10.2、6.10.3 条

关键词：推拉窗密封胶要求

11.《福建省民用建筑外窗工程技术规范》DBJ 13 - 255 - 2016 对外窗防脱防坠有何规定？

答：外窗采用推拉窗时，应有防止从室外侧拆卸和防止窗扇向室外脱落的装置；采用外开窗时，应有防止窗扇坠落的装置。

知识点索引：《福建省民用建筑外窗工程技术规范》DBJ 13 - 255 - 2016 第 6.1.4 条

关键词：外窗防脱防坠

12.《福建省民用建筑外窗工程技术规范》DBJ 13 - 255 - 2016 规定外窗产品的生产制作环境有何要求？

答：（1）外窗产品的生产制作应在工厂内完成，不得在施工现场进行。

（2）外窗生产场地应满足生产材料贮存和堆放条件，生产场地的环境条件应符合有关规定，不得露天堆放。

（3）隐框窗硅酮结构密封胶注胶应在洁净、通风的室内进行，且环境温度、湿度条件应符合结构胶产品的规定，严禁现场打胶。

知识点索引：《福建省民用建筑外窗工程技术规范》DBJ 13 - 255 - 2016 第 7.1.1、7.1.2、7.1.6 条

关键词：外窗生产环境要求

13.《福建省民用建筑外窗工程技术规范》DBJ 13 - 255 - 2016 规定外窗安装应符合哪些要求？

答：（1）不得在铝合金窗、铝木复合窗窗框型材上用螺钉与附框直接连接；

（2）不得在塑料窗下框型材上打孔用螺钉与附框直接连接，其他三边可在型材上打孔用螺钉与附框直接连接，螺钉固定后用封盖封闭工艺孔；

（3）在外窗批量生产和批量安装前应用三樘窗（或框）进行试装，发现问题及时调整；

（4）检查附框上定位边线和密封胶条，定位边线应固定牢固无扭曲变形，密封胶条应连续及不脱槽；

（5）安装外窗前应在下框和两侧距下框100mm定位边线处打注硅酮密封胶作防渗水处理；

（6）应在胶未干时用专用工具将窗框推送到定位边线位置并紧密接触（窗框与附框四周宜用专用填块使间隙保持6mm）；

（7）有防雷要求的外窗应在附框上预留孔洞，安装时防雷引线与外窗连接后穿过孔洞与主体防雷系统连接。

知识点索引：《福建省民用建筑外窗工程技术规范》DBJ 13－255－2016 第8.4.4条

关键词：外窗安装要求

14.《福建省民用建筑外窗工程技术规范》DBJ 13－255－2016 规定建筑物金属外窗防雷连接有何规定？

答：（1）建筑物金属外窗应按建筑物的防雷分类采取防侧击雷及等电位联结措施，并应符合下列规定：

1）金属窗外框应与主体结构的避雷引下线及水平接闪带可靠连接；

2）金属窗外框与防雷连接件连接处，应去除型材表面的非导电表面处理层；

3）防雷连接导体应采用直径不小于10mm的镀锌圆钢或25×4镀锌扁钢，连接导体应与建筑物防雷装置和窗框防雷连接件可靠连接。

（2）防雷连接导体与主体结构的防雷体系连接采用焊接时，焊缝应平整、饱满，无明显气孔、咬肉等缺陷，防腐漆均匀无遗漏。

（3）防雷连接导体与金属窗外框连接宜采用裸编织铜线或铜芯软导线，裸编织铜线应经搪锡处理。

知识点索引：《福建省民用建筑外窗工程技术规范》DBJ 13－255－2016 第8.5.4、8.5.5、8.5.6条

关键词：金属外窗防雷连接

十五、《无障碍设施工程施工质量验收规程》DBJ/T 13－325－2019

1. 有抗滑性能、耐磨性能要求的无障碍通道如何验收？

答：设计有抗滑性能、耐磨性能要求的无障碍通道的地面面层和盲道面层应坚实、平整、抗滑、无倒坡、不积水。其抗滑性能、耐磨性能应由施工单位通知监理单位进行验收，并由检测单位出具正式检测报告。面层的抗滑性能采用抗滑系数和抗滑摆值进行控制；抗滑系数和抗滑摆值的检测方法、应符合《无障碍设施工程施工质量验收规程》DBJ/T 13－325－2019 的规定。验收记录应按该规程的格式记录，形成验收文件。

知识点索引：《无障碍设施工程施工质量验收规程》DBJ/T 13－325－2019 第3.1.11条

关键词：无障碍通道验收

2. 盲道工程施工需注意的事项有哪些？

答：（1）盲道工程面层材料的最小厚度应符合设计文件要求。

（2）当利用检查井盖上设置的触感条作为行进盲道的一部分时，应衔接顺直、平整。

（3）盲道铺砌和镶贴时，行进盲道砌块与提示盲道砌块不得替代使用或混用。

（4）应根据无障碍设施施工图设计文件的要求，复测人行道各主要控制点，包括临时水准点、路缘石的顶高、路缘石的转弯半径、平面位置等；复测盲道铺面的平面位置等。

（5）盲道铺面质量允许偏差应符合规范的规定。

知识点索引：《无障碍设施工程施工质量验收规程》DBJ/T 13-325-2019 第 4 章第 4.1.3～4.1.7 条

关键词：盲道施工

十六、《福建省建筑内外墙涂料涂饰工程施工及验收规程》DB/T 13-27-2015

1. 《福建省建筑内外墙涂料涂饰工程施工及验收规程》DB/T 13-27-2015 规定涂饰材料储存条件有何要求？

答：涂饰材料储存条件应符合产品说明书要求，有防火要求的涂饰材料应满足国家有关的消防要求。凡属危险品的溶剂型涂料、溶剂、助剂等在施工现场及储藏仓库内温度应控制在 30℃ 以下。施工余料的处理应符合环保要求。

知识点索引：《福建省建筑内外墙涂料涂饰工程施工及验收规程》DB/T 13-27-2015 第 3.1.3 条

关键词：装修涂饰材料储存

2. 《福建省建筑内外墙涂料涂饰工程施工及验收规程》DB/T 13-27-2015 规定装修腻子进场复验有何要求？

答：装修工程内墙腻子进场时应对腻子的耐水性、耐碱性、粘结强度等项目进行复验；外墙用腻子进场时应对腻子的初期干燥抗裂性、耐碱性、粘结强度、动态抗开裂性等项目进行复验。

知识点索引：《福建省建筑内外墙涂料涂饰工程施工及验收规程》DB/T 13-27-2015 第 3.1.3 条

关键词：装修腻子复验

3. 《福建省建筑内外墙涂料涂饰工程施工及验收规程》DB/T 13-27-2015 规定选用装修腻子有何要求？

答：（1）建筑涂饰工程中所用的腻子耐水、耐碱等性能应与基层及饰面涂料相当，双向粘结性好。腻子的塑性和易涂性应满足施工要求，干燥后应坚固。

（2）外墙用腻子应使用耐水性能的腻子，不得使用普通低强度的内墙腻子。

（3）厨房、浴厕间等需要涂饰的部位，应使用有耐水性能的腻子。

知识点索引：《福建省建筑内外墙涂料涂饰工程施工及验收规程》DB/T 13-27-2015 第 3 章

关键词：装修腻子选用

第六章 屋面工程、防水工程

一、《屋面工程质量验收规范》GB 50207-2012

1. 屋面工程采用新技术有何要求?

答:对屋面工程采用的新技术,应按有关规定经过科技成果鉴定、评估或新产品、新技术鉴定。施工单位应对新的或首次采用的新技术进行工艺评价,并应制定相应技术质量标准。

知识点索引:《屋面工程质量验收规范》GB 50207-2012 第 3.0.5 条

关键词:屋面 新技术

2. 屋面工程所用防水、保温材料有何要求?

答:屋面工程所用的防水、保温材料应有产品合格证书和性能检测报告,材料的品种、规格、性能等必须符合国家现行产品标准和设计要求。产品质量应由经过省级以上建设行政主管部门对其资质认可和质量技术监督部门对其计量认证的质量检测单位进行检测。

知识点索引:《屋面工程质量验收规范》GB 50207-2012 第 3.0.6 条

关键词:屋面 防水、保温材料

3. 屋面工程防水、保温材料进场验收有哪些规定?

答:(1)应根据设计要求对材料的质量证明文件进行检查,并应经监理工程师或建设单位代表确认,纳入工程技术档案。

(2)应对材料的品种、规格、包装、外观和尺寸等进行检查验收,并应经监理工程师或建设单位代表确认,形成相应验收记录。

(3)防水、保温材料进场检验项目及材料标准应符合规范规定。材料进场检验应执行见证取样送检制度,并应提出进场检验报告。

(4)进场检验报告的全部项目指标均达到技术标准规定应为合格;不合格材料不得在工程中使用。

知识点索引:《屋面工程质量验收规范》GB 50207-2012 第 3.0.7 条

关键词:屋面 防水保温材料验收

4. 屋面找坡排水坡度有何规定?

答:屋面找坡应满足设计排水坡度要求,结构找坡不应小于3%,材料找坡宜为2%;檐沟、天沟纵向找坡不应小于1%,沟底水落差不得超过200mm。

知识点索引:《屋面工程质量验收规范》GB 50207-2012 第 4.1.3 条

关键词：屋面　找坡规定

5. 屋面找平层材料和施工有何基本要求？

答：（1）屋面找平层宜采用水泥砂浆或细石混凝土。

（2）找平层的抹平工序应在初凝前完成，压光工序应在终凝前完成，终凝后应进行养护。

（3）找平层分格缝纵横间距不宜大于6m，分格缝的宽度宜为5mm～20mm。

（4）找平层所用材料的质量及配合比，应符合设计要求。

（5）找平层的排水坡度应符合设计要求。

知识点索引：《屋面工程质量验收规范》GB 50207－2012 第4.2.3、4.2.4、4.2.5、4.2.6条

关键词：屋面　隔离层材料施工

6. 屋面隔离层材料和施工有何基本要求？

答：（1）块体材料、水泥砂浆或细石混凝土保护层与卷材、涂膜防水层之间，应设置隔离层。

（2）隔离层可采用干铺塑料膜、土工布、卷材或铺抹低强度等级砂浆。

（3）隔离层所用材料的质量及配合比，应符合设计要求。

（4）隔离层不得有破损和漏铺现象。

知识点索引：《屋面工程质量验收规范》GB 50207－2012 第4.4.1、4.4.2、4.4.3、4.4.4条

关键词：屋面　防水层保护层材料施工

7. 防水层保护层施工有哪些规定？

答：（1）防水层上的保护层施工，应待卷材铺贴完成或涂料固化成膜，并经检验合格后进行。

（2）用块体材料做保护层时，宜设置分格缝，分格缝纵横间距不应大于10mm，分格缝宽度宜为20mm。

（3）用水泥砂浆做保护层时，表面应抹平压光，并应设表面分格缝，分格面积宜为1m²。

（4）用细石混凝土做保护层时，混凝土应振捣密实，表面应抹平压光，分格缝纵横间距不应大于6m。分格缝的宽度宜为10mm～20mm。

（5）块体材料、水泥砂浆或细石混凝土保护层与女儿墙和山墙之间，应预留宽度为30mm的缝隙，缝内宜填塞聚苯乙烯泡沫塑料，并应用密封材料嵌填密实。

（6）保护层所用材料的质量及配合比，应符合设计要求。

（7）块体材料、水泥砂浆或细石混凝土保护层的强度等级，应符合设计要求。

（8）保护层的排水坡度，应符合设计要求。

知识点索引：《屋面工程质量验收规范》GB 50207－2012 第4.5.1～4.5.8条

关键词：屋面　找平层材料施工

8. 屋面工程保温材料有哪些指标要求？

答：保温材料的导热系数、表观密度或干密度、抗压强度或压缩强度、燃烧性能必须符合设计要求。

知识点索引：《屋面工程质量验收规范》GB 50207－2012 第 5.1.7 条

关键词：屋面保温　材料性能

9. 屋面保温与隔热工程各分项工程每个检验批的抽检数量有何要求？

答：保温与隔热工程各分项工程每个检验批的抽检数量，应按屋面面积每 100m² 抽查 1 处，每处应为 10m²，且不得少于 3 处。

知识点索引：《屋面工程质量验收规范》GB 50207－2012 第 5.1.9 条

关键词：屋面保温隔热　抽检

10. 屋面工程的板状材料保温层铺贴方法及要求有哪些？

答：（1）板状材料保温层采用干铺法施工时，板状保温材料应紧靠在基层表面上，应铺平垫稳；分层铺设的板块上下层接缝应相互错开，板间缝隙应采用同类材料的碎屑嵌填密实。

（2）板状材料保温层采用粘贴法施工时，胶粘剂应与保温材料的材性相容，并应贴严、粘牢；板状材料保温层的平面接缝应挤紧拼严，不得在板块侧面涂抹胶粘剂，超过 2mm 的缝隙应采用相同材料板条或片填塞严实。

（3）板状保温材料采用机械固定法工时，应选择专用螺钉和垫片；固定件与结构层之间应连接牢固。

知识点索引：《屋面工程质量验收规范》GB 50207－2012 第 5.2.1 条

关键词：屋面板状材料保温层铺贴

11. 屋面工程的喷涂硬泡聚氨酯保温层有何施工规定？

答：（1）保温层施工前应对喷涂设备进行调试，并应制备试样进行硬泡聚氨酯的性能检测。

（2）喷涂硬泡聚氨酯的配比应准确计量，发泡厚度应均匀一致。

（3）喷涂时喷嘴与施工基面的间距应由试验确定。

（4）一个作业面应分遍喷涂完成，每遍厚度不宜大于 15mm；当日的作业面应当日连续地喷涂施工完毕。

（5）硬泡聚氨酯喷涂后 20min 内严禁上人；喷涂硬泡聚氨酯保温层完成后，应及时做保护层。

知识点索引：《屋面工程质量验收规范》GB 50207－2012 第 5.4.1～5.4.5 条

关键词：喷涂硬泡聚氨酯保温层规定

12. 屋面工程中，种植隔热层的排水层施工有何要求？

答：（1）陶粒的粒径不应小于 25mm，大粒径应在下，小粒径应在上。

（2）凹凸形排水板宜采用搭接法施工，网状交织排水板宜采用对接法施工。

（3）排水层上应铺设过滤层土工布。

（4）挡墙或挡板的下部应设泄水孔，孔周围应放置疏水粗细骨料。

知识点索引：《屋面工程质量验收规范》GB 50207－2012 第 5.6.3 条

关键词：种植隔热层排水层施工

13. 屋面防水与密封工程各分项工程每个检验批的抽检数量有何要求？

答：防水与密封工程各分项工程每个检验批的抽检数量，防水层应按屋面面积每 100m² 抽查一处，每处应为 10m²，且不得少于 3 处；接缝密封防水应按每 50m 抽查一处，每处应为 5m，且不得少于 3 处。

知识点索引：《屋面工程质量验收规范》GB 50207－2012 第 6.1.5 条

关键词：屋面防水密封　抽检

14. 屋面坡度大于 25％时，卷材的固定措施有何要求？

答：屋面坡度大于 25％时，卷材应采取满粘和钉压固定措施。

知识点索引：《屋面工程质量验收规范》GB 50207－2012 第 6.2.1 条

关键词：屋面防水　卷材固定措施

15. 屋面防水卷材铺贴方向有何规定？

答：屋面卷材宜平行屋脊铺贴；上下层卷材不得相互垂直铺贴。

知识点索引：《屋面工程质量验收规范》GB 50207－2012 第 6.2.2 条

关键词：屋面防水　卷材铺贴

16. 屋面工程中，高聚物改性沥青防水卷材搭接宽度有何规定？

答：高聚物改性沥青防水卷材采用胶粘剂粘贴时搭接宽度 100mm，采用自粘粘贴时搭接宽度 80mm。

知识点索引：《屋面工程质量验收规范》GB 50207－2012 第 6.2.3 条

关键词：屋面防水　卷材搭接

17. 屋面防水工程采用冷粘法铺贴卷材有哪些规定？

答：（1）胶粘剂涂刷应均匀，不应露底，不应堆积；

（2）应控制胶粘剂涂刷与卷材铺贴的间隔时间；

（3）卷材下面的空气应排尽，并应辊压粘牢固；

（4）卷材铺贴应平整顺直，搭接尺寸应准确，不得扭曲、皱折；

（5）接缝口应用密封材料封严，宽度不应小于 10mm。

知识点索引：《屋面工程质量验收规范》GB 50207－2012 第 6.2.4 条

关键词：屋面防水　卷材铺贴

18. 屋面防水工程对热粘法铺贴卷材有哪些规定？

答：热粘法铺贴卷材应满足以下规定：

（1）熔化热熔型改性沥青胶结料时，宜采用专用导热油炉加热，加热温度不应高于200℃，使用温度不宜低于180℃；

（2）粘贴卷材的热熔型改性沥青胶结料厚度宜为1.0mm～1.5mm；

（3）采用热熔型改性沥青胶结料粘贴卷材时，应随刮随铺，并应展平压实。

知识点索引：《屋面工程质量验收规范》GB 50207－2012 第6.2.5条

关键词：屋面防水 卷材铺贴

19. 屋面挂瓦有何规定？

答：（1）挂瓦应从两坡的檐口同时对称进行。瓦后爪应与挂瓦条挂牢，并应与邻边、下面两瓦落槽密合。

（2）檐口瓦、斜天沟瓦应用镀锌铁丝拴牢在挂瓦条上，每片瓦均应与挂瓦条固定牢固。

（3）整坡瓦面应平整，行列应横平竖直，不得有翘角和张口现象。

（4）正脊和斜脊应铺平挂直，脊瓦搭盖应顺主导风向和流水方向。

知识点索引：《屋面工程质量验收规范》GB 50207－2012 第7.2.3条

关键词：屋面挂瓦规定

20. 屋面烧结瓦和混凝土瓦铺装的有关尺寸有何规定？

答：（1）瓦屋面檐口挑出墙面的长度不宜小于300mm。

（2）脊瓦在两坡面瓦上的搭盖宽度，每边不应小于40mm。

（3）脊瓦下端距坡面瓦的高度不宜大于80mm。

（4）瓦头伸入檐沟、天沟内的长度宜为50mm～70mm。

（5）金属檐沟、天沟伸入瓦内的宽度不应小于150mm。

（6）瓦头挑出檐口的长度宜为50mm～70mm。

（7）突出屋面结构的侧面瓦伸入泛水的宽度不应小于50mm。

知识点索引：《屋面工程质量验收规范》GB 50207－2012 第7.2.4条

关键词：屋面挂瓦尺寸规定

21. 金属板屋面铺装的有关尺寸有何规定？

答：（1）金属板檐口挑出墙面的长度不应小于200mm。

（2）金属板伸入檐沟、天沟内的长度不应小于100mm。

（3）金属泛水板与突出屋面墙体的搭接高度不应小于250mm。

（4）金属泛水板、变形缝盖板与金属板的搭接宽度不应小于200mm。

（5）金属屋脊盖板在两坡面金属板上的搭接宽度不应小于250mm。

知识点索引：《屋面工程质量验收规范》GB 50207－2012 第7.4.5条

关键词：金属板屋面铺装尺寸规定

22. 玻璃采光顶铺装基本要求和主控项目有何规定？

答：（1）玻璃采光顶的预埋件应位置准确，安装应牢固。

（2）采光顶玻璃及玻璃组件的制作，应符合现行行业标准《建筑玻璃采光顶》JG/T

231 的有关规定。

(3) 采光顶玻璃表面应平整、洁净，颜色应均匀一致。

(4) 玻璃采光顶与周边墙体之间的连接，应符合设计要求。

(5) 采光顶玻璃及其配套材料的质量，应符合设计要求。

(6) 玻璃采光顶不得有渗漏现象。

(7) 硅酮耐候密封胶的打注应密实、连续、饱满，粘结应牢固，不得有气泡、开裂、脱落等缺陷。

知识点索引：《屋面工程质量验收规范》GB 50207-2012 第 7.5.1～7.5.7 条

关键词：玻璃采光顶铺装规定

23. 屋面工程隐蔽验收部位有哪些？

答：(1) 卷材、涂膜防水层的基层；

(2) 保温层的隔气和排气措施；

(3) 保温层的铺设方式、厚度、板材缝隙填充质量及热桥部位的保温措施；

(4) 接缝的密封处理；

(5) 瓦材与基层的固定措施；

(6) 檐沟、天沟、泛水、水落口和变形缝等细部做法；

(7) 在屋面易开裂和渗水部位的附加层；

(8) 保护层与卷材、涂膜防水层之间的隔离层；

(9) 金属板材与基层的固定和板缝间的密封处理；

(10) 坡度较大时，防止卷材和保温层下滑的措施。

知识点索引：《屋面工程质量验收规范》GB 50207-2012 第 9.0.6 条

关键词：屋面　隐蔽验收

24. 屋面卷材铺贴工程观感质量检查有何要求？

答：(1) 卷材铺贴方向应正确，搭接缝应粘结或焊接牢固，搭接宽度应符合设计要求，表面应平整，不得有扭曲、皱折和翘边等缺陷。

(2) 嵌填的密封材料应与接缝两侧粘结牢固，表面应平滑，缝边应顺直，不得有气泡、开裂和剥离等缺陷。

(3) 檐口、檐沟、天沟、女儿墙、山墙、水落口、变形缝和伸出屋面管道等防水构造，应符合设计要求。

(4) 上人屋面或其他使用功能屋面，其保护及铺面应符合设计要求。

知识点索引：《屋面工程质量验收规范》GB 50207-2012 第 9.0.7 条

关键词：屋面　卷材铺贴观感验收

25. 屋面涂膜防水层观感质量检查有何要求？

答：(1) 涂膜防水层粘结应牢固，表面应平整，涂刷应均匀，不得有流淌、起泡和露胎体等缺陷。

(2) 檐口、檐沟、天沟、女儿墙、山墙、水落口、变形缝和伸出屋面管道等防水构造，应符合设计要求。

（3）上人屋面或其他使用功能屋面，其保护及铺面应符合设计要求。

知识点索引：《屋面工程质量验收规范》GB 50207-2012 第9.0.7条

关键词：屋面 涂膜防水层观感验收

26. 屋面工程中，烧结瓦、混凝土瓦铺装观感质量检查有何要求？

答：烧结瓦、混凝土瓦铺装应平整、牢固，应行列整齐，搭接应紧密，檐口应顺直；脊瓦应搭盖正确，间距应均匀，封固应严密；正脊和斜脊应顺直，应无起伏现象；泛水应顺直整齐，结合应严密。上人屋面或其他使用功能屋面，其保护及铺面应符合设计要求。

知识点索引：《屋面工程质量验收规范》GB 50207-2012 第9.0.7条

关键词：屋面 烧结瓦、混凝土瓦铺装观感验收

27. 屋面工程中，金属板铺装观感质量检查有何要求？

答：金属板铺装应平整、顺滑；连接应正确，接缝应严密；屋脊、檐口、泛水直线段应顺直，曲线段应顺畅。上人屋面或其他使用功能屋面，其保护及铺面应符合设计要求。

知识点索引：《屋面工程质量验收规范》GB 50207-2012 第9.0.7条

关键词：屋面 金属板铺装观感验收

28. 屋面工程中，玻璃采光顶铺装观感质量检查有何要求？

答：玻璃采光顶铺装应平整、顺直，外露金属框或压条应横平竖直，压条应安装牢固；玻璃密封胶缝应横平竖直、深浅一致，宽窄应均匀，应光滑顺直。上人屋面或其他使用功能屋面，其保护及铺面应符合设计要求。

知识点索引：《屋面工程质量验收规范》GB 50207-2012 第9.0.7条

关键词：屋面 玻璃采光顶铺装观感验收

二、《屋面工程技术规范》GB 50345-2012

1. 屋面工程施工应遵照什么原则？

答：屋面工程施工应遵照"按图施工、材料检验、工序检查、过程控制、质量验收"的原则。

知识点索引：《屋面工程技术规范》GB 50345-2012 第3.0.4条

关键词：屋面 施工原则

2. 屋面防水层设计应采取哪些技术措施？

答：（1）卷材防水层易拉裂部位，宜选用空铺、点粘、条粘或机械固定等施工方法；

（2）结构易发生较大变形、易渗漏和损坏的部位，应设置卷材或涂膜附加层；

（3）在坡度较大和垂直面上粘贴防水卷材时，宜采用机械固定和对固定点进行密封的方法；

（4）卷材或涂膜防水层上应设置保护层；

（5）在刚性保护层与卷材、涂膜防水层之间应设置隔离层。

知识点索引：《屋面工程技术规范》GB 50345-2012 第 4.1.2 条

关键词：屋面　防水层设计

3. 屋面防水材料的选择有何规定？

答：（1）外露使用的防水层，应选用耐紫外线、耐老化、耐候性好的防水材料；

（2）上人屋面，应选用耐霉变、拉伸强度高的防水材料；

（3）长期处于潮湿环境的屋面，应选用耐腐蚀、耐霉变、耐穿刺、耐长期水浸等性能的防水材料；

（4）薄壳、装配式结构、钢结构及大跨度建筑屋面，应选用耐候性好、适应变形能力强的防水材料；

（5）倒置式屋面应选用适应变形能力强、接缝密封保证率高的防水材料；

（6）坡屋面应选用与基层粘结力强、感温性小的防水材料；

（7）屋面接缝密封防水，应选用与基材粘结力强和耐候性好、适应位移能力强的密封材料；

（8）基层处理剂、胶粘剂和涂料，应符合现行行业标准《建筑防水涂料有害物质限量》JC 1066 的有关规定。

知识点索引：《屋面工程技术规范》GB 50345-2012 第 4.1.4 条

关键词：屋面　防水材料选择

4. 屋面排水方式如何根据建筑形式进行选择？

答：屋面排水方式可分为有组织排水和无组织排水。有组织排水时，宜采用雨水收集系统。

（1）高层建筑屋面宜采用内排水。

（2）多层建筑屋面宜采用有组织外排水。

（3）低层建筑及檐高小于 10m 的屋面，可采用无组织排水。

（4）多跨及汇水面积较大的屋面宜采用天沟排水，天沟找坡较长时，宜采用中间内排水和两端外排水。

知识点索引：《屋面工程技术规范》GB 50345-2012 第 4.2.2、4.2.3 条

关键词：屋面　排水形式选择

5. 屋面排汽构造设计有何规定？

答：（1）找平层设置的分格缝可兼作排气道，排气道的宽度宜为 40mm。

（2）排气道应纵横贯通，并应与大气连通的排气孔相通，排汽孔可设在檐口下或纵横排气道的交叉处。

（3）排气道纵横间距宜为 6m，屋面面积每 30m² 宜设置一个排气孔，排汽孔应作防水处理。

（4）在保温层下也可铺设带支点的塑料板。

知识点索引：《屋面工程技术规范》GB 50345-2012 第 4.4.5 条

关键词：屋面　排汽构造规定

6. 压型金属板屋面采用咬口锁边连接的构造有何规定？

答：（1）在檩条上应设置与压型金属板波形相配套的专用固定支座，并应用自攻螺钉与檩条连接；

（2）压型金属板应搁置在固定支座上，两片金属板的侧边应确保在风吸力等因素作用下扣合或咬合连接可靠；

（3）在大风地区或高度大于 30m 的屋面，压型金属板应采用 360°咬口锁边连接；

（4）大面积屋面和弧状或组合弧状屋面，压型金属板的立边咬合宜采用暗扣直立锁边屋面系统；

（5）单坡尺寸过长或环境温差过大的屋面，压型金属板宜采用滑动式支座的 360°咬口锁边连接。

知识点索引：《屋面工程技术规范》GB 50345 - 2012 第 4.9.12 条

关键词：屋面　压型金属板咬口构造

7. 压型金属板屋面采用紧固件连接的构造有何规定？

答：（1）铺设高波压型金属板时，在檩条上应设置固定支架，固定支架应采用自攻螺钉与檩条连接，连接件宜每波设置一个。

（2）铺设低波压型金属板时，可不设固定支架，应在波峰处采用带防水密封胶垫的自攻螺钉与檩条连接，连接件可每波或隔波设置一个，但每块板不得少于 3 个。

（3）压型金属板的纵向搭接应位于檩条处，搭接端应与檩条有可靠的连接，搭接部位应设置防水密封胶带。压型金属板的纵向最小搭接长度应符合规范的规定。

（4）压型金属板的横向搭接方向宜与主导风向一致，搭接不应小于一个波，搭接部位应设置防水密封胶带。搭接处用连接紧固时，连接件应采用带防水密封胶垫的自攻螺钉设置在波峰上。

知识点索引：《屋面工程技术规范》GB 50345 - 2012 第 4.9.13 条

关键词：屋面　压型金属板紧固件连接构造

8. 金属面绝热夹芯板屋面采用紧固件连接的构造有何规定？

答：（1）应采用屋面板压盖和带防水密封胶垫的自攻螺钉，将夹芯板固定在檩条上；

（2）夹芯板的纵向搭接应位于檩条处，每块板的支座宽度不应小于 50mm，支承处宜采用双檩或檩条一侧加焊通长角钢；

（3）夹芯板的纵向搭接应顺流水方向，纵向搭接长度不应小于 200mm，搭接部位均应设置防水密封胶带，并应用拉铆钉连接；

（4）夹芯板的横向搭接方向宜与主导风向一致，搭接尺寸应按具体板型确定，连接部位均应设置防水密封胶带，并应用拉铆钉连接。

知识点索引：《屋面工程技术规范》GB 50345 - 2012 第 4.9.14 条

关键词：屋面　金属面绝热夹芯板紧固件连接构造

9. 女儿墙的防水构造有何规定？

答：（1）女儿墙压顶可采用混凝土或金属制品。压顶向内排水坡度不应小于 5%，压顶内侧下端应作滴水处理。

（2）女儿墙泛水处的防水层下应增设附加层，附加层在平面和立面的宽度均不应小于250mm。

（3）低女儿墙泛水处的防水层可直接铺贴或涂刷至压顶下，卷材收头应用金属压条钉压固定，并应用密封材料封严；涂膜收头应用防水涂料多遍涂刷。

（4）高女儿墙泛水处的防水层泛水高度不应小于250mm，防水层收头应符合本条第3款的规定；泛水上部的墙体应作防水处理。

（5）女儿墙泛水处的防水层表面，宜采用涂刷浅色涂料或浇筑细石混凝土保护。

知识点索引：《屋面工程技术规范》GB 50345-2012 第4.11.14条

关键词：屋面　女儿墙防水构造

10. 山墙的防水构造有何规定？

答：（1）山墙压顶可采用混凝土或金属制品。压顶应向内排水，坡度不应小于5%，压顶内侧下端应作滴水处理。

（2）山墙泛水处的防水层下应增设附加层，附加层在平面和立面的宽度均不应小于250mm。

（3）烧结瓦、混凝土瓦屋面山墙泛水应采用聚合物水泥砂浆抹成，侧面瓦伸入泛水的宽度不应小于50mm。

（4）沥青瓦屋面山墙泛水应采用沥青基胶粘材料满粘一层沥青瓦片，防水层和沥青瓦收头应用金属压条钉压固定，并应用密封材料封严。

（5）金属板屋面山墙泛水应铺钉厚度不小于0.45mm的金属泛水板，并应顺流水方向搭接；金属泛水板与墙体的搭接高度不应小于250mm，与压型金属板的搭盖宽度宜为1波～2波，并应在波峰处采用拉铆钉连接。

知识点索引：《屋面工程技术规范》GB 50345-2012 第4.11.15条

关键词：屋面　山墙防水构造

11. 重力式排水的水落口防水构造有何规定？

答：（1）水落口可采用塑料或金属制品，水落口的金属配件均应作防锈处理；

（2）水落口杯应牢固地固定在承重结构上，其埋设标高应根据附加层的厚度及排水坡度加大的尺寸确定；

（3）水落口周围直径500mm范围内坡度不应小于5%，防水层下应增设涂膜附加层；

（4）防水层和附加层伸入水落口杯内不应小于50mm，并应粘结牢固。

知识点索引：《屋面工程技术规范》GB 50345-2012 第4.11.16条

关键词：屋面　水落口防水构造

12. 屋面变形缝防水构造有何规定？

答：（1）变形缝泛水处的防水层下应增设附加层，附加层在平面和立面的宽度不应小于250mm；防水层应铺贴或涂刷至泛水墙的顶部。

（2）变形缝内应预填不燃保温材料，上部应采用防水卷材封盖，并放置衬垫材料，再在其上干铺一层卷材。

（3）等高变形缝顶部宜加扣混凝土或金属盖板。

（4）高低跨变形缝在立墙泛水处，应采用有足够变形能力的材料和构造作密封处理。

知识点索引：《屋面工程技术规范》GB 50345－2012 第 4.11.18 条

关键词：屋面　变形缝防水构造

13. 伸出屋面管道的防水构造有何规定？

答：（1）管道周围的找平层应抹出高度不小于 30mm 的排水坡。

（2）管道泛水处的防水层下应增设附加层，附加层在平面和立面的宽度均不应小于 250mm。

（3）管道泛水处的防水层泛水高度不应小于 250mm。

（4）卷材收头应用金属箍紧固和密封材料封严，涂膜收头应用防水涂料多遍涂刷。

知识点索引：《屋面工程技术规范》GB 50345－2012 第 4.11.19 条

关键词：屋面　伸出屋面管道防水构造

14. 屋面出入口防水构造有何规定？

答：（1）屋面垂直出入口泛水处应增设附加层，附加层在平面和立面的宽度均不应小于 250mm；防水层收头应在混凝土压顶圈下。

（2）屋面水平出入口泛水处应增设附加层和护墙，附加层在平面上的宽度不应小于 250mm；防水层收头应压在混凝土踏步下。

知识点索引：《屋面工程技术规范》GB 50345－2012 第 4.11.21、4.11.22 条

关键词：屋面　出入口防水构造

15. 屋面工程施工的防火安全有何规定？

答：（1）可燃类防水、保温材料进场后，应远离火源；露天堆放时，应采用不燃材料完全覆盖。

（2）防火隔离带施工应与保温材料施工同步进行。

（3）不得直接在可燃类防水、保温材料上进行热熔或热粘法施工。

（4）喷涂硬泡聚氨酯作业时，应避开高温环境；施工工艺、工具及服装等应采取防静电措施。

（5）施工作业区应配备消防灭火器材。

（6）火源、热源等火灾危险源应加强管理。

（7）屋面上需要进行焊接、钻孔等施工作业时，周围环境应采取防火安全措施。

知识点索引：《屋面工程技术规范》GB 50345－2012 第 5.1.5 条

关键词：屋面　施工防火规定

16. 屋面工程中，装配式钢筋混凝土板的板缝嵌填施工有何具体规定？

答：（1）嵌填混凝土前板缝内应清理干净，并应保持湿润。

（2）当板缝宽度大于 40mm 或上窄下宽时，板缝内应按设计要求配置钢筋。

（3）嵌填细石混凝土的强度等级不应低于 C20，填缝高度宜低于板面 10mm～20mm，且应振捣密实和浇水养。

（4）板端缝应按设计要求增加防裂的构造措施。

知识点索引：《屋面工程技术规范》GB 50345－2012 第 5.2.1 条、《屋面工程质量验收规范》GB 50207－2012 第 4.2.1 条

关键词：装配式屋面嵌缝

17. 屋面找坡层的基层的施工有何规定？

答：（1）应清理结构层、保温层上面的松散杂物，凸出基层表面的硬物应剔平扫净。

（2）抹找坡层前，宜对基层洒水湿润。

（3）突出屋面的管道、支架等根部，应用细石混凝土堵实和固定。

（4）找坡层所用材料的质量和配合比应符合设计要求，并应做到计量准确和机械搅拌。

（5）找坡应按屋面排水方向和设计坡度要求进行，找坡层最薄处厚度不宜小于 20mm。

（6）找坡材料应分层铺设和适当压实，表面宜平整和粗糙，并应适时浇水养护。

知识点索引：《屋面工程技术规范》GB 50345－2012 第 5.2.2、5.2.3、5.2.4、5.2.5 条

关键词：屋面　找坡层基层施工规定

18. 屋面工程隔汽层施工有何具体规定？

答：（1）隔汽层施工前，基层应进行清理，宜进行找平处理。

（2）屋面周边隔汽层应沿墙面向上连续铺设，高出保温层上表面不得小于 150mm。

（3）采用卷材做隔汽层时，卷材宜空铺，卷材搭接缝应满粘，其搭接宽度不应小于 80mm；采用涂膜做隔汽层时，涂料涂刷应均匀，涂层不得有堆积、起泡和露底现象。

（4）穿过隔汽层的管道周围应进行密封处理。

知识点索引：《屋面工程技术规范》GB 50345－2012 第 5.3.3 条

关键词：屋面　隔汽层施工规定

19. 屋面保温层有几种类型？

答：（1）板状材料保温层。

（2）纤维材料保温层。

（3）喷涂硬泡聚氨酯保温层。

（4）现浇泡沫混凝土保温层。

知识点索引：《屋面工程技术规范》GB 50345－2012 第 5.3.5、5.3.6、5.3.7、5.3.8 条

关键词：屋面　保温层类型

20. 屋面工程中的现浇泡沫混凝土保温层施工有何规定？

答：（1）基层应清理干净，不得有油污、浮尘和积水。

（2）泡沫混凝土应按设计要求的干密度和抗压强度进行配合比设计，拌制时应计量准确，并应搅拌均匀。

（3）泡沫混凝土应按设计的厚度设定浇筑面标高线，找坡时宜采取挡板辅助措施。

（4）泡沫混凝土的浇筑出料口离基层的高度不宜超过 1m，泵送时应采取低压泵送。

（5）泡沫混凝土应分层浇筑，一次浇筑厚度不宜超过 200mm，终凝后应进行保湿养护，养护时间不得少于 7d。

知识点索引：《屋面工程技术规范》GB 50345－2012 第 5.3.8 条

关键词：屋面　泡沫混凝土保温层施工

21. 屋面工程保温材料的贮运、保管有何规定？

答：（1）保温材料应采取防雨、防潮、防火的措施，并应分类存放。

（2）板状保温材料搬运时应轻拿轻放。

（3）纤维保温材料应在干燥、通风的房屋内贮存，搬运时应轻拿轻放。

知识点索引：《屋面工程技术规范》GB 50345－2012 第 5.3.9 条

关键词：屋面　保温材料贮运、保管

22. 屋面工程保温材料进场应检验哪些项目？

答：（1）板状保温材料：表观密度或干密度、压缩强度或抗压强度、导热系数、燃烧性能。

（2）纤维保温材料应检验表观密度、导热系数、燃烧性能。

知识点索引：《屋面工程技术规范》GB 50345－2012 第 5.3.10 条

关键词：屋面　保温材料检验

23. 屋面工程中的种植隔热层施工应符合哪些规定？

答：（1）种植隔热层挡墙或挡板施工时，留设的泄水孔位置应准确，并不得堵塞。

（2）凹凸型排水板宜采用搭接法施工，搭接宽度应根据产品的规格具体确定；网状交织排水板宜采用对接法施工；采用陶粒作排水层时，铺设应平整，厚度应均匀。

（3）过滤层土工布铺设应平整、无皱折，搭接宽度不应小于 100mm，搭接宜采用粘合或缝合处理；土工布应沿种植土周边向上铺设至种植土高度。

（4）种植土层的荷载应符合设计要求：种植土、植物等应在屋面上均匀堆放，且不得损坏防水层。

知识点索引：《屋面工程技术规范》GB 50345－2012 第 5.3.12 条

关键词：屋面　种植隔热层施工

24. 屋面工程中的架空隔热层施工有何规定？

答：（1）架空隔热层施工前，应将屋面清扫干净，并应根据架空隔热制品的尺寸弹出支座中线。

（2）在架空隔热制品支座底面，应对卷材、涂膜防水层采取加强措施。

（3）铺设架空隔热制品时，应随时清扫屋面防水层上的落灰、杂物等，操作时不得损伤已完工的防水层。

（4）架空隔热制品的铺设应平整、稳固，缝隙应勾填密实。

知识点索引：《屋面工程技术规范》GB 50345-2012 第 5.3.13 条

关键词：屋面　架空隔热层施工

25. 屋面工程卷材防水层铺贴顺序和方向有何规定？

答：（1）卷材防水层施工时，应先进行细部构造处理，然后由屋面最低标高向上铺贴。

（2）檐沟、天沟卷材施工时，宜顺檐沟、天沟方向铺贴，搭接缝应顺流水方向。

（3）卷材宜平行屋脊铺贴，上下层卷材不得相互垂直铺贴。

知识点索引：《屋面工程技术规范》GB 50345-2012 第 5.4.2 条

关键词：屋面　卷材防水层施工

26. 屋面工程立面或大坡面铺贴卷材有何要求？

答：应采用满粘法施工，并宜减少卷材短边搭接。

知识点索引：《屋面工程技术规范》GB 50345-2012 第 5.4.3 条

关键词：屋面　立面铺贴卷材施工

27. 屋面工程卷材搭接缝有何规定？

答：（1）平行屋脊的搭接缝应顺流水方向，搭接缝宽度应符合规范规定。

（2）同一层相邻两幅卷材短边搭接缝错开不应小于 500mm。

（3）上下层卷材长边搭接缝应错开，且不应小于幅宽的 1/3。

（4）叠层铺贴的各层卷材，在天沟与屋面的交接处，应采用叉接法搭接，搭接缝应错开；搭接缝宜留在屋面与天沟侧面，不宜留在沟底。

知识点索引：《屋面工程技术规范》GB 50345-2012 第 5.4.5 条

关键词：屋面　卷材搭接缝规定

28. 屋面工程热熔法铺贴卷材有何规定？

答：（1）火焰加热器的喷嘴距卷材面的距离应适中，幅宽内加热应均匀，应以卷材表面熔融至光亮黑色为度，不得过分加热卷材；厚度小于 3mm 的高聚物改性沥青防水卷材，严禁采用热熔法施工。

（2）卷材表面沥青热熔后应立即滚铺卷材，滚铺时应排除卷材下面的空气。

（3）搭接缝部位宜以溢出热熔的改性沥青胶结料为度，溢出的改性沥青胶结料宽度宜为 8mm，并宜均匀顺直；当接缝处的卷材上有矿物粒或片料时，应用火焰烘烤及清除干净后再进行热熔和接缝处理。

（4）铺贴卷材时应平整顺直，搭接尺寸应准确，不得扭曲。

知识点索引：《屋面工程技术规范》GB 50345-2012 第 5.4.8 条

关键词：屋面　热熔法铺贴卷材

29. 屋面工程防水卷材的贮运、保管有何规定？

答：（1）不同品种、规格的卷材应分别堆放。

（2）卷材应贮存在阴凉通风处，应避免雨淋、日晒和受潮，严禁接近火源。

（3）卷材应避免与化学介质及有机溶剂等有害物质接触。

知识点索引：《屋面工程技术规范》GB 50345－2012 第 5.4.12 条

关键词：屋面 防水卷材贮运、保管

30. 屋面工程进场的防水卷材应检验哪些项目？

答：（1）高聚物改性沥青防水卷材的可溶物含量，拉力，最大拉力时延伸率，耐热度，低温柔性，不透水性。

（2）合成高分子防水卷材的断裂拉伸强度、扯断伸长率、低温弯折性、不透水性。

知识点索引：《屋面工程技术规范》GB 50345－2012 第 5.4.13 条

关键词：屋面 防水卷材检验

31. 屋面工程进场的基层处理剂、胶粘剂和胶粘带，应检验哪些项目？

答：（1）沥青基防水卷材用基层处理剂的固体含量、耐热性、低温柔性、剥离强度。

（2）高分子胶粘剂的剥离强度、浸水 168h 后的剥离强度保持率。

（3）改性沥青胶粘剂的剥离强度。

（4）合成橡胶胶粘带的剥离强度、浸水 168h 后的剥离强度保持率。

知识点索引：《屋面工程技术规范》GB 50345－2012 第 5.4.15 条

关键词：屋面 基层处理剂、胶粘剂、胶粘带检验

32. 屋面工程卷材防水层的施工环境温度有何规定？

答：（1）热熔法和焊接法不宜低于－10℃。

（2）冷粘法和热粘法不宜低于5℃。

（3）自粘法不宜低于10℃。

知识点索引：《屋面工程技术规范》GB 50345－2012 第 5.4.16 条

关键词：屋面 卷材防水层的施工环境温度

33. 屋面工程涂膜防水层的基层有何要求？

答：应坚实、平整、干净，应无孔隙、起砂和裂缝。基层的干燥程度应根据所选用的防水涂料特性确定；当采用溶剂型、热熔型和反应固化型防水涂料时，基层应干燥。

知识点索引：《屋面工程技术规范》GB 50345－2012 第 5.5.1 条

关键词：屋面 涂膜防水层基层要求

34. 屋面工程涂膜防水层施工有何规定？

答：（1）防水涂料应多遍均匀涂布，涂膜总厚度应符合设计要求。

（2）涂膜间夹铺胎体增强材料时，宜边涂布边铺胎体；胎体应铺贴平整，应排除气泡，并应与涂料粘结牢固。在胎体上涂布涂料时，应使涂料浸透胎体，并应覆盖完全，不得有胎体外露现象。最上面的涂膜厚度不应小于1.0mm。

（3）涂膜施工应先做好细部处理，再进行大面积涂布。

（4）屋面转角及立面的涂膜应薄涂多遍，不得流淌和堆积。

知识点索引：《屋面工程技术规范》GB 50345 - 2012 第 5.5.4 条

关键词：屋面　涂膜防水层施工

35. 屋面工程涂膜防水层施工工艺有何规定？

答：（1）水乳型及溶剂型防水涂料宜选用滚涂或喷涂施工。

（2）反应固化型防水涂料宜选用刮涂或喷涂施工。

（3）热熔型防水涂料宜选用刮涂施工。

（4）聚合物水泥防水涂料宜选用刮涂法施工。

（5）所有防水涂料用于细部构造时，宜选用刷涂或喷涂施工。

知识点索引：《屋面工程技术规范》GB 50345 - 2012 第 5.5.5 条

关键词：屋面　涂膜防水层工艺

36. 屋面工程的防水涂料和胎体增强材料进场应检验哪些项目？

答：（1）高聚物改性沥青防水涂料的固体含量、耐热性、低温柔性、不透水性、断裂伸长率或抗裂性。

（2）合成高分子防水涂料和聚合物水泥防水涂料的固体含量、低温柔性、不透水性、拉伸强度、断裂伸长率。

（3）胎体增强材料的拉力、延伸率。

知识点索引：《屋面工程技术规范》GB 50345 - 2012 第 5.5.7 条

关键词：屋面　防水涂料和胎体增强材料检验

37. 屋面工程涂膜防水层的施工环境温度有何规定？

答：（1）水乳型及反应型涂料宜为 5℃～35℃。

（2）溶剂型涂料宜为 -5℃～35℃。

（3）热熔型涂料不宜低于 -10℃。

（4）聚合物水泥涂料宜为 5℃～35℃。

知识点索引：《屋面工程技术规范》GB 50345 - 2012 第 5.5.8 条

关键词：屋面　涂膜防水层的施工环境温度

38. 屋面工程的密封材料进场应检验哪些项目？

答：（1）改性石油沥青密封材料的耐热性、低温柔性、拉伸粘结性、施工度。

（2）合成高分子密封材料的拉伸模量、断裂伸长率、定伸粘结性。

知识点索引：《屋面工程技术规范》GB 50345 - 2012 第 5.6.7 条

关键词：屋面　密封材料检验

39. 屋面工程接缝密封防水的施工环境温度有何规定？

答：（1）改性沥青密封材料和溶剂型合成高分子密封材料宜为 0℃～35℃。

（2）乳胶型及反应型合成高分子密封材料宜为 5℃～35℃。

知识点索引:《屋面工程技术规范》GB 50345－2012 第 5.6.8 条

关键词:屋面 密封防水的施工环境温度

40. 屋面防水块体材料保护层铺设有何规定?

答:(1)保护层施工时,应避免损坏防水层或保温层。

(2)块体材料保护层表面的坡度应符合设计要求,不得有积水现象。

(3)在砂结合层上铺设块体时,砂结合层应平整,块体间应预留 10mm 的缝隙,缝内应填砂,并应用 1∶2 水泥砂浆勾缝。

(4)在水泥砂浆结合层上铺设块体时,应先在防水层上做隔离层,块体间应预留 10mm 的缝隙,缝内应用 1∶2 水泥砂浆勾缝。

(5)块体表面应洁净、色泽一致,应无裂纹、掉角和缺楞等缺陷。

知识点索引:《屋面工程技术规范》GB 50345－2012 第 5.7.3、5.7.4、5.7.5 条

关键词:屋面 块体材料保护层铺设

41. 屋面防水水泥砂浆及细石混凝土保护层铺设有何规定?

答:(1)保护层施工时,应避免损坏防水层或保温层。

(2)水泥砂浆、细石混凝土保护层表面的坡度应符合设计要求,不得有积水现象。

(3)水泥砂浆及细石混凝土保护层铺设前,应在防水层上做隔离层。

(4)细石混凝土铺设不宜留施工缝;当施工间隙超过时间规定时,应对接槎进行处理。

(5)水泥砂浆及细石混凝土表面应抹平压光,不得有裂纹、脱皮、麻面、起砂等缺陷。

知识点索引:《屋面工程技术规范》GB 50345－2012 第 5.7.3、5.7.4、5.7.6 条

关键词:屋面 水泥砂浆及细石混凝土保护层铺设

42. 屋面防水保护层的施工环境温度应符合哪些规定?

答:(1)块体材料干铺不宜低于－5℃,湿铺不宜低于5℃。

(2)水泥砂浆及细石混凝土宜为 5℃～35℃。

(3)浅色涂料不宜低于5℃。

知识点索引:《屋面工程技术规范》GB 50345－2012 第 5.7.9 条

关键词:屋面 保护层铺设施工环境温度

43. 瓦屋面施工时,对防水垫层的铺设有何具体规定?

答:(1)防水垫层可采用空铺、满粘或机械固定。

(2)防水垫层在瓦屋面构造层次中的位置应符合设计要求。

(3)防水垫层宜自下而上平行屋脊铺设。

(4)防水垫层应顺流水方向搭接,搭接宽度应符合规范规定。

(5)防水垫层应铺设平整,下道工序施工时,不得破坏已铺设完成的防水垫层。

知识点索引:《屋面工程技术规范》GB 50345－2012 第 5.8.3 条

关键词：瓦屋面　防水垫层

44. 金属板屋面原材料有何要求?

答：金属板屋面的构件及配件应有产品合格证和性能检测报告，其材料的品种、规格、性能等应符合设计要求和产品标准的规定。

知识点索引：《屋面工程技术规范》GB 50345－2012 第5.9.4条

关键词：金属板屋面　原材料要求

45. 金属板屋面搭接有何要求?

答：金属板的横向搭接方向宜顺主导风向；当在多维曲面上雨水可能翻越金属板板肋横流时，金属板的纵向搭接应顺流水方向。

知识点索引：《屋面工程技术规范》GB 50345－2012 第5.9.6条

关键词：金属板屋面　搭接要求

46. 屋面彩色涂层钢板及钢带进场检验项目有哪些?

答：进场的彩色涂层钢板及钢带应检验屈服强度、抗拉强度、断后伸长率、镀层重量、涂层厚度等项目。

知识点索引：《屋面工程技术规范》GB 50345－2012 第5.9.13条

关键词：屋面　彩色涂层钢板及钢带检验

47. 屋面金属面绝热夹芯板进场检验项目有哪些?

答：进场的金属面绝热夹芯板应检验剥离性能、抗弯承载力、防火性能等项目。

知识点索引：《屋面工程技术规范》GB 50345－2012 第5.9.15条

关键词：屋面　金属面绝热夹芯板检验

三、《塑性体改性沥青防水卷材》GB 18243－2008

1. 塑性体改性沥青防水卷材胎基有哪些?

答：采用的胎基有聚酯毡、玻纤毡、玻纤增强聚酯毡三种。

知识点索引：《塑性体改性沥青防水卷材》GB 18243－2008 第3.1.1条

关键词：屋面　塑性体卷材胎基

2. 塑性体改性沥青防水卷材按上表面隔离材料分类有哪几种?

答：按上表面隔离材料分为聚乙烯膜（PE）、细砂（S）、矿物材料（M）；按下表面隔离材料分为细砂（S）、聚乙烯膜（PE）。

知识点索引：《塑性体改性沥青防水卷材》GB 18243－2008 第3.1.2条

关键词：屋面　塑性体卷材隔离分类

3. 塑性体改性沥青防水卷材外观检查有何要求?

答：（1）成卷卷材应卷紧卷齐，端面里进外出不得超过10mm。

（2）成卷卷材在 4℃～60℃ 任一产品温度下展开，在距卷芯 1000mm 长度外不应有 10mm 以上的裂纹或粘结。

（3）胎基应浸透，不应有未被浸渍处。

（4）卷材表面应平整，不允许有孔洞、缺边和裂口、疙瘩，矿物粒料粒度应均匀一致，并紧密地粘附于卷材表面。

（5）每卷卷材接头处不应超过一个，较短的一段长度不应少于 1000mm，接头应剪切整齐，并加长 150mm。

知识点索引：《塑性体改性沥青防水卷材》GB 18243－2008 第 5.2 条

关键词：屋面　塑性体防水卷材检查

四、《水泥基渗透结晶型防水材料》GB 18445－2012

1. 水泥基渗透结晶型防水材料防水原理是什么？

答：水泥基渗透结晶型防水材料是一种用于水泥混凝土的刚性防水材料。与水作用后，材料中含有的活性化学物质以水为载体在混凝土中渗透，与水泥水化产物生成不溶于水的针状结晶体，填塞毛细孔道和微细缝隙，从而提高混凝土致密性与防水性。水泥基渗透结晶型防水材料按使用方法分为水泥基渗透结晶型防水涂料和水泥基渗透结晶型防水剂。

知识点索引：《水泥基渗透结晶型防水材料》GB 18445－2012 第 3.1 条

关键词：屋面　水泥基渗透结晶型防水材料防水原理

2. 水泥基渗透结晶型防水材料分类有几种？

答：按照使用方法分：水泥基渗透结晶型防水涂料（代号 C）、水泥基渗透结晶型防水剂（代号 A）。

知识点索引：《水泥基渗透结晶型防水材料》GB 18445－2012 第 4.1 条

关键词：屋面　水泥基渗透结晶型防水材料分类

五、《单层防水卷材屋面工程技术规程》JGJ/T 316－2013

1. 屋面工程单层防水卷材的最小厚度有何规定？

答：防水等级 Ⅰ 级屋面采用高分子防水卷材最小厚度 1.5mm，采用弹性体改性沥青防水卷材和塑性体改性沥青防水卷材最小厚度 5.0mm；防水等级 Ⅱ 级屋面采用高分子防水卷材最小厚度 1.2mm，采用弹性体改性沥青防水卷材和塑性体改性沥青防水卷材最小厚度 4.0mm。

知识点索引：《单层防水卷材屋面工程技术规程》JGJ/T 316－2013 第 3.0.3 条

关键词：屋面　单层防水卷材最小厚度

2. 屋面工程对单层防水卷材屋面压铺材料有何要求？

答：（1）压铺材料可采用卵石或块体材料。

（2）用于压铺材料的卵石直径宜为 25mm～50mm，密度不应小于 2650kg/m³。

（3）用于压铺材料的块体材料单位体积质量不应小于 1800kg/m³，厚度不应小于 30mm，单块面积不应小于 0.1m²。

（4）块体压铺材料表面应平整，无裂纹、缺楞掉角等缺陷。

知识点索引：《单层防水卷材屋面工程技术规程》JGJ/T 316－2013 第 4.8.1、4.8.2、4.8.3、4.8.4 条

关键词：屋面　单层防水卷材压铺材料施工

3. 单层防水卷材屋面工程，绝热层采用板状绝热材料施工有何要求？

答：（1）基层应平整、干燥、干净。

（2）铺设应紧贴基层，铺平垫稳、拼缝严密，错缝铺设、固定牢固。

（3）绝热板材多层铺设时，上下层绝热板材的板缝不应贯穿。

（4）绝热层上覆或下衬的保护板及构件的品种、规格应符合设计要求和相关标准的规定。

（5）采用机械固定法施工时，固定件的规格、布置方式和数量应符合设计要求。

知识点索引：《单层防水卷材屋面工程技术规程》JGJ/T 316－2013 第 6.3.2 条

关键词：屋面　板状绝热材料施工

4. 单层防水卷材屋面的分项工程有哪些？

答：分项工程有找坡层、找平层、隔气层、绝热层、隔离层、防水层、保护层、压铺层、细部构造。

知识点索引：《单层防水卷材屋面工程技术规程》JGJ/T 316－2013 第 7.1.1 条

关键词：屋面　防水卷材验收分项

六、《聚合物水泥、渗透结晶型防水材料应用技术规程》CECS 195：2006

1. 聚合物水泥防水涂料中的聚合物乳液主要有哪几类？

答：主要有丙烯酸酯乳液、EVA 和丙烯酸共混乳液、EVA（乙烯-醋酸乙烯共聚物）乳液三类。

知识点索引：《聚合物水泥、渗透结晶型防水材料应用技术规程》CECS 195：2006 条文说明第 2.0.2 条

关键词：聚合物水泥防水乳液

2. 渗透结晶型防水材料的性能检验有何规定？

答：（1）粉状渗透结晶型防水材料应检验安全性、凝结时间和第一次抗渗压强。

（2）液态渗透结晶型防水材料应检验表面张力、渗透深度和第一次抗渗压强。

知识点索引：《聚合物水泥、渗透结晶型防水材料应用技术规程》CECS 195：2006 第 6.2.6 条

关键词：渗透结晶型防水材料　性能检验

3. 粉状渗透结晶型防水对施工后养护有何具体规定？

答：（1）涂层终凝后才可进行养护。

（2）应采用喷雾干湿交替养护。

（3）养护时间不得少于 72 小时。

（4）不得采用蓄水或浇水养护。

知识点索引：《聚合物水泥、渗透结晶型防水材料应用技术规程》CECS 195：2006 条文说明第 6.4.4 条

关键词：粉状渗透结晶型防水材料　施工养护

4. 防水工程验收应提交哪些技术资料？

答：（1）设计图及会审记录、设计变更通知单和工程洽商单。

（2）施工方法、技术措施、质量保证措施。

（3）施工操作要求及注意事项。

（4）出厂合格证、产品质量检验报告、试验报告。

（5）施工单位资质复印证件。

（6）逐日施工情况。

（7）分项工程质量验收记录、隐蔽工程检查验收记录、施工检验记录。

（8）抽样质量检验和观察检查、淋水或蓄水检验记录、验收报告。

知识点索引：《聚合物水泥、渗透结晶型防水材料应用技术规程》CECS 195：2006 第 7.1.2 条

关键词：防水工程验收

七、《建筑用金属面绝热夹芯板安装及验收规程》CECS 304：2011

1. 建筑用金属面绝热夹芯板用于墙体工程时，墙体在垂直方向上搭接有何规定？

答：（1）在墙体的垂直方向上如需要搭接，搭接的长度不应小于 30mm，且外搭接缝应向下压接，内搭接缝可向上压接，搭接处应做密封处理。

（2）连接宜采用拉铆钉，铆钉竖向间距不应大于 150mm。

知识点索引：《建筑用金属面绝热夹芯板安装及验收规程》CECS 304：2011 第 4.3.5 条

关键词：夹芯板墙体垂直搭接

2. 建筑用金属面绝热夹芯板用于墙体时，墙体施工转角处搭接有何规定？

答：（1）转角处的内包角，其对接缝应平整密实，与相接的夹芯板墙面保持顺平竖直。外包角搭接应向下压接，搭接长度不应小于 50mm。

（2）连接处不得出现明显凹陷，内外包角边连接后不得出现波浪形翘曲。

知识点索引：《建筑用金属面绝热夹芯板安装及验收规程》CECS 304：2011 第 4.3.8 条

关键词：夹芯板墙体转角搭接

3. 建筑用金属面绝热夹芯板用于墙体时，墙体线槽、接线盒安装有何规定？

答：线槽、接线盒宜采用不燃材料且明装，应与夹芯板的面板连接牢固，并与电气工程配合施工。

知识点索引：《建筑用金属面绝热夹芯板安装及验收规程》CECS 304：2011 第 4.3.13 条

关键词：夹芯板墙体线槽、接线盒安装

4. 建筑用金属面绝热夹芯板用于屋面工程时，长度方向搭接有何具体规定？

答：屋面板安装施工时，屋面板长度方向搭接时应顺坡长方向搭接，搭接点必须落在檩条或支撑件上。当屋面坡度小于或等于 10％时，搭接长度不应小于 250mm；当屋面坡度大于 10％时，搭接长度不应小于 200mm。

知识点索引：《建筑用金属面绝热夹芯板安装及验收规程》CECS 304：2011 第 4.4.3 条

关键词：夹芯板屋面板搭接

5. 建筑用金属面绝热夹芯板用于屋面工程时搭接部位如何处理？

答：（1）搭接部位应使用紧固件连接，间距不得大于 300mm。

（2）所有搭接缝必须密封，紧固件外露部位应采取防水措施。

（3）屋面板的侧向搭接应与主导风向一致，搭接部位应采用防水密封材料处理。

知识点索引：《建筑用金属面绝热夹芯板安装及验收规程》CECS 304：2011 第 4.4.4、4.4.5 条

关键词：夹芯板屋面板搭接

6. 建筑用金属面绝热夹芯板用于屋面工程时，辅件搭接有何具体规定？

答：辅件的搭接应按顺水流方向压接，其压接长度不应小于 60mm，可用拉铆钉连接，其间距不应大于 200mm，安装时应注意边缝平直。

知识点索引：《建筑用金属面绝热夹芯板安装及验收规程》CECS 304：2011 第 4.4.6 条

关键词：夹芯板屋面板辅件搭接

7. 夹芯板屋面采光带铺设有何具体规定？

答：（1）通长设置的采光带应由檐口向屋脊方向铺设，采光带如需搭接，不穿透屋面板的紧固件不宜设于波谷内，穿透屋面板的紧固件不得设于波谷内，且必须采取防水措施。搭接缝应满涂密封材料。

（2）采光带接缝处与辅件间应做密封处理。

（3）采光带固定前应先扩孔，孔径应大于固定螺丝直径 10mm。

知识点索引：《建筑用金属面绝热夹芯板安装及验收规程》CECS 304：2011 第 4.4.2、4.4.12、4.4.13、4.4.14 条

关键词：夹芯板屋面采光带铺设

8. 建筑用金属面绝热夹芯板屋面施工时要采取哪些防护措施？

答：夹芯板屋面施工时，应采取防滑、防风、防坠落措施。预留孔洞应有防护措施和警示标志。

知识点索引：《建筑用金属面绝热夹芯板安装及验收规程》CECS 304：2011 第 4.5.4 条

关键词：夹芯板屋面施工防护

9. 建筑用金属面绝热夹芯板墙体、屋面安装工程检验批划分最低抽检总量有何要求？

答：根据工程量范围，夹心板墙体、屋面安装工程检验批最低抽检 5 处，最低抽检总量为：

（1）工程量范围 100m² ～ 500m² 时 50m²。

（2）工程量范围 501m² ～ 2000m² 时 150m²。

（3）工程量范围 2001m² ～ 5000m² 时 250m²。

（4）工程量范围 5001m² ～ 1000m² 时 400m²。

（5）工程量范围大于 1000m² 时 500m²。

知识点索引：《建筑用金属面绝热夹芯板安装及验收规程》CECS 304：2011 第 5.1.3 条

关键词：夹芯板墙体、屋面验收抽检

八、《聚氨酯硬泡复合保温板应用技术规程》 CECS 351：2015

1. 聚氨酯硬泡复合保温板外墙外保温系统有哪些性能指标要求？

答：耐候性、抗冲击性、吸水量、耐冻融性能、热阻、抹面层不透水性、水蒸气湿流密度、防火性能。

知识点索引：《聚氨酯硬泡复合保温板应用技术规程》CECS 351：2015 第 4.0.18 条

关键词：聚氨酯硬泡复合保温板性能指标

2. 粘贴 PU 复合保温板外墙外保温系统基本构造有什么？

答：基层、胶粘剂、PU 复合保温板、抹面胶浆防护层、玻纤网格布增强层、柔性腻子、柔性饰面层。

知识点索引：《聚氨酯硬泡复合保温板应用技术规程》CECS 351：2015 第 5.2.1 条

关键词：复合保温板外墙保温构造

3. PU 装饰外墙保温工程的具体工序？

答：工序：基层墙面处理→弹线、挂线→粘接面界面处理（必要时）→配制胶粘剂→粘贴装饰板→安装锚固件→特殊部位处理→嵌缝

知识点索引：《聚氨酯硬泡复合保温板应用技术规程》CECS 351：2015 第 6.2.1 条

关键词：外墙保温施工

4. PU 复合保温板外墙外保温系统主要组成材料复验项目有哪些？

答：PU 复合保温板复验表观密度、导热系数；胶粘剂、抹面胶浆复验原强度（拉伸粘结强度）；玻纤网格布复验断裂强力、耐碱断裂强力保留率。

知识点索引：《聚氨酯硬泡复合保温板应用技术规程》CECS351：2015 第 7.1.5 条

关键词：外墙保温材料复验

九、《地下防水工程质量验收规范》GB 50208 - 2011

1. 地下工程的防水等级有几级？其中三级防水有何具体标准？

答：防水等级有四级。其中三级防水有以下具体标准：

(1) 有少量漏水点，不得有线流和漏泥砂。

(2) 任意 $100m^2$ 防水面积上的漏水或湿渍点不超过 7 处，单个漏水点的最大漏水量不大于 $2.5L/d$，单个湿渍的最大面积不大于 $0.3m^2$。

知识点索引：《地下防水工程质量验收规范》GB 50208 - 2011 第 3.0.1 条

关键词：地下工程防水等级

2. 根据《地下防水工程质量验收规范》GB 50208，结构裂缝注浆的适用范围如何？

答：结构裂缝注浆适用于混凝土结构宽度大于 0.2mm 的静止裂缝、贯穿性裂缝等堵水注浆。

知识点索引：《地下防水工程质量验收规范》GB 50208 - 2011 第 8.2.1 条

关键词：结构裂缝注浆适用范围

3. 根据《地下防水工程质量验收规范》GB 50208，结构裂缝注浆应符合哪些规定？

答：(1) 施工前应沿缝清除基面上油污杂质。

(2) 浅裂缝应骑缝埋注浆嘴，必要时沿缝开凿 U 形槽并用速凝水泥砂浆封缝。

(3) 深裂缝应骑缝钻孔至裂缝深部，孔内安设注浆管或注浆嘴，间距应根据裂缝宽度而定，但每条裂缝至少有一个进浆孔和一个排气孔。

(4) 注浆嘴及注浆管应设在裂缝的交叉处、较宽处及贯穿处等位置，对封缝的密封效果应进行检查。

(5) 注浆后待缝内浆液固化后，方可拆下注浆嘴并进行封口抹平。

知识点索引：《地下防水工程质量验收规范》GB 50208 - 2011 第 8.2.4 条

关键词：结构裂缝注浆规定

4. 地下工程防水等级及防水标准是什么？

答：(1) 一级：不允许渗水，结构表面无湿渍。

(2) 二级：不允许漏水，结构表面可有少量湿渍；房屋建筑地下工程：总湿渍面积不应大于总防水面积（包括顶板、墙面、地面）的 1/1000；任意 $100m^2$ 防水面积上的湿渍不超过 2 处，单个湿渍的最大面积不大于 $0.1m^2$。

(3) 三级：有少量漏水点，不得有线流和漏泥砂；任意 $100m^2$ 防水面积上的漏水或湿渍点数不超过 7 处，单个漏水点的最大漏水量不大于 $2.5L/d$，单个湿渍的最大面积不大于 $0.3m^2$。

(4) 四级：有漏水点，不得有线流和漏泥砂；整个工程平均漏水量不大于 $2L/(m^2 \cdot d)$；任意 $100m^2$ 防水面积上的平均漏水量不大于 $4L/(m^2 \cdot d)$。

知识点索引：《地下防水工程质量验收规范》GB 50208 - 2011（3.0.1）

关键词：地下工程防水等级　标准

5. 防水混凝土所用的材料有哪些要求？

答：（1）宜采用普通硅酸盐水泥或硅酸盐水泥，不得使用过期或受潮结块水泥。

（2）碎石或卵石的粒径宜为5mm～40mm，含泥量不得大于1.0％，泥块含量不得大于0.5％。

（3）宜用中粗砂，含泥量不得大于0.1％。

（4）拌制混凝土所用的水应采用不含有害物质的洁净水。

知识点索引：《地下防水工程质量验收规范》GB 50208－2011（4.1.2）

关键词：防水混凝土　要求

6. 防水混凝土配合比有何要求？

答：（1）试配要求的抗渗水压值应比设计值提高0.2MPa；

（2）混凝土胶凝材料总量不宜小于320kg/m³，其中水泥用量不宜小于260kg/m³，粉煤灰掺量宜为胶凝材料总量的20％～30％，硅粉的掺量宜为胶凝材料总量的2％～5％；

（3）水胶比不得大于0.50，有侵蚀性介质时水胶比不宜大于0.45；

（4）砂率宜为35％～40％，泵送时可增至45％；

（5）灰砂比宜为1：1.5～1：2.5；

（6）混凝土拌合物的氯离子含量不应超过胶凝材料总量的0.1％；混凝土中各类材料的总碱量即Na_2O当量不得大于3kg/m³。

知识点索引：《地下防水工程质量验收规范》GB 50208－2011（4.1.7）

关键词：防水混凝土　配合比要求

7. 水泥砂浆防水层施工质量应检查哪些项目？

答：（1）水泥砂浆防水层的原材料及配合比必须符合设计要求，检查出厂合格证、质量检验报告、计量措施和现场抽样试验报告。

（2）水泥砂浆防水层施工缝需留阶梯坡形槎，留槎位置应正确，接槎按层次顺序操作，层层搭接紧密。观察检查和检查隐蔽工程验收记录，检查数量按防水层面积每100m²抽查1处，每处10m²，且不得少于3处。

（3）水泥砂浆防水层各层应紧密贴合，与基层之间必须粘结牢固，无空鼓现象。观察检查和用小锤轻击检查。检查数量按防水层面积每100m²抽查一处，每处10m²，且不得少于3处。

知识点索引：《地下防水工程质量验收规范》GB 50208－2011（4.2.7、4.2.11、4.2.9）

关键词：水泥砂浆防水层　检查项目

8. 地下室穿墙管道的防水施工有哪些规定？

答：（1）穿墙管止水环与主管或翼环及套管应连续满焊，并做好防腐处理；

（2）穿墙管处防水层施工前，应将套管内表面清理干净；

（3）套管内管道安装完毕后，应在两管间嵌入内衬填料，端部用密封材料填缝。柔性穿墙时，穿墙内侧应用法兰压紧；

（4）穿墙管外侧防水层应铺设严密，不留接槎；增铺附加层时，应按设计要求施工。

知识点索引:《地下防水工程质量验收规范》GB 50208-2011（5.4.4）

关键词：穿墙管道　防水施工规定

9. 房屋建筑地下工程渗漏水检测应有哪些要求？

答：（1）湿渍检测时，检查人员用干手触摸湿斑，无水分浸润感觉。用吸墨纸或报纸贴附，纸不变颜色；要用粉笔勾画出湿渍范围，然后用钢尺测量并计算面积，标示在"结构内表面的渗漏水展开图"上。

（2）渗水检测时，检查人员用干手触摸可感觉到水分浸润，手上会沾有水分。用吸墨纸或报纸贴附，纸会浸润变颜色；要用粉笔勾画出渗水范围，然后用钢尺测量并计算面积，标示在"结构内表面的渗漏水展开图"上。

（3）通过集水井积水，检测在设定时间内的水位上升数值，计算渗漏水量。

知识点索引:《地下防水工程质量验收规范》GB 50208-2011（C2.3）

关键词：地下工程　渗漏水检测要求

10. 防水材料的检测有哪些规定？

答：（1）防水材料必须送至经过省级以上建设行政主管部门资质认可和质量技术监督部门计量认证的检测单位进行检测。

（2）检查人员必须按防水材料标准中组批与抽样的规定随机取样。

（3）检查项目应符合防水材料标准和工程设计的要求。

（4）检测方法应符合现行防水材料标准的规定，检测结论明确。

（5）检测报告应有主检、审核、批准人签章，盖有"检测单位公章"和"检测专用章"。复制报告未重新加盖"检测单位公章"和"检测专用章"无效。

（6）防水材料企业提供的产品出厂检验报告是对产品生产期间的质量控制，产品型式检验的有效期宜为一年。

知识点索引:《地下防水工程质量验收规范》GB 50208-2011（3.0.6）说明

关键词：防水材料　检测规定

11. 进场材料抽样检验合格判定有哪些规定？

答：材料的主要物理性能检验项目全部指标达到标准时，即为合格；若有一项指标不符合标准规定时，应在受检产品中重新取样进行该项指标复验，复验结果符合标准规定，则判定该批材料合格。需要说明两点：一是检验中若有两项或两项以上指标达不到标准规定时，则判该批产品为不合格；二是检验中若有一项指标达不到标准规定时，允许在受检产品中重新取样进行该项指标复验。

知识点索引:《地下防水工程质量验收规范》GB 50208-2011（3.0.7说明）

关键词：进场材料　合格判定

12. 防水卷材有哪些？

答：（1）高聚物改性沥青类防水卷材有 SBS、APP、自粘聚合物改性沥青等防水卷材；

（2）合成高分子类防水卷材有三元乙丙、聚氯乙烯、聚乙烯丙纶、高分子自粘胶膜等防水卷材。

知识点索引：《地下防水工程质量验收规范》GB 50208－2011（4.3.2 说明）

关键词：防水卷材　品种

13. 涂料防水施工质量验收要点是哪些？

答：（1）涂料防水层所用的材料及配合比必须符合设计要求；

（2）涂料防水层的平均厚度应符合设计要求，最小厚度不得小于设计厚度的 90％；

（3）涂料防水层在转角处、变形缝、施工缝、穿墙管等部位做法必须符合设计要求；

（4）涂料防水层应与基层粘结牢固，涂刷均匀，不得流淌、鼓泡、露槎；

（5）涂层间夹铺胎体增强材料时，应使防水涂料浸透胎体覆盖完全，不得有胎体外露现象；

（6）侧墙涂料防水层的保护层与防水层应结合紧密，保护层厚度应符合设计要求。

知识点索引：《地下防水工程质量验收规范》GB 50208－2011（4.4.7 说明）

关键词：涂料防水　验收要点

十、《地下工程防水技术规范》GB 50108－2008

1. 地下工程采用卷材防水层有何一般规定？

答：（1）卷材防水层宜用于经常处在地下水环境，且受侵蚀性介质作用或受振动作用的地下工程。

（2）卷材防水层应铺设在混凝土结构的迎水面。

（3）卷材防水层用于建筑物地下室时，应铺设在结构底板垫层至墙体防水设防高度的结构基面上；用于单建式的地下工程时，应从结构底板垫层铺设至顶板基面，并应在外围形成封闭的防水层。

知识点索引：《地下工程防水技术规范》GB 50108－2008 第 4.3.1、4.3.2、4.3.3 条

关键词：地下卷材防水层规定

2. 地下工程铺贴各类防水卷材有哪些规定？

答：（1）应铺设卷材加强层。

（2）结构底板垫层混凝土部位的卷材可采用空铺法或点粘法施工，其粘结位置、点粘面积应按设计要求确定；侧墙采用外防外贴法的卷材及顶板部位的卷材应采用满粘法施工。

（3）卷材与基面、卷材与卷材间的粘结应紧密、牢固；铺贴完成的卷材应平整顺直，搭接尺寸应准确，不得产生扭曲和皱折。

（4）卷材搭接处和接头部位应粘贴牢固，接缝口应封严或采用材性相容的密封材料封缝。

（5）铺贴立面卷材防水层时，应采取防止卷材下滑的措施。

（6）铺贴双层卷材时，上下两层和相邻两幅卷材的接缝应错开 1/3～1/2 幅宽，且两层卷材不得相互垂直铺贴。

知识点索引：《地下工程防水技术规范》GB 50108－2008 第 4.3.16 条

关键词：地下防水卷材铺贴

3. 地下工程采用外防外贴法铺贴卷材防水层有哪些规定？

答：（1）应先铺平面，后铺立面，交接处应交叉搭接。

（2）临时性保护墙宜采用石灰砂浆砌筑，内表面宜做找平层。

（3）从底面折向立面的卷材与永久性保护墙的接触部位，应采用空铺法施工；卷材与临时性保护墙或围护结构模板的接触部位，应将卷材临时贴附在该墙上或模板上，并应将顶端临时固定。

（4）当不设保护墙时，从底面折向立面的卷材接槎部位应采取可靠的保护措施。

（5）混凝土结构完成，铺贴立面卷材时，应先将接槎部位的各层卷材揭开，并应将其表面清理干净，如卷材有局部损伤，应及时进行修补；卷材接槎的搭接长度，高聚物改性沥青类卷材应为 150mm，合成高分子类卷材应为 100mm；当使用两层卷材时，卷材应错槎接缝，上层卷材应盖过下层卷材。

知识点索引：《地下工程防水技术规范》GB 50108－2008 第 4.3.23 条

关键词：地下防水卷材外贴施工

4. 采用外防内贴法铺贴卷材防水层有何规定？

答：（1）混凝土结构的保护墙内表面应抹厚度为 20mm 的 1∶3 水泥砂浆找平层，然后铺贴卷材。

（2）卷材宜先铺立面，后铺平面；铺贴立面时，应先铺转角，后铺大面。

知识点索引：《地下工程防水技术规范》GB 50108－2008 第 4.3.24 条

关键词：地下防水卷材内贴施工

5. 地下工程铺贴卷材防水层的保护层有哪些规定？

答：（1）顶板卷材防水层上的细石混凝土保护层，应符合下列规定：

1）采用机械碾压回填土时，保护层厚度不宜小于 70mm；

2）采用人工回填土时，保护层厚度不宜小于 50mm；

3）防水层与保护层之间宜设置隔离层。

（2）底板卷材防水层上的细石混凝土保护层厚度不应小于 50mm。

（3）侧墙卷材防水层宜采用软质保护材料或铺抹 20mm 厚 1∶2.5 水泥砂浆层。

知识点索引：《地下工程防水技术规范》GB 50108－2008 第 4.3.25 条

关键词：地下防水卷材保护层

6. 地下工程排水有哪些方法？

答：排水方法有：有自流排水条件的应采用自流排水法，无自流排水条件且防水要求较高的可采用渗排水、盲沟排水、盲管排水、塑料排水板排水或机械抽水等排水方法。

知识点索引：《地下工程防水技术规范》GB 50108－2008 第 6.1.2 条

关键词：地下工程排水方法

7. 注浆防水施工对孔位和钻孔偏斜率偏差有何规定？

答：（1）注浆孔深小于10m时，孔位最大允许偏差应为100mm，钻孔偏斜率最大允许偏差应为1%。

（2）注浆孔孔深大于10m时，孔位最大允许偏差应为50mm，钻孔偏斜率最大允许偏差应为0.5%。

知识点索引：《地下工程防水技术规范》GB 50108-2008 第7.4.1条

关键词：注浆防水钻孔偏差

8. 防水混凝土抗渗等级不得小于几级？

答：防水混凝土抗渗等级不得小于P6。

知识点索引：《地下工程防水技术规范》GB 50108-2008（4.1.1）

关键词：防水混凝土

9. 地下室防水混凝土结构有哪些要求？

答：（1）结构厚度不应小250mm；

（2）裂缝宽度不得大于0.2mm，并不得贯通；

（3）钢筋保护层厚度应根据结构的耐久性和工程环境选用，迎水面钢筋保护层厚度不应小于50mm。

知识点索引：《地下工程防水技术规范》GB 50108-2008（4.1.7）

关键词：防水混凝土结构　规定

10. 防水混凝土根据工程需要可加入哪些外加剂？

答：减水剂、膨胀剂、防水剂、密实剂、引气剂、复合型外加剂及水泥基渗透结晶型材料，其品种和用量应经试验确定，所用外加剂的技术性能应符合国家现行有关标准的质量要求。

知识点索引：《地下工程防水技术规范》GB 50108-2008（4.1.12）

关键词：防水混凝土　外加剂

11. 防水混凝土在运输过程如果发生坍落度损失，不能满足施工要求时，应如何处理？

答：当坍落度损失后不能满足施工要求时，应加入原水胶比的水泥浆或掺加同品种的减水剂进行搅拌，严禁直接加水。

知识点索引：《地下工程防水技术规范》GB 50108-2008（4.1.22）

关键词：防水混凝土

12. 防水混凝土应连续浇捣，当需留设施工缝时，应符合哪些规定？

答：（1）墙体水平施工缝不应留在剪力最大处或底板与侧墙的交接处，应留在高出底板表面不小于300mm的墙体上。拱（板）墙结合的水平施工缝，宜留在拱（板）墙接缝线以下150mm～300mm处。墙体有预留孔洞时，施工缝距孔洞边缘不应小于300mm；

（2）垂直施工缝应避开地下水和裂隙水较多的地段，并宜与变形缝相结合。

知识点索引：《地下工程防水技术规范》GB 50108-2008（4.1.24）

关键词：防水混凝土　施工缝

13. 水平施工缝浇筑混凝土前，其表面需如何处理？

答：水平施工缝浇筑混凝土前，应将其表面浮浆和杂物清除，然后铺设净浆或涂刷混凝土界面处理剂、水泥基渗透结晶型防水涂料等材料，再铺 30mm～50mm 厚的 1∶1 水泥砂浆。

知识点索引：《地下工程防水技术规范》GB 50108-2008（4.1.26）

关键词：混凝土、施工缝

14. 地下室防水卷材铺贴有何要求？

答：（1）应铺设卷材加强层。

（2）结构底板垫层混凝土部位的卷材可采用空铺法或点粘法施工，其粘结位置、点粘面积应按设计要求确定；侧墙采用外防外贴法的卷材及顶板部位的卷材应采用满粘法施工。

（3）卷材与基面、卷材与卷材间的粘结应紧密、牢固；铺贴完成的卷材应平整顺直，搭接尺寸应准确，不得产生扭曲和皱折。

（4）卷材搭接处和接头部位应粘贴牢固，接缝口应封严或采用材性相容的密封材料封缝。

（5）铺贴立面卷材防水层时，应采取防止卷材下滑的措施。

（6）铺贴双层卷材时，上下两层和相邻两幅卷材的接缝应错开 1/3～1/2 幅宽，且两层卷材不得相互垂直铺贴。

知识点索引：《地下工程防水技术规范》GB 50108-2008（4.3.16）

关键词：防水卷材　铺贴规定

15. 无机防水涂料和有机防水涂料宜分别用于地下室主体结构的哪侧？

答：无机防水涂料宜用于结构主体的背水面，有机防水涂料宜用于地下工程主体结构的迎水面。

知识点索引：《地下工程防水技术规范》GB 50108-2008（4.4.2）

关键词：防水涂料

十一、《地下工程渗漏治理技术规程》JGJ/T 212-2010

1. 地下工程渗漏治理与结构安全的关系如何？

答：（1）严禁采用有损结构安全的渗漏治理措施及材料。

（2）当渗漏部位有结构安全隐患时，应按国家现行有关标准的规定进行结构修复后再进行渗漏治理。

（3）渗漏治理应在结构安全的前提下进行。

知识点索引：《地下工程渗漏治理技术规程》JGJ/T 212-2010 第 3.2.4、3.2.5 条

关键词：渗漏治理与结构安全

2. 渗漏治理所选用的材料应符合哪些规定？

答：（1）材料的施工应适应现场环境条件。

（2）材料应与原防水材料相容，并应避免对环境造成污染。

（3）材料应满足工程的特定使用功能要求。

知识点索引：《地下工程渗漏治理技术规程》JGJ/T 212 - 2010 第 3.3.1 条

关键词：渗漏治理材料规定

3. 地下工程渗漏处理灌浆材料的选择有哪些规定？

答：（1）注浆止水时，宜根据渗漏量、可灌性及现场环境等条件选择聚氨酯、丙烯酸盐、水泥—水玻璃或水泥基灌浆材料，并宜通过现场配合比试验确定合适的浆液固化时间。

（2）有结构补强需要的渗漏部位，宜选用环氧树脂、水泥基或油溶性聚氨酯等固结体强度高的灌浆材料。

（3）聚氨酯灌浆材料在存放和配制过程中不得与水接触，包装开启后宜一次用完。

（4）环氧树脂灌浆材料不宜在水流速度较大的条件下使用，且不宜用作注浆止水材料。

（5）丙烯酸盐灌浆材料不得用于有补强要求的工程。

知识点索引：《地下工程渗漏治理技术规程》JGJ/T 212 - 2010 第 3.3.2 条

关键词：灌浆材料选择规定

第七章　建　筑　安　装　工　程

一、《建筑给水排水及采暖工程施工质量验收规范》GB 50242－2002

1. 建筑给水排水及采暖工程管道穿过结构伸缩缝、抗震缝及沉降缝敷设时应根据情况采取哪些保护措施？

答：（1）在墙体两侧采取柔性连接；

（2）在管道或保温层外皮上、下部留有不小于 150mm 的净空；

（3）在穿墙处做成方形补偿器，水平安装。

知识点索引：《建筑给水排水及采暖工程施工质量验收规范》GB 50242－2002 第 3.3.4 条

关键词：建筑给水排水及采暖工程　管道保护

2. 建筑给水排水及采暖工程采暖、给水及热水供应系统的金属管道立管管卡安装应符合哪些规定？

答：（1）楼层高度小于或等于 5m，每层必须安装 1 个；

（2）楼层高度大于 5m，每层不得少于 2 个；

（3）管卡安装高度，距地面应为 1.5m～1.8m，2 个以上管卡应匀称安装，同一房间管卡应安装在同一高度上。

知识点索引：《建筑给水排水及采暖工程施工质量验收规范》GB 50242－2002 第 3.3.11 条

关键词：建筑给水排水及采暖工程　管卡安装

3. 建筑给水排水及采暖工程箱式消火栓的安装应符合哪些规定？

答：（1）栓口应朝外，并不应安装在门轴侧；

（2）栓口中心距地面为 1.1m，允许偏差±20mm；

（3）阀门中心距箱侧面为 140mm，距箱后内表面为 100mm，允许偏差±5mm；

（4）消火栓箱体安装的垂直度允许偏差为 3mm。

知识点索引：《建筑给水排水及采暖工程施工质量验收规范》GB 50242－2002 第 4.3.3 条

关键词：建筑给水排水及采暖工程　消火栓安装

4. 建筑给水排水及采暖工程排水通气管安装应符合哪些规定？

答：（1）不得与风道或烟道连接；

（2）通气管应高出屋面 300mm，但必须大于最大积雪厚度；

（3）在通气管出口 4m 以内有门、窗时，通气管应高出门、窗顶 600mm 或引向无门、窗一侧；

（4）在经常有人停留的平屋顶上，通气管应高出屋面 2m，并应根据防雷要求设置防雷装置；

（5）屋顶有隔热层应从隔热层板面算起。

知识点索引：《建筑给水排水及采暖工程施工质量验收规范》GB 50242－2002 第 5.2.10 条

关键词：建筑给水排水及采暖工程　排水通气管

5. 室内采暖系统管道安装坡度当设计未注明时应符合哪些规定？

答：（1）气、水同向流动的热水采暖管道和汽、水同向流动的蒸汽管道及凝结水管道，坡度应为 3‰，不得小于 2‰；

（2）气、水逆向流动的热水采暖管道和汽、水逆向流动的蒸汽管道，坡度不应小于 5‰；

（3）散热器支管的坡度应为 1%，坡向应利于排气和泄水。

知识点索引：《建筑给水排水及采暖工程施工质量验收规范》GB 50242－2002 第 8.2.1 条

关键词：建筑给水排水及采暖工程　管道坡度

6. 建筑给水排水及采暖工程中的采暖系统水压试验，当设计未注明时应符合哪些规定？

答：（1）蒸汽、热水采暖系统，应以系统顶点工作压力加 0.1MPa 作水压试验，同时在系统顶点的试验压力不小于 0.3MPa；

（2）高温热水采暖系统，试验压力应为系统顶点工作压力加 0.4MPa；

（3）使用塑料管及复合管的热水采暖系统，应以系统顶点工作压力加 0.2MPa 作水压试验，同时在系统顶点的试验压力不小于 0.4MPa。

知识点索引：《建筑给水排水及采暖工程施工质量验收规范》GB 50242－2002 第 8.6.1 条

关键词：建筑给水排水及采暖工程　水压试验

7. 建筑给水排水及采暖工程中的室外给水管道水压试验，试验压力及检验方法是如何规定的？

答：（1）试验压力为工作压力的 1.5 倍，但不得小于 0.6MPa；

（2）检验方法：管材为钢管、铸铁管时，试验压力下 10min 内压力降不应大于 0.05MPa，然后降至工作压力进行检查，压力应保持不变，不渗不漏；管材为塑料管时，试验压力下，稳压 1h 压力降不大于 0.05MPa，然后降至工作压力进行检查，压力应保持不变，不渗不漏。

知识点索引：《建筑给水排水及采暖工程施工质量验收规范》GB 50242－2002 第 9.2.5 条

关键词：建筑给水排水及采暖工程　水压试验

8. 建筑给水排水及采暖工程消防水泵接合器及室外消火栓安装系统是如何进行水压试验的？

答：试验压力为工作压力的 1.5 倍，但不得小于 0.6MPa。检验方法：试验压力下，10min 内压力降不大于 0.05MPa，然后降至工作压力进行检查，压力保持不变，不渗不漏。

知识点索引：《建筑给水排水及采暖工程施工质量验收规范》GB 50242-2002 第 9.3.1 条
关键词：建筑给水排水及采暖工程　水压试验

9. 建筑给水排水及采暖工程供热管网的管材选用应按设计要求，当设计未注明时应符合哪些规定？

答：(1) 管径小于或等于 40mm 时，应使用焊接钢管。

(2) 管径为 50mm～200mm 时，应使用焊接钢管或无缝钢管。

(3) 管径大于 200mm 时，应使用螺旋焊接钢管。

知识点索引：《建筑给水排水及采暖工程施工质量验收规范》GB 50242-2002 第 11.1.2 条

关键词：建筑给水排水及采暖工程　管网管材

10. 建筑给水排水及采暖工程中的锅炉汽、水系统安装完毕后必须进行水压试验，其检验方法有哪些规定？

答：(1) 在试验压力下 10min 内压力降不超过 0.02MPa；然后降至工作压力进行检查，压力不降，不渗、不漏；

(2) 观察检查，不得有残余变形，受压元件金属壁和焊缝上不得有水珠和水雾。

知识点索引：《建筑给水排水及采暖工程施工质量验收规范》GB 50242-2002 第 13.2.6 条
关键词：建筑给水排水及采暖工程　水压试验

11. 建筑给水排水及采暖工程中的锅炉工程，安装水位表应符合哪些规定？

答：(1) 水位表应有指示最高、最低安全水位的明显标志，玻璃板（管）的最低可见边缘应比最低安全水位低 25mm；最高可见边缘应比最高安全水位高 25mm；

(2) 玻璃管式水位表应有防护装置；

(3) 电接点式水位表的零点应与锅筒正常水位重合；

(4) 采用双色水位表时，每台锅炉只能装设一个，另一个装设普通水位表；

(5) 水位表应有放水旋塞（或阀门）和接到安全地点的放水管。

知识点索引：《建筑给水排水及采暖工程施工质量验收规范》GB 50242-2002 第 13.4.3 条
关键词：建筑给水排水及采暖工程　安装水位表

12. 建筑给水排水及采暖工程中的锅炉工程，安装压力表必须符合哪些规定？

答：(1) 压力表必须安装在便于观察和吹洗的位置，并防止受高温、冰冻和振动的影响，同时要有足够的照明；

(2) 压力表必须设有存水弯管。存水弯管采用钢管煨制时，内径不应小于 10mm；采用铜管煨制时，内径不应小于 6mm；

(3) 压力表与存水弯管之间应安装三通旋塞。

知识点索引：《建筑给水排水及采暖工程施工质量验收规范》GB 50242-2002 第 13.4.6 条
关键词：建筑给水排水及采暖工程　安装压力表

13. 建筑给水排水及采暖工程的锅炉工程，安装温度计应符合哪些规定？

答：（1）安装在管道和设备上的套管温度计，底部应插入流动介质内，不得装在引出的管段上或死角处。

（2）压力式温度计的毛细管应固定好并有保护措施，其转弯处的弯曲半径不应小于50mm，温包必须全部浸入介质内；

（3）热电偶温度计的保护套管应保证规定的插入深度。

知识点索引：《建筑给水排水及采暖工程施工质量验收规范》GB 50242－2002 第 13.4.8 条

关键词：建筑给水排水及采暖工程　安装温度计

14. 建筑给水排水及采暖工程中的锅炉工程，其烘炉结束后应符合哪些规定？

答：（1）炉墙经烘烤后没有变形、裂纹及塌落现象。

（2）砂浆含水率达到 7% 以下。

知识点索引：《建筑给水排水及采暖工程施工质量验收规范》GB 50242－2002 第 13.5.1 条

关键词：建筑给水排水及采暖工程　烘炉结束

二、《建筑电气工程施工质量验收规范》GB 50303－2015

1. 建筑电气工程除采取哪些间接接触防护措施外，电气设备或布线系统应与保护导体可靠连接？

答：（1）采用 II 类设备；

（2）已采取电气隔离措施；

（3）采用特低电压供电；

（4）将电气设备安装在非导电场所内；

（5）设置不接地的等电位联结。

知识点索引：《建筑电气工程施工质量验收规范》GB 50303－2015 第 3.1.7 条

关键词：建筑电气工程　间接接触防护

2. 建筑电气工程的主要设备、材料、成品和半成品的进场验收现场抽样检测数量是多少？

答：现场抽样检测：对于母线槽、导管、绝缘导线、电缆等，同厂家、同批次、同型号、同规格的，每批至少应抽取 1 个样本；对于灯具、插座、开关等电器设备，同厂家、同材质、同类型的，应各抽检 3%，自带蓄电池的灯具应按 5% 抽检，且均不应少于 1 个（套）。

知识点索引：《建筑电气工程施工质量验收规范》GB 50303－2015 第 3.2.5 条

关键词：建筑电气工程　抽样检测

3. 建筑电气工程对开关、插座的电气和机械性能现场抽样检测应符合哪些规定？

答：（1）不同极性带电部件间的电气间隙不应小于 3mm，爬电距离不应小于 3mm；

（2）绝缘电阻值不应小于 5MΩ；

（3）用自攻锁紧螺钉或自切螺钉安装的，螺钉与软塑固定件旋合长度不应小于 8mm，绝缘材料固定件在经受 10 次拧紧退出试验后，应无松动或掉渣，螺钉及螺纹应无损坏现象；

（4）对于金属间相旋合的螺钉螺母，拧紧后完全退出，反复 5 次后，应仍然能正常使用。

知识点索引：《建筑电气工程施工质量验收规范》GB 50303－2015 第 3.2.11 条

关键词：建筑电气工程　抽样检测

4. 建筑电气工程绝缘导线、电缆的进场验收应符合哪些规定？

答：（1）查验合格证：合格证内容填写应齐全、完整。

（2）外观检查：包装完好，电缆端头应密封良好，标识应齐全。抽检的绝缘导线或电缆绝缘层应完整无损，厚度均匀。电缆无压扁、扭曲，铠装不应松卷。绝缘导线、电缆外护层应有明显标识和制造厂标。

（3）检测绝缘性能：电线、电缆的绝缘性能应符合产品技术标准或产品技术文件规定。

（4）检查标称截面积和电阻值：绝缘导线、电缆的标称截面积应符合设计要求，其导体电阻值应符合现行国家标准的有关规定。当对绝缘导线和电缆的导电性能、绝缘性能、绝缘厚度、机械性能和阻燃耐火性能有异议时，应按批抽样送有资质的试验室检测。检测项目和内容应符合国家现行有关产品标准的规定。

知识点索引：《建筑电气工程施工质量验收规范》GB 50303－2015 第 3.2.12 条

关键词：建筑电气工程　进场验收

5. 建筑电气工程导管的进场验收应符合哪些规定？

答：（1）查验合格证：钢导管应有产品质量证明书，塑料导管应有合格证及相应检测报告。

（2）外观检查：钢导管应无压扁，内壁应光滑；非镀锌钢导管不应有锈蚀，油漆应完整；镀锌钢导管镀层覆盖应完整、表面无锈斑；塑料导管及配件不应碎裂、表面应有阻燃标记和制造厂标。

（3）应按批抽样检测导管的管径、壁厚及均匀度，并应符合国家现行有关产品标准的规定。

（4）对机械连接的钢导管及其配件的电气连续性有异议时，应按现行国家标准的有关规定进行检验。

（5）对塑料导管及配件的阻燃性能有异议时，应按批抽样送有资质的试验室检测。

知识点索引：《建筑电气工程施工质量验收规范》GB 50303－2015 第 3.2.13 条

关键词：建筑电气工程　导管进场验收

6. 建筑电气工程成套配电柜、控制柜（台、箱）和配电箱（盘）的安装应符合哪些规定？

答：（1）成套配电柜（台）、控制柜安装前，室内顶棚、墙体的装饰工程应完成施工，无渗漏水，室内地面的找平层应完成施工，基础型钢和柜、台、箱下的电缆沟等经检查应合格，落地式柜、台、箱的基础及埋入基础的导管应验收合格；

（2）墙上明装的配电箱（盘）安装前，室内顶棚、墙体、装饰面应完成施工，暗装的控制（配电）箱的预留孔和动力、照明配线的线盒及导管等经检查应合格；

（3）电源线连接前，应确认电涌保护器（SPD）型号、性能参数符合设计要求，接地线与 PE 排连接可靠；

（4）试运行前，柜、台、箱、盘内 PE 排应完成连接，柜、台、箱、盘内的元件规格、型号应符合设计要求，接线应正确且交接试验合格。

知识点索引：《建筑电气工程施工质量验收规范》GB 50303－2015 第 3.3.2 条

关键词：建筑电气工程　箱柜安装

7. 建筑电气工程柴油发电机组的安装应符合哪些规定？

答：（1）机组安装前，基础应验收合格。

（2）机组安放后，采取地脚螺栓固定的机组应初平、螺栓孔灌浆、精平、紧固地脚螺栓、二次灌浆等安装合格；安放式的机组底部应垫平、垫实。

（3）空载试运行前，油、气、水冷、风冷、烟气排放等系统和隔振防噪声设施应完成安装，消防器材应配置齐全、到位且符合设计要求，发电机应进行静态试验，随机配电盘、柜接线经检查应合格，柴油发电机组接地经检查应符合设计要求。

（4）负荷试运行前，空载试运行和试验调整应合格。

（5）投入备用状态前，应在规定时间内，连续无故障负荷试运行合格。

知识点索引：《建筑电气工程施工质量验收规范》GB 50303－2015 第 3.3.4 条

关键词：建筑电气工程　柴油发电机组安装

8. 建筑电气工程电气动力设备试验和试运行应符合哪些规定？

答：（1）电气动力设备试验前，其外露可导电部分应与保护导体完成连接，并经检查应合格；

（2）通电前，动力成套配电（控制）柜、台、箱的交流工频耐压试验和保护装置的动作试验应合格；

（3）空载试运行前，控制回路模拟动作试验应合格，盘车或手动操作检查电气部分与机械部分的转动或动作应协调一致。

知识点索引：《建筑电气工程施工质量验收规范》GB 50303－2015 第 3.3.6 条

关键词：建筑电气工程　动力试验

9. 建筑电气工程电缆敷设应符合哪些规定？

答：（1）支架安装前，应先清除电缆沟、电气竖井内的施工临时设施、模板及建筑废料等，并应对支架进行测量定位；

（2）电缆敷设前，电缆支架、电缆导管、梯架、托盘和槽盒应完成安装，并已与保护导体完成连接，且经检查应合格；

（3）电缆敷设前，绝缘测试应合格；

（4）通电前，电缆交接试验应合格，检查并确认线路去向、相位和防火隔堵措施等应符合设计要求。

知识点索引：《建筑电气工程施工质量验收规范》GB 50303－2015 第 3.3.10 条

关键词：建筑电气工程　电缆敷设

10. 建筑电气工程照明灯具安装应符合哪些规定？

答：（1）灯具安装前，应确认安装灯具的预埋螺栓及吊杆、吊顶上安装嵌入式灯具用的专用支架等已完成，对需做承载试验的预埋件或吊杆经试验应合格；

（2）影响灯具安装的模板、脚手架应已拆除，顶棚和墙面喷浆、油漆或壁纸等及地面清理工作应已完成；

（3）灯具接线前，导线的绝缘电阻测试应合格；

（4）高空安装的灯具，应先在地面进行通断电试验合格。

知识点索引：《建筑电气工程施工质量验收规范》GB 50303－2015 第 3.3.15 条

关键词：建筑电气工程　照明灯具安装

11. 建筑电气工程照明系统的测试和通电试运行应符合哪些规定？

答：（1）导线绝缘电阻测试应在导线接续前完成；

（2）照明箱（盘）、灯具、开关、插座的绝缘电阻测试应在器具就位前或接线前完成；

（3）通电试验前，电气器具及线路绝缘电阻应测试合格，当照明回路装有剩余电流动作保护器时，剩余电流动作保护器应检测合格；

（4）备用照明电源或应急照明电源做空载自动投切试验前，应卸除负荷，有载自动投切试验应在空载自动投切试验合格后进行；

（5）照明全负荷试验前，应确认上述工作应已完成。

知识点索引：《建筑电气工程施工质量验收规范》GB 50303－2015 第 3.3.17 条

关键词：建筑电气工程　系统测试

12. 建筑电气工程柜、台、箱、盘内检查试验应符合哪些规定？

答：（1）控制开关及保护装置的规格、型号应符合设计要求；

（2）闭锁装置动作应准确、可靠；

（3）主开关的辅助开关切换动作应与主开关动作一致；

（4）柜、台、箱、盘上的标识器件应标明被控设备编号及名称或操作位置，接线端子应有编号，且清晰、工整、不易脱色；

（5）回路中的电子元件不应参加交流工频耐压试验，50V 及以下回路可不做交流工频耐压试验。检查数量：按柜、台、箱、盘总数抽查 10％，且不得少于 1 台。

知识点索引：《建筑电气工程施工质量验收规范》GB 50303－2015 第 5.2.6 条

关键词：建筑电气工程　检查试验

13. 建筑电气工程母线槽安装应符合哪些规定？

答：（1）母线槽不宜安装在水管正下方；

（2）母线应与外壳同心，允许偏差应为±5mm；

（3）当母线槽段与段连接时，两相邻段母线及外壳宜对准，相序应正确，连接后不应使母线及外壳受额外应力；

（4）母线的连接方法应符合产品技术文件要求；

（5）母线槽连接用部件的防护等级应与母线槽本体的防护等级一致。

知识点索引：《建筑电气工程施工质量验收规范》GB 50303－2015 第 10.1.4 条

关键词：建筑电气工程　母线槽安装

14. 建筑电气工程室外导管敷设应符合哪些规定？

答：（1）对于埋地敷设的钢导管，埋设深度应符合设计要求，钢导管的壁厚应大于 2mm；

（2）导管的管口不应敞口垂直向上，导管管口应在盒、箱内或导管端部设置防水弯；

（3）由箱式变电所或落地式配电箱引向建筑物的导管，建筑物一侧的导管管口应设在建筑物内；

（4）导管的管口在穿入绝缘导线、电缆后应做密封处理。

知识点索引：《建筑电气工程施工质量验收规范》GB 50303－2015 第 12.2.5 条

关键词：建筑电气工程　室外导管敷设

15. 建筑电气工程导线与设备或器具的连接应符合哪些规定？

答：（1）截面积在 10mm² 及以下的单股铜芯线和单股铝/铝合金芯线可直接与设备或器具的端子连接。

（2）截面积在 2.5mm² 及以下的多芯铜芯线应接续端子或拧紧搪锡后再与设备或器具的端子连接。

（3）截面积大于 2.5mm² 的多芯铜芯线，除设备自带插接式端子外，应接续端子后与设备或器具的端子连接；多芯铜芯线与插接式端子连接前，端部应拧紧搪锡。

（4）多芯铝芯线应接续端子后与设备、器具的端子连接，多芯铝芯线接续端子前应去除氧化层并涂抗氧化剂，连接完成后应清洁干净。

（5）每个设备或器具的端子接线不多于 2 根导线或 2 个导线端子。

知识点索引：《建筑电气工程施工质量验收规范》GB 50303－2015 第 17.2.2 条

关键词：建筑电气工程　导线连接

16. 建筑电气工程悬吊式灯具安装应符合哪些规定？

答：（1）带升降器的软线吊灯在吊线展开后，灯具下沿应高于工作台面 0.3m；

（2）质量大于 0.5kg 的软线吊灯，灯具的电源线不应受力；

（3）质量大于 3kg 的悬吊灯具，固定在螺栓或预埋吊钩上，螺栓或预埋吊钩的直径不应小于灯具挂销直径，且不应小于 6mm；

（4）当采用钢管作灯具吊杆时，其内径不应小于 10mm，壁厚不应小于 1.5mm；灯具与固定装置及灯具连接件之间采用螺纹连接的，螺纹啮合扣数不应少于 5 扣。

知识点索引：《建筑电气工程施工质量验收规范》GB 50303－2015 第 18.1.2 条

关键词：建筑电气工程　悬吊式灯具安装

17. 普通灯具的Ⅰ类灯具接地保护应符合哪些要求？

答：普通灯具的Ⅰ类灯具外露可导电部分必须采用铜芯软导线与保护导体可靠连接，连接处应设置接地标识，铜芯软导线的截面积应与进入灯具的电源线截面积相同。

知识点索引：《建筑电气工程施工质量验收规范》GB 50303-2015 第18.1.5条

关键词：建筑电气工程　灯具接地保护

18. 建筑电气工程照明开关安装应符合哪些规定？

答：（1）同一建（构）筑物的开关宜采用同一系列的产品，单控开关的通断位置应一致，且应操作灵活、接触可靠；

（2）相线应经开关控制；

（3）紫外线杀菌灯的开关应有明显标识，并应与普通照明开关的位置分开。

知识点索引：《建筑电气工程施工质量验收规范》GB 50303-2015 第20.1.4条

关键词：建筑电气工程　照明开关安装

19. 建筑电气工程当接地电阻达不到设计要求需采取措施降低接地电阻时，应符合哪些规定？

答：（1）采用降阻剂时，降阻剂应为同一品牌的产品，调制降阻剂的水应无污染和杂物；降阻剂应均匀灌注于垂直接地体周围。

（2）采取换土或将人工接地体外延至土壤电阻率较低处时，应掌握有关的地质结构资料和地下土壤电阻率的分布，并应做好记录。

（3）采用接地模块时，接地模块的顶面埋深不应小于0.6m，接地模块间距不应小于模块长度的3倍～5倍。接地模块埋设基坑宜为模块外形尺寸的1.2倍～1.4倍，且应详细记录开挖深度内的地层情况；接地模块应垂直或水平就位，并应保持与原土层接触良好。

知识点索引：《建筑电气工程施工质量验收规范》GB 50303-2015 第22.1.4条

关键词：建筑电气工程　接地电阻

20. 建筑电气工程接地装置的焊接采用搭接焊的，其焊接搭接长度应符合哪些规定？

答：（1）扁钢与扁钢搭接不应小于扁钢宽度的2倍，且应至少三面施焊；

（2）圆钢与圆钢搭接不应小于圆钢直径的6倍，且应双面施焊；

（3）圆钢与扁钢搭接不应小于圆钢直径的6倍，且应双面施焊；

（4）扁钢与钢管，扁钢与角钢焊接，应紧贴角钢外侧两面，或紧贴3/4钢管表面，上下两侧施焊。

知识点索引：《建筑电气工程施工质量验收规范》GB 50303-2015 第22.2.2条

关键词：建筑电气工程　接地装置

21. 建筑电气工程室内明敷接地干线安装应符合哪些规定？

答：（1）敷设位置应便于检查，不应妨碍设备的拆卸、检修和运行巡视，安装高度应符合设计要求；

（2）当沿建筑物墙壁水平敷设时，与建筑物墙壁间的间隙宜为 10mm～20mm；

（3）接地干线全长度或区间段及每个连接部位附近的表面，应涂以 15mm～100mm 宽度相等的黄色和绿色相间的条纹标识；

（4）变压器室、高压配电室、发电机房的接地干线上应设置不少于 2 个供临时接地用的接线柱或接地螺栓。

知识点索引：《建筑电气工程施工质量验收规范》GB 50303－2015 第 23.2.6 条

关键词：建筑电气工程　接地干线安装

三、《通风与空调工程施工质量验收规范》GB 50243－2016

1. 通风与空调工程的排风子分部工程包含哪些分项工程？

答：通风与空调工程的排风子分部工程包含以下分项工程：风管与配件制作，部件制作，风管系统安装，风机与空气处理设备安装，风管与设备防腐，吸风罩及其他空气处理设备安装，厨房、卫生间排风系统安装，系统调试。

知识点索引：《通风与空调工程施工质量验收规范》GB 50243－2016 表 3.0.7

关键词：通风与空调　验收抽样

2. 通风与空调工程风管试验压力应符合哪些规定？

答：（1）低压风管应为 1.5 倍的工作压力；

（2）中压风管应为 1.2 倍的工作压力，且不低于 750Pa；

（3）高压风管应为 1.2 倍的工作压力。

知识点索引：《通风与空调工程施工质量验收规范》GB 50243－2016 第 4.2.1 条

关键词：通风与空调　风管试验

3. 通风与空调工程金属风管的圆形和矩形风管的加固应符合哪些规定？

答：（1）直咬缝圆形风管直径大于或等于 800mm，且管段长度大于 1250mm 或总表面积大于 4m² 时，均应采取加固措施。用于高压系统的螺旋风管，直径大于 2000mm 时应采取加固措施。

（2）矩形风管的边长大于 630mm，或矩形保温风管边长大于 800mm，管段长度大于 1250mm；或低压风管单边平面面积 大于 1.2m²，中、高压风管大于 1.0m²，均应有加固措施。

知识点索引：《通风与空调工程施工质量验收规范》GB 50243－2016 第 4.2.3 条

关键词：通风与空调　风管加固

4. 通风与空调工程硬聚氯乙烯风管的制作应符合哪些规定？

答：（1）风管两端面应平行，不应有扭曲，外径或外边长的允许偏差不应大于 2mm。表面应平整，圆弧应均匀，凹凸不应大于 5mm。

（2）焊缝形式及适用范围应符合规范规定。

（3）焊缝应饱满，排列应整齐，不应有焦黄断裂现象。

（4）矩形风管的四角可采用煨角或焊接连接。当采用煨角连接时，纵向焊缝距煨角处宜大于 80mm。

知识点索引：《通风与空调工程施工质量验收规范》GB 50243－2016 第 4.3.2 条

关键词：通风与空调　风管制作

5. 通风与空调工程防火风管的制作应符合哪些规定？

答：（1）防火风管的口径允许偏差应符合本规范规定；

（2）采用型钢框架外敷防火板的防火风管，框架的焊接应牢固，表面应平整，偏差不应大于 2mm。防火板敷设形状应规整，固定应牢固，接缝应用防火材料封堵严密，且不应有穿孔；

（3）采用在金属风管外敷防火绝热层的防火风管，风管严密性要求应按本规范有关压力系统金属风管的规定执行。防火绝热层的设置应按本规范规定执行。

知识点索引：《通风与空调工程施工质量验收规范》GB 50243－2016 第 4.3.8 条

关键词：通风与空调　风管制作

6. 通风与空调工程风口的制作应符合哪些规定？

答：（1）风口的结构应牢固，形状应规则，外表装饰面应平整；

（2）风口的叶片或扩散环的分布应匀称；

（3）风口各部位的颜色应一致，不应有明显的划伤和压痕。调节机构应转动灵活、定位可靠；

（4）风口应以颈部的外径或外边长尺寸为准，风口颈部尺寸允许偏差应符合规定。

知识点索引：《通风与空调工程施工质量验收规范》GB 50243－2016 第 5.3.5 条

关键词：通风与空调　风口制作

7. 通风与空调工程中，当风管穿过需要封闭的防火、防爆的墙体或楼板时必须符合哪些规定？

答：当风管穿过需要封闭的防火、防爆的墙体或楼板时，必须设置厚度不小于 1.6mm 的钢制防护套管；管与防护套管之间应采用不燃柔性材料封堵严密。

知识点索引：《通风与空调工程施工质量验收规范》GB 50243－2016 第 6.2.2 条

关键词：通风与空调　风管安装

8. 净化空调系统风管的安装应符合哪些规定？

答：净化空调系统风管的安装应符合下列规定：

（1）在安装前风管、静压箱及其他部件的内表面应擦拭干净，且应无油污和浮尘。当施工停顿或完毕时，端口应封堵。

（2）法兰垫料应采用不产尘、不易老化，且具有强度和弹性的材料，厚度应为 5mm～8mm，不得采用乳胶海绵。法兰垫片宜减少拼接，且不得采用直缝对接连接，不得在垫料表面涂刷涂料。

（3）风管穿过洁净室（区）吊顶、隔墙等围护结构时，应采取可靠的密封措施。

知识点索引：《通风与空调工程施工质量验收规范》GB 50243－2016 第 6.3.6 条

关键词：通风与空调　净化空调　风管安装

9. 通风与空调工程风阀的安装应符合哪些规定？

答：（1）风阀应安装在便于操作及检修的部位。安装后，手动或电动操作装置应灵活可靠，阀板关闭应严密；

（2）直径或长边尺寸大于或等于 630mm 的防火阀，应设独立支、吊架；

（3）排烟阀（排烟口）及手控装置（包括钢索预埋套管）的位置应符合设计要求。钢索预埋套管弯管不应大于 2 个，且不得有死弯及瘪陷；安装完毕后应操控自如，无卡涩等现象；

（4）除尘系统吸入管段的调节阀，宜安装在垂直管段上；

（5）防爆波悬摆活门、防爆超压排气活门和自动排气活门安装时，位置的允许偏差应为 10mm，标高的允许偏差应为 ±5mm，框正、侧面与平衡锤连杆的垂直度允许偏差应为 5mm。

知识点索引：《通风与空调工程施工质量验收规范》GB 50243－2016 第 6.3.8 条

关键词：通风与空调　风阀安装

10. 通风与空调工程风口的安装应符合哪些规定？

答：（1）风口表面应平整、不变形，调节应灵活、可靠。同一厅室、房间内的相同风口的安装高度应一致，排列应整齐；

（2）明装无吊顶的风口，安装位置和标高允许偏差应为 10mm；

（3）风口水平安装，水平度的允许偏差应为 3‰；

（4）风口垂直安装，垂直度的允许偏差应为 2‰。

知识点索引：《通风与空调工程施工质量验收规范》GB 50243－2016 第 6.3.13 条

关键词：通风与空调　风口安装

11. 通风与空调工程空调末端设备的安装应符合哪些规定？

答：（1）产品的性能、技术参数应符合设计要求；

（2）风机盘管机组、变风量与定风量空调末端装置及地板送风单元等的安装，位置应正确，固定应牢固、平整，便于检修；

（3）风机盘管的性能复验应按现行国家标准《建筑节能工程施工质量验收规范》GB 50411 的规定执行；

（4）冷辐射吊顶安装固定应可靠，接管应正确，吊顶面应平整。

知识点索引：《通风与空调工程施工质量验收规范》GB 50243－2016 第 7.2.5 条

关键词：通风与空调　末端设备安装

12. 通风与空调工程除尘器的安装应符合哪些规定？

答：（1）产品的性能、技术参数、进出口方向应符合设计要求；

（2）现场组装的除尘器壳体应进行漏风量检测，在设计工作压力下允许漏风量应小于 5%，其中离心式除尘器应小于 3%；

（3）布袋除尘器、静电除尘器的壳体及辅助设备接地应可靠；

（4）湿式除尘器与淋洗塔外壳不应渗漏，内侧的水幕、水膜或泡沫层成形应稳定。

知识点索引：《通风与空调工程施工质量验收规范》GB 50243－2016 第 7.2.6 条

关键词：通风与空调　除尘器安装

13. 通风与空调工程空气风幕机的安装应符合哪些规定？

答：（1）安装位置及方向应正确，固定应牢固可靠；

（2）机组的纵向垂直度和横向水平度的允许偏差均应为 2‰；

（3）成排安装的机组应整齐，出风口平面允许偏差应为 5mm。

知识点索引：《通风与空调工程施工质量验收规范》GB 50243－2016 第 7.3.2 条

关键词：通风与空调　风幕机安装

14. 通风与空调工程单元式空调机组的安装应符合哪些规定？

答：（1）分体式空调机组的室外机和风冷整体式空调机组的安装固定应牢固可靠，并应满足冷却风自然进入的空间环境要求；

（2）分体式空调机组室内机的安装位置应正确，并应保持水平，冷凝水排放应顺畅。管道穿墙处密封应良好，不应有雨水渗入。

知识点索引：《通风与空调工程施工质量验收规范》GB 50243－2016 第 7.3.3 条

关键词：通风与空调　空调机组安装

15. 通风与空调工程组合式空调机组、新风机组的安装应符合哪些规定？

答：（1）组合式空调机组各功能段的组装应符合设计的顺序和要求，各功能段之间的连接应严密，整体外观应平整；

（2）供、回水管与机组的连接应正确，机组下部冷凝水管的水封高度应符合设计或设备技术文件的要求；

（3）机组与风管采用柔性短管连接时，柔性短管的绝热性能应符合风管系统的要求；

（4）机组应清扫干净，箱体内不应有杂物、垃圾和积尘；

（5）机组内空气过滤器（网）和空气热交换器翅片应清洁、完好，安装位置应便于维护和清理。

知识点索引：《通风与空调工程施工质量验收规范》GB 50243－2016 第 7.3.4 条

关键词：通风与空调　机组安装

16. 通风与空调工程风机盘管机组的安装应符合哪些规定？

答：（1）机组安装前宜进行风机三速试运转及盘管水压试验。试验压力应为系统工作压力的 1.5 倍，试验观察时间应为 2min，不渗漏为合格；

（2）机组应设独立支、吊架，固定应牢固，高度与坡度应正确；

（3）机组与风管、回风箱或风口的连接，应严密可靠。

知识点索引：《通风与空调工程施工质量验收规范》GB 50243－2016 第 7.3.9 条

关键词：通风与空调　验收抽样

17. 通风与空调工程制冷机组及附属设备的安装应符合哪些规定？

答：（1）制冷（热）设备、制冷附属设备产品性能和技术参数应符合设计要求，并应具有产品合格证书、产品性能检验报告；

（2）设备的混凝土基础应进行质量交接验收，且应验收合格；

（3）设备安装的位置、标高和管口方向应符合设计要求。采用地脚螺栓固定的制冷设备或附属设备，垫铁的放置位置应正确，接触应紧密，每组垫铁不应超过 3 块；螺栓应紧固，并应采取防松动措施。

知识点索引：《通风与空调工程施工质量验收规范》GB 50243－2016 第 8.2.1 条

关键词：通风与空调　制冷机组安装

18. 通风与空调工程多联机空调（热泵）系统的安装应符合哪些规定？

答：（1）多联机空调（热泵）系统室内机、室外机产品的性能、技术参数等应符合设计要求，并应具有出厂合格证、产品性能检验报告；

（2）室内机、室外机的安装位置、高度应符合设计及产品技术的要求，固定应可靠。室外机的通风条件应良好；

（3）制冷剂应根据工程管路系统的实际情况，通过计算后进行充注；

（4）安装在户外的室外机组应可靠接地，并应采取防雷保护措施。

知识点索引：《通风与空调工程施工质量验收规范》GB 50243－2016 第 8.2.9 条

关键词：通风与空调　热泵安装

19. 通风与空调工程吸收式制冷机组的安装应符合哪些规定？

答：（1）吸收式制冷机组的产品的性能、技术参数应符合设计要求；

（2）吸收式机组安装后，设备内部应冲洗干净；

（3）机组的真空试验应合格；

（4）直燃型吸收式制冷机组排烟管的出口应设置防雨帽、防风罩和避雷针，燃油油箱上不得采用玻璃管式油位计。

知识点索引：《通风与空调工程施工质量验收规范》GB 50243－2016 第 8.2.11 条

关键词：通风与空调　制冷机组安装

20. 通风与空调工程多联机空调系统的安装应符合哪些规定？

答：（1）室外机的通风应通畅，不应有短路现象，运行时不应有异常噪声。当多台机组集中安装时，不应影响相邻机组的正常运行；

（2）室外机组应安装在设计专用平台上，并应采取减振与防止紧固螺栓松动的措施；

（3）风管式室内机的送、回风口之间，不应形成气流短路。风口安装应平整，且应与装饰线条相一致；

（4）室内外机组间冷媒管道的布置应采用合理的短捷路线，并应排列整齐。

知识点索引：《通风与空调工程施工质量验收规范》GB 50243－2016 第 8.3.6 条

关键词：通风与空调　系统安装

21. 通风与空调工程空调水系统管道的管道支吊架、套管安装，应符合哪些规定？

答：固定在建筑结构上的管道支、吊架，不得影响结构体的安全。管道穿越墙体或楼板处应设钢制套管，管道接口不得置于套管内，钢制套管应与墙体饰面或楼板底部平齐，上部应高出楼层地面 20mm～50mm 且不得将套管作为管道支撑。当穿越防火分区时，应采用不燃材料进行防火封堵；保温管道与套管四周的缝隙应使用不燃绝热材料填塞紧密。

知识点索引：《通风与空调工程施工质量验收规范》GB 50243 - 2016 第 9.2.2 条

关键词：通风与空调　管道安装

22. 当设计无要求时，通风与空调工程冷（热）水、冷却水系统的管道工程试验压力是多少？

答：冷（热）水、冷却水与蓄能（冷、热）系统的试验压力，当工作压力小于或等于 1.0MPa 时，应为 1.5 倍工作压力，最低不应小于 0.6MPa；当工作压力大于 1.0MPa 时，应为工作压力加 0.5MPa。

知识点索引：《通风与空调工程施工质量验收规范》GB 50243 - 2016 第 9.2.3 条

关键词：通风与空调　水压试验

23. 通风与空调工程采用建筑塑料管道的空调水系统，采用法兰连接时，应符合哪些规定？

答：（1）管道材质及连接方法应符合设计和产品技术的要求；

（2）采用法兰连接时，两法兰面应平行，误差不得大于 2mm。密封垫为与法兰密封面相配套的平垫圈，不得突入管内或突出法兰之外。法兰连接螺栓应采用两次紧固，紧固后的螺母应与螺栓齐平或略低于螺栓。

知识点索引：《通风与空调工程施工质量验收规范》GB 50243 - 2016 第 9.3.1 条

关键词：通风与空调　管道安装

24. 通风与空调工程冷却塔安装应符合哪些规定？

答：（1）基础的位置、标高应符合设计要求，允许误差应为±20mm，进风侧距建筑物应大于 1m。冷却塔部件与基座的连接应采用镀锌或不锈钢螺栓，固定应牢固。

（2）冷却塔安装应水平，单台冷却塔的水平度和垂直度允许偏差应为 2‰多台冷却塔安装时，排列应整齐，各台开式冷却塔的 水面高度应一致，高度偏差值不应大于 30mm。当采用共用集管并联运行时，冷却塔集水盘（槽）之间的连通管应符合设计要求。

（3）冷却塔的集水盘应严密、无渗漏，进、出水口的方向和位置应正确。静止分水器的布水应均匀；转动布水器喷水出口方向应一致，转动应灵活、水量应符合设计或产品技术文件的要求。

（4）冷却塔风机叶片端部与塔身周边的径向间隙应均匀。可调整角度的叶片，角度应一致，并应符合产品技术文件要求。

（5）有水冻结危险的地区，冬季使用的冷却塔及管道应采取防冻与保温措施。

知识点索引：《通风与空调工程施工质量验收规范》GB 50243 - 2016 第 9.3.11 条

关键词：通风与空调　冷却塔安装

25. 通风与空调工程水泵及附属设备的安装应符合哪些规定？

答：（1）水泵的平面位置和标高允许偏差应为±10mm，安装的地脚螺栓应垂直，且与设备底座应紧密固定。

（2）垫铁组放置位置应正确、平稳，接触应紧密，每组不应大于 3 块。

（3）整体安装的泵的纵向水平偏差不应大于 0.1‰，横向水平偏差不应大于 0.2‰。组合安装泵的纵、横向安装水平偏差不应大于 0.05‰。水泵与电机采用联轴器连接时，联轴器两轴芯的 轴向倾斜不应大于 0.2‰，径向位移不应大于 0.05mm。整体安装 的小型管道水泵目测应水平，不应有偏斜。

（4）减振器与水泵及水泵基础的连接，应牢固平稳、接触紧密。

知识点索引：《通风与空调工程施工质量验收规范》GB 50243－2016 第 9.3.12 条

关键词：通风与空调　水泵安装

26. 通风与空调工程设备单机试运转及调试中制冷机组的试运转应符合哪些规定？

答：（1）机组运转应平稳、应无异常振动与声响；

（2）各连接和密封部位不应有松动、漏气、漏油等现象；

（3）吸、排气的压力和温度应在正常工作范围内；

（4）能量调节装置及各保护继电器、安全装置的动作应正确、灵敏、可靠；

（5）正常运转不应少于 8h。

知识点索引：《通风与空调工程施工质量验收规范》GB 50243－2016 第 11.2.2 条

关键词：通风与空调　制冷机组试运转

27. 通风与空调工程设备单机试运转及调试中多联式空调（热泵）机组系统应在充灌定量制冷剂后，进行系统的试运转，并应符合哪些规定？

答：（1）系统应能正常输出冷风或热风，在常温条件下可进行冷热的切换与调控；

（2）室外机的试运转应符合制冷机组试运转的规定；

（3）室内机的试运转不应有异常振动与声响，百叶板动作应正常，不应有渗漏水现象，运行噪声应符合设备技术文件要求；

（4）具有可同时供冷、热的系统，应在满足当季工况运行条件下，实现局部内机反向工况的运行。

知识点索引：《通风与空调工程施工质量验收规范》GB 50243－2016 第 11.2.2 条

关键词：通风与空调　系统试运转

28. 通风与空调工程设备单机试运转及调试中变风量末端装置单机试运转及调试应符合哪些规定？

答：（1）控制单元单体供电测试过程中，信号及反馈应正确，不应有故障显示；

（2）启动送风系统，按控制模式进行模拟测试，装置的一次风阀动作应灵敏可靠；

（3）带风机的变风量末端装置，风机应能根据信号要求运转，叶轮旋转方向应正确，运转应平稳，不应有异常振动与声响；

（4）带再热的末端装置应能根据室内温度实现自动开启与关闭。

知识点索引：《通风与空调工程施工质量验收规范》GB 50243－2016 第 11.2.2 条

关键词：通风与空调　运转及调试

29. 通风与空调工程蓄能空调系统的联合试运转及调试应符合哪些规定？

答：（1）系统中载冷剂的种类及浓度应符合设计要求。

（2）在各种运行模式下系统运行应正常平稳；运行模式转换时，动作应灵敏正确。

（3）系统各项保护措施反应应灵敏，动作应可靠。

（4）蓄能系统在设计最大负荷工况下运行应正常。

（5）系统正常运转不应少于一个完整的蓄冷—释冷周期。

知识点索引：《通风与空调工程施工质量验收规范》GB 50243－2016 第 11.2.6 条

关键词：通风与空调　联合试运转及调试

30. 通风与空调工程设备单机试运转及调试应符合哪些规定？

答：（1）风机盘管机组的调速、温控阀的动作应正确，并应与机组运行状态一一对应，中挡风量的实测值应符合设计要求；

（2）风机、空气处理机组、风机盘管机组、多联式空调（热泵）机组等设备运行时，产生的噪声不应大于设计及设备技术文件的要求；

（3）水泵运行时壳体密封处不得渗漏，紧固连接部位不应松动，轴封的温升应正常，普通填料密封的泄漏水量不应大于 60mL/h，机械密封的泄漏水量不应大于 5mL/h；

（4）冷却塔运行产生的噪声不应大于设计及设备技术文件的规定值，水流量应符合设计要求。冷却塔的自动补水阀应动作灵 活，试运转工作结束后，集水盘应清洗干净。

知识点索引：《通风与空调工程施工质量验收规范》GB 50243－2016 第 11.3.1 条

关键词：通风与空调　单机试运转及调试

31. 通风与空调工程通风系统非设计满负荷条件下的联合试运行及调试应符合哪些规定？

答：（1）系统经过风量平衡调整，各风口及吸风罩的风量与设计风量的允许偏差不应大于 15％；

（2）设备及系统主要部件的联动应符合设计要求，动作应协调正确，不应有异常现象；

（3）湿式除尘与淋洗设备的供水、排水系统运行应正常。

知识点索引：《通风与空调工程施工质量验收规范》GB 50243－2016 第 11.3.2 条

关键词：通风与空调　联合试运行及调试

四、《智能建筑工程质量验收规范》GB 50339－2013

1. 智能建筑工程实施的质量控制应检查哪些内容？

答：（1）施工现场质量管理检查记录；

（2）图纸会审记录；存在设计变更和工程洽商时，还应检查设计变更记录和工程洽商记录；

（3）设备材料进场检验记录和设备开箱检验记录；

（4）隐蔽工程（随工检查）验收记录；

（5）安装质量及观感质量验收记录；

（6）自检记录；

（7）分项工程质量验收记录；

（8）试运行记录。

知识点索引：《智能建筑工程质量验收规范》GB 50339－2013 第 3.2.1 条

关键词：智能建筑 质量控制

2. 智能建筑工程设备材料进场检验记录和设备开箱检验记录应符合哪些规定？

答：（1）设备材料进场检验记录应由施工单位填写、监理（建设）单位的监理工程师（项目专业工程师）作出检查结论，且记录的格式应符合规范的规定；

（2）设备开箱检验记录应符合现行国家标准《智能建筑工程施工规范》GB 50606 的规定。

知识点索引：《智能建筑工程质量验收规范》GB 50339－2013 第 3.2.4 条

关键词：智能建筑 设备材料进场

3. 智能建筑工程系统检测前应提交哪些资料？

答：（1）工程技术文件；

（2）设备材料进场检验记录和设备开箱检验记录；

（3）自检记录；

（4）分项工程质量验收记录；

（5）试运行记录。

知识点索引：《智能建筑工程质量验收规范》GB 50339－2013 第 3.3.2 条

关键词：智能建筑 系统检测资料

4. 智能建筑工程系统检测结论与处理应符合哪些规定？

答：（1）检测结论应分为合格和不合格。

（2）主控项目有一项及以上不合格的，系统检测结论应为不合格；一般项目有两项及以上不合格的，系统检测结论应为不合格。

（3）被集成系统接口检测不合格的，被集成系统和集成系统的系统检测结论均应为不合格。

（4）系统检测不合格时，应限期对不合格项进行整改，并重新检测，直至检测合格。重新检测时抽检应扩大范围。

知识点索引：《智能建筑工程质量验收规范》GB 50339－2013 第 3.3.5 条

关键词：智能建筑 检测结论

5. 智能建筑工程分部（子分部）工程验收的组织应符合哪些规定？

答：（1）建设单位应组织工程验收小组负责工程验收；

（2）工程验收小组的人员应根据项目的性质、特点和管理要求确定，并应推荐组长和副组长；验收人员的总数应为单数，其中专业技术人员的数量不应低于验收人员总数的 50%；

（3）验收小组应对工程实体和资料进行检查，并作出正确、公正、客观的验收结论。

知识点索引：《智能建筑工程质量验收规范》GB 50339－2013 第 3.4.3 条

关键词：智能建筑　分部（子分部）工程验收

6. 智能建筑工程智能化集成系统检测集中监视、储存和统计功能时应符合哪些规定？

答：（1）显示界面应为中文；

（2）信息显示应正确，响应时间、储存时间、数据分类统计等性能指标应符合设计要求；

（3）每个被集成系统的抽检数量宜为该系统信息点数的 5%，且抽检点数不应少于 20 点，当信息点数少于 20 点时应全部检测；

（4）智能化集成系统抽检总点数不宜超过 1000 点；

（5）抽检结果全部符合设计要求的，应为检测合格。

知识点索引：《智能建筑工程质量验收规范》GB 50339－2013 第 4.0.5 条

关键词：智能建筑　集成系统检测

7. 智能建筑工程计算机网络系统的连通性检测应符合哪些规定？

答：（1）网管工作站和网络设备之间的通信应符合设计要求，并且各用户终端应根据安全访问规则只能访问特定的网络与特定的服务器。

（2）同一 VLAN 内的计算机之间应能交换数据包，不在同一 VLAN 内的计算机之间不应交换数据包。

（3）应按接入层设备总数的 10% 进行抽样测试，且抽样数不应少于 10 台；接入层设备少于 10 台的，应全部测试。

（4）抽检结果全部符合设计要求的，应为检测合格。

知识点索引：《智能建筑工程质量验收规范》GB 50339－2013 第 7.2.3 条

关键词：智能建筑　连通性检测

8. 智能建筑工程计算机网络系统的网络管理功能应在网管工作站检测并应符合哪些规定？

答：（1）应搜索整个计算机网络系统的拓扑结构图和网络设备连接图；

（2）应检测自诊断功能；

（3）应检测对网络设备进行远程配置的功能，当具备远程配置功能时，应检测网络性能参数含网络节点的流量、广播率和错误率等；

（4）检测结果符合设计要求的，应为检测合格。

知识点索引：《智能建筑工程质量验收规范》GB 50339－2013 第 7.2.10 条

关键词：智能建筑　网络管理

9. 智能建筑工程综合布线系统检测单项合格判定应符合哪些规定?

答:(1) 一个及以上被测项目的技术参数测试结果不合格的,该项目应判为不合格;某一被测项目的检测结果与相应规定的差值在仪表准确度范围内的,该被测项目应判为合格;

(2) 采用 4 对对绞电缆作为水平电缆或主干电缆,所组成的链路或信道有一项及以上指标测试结果不合格的,该链路或信道 应判为不合格;

(3) 主干布线大对数电缆中按 4 对绞线对组成的链路一项及以上测试指标不合格的,该线对应判为不合格;

(4) 光纤链路或信道测试结果不满足设计要求的,该光纤链路或信道应判为不合格;

(5) 未通过检测的链路或信道应在修复后复检。

知识点索引:《智能建筑工程质量验收规范》GB 50339－2013 第 8.0.3 条

关键词:智能建筑　系统检测

10. 智能建筑工程综合布线系统检测的综合合格判定应符合哪些规定?

答:(1) 对绞电缆布线全部检测时,无法修复的链路、信道或不合格线对数量有一项及以上超过被测总数的 1% 的,结论应判为不合格;光缆布线检测时,有一条及以上光纤链路或信道无法修复的,应判为不合格。

(2) 对于抽样检测,被抽样检测点(线对)不合格比例不大于被测总数 1% 的,抽样检测应判为合格,且不合格点(线对)应予以修复并复检;被抽样检测点(线对)不合格比例大于 1% 的,应判为一次抽样检测不合格,并应进行加倍抽样,加倍抽样不合格比例不大于 1% 的,抽样检测应判为合格;不合格比例仍大于 1% 的,抽样检测应判为不合格,且应进行全部检测,并按 全部检测要求进行判定。

(3) 全部检测或抽样检测结论为合格的,系统检测的结论应为合格;全部检测结论为不合格的,系统检测的结论应为不合格。

知识点索引:《智能建筑工程质量验收规范》GB 50339－2013 第 8.0.4 条

关键词:智能建筑　系统检测

11. 智能建筑工程信息化应用系统的应用软件一般功能和性能测试应包括哪些内容?

答:(1) 用户界面采用的语言;

(2) 提 ZK 信息;

(3) 可扩展性。

知识点索引:《智能建筑工程质量验收规范》GB 50339－2013 第 16.0.8 条

关键词:智能建筑　性能测试

12. 智能建筑工程暖通空调监控系统的功能检测应符合哪些规定?

答:(1) 检测内容应按设计要求确定。

(2) 冷热源的监测参数应全部检测;空调、新风机组的监测 参数应按总数的 20% 抽检,且不应少于 5 台,不足 5 台时应全部检测;各种类型传感器、执行器应按 10% 抽检,且不应少于 5 只,不足 5 只时应全部检测。

（3）抽检结果全部符合设计要求的应判定为合格。

知识点索引：《智能建筑工程质量验收规范》GB 50339－2013 第 17.0.5 条

关键词：智能建筑　功能检测

13. 智能建筑工程给水排水监控系统的功能检测应符合哪些规定？

答：（1）检测内容应按设计要求确定。

（2）给水和中水监控系统应全部检测；排水监控系统应抽检 50％，且不得少于 5 套，总数少于 5 套时应全部检测。

（3）抽检结果全部符合设计要求的应判定为合格。

知识点索引：《智能建筑工程质量验收规范》GB 50339－2013 第 17.0.8 条

关键词：智能建筑　功能检测

14. 智能建筑工程建筑设备监控系统实时性的检测应符合哪些规定？

答：（1）检测内容应包括控制命令响应时间和报警信号响应时间；

（2）应抽检 10％且不得少于 10 台，少于 10 台时应全部检测；

（3）抽测结果全部符合设计要求的应判定为合格。

知识点索引：《智能建筑工程质量验收规范》GB 50339－2013 第 17.0.12 条

关键词：智能建筑　实时性检测

15. 智能建筑工程建筑设备监控系统可靠性的检测应符合哪些规定？

答：（1）检测内容应包括系统运行的抗干扰性能和电源切换时系统运行的稳定性；

（2）应通过系统正常运行时，启停现场设备或投切备用电源，观察系统的工作情况进行检测；

（3）检测结果符合设计要求的应判定为合格。

知识点索引：《智能建筑工程质量验收规范》GB 50339－2013 第 17.0.13 条

关键词：智能建筑　可靠性检测

16. 智能建筑工程建筑设备监控系统可维护性的检测应符合哪些规定？

答：（1）检测内容应包括：

1）应用软件的在线编程和参数修改功能；

2）设备和网络通信故障的自检测功能。

（2）应通过现场模拟修改参数和设置故障的方法检测。

（3）检测结果符合设计要求的应判定为合格。

知识点索引：《智能建筑工程质量验收规范》GB 50339－2013 第 17.0.14 条

关键词：智能建筑　可维护性检测

17. 智能建筑工程建筑设备监控系统性能评测项目的检测应符合下列哪些规定？

答：（1）检测宜包括下列内容：

1）控制网络和数据库的标准化、开放性；

2) 系统的冗余配置；

3) 系统可扩展性；

4) 节能措施。

（2）检测方法应根据设备配置和运行情况确定。

（3）检测结果符合设计要求的应判定为合格。

知识点索引：《智能建筑工程质量验收规范》GB 50339－2013 第 17.0.15 条

关键词：智能建筑　性能评测

18. 智能建筑工程安全技术防范系统检测应符合哪些规定？

答：（1）子系统功能应按设计要求逐项检测。

（2）摄像机、探测器、出入口识读设备、电子巡查信息识读器等设备抽检的数量不应低于 20%，且不应少于 3 台，数量少于 3 台时应全部检测。

（3）抽检结果全部符合设计要求的，应判定子系统检测合格。

（4）全部子系统功能检测均合格的，系统检测应判定为合格。

知识点索引：《智能建筑工程质量验收规范》GB 50339－2013 第 19.0.4 条

关键词：智能建筑　系统检测

19. 智能建筑工程对于数字视频安防监控系统应检测哪些内容？

答：（1）应检测系统控制功能、监视功能、显示功能、记录功能、回放功能、报警联动功能和图像丢失报警功能等。

（2）还应检测以下内容：

1) 具有前端存储功能的网络摄像机及编码设备进行图像信息的存储；

2) 视频智能分析功能；

3) 音视频存储、回放和检索功能；

4) 报警预录和音视频同步功能；

5) 图像质量的稳定性和显示延迟。

知识点索引：《智能建筑工程质量验收规范》GB 50339－2013 第 19.0.6 条

关键词：智能建筑　系统检测

20. 智能建筑的防雷与接地系统检测应检查哪些内容？

答：（1）接地装置及接地连接点的安装；

（2）接地电阻的阻值；

（3）接地导体的规格、敷设方法和连接方法；

（4）等电位联结带的规格、联结方法和安装位置；

（5）屏蔽设施的安装；

（6）电涌保护器的性能参数、安装位置、安装方式和连接导线规格。

知识点索引：《智能建筑工程质量验收规范》GB 50339－2013 第 22.0.3 条

关键词：智能建筑　系统检测

五、《电梯工程施工质量验收规范》GB 50310－2002

1. 电梯工程安装单位施工现场的质量管理应符合哪些规定？

答：（1）具有完善的验收标准、安装工艺及施工操作规程；

（2）具有健全的安装过程控制制度。

知识点索引：《电梯工程施工质量验收规范》GB 50310－2002 第 3.0.1 条

关键词：电梯工程　质量管理

2. 电梯安装工程质量验收应符合哪些规定？

答：（1）参加安装工程施工和质量验收人员应具备相应的资格；

（2）承担有关安全性能检测的单位，必须具有相应资质；

（3）仪器设备应满足精度要求，并应在检定有效期内；

（4）分项工程质量验收均应在电梯安装单位自检合格的基础上进行；

（5）分项工程质量应分别按主控项目和一般项目检查验收；

（6）隐蔽工程应在电梯安装单位检查合格后，于隐蔽前通知有关单位检查验收，并形成验收文件。

知识点索引：《电梯工程施工质量验收规范》GB 50310－2002 第 3.0.3 条

关键词：电梯工程　质量验收

3. 电梯工程设备进场验收随机文件主控项目必须包括哪些资料？

答：（1）土建布置图；

（2）产品出厂合格证；

（3）门锁装置、限速器、安全钳及缓冲器的型式试验证书复印件。

知识点索引：《电梯工程施工质量验收规范》GB 50310－2002 第 4.1.1 条

关键词：电梯工程　随机文件

4. 电梯工程土建交接检验主电源开关必须符合哪些规定？

答：（1）主电源开关应能够切断电梯正常使用情况下最大电流；

（2）对有机房电梯该开关应能从机房入口处方便地接近；

（3）对无机房电梯该开关应设置在井道外工作人员方便接近的地方，且应具有必要的安全防护。

知识点索引：《电梯工程施工质量验收规范》GB 50310－2002 第 4.2.2 条

关键词：电梯工程　主电源开关

5. 电梯工程井道主控项目必须符合哪些规定？

答：（1）当底坑底面下有人员能到达的空间存在，且对重（或平衡重）上未设有安全钳装置时，对重缓冲器必须能安装在（或平衡重运行区域的下边必须）一直延伸到坚固地面上的实心桩墩上。

（2）电梯安装之前，所有层门预留孔必须设有高度不小于 1.2m 的安全保护围封，并应保证有足够的强度。

（3）当相邻两层门地坎间的距离大于 11m 时，其间必须设置井道安全门，并道安全门严禁向井道内开启，且必须装有安全门处于关闭时电梯才能运行的电气安全装置。当相邻轿厢间有相互救援用轿厢安全门时，可不执行本款。

知识点索引：《电梯工程施工质量验收规范》GB 50310－2002 第 4.2.3 条

关键词：电梯工程　井道主控

6. 电梯工程限速器安全钳联动试验必须符合哪些规定？

答：（1）限速器与安全钳电气开关在联动试验中必须动作可靠，且应使驱动主机立即制动；

（2）对瞬时式安全钳，轿厢应载有均匀分布的额定载重量；对渐进式安全钳，轿厢应载有均匀分布的 125％额定载重量。当短接限速器及安全钳电气开关，轿厢以检修速度下行，人为使限速器机械动作时，安全钳应可靠动作，轿厢必须可靠制动，且轿底倾斜度不应大于 5％。

知识点索引：《电梯工程施工质量验收规范》GB 50310－2002 第 4.11.2 条

关键词：电梯工程　联动试验

7. 电梯工程层门与轿门的试验必须符合哪些规定？

答：（1）每层层门必须能够用三角钥匙正常开启；

（2）当一个层门或轿门（在多扇门中任何一扇门）非正常打开时，电梯严禁启动或继续运行。

知识点索引：《电梯工程施工质量验收规范》GB 50310－2002 第 4.11.3 条

关键词：电梯工程　层轿门试验

8. 电梯工程观感检查应符合哪些规定？

答：（1）轿门带动层门开、关运行，门扇与门扇、门扇与门套、门扇与门楣、门扇与门口处轿壁、门扇下端与地坎应无刮碰现象。

（2）门扇与门扇、门扇与门套、门扇与门楣、门扇与门口处轿壁、门扇下端与地坎之间各自的间隙在整个长度上应基本一致。

（3）对机房（如果有）、导轨支架、底坑、轿顶、轿内、轿门、层门及门地坎等部位应进行清理。

知识点索引：《电梯工程施工质量验收规范》GB 50310－2002 第 4.11.10 条

关键词：电梯工程　观感检查

9. 电梯工程分部（子分部）工程质量验收合格应符合哪些规定？

答：（1）子分部工程所含分项工程的质量均应验收合格且验收记录应完整；

（2）分部工程所含子分部工程的质量均应验收合格；

（3）质量控制资料应完整；

（4）观感质量应符合本规范要求。

知识点索引：《电梯工程施工质量验收规范》GB 50310－2002 第 7.0.2 条

关键词：电梯工程　分部（子分部）工程质量验收

10. 当电梯安装工程质量不合格时应按什么规定处理？

答：（1）经返工重做、调整或更换部件的分项工程，应重新验收；

（2）通过以上措施仍不能达到本规范要求的电梯安装工程，不得验收合格。

知识点索引：《电梯工程施工质量验收规范》GB 50310－2002 第 7.0.3 条

关键词：电梯工程　安装质量

六、《建筑物防雷工程施工与质量验收规范》GB 50601－2010

1. 建筑物防雷工程的施工人员、资质和计量器具应符合哪些规定？

答：（1）施工中的各工种技工、技术人员均应具备相应的资格，并应持证上岗；

（2）施工单位应具备相应的施工资质；

（3）在安装和调试中使用的各种计量器具，应经法定计量认证机构检定合格，并应在检定合格有效期内使用。

知识点索引：《建筑物防雷工程施工与质量验收规范》GB 50601－2010 第 3.1.2 条

关键词：建筑物防雷工程　人员资质和计量器具

2. 建筑物防雷工程可采取哪些方法降低接地电阻？

答：（1）将垂直接地体深埋到低电阻率的土壤中或扩大接地体与土壤的接触面积；

（2）置换成低电阻率的土壤；

（3）采用降阻剂或新型接地材料；

（4）在永冻土地区和采用深孔（井）技术的降阻方法，应符合现行国家标准的规定；

（5）采用多根导体外引，外引长度不应大于现行国家标准有关规定。

知识点索引：《建筑物防雷工程施工与质量验收规范》GB 50601－2010 第 4.1.2 条

关键词：建筑物防雷工程　降低接地电阻

3. 建筑物外的引下线敷设在人员可停留或经过的区域时，可以采取哪些方法，防止接触电压和旁侧闪络电压对人员造成伤害？

答：（1）外露引下线在高 2.7m 以下部分穿不小于 3mm 厚的交联聚乙烯管，交联聚乙烯管应能耐受 100kV 冲击电压。

（2）应设立阻止人员进入的护栏或警示牌。护栏与引下线水平距离不应小于 3m。

知识点索引：《建筑物防雷工程施工与质量验收规范》GB 50601－2010 第 7.1.1 条

关键词：建筑物防雷工程　等电位连接

4. 建筑物防雷工程综合布线安装主控项目应符合哪些规定？

答：（1）低压配电线路（三相或单相）的单芯线缆不应单独穿于金属管内；

（2）不同回路、不同电压等级的交流和直流电线不应穿于同一金属管中，同一交流回路的电线应穿于同一金属管中，管内电线不得有接头；

（3）爆炸危险场所使用的电线（电缆）的额定耐受电压值不应低于 750V，且应穿在金属管中。

知识点索引：《建筑物防雷工程施工与质量验收规范》GB 50601 - 2010 第 9.1.1 条

关键词：建筑物防雷工程　综合布线

5. 建筑物防雷工程检验批合格质量应符合哪些规定？

答：（1）主控项目和一般项目的质量应经抽样检验合格。

（2）应具有完整的施工操作依据、质量检查记录。

（3）检验批的质量检验抽样方案应符合现行国家标准《建筑工程施工质量验收统一标准》GB 50300 - 2001 的规定。对生产方错判概率，主控项目和一般项目的合格质量水平的错判概率值不宜超过 5%；对使用方漏判概率，主控项目的合格质量水平的错判概率值不宜超过 5%，一般项目的合格质量水平的漏判概率值不宜超过 10%。

（4）检验批的质量验收记录表格样式符合规范要求。

知识点索引：《建筑物防雷工程施工与质量验收规范》GB 50601 - 2010 第 11.1.4 条

关键词：建筑物防雷工程　检验批

6. 建筑物防雷工程（子分部工程）质量验收合格应符合哪些规定？

答：（1）防雷工程所含的分项工程的质量均应验收合格；

（2）质量控制资料应符合本规范要求，并应完整齐全；

（3）施工现场质量管理检查记录表的填写应完整；

（4）工程的观感质量验收应经验收人员通过现场检查，并应共同确认；

（5）防雷工程（子分部工程）质量验收记录表格符合规范要求。

知识点索引：《建筑物防雷工程施工与质量验收规范》GB 50601 - 2010 第 11.1.6 条

关键词：建筑物防雷工程　（子分部工程）质量验收

7. 建筑物防雷工程接地装置安装工程主控项目和一般项目应进行哪些检测？

答：（1）供测量和等电位连接用的连接板（测量点）的数量和是否符合设计要求；

（2）测试接地装置的接地电阻值；

（3）检查在建筑物外人员可停留或经过的区域需要防跨步电压的措施；

（4）检查第一类防雷建筑物接地装置及与其有电气联系的金属管线与独立接闪器接地装置的安全距离；

（5）检查整个接地网外露部分接地线的规格、防腐、标识和防机械损伤等措施。测试与同一接地网连接的各相邻设备连接线的电气贯通状况，其间直流过渡电阻不应大于 0.2Ω。

知识点索引：《建筑物防雷工程施工与质量验收规范》GB 50601 - 2010 第 11.2.1 条

关键词：建筑物防雷工程　接地装置检测

8. 建筑物防雷工程中的等电位连接工程检验批划分和验收应符合哪些规定？

答：（1）等电位连接工程应按建筑物外大尺寸金属物等电位连接、金属管线等电位连接、各防雷区等电位连接和电子系统设备机房各分为 1 个检验批进行质量验收和记录。

（2）等电位连接的有效性可通过等电位连接导体之间的电阻值测试来确定，第一类防雷建筑物中长金属物的弯头、阀门、法兰盘等连接处的过渡电阻不应大于 0.03Ω；连在额定值为 16A 的断路器线路中，同时触及的外露可导电部分和装置外可导电部分之 间的电阻不应大于 0.24Ω；等电位连接带与连接范围内的金属管道等金属体末端之间的直流过渡电阻值不应大于 3Ω。

知识点索引：《建筑物防雷工程施工与质量验收规范》GB 50601－2010 第 11.2.4 条

关键词：建筑物防雷工程　等电位连接检验批

9. 建筑物防雷工程中的综合布线工程的检验批划分和验收应符合哪些规定？

答：（1）综合布线工程应为 1 个检验批，当建筑工程有若干独立的建筑时，可按建筑物的数量分为几个检验批进行质量验收和记录；

（2）对工程主控项目和一般项目应逐项进行检查和测量；

（3）综合布线工程电气测试应符合现行国家标准《综合布线系统工程验收规范》GB 50312 的有关规定。

知识点索引：《建筑物防雷工程施工与质量验收规范》GB 50601－2010 第 11.2.6 条

关键词：建筑物防雷工程　综合布线检验批

七、《火灾自动报警系统施工及验收标准》GB 50166－2019

1. 火灾自动报警系统系统施工前应具备哪些条件？

答：（1）系统图、设备布置平面图、接线图、安装图、联动控制逻辑设计文件等经批准的消防设计文件，系统设备的现行国家标准、系统设备的使用说明书等技术资料应齐全；

（2）设计单位应向建设、施工、监理单位进行技术交底，明确相应技术要求；

（3）系统设备、组（配）件以及材料应齐全，规格、型号应符合设计要求，应能够保证正常施工；

（4）与系统施工相关的预埋件、预留孔洞等应符合设计要求；

（5）施工现场及施工中使用的水、电、气应能够满足连续施工的要求。

知识点索引：《火灾自动报警系统施工及验收标准》GB 50166－2019 第 2.1.3 条

关键词：火灾自动报警系统　施工条件

2. 火灾自动报警系统中的控制与显示类设备的引入线缆应符合哪些规定？

答：（1）配线应整齐，不宜交叉，并应固定牢靠；

（2）线缆芯线的端部均应标明编号，并应与设计文件一致，字迹应清晰且不易褪色；

（3）端子板的每个接线端接线不应超过 2 根；

（4）线缆应留有不小于 200mm 的余量；

（5）线缆应绑扎成束；

（6）线缆穿管、槽盒后，应将管口、槽口封堵。

知识点索引：《火灾自动报警系统施工及验收标准》GB 50166－2019 第 3.3.2 条

关键词：火灾自动报警系统　引入线缆

3. 火灾自动报警系统中的点型火焰探测器和图像型火灾探测器的安装应符合哪些规定？

答：（1）安装位置应保证其视场角覆盖探测区域，并应避免光源直接照射在探测器的探测窗口；

（2）探测器的探测视角内不应存在遮挡物；

（3）在室外或交通隧道场所安装时，应采取防尘、防水措施。

知识点索引：《火灾自动报警系统施工及验收标准》GB 50166－2019 第3.3.10条

关键词：火灾自动报警系统 探测器安装

4. 火灾自动报警系统中的手动火灾报警按钮、消火栓按钮、防火卷帘手动控制装置、气体灭火系统手动与自动控制转换装置、气体灭火系统现场启动和停止按钮的安装应符合哪些规定？

答：（1）手动火灾报警按钮、防火卷帘手动控制装置、气体灭火系统手动与自动控制转换装置、气体灭火系统现场启动和停止按钮应设置在明显和便于操作的部位，其底边距地（楼）面的高度宜为1.3m～1.5m，且应设置明显的永久性标识，消火栓按钮应设置在消火栓箱内，疏散通道上设置的防火卷帘两侧均应设置手动控制装置。

（2）应安装牢固，不应倾斜。

（3）连接导线应留有不小于150mm的余量，且在其端部应设置明显的永久性标识。

知识点索引：《火灾自动报警系统施工及验收标准》GB 50166－2019 第3.3.16条

关键词：火灾自动报警系统 消防辅助装置

5. 火灾自动报警系统中的消防电气控制装置的安装应符合哪些规定？

答：（1）消防电气控制装置在安装前应进行功能检查，检查结果不合格的装置不应安装。

（2）消防电气控制装置外接导线的端部应设置明显的永久性标识。

（3）消防电气控制装置应安装牢固，不应倾斜，安装在轻质墙体上时应采取加固措施。

知识点索引：《火灾自动报警系统施工及验收标准》GB 50166－2019 第3.3.23条

关键词：火灾自动报警系统 控制装置安装

6. 火灾自动报警系统调试应包括系统部件功能调试和分系统的联动控制功能调试并应符合哪些规定？

答：（1）应对系统部件的主要功能、性能进行全数检查，系统设备的主要功能、性能应符合现行国家标准的规定。

（2）应逐一对每个报警区域、防护区域或防烟区域设置的消防系统进行联动控制功能检查，系统的联动控制功能应符合设计文件和现行国家标准的规定。

（3）不符合规定的项目应进行整改，并应重新进行调试。

知识点索引：《火灾自动报警系统施工及验收标准》GB 50166－2019 第4.1.1条

关键词：火灾自动报警系统 系统调试

7. 火灾自动报警系统中的消防控制室图形显示装置的消防设备运行状态显示功能应符合哪些规定?

答:(1) 消防控制室图形显示装置应接收并显示火灾报警控制器发送的火灾报警信息、故障信息、隔离信息、屏蔽信息和监管信息。

(2) 消防控制室图形显示装置应接收并显示消防联动控制器发送的联动控制信息、受控设备的动作反馈信息。

(3) 消防控制室图形显示装置显示的信息应与控制器的显示信息一致。

知识点索引:《火灾自动报警系统施工及验收标准》GB 50166-2019 第 4.1.4 条

关键词:火灾自动报警系统　显示功能

8. 火灾自动报警系统系统调试前,应对控制类设备进行联动编程,对控制类设备手动控制单元控制按钮或按键进行编码设置,并应符合哪些规定?

答:(1) 应按照系统联动控制逻辑设计文件的规定进行控制类设备的联动编程,并录入控制类设备中;

(2) 对于预设联动编程的控制类设备,应核查控制逻辑和控制时序是否符合系统联动控制逻辑设计文件的规定;

(3) 应按照系统联动控制逻辑设计文件的规定,进行消防联动控制器手动控制单元控制按钮、按键的编码设置;

(4) 应按标准规定填写控制类设备联动编程、手动控制单元编码设置记录。

知识点索引:《火灾自动报警系统施工及验收标准》GB 50166-2019 第 4.2.3 条

关键词:火灾自动报警系统　编码设置

9. 火灾自动报警系统应对点型感烟、点型感温、点型一氧化碳火灾探测器的火灾报警功能、复位功能进行检查并记录,探测器的火灾报警功能、复位功能应符合哪些规定?

答:(1) 对可恢复探测器,应采用专用的检测仪器或模拟火灾的方法,使探测器监测区域的烟雾浓度、温度、气体浓度达到探测器的报警设定阈值;对不可恢复的探测器,应采取模拟报警方法使探测器处于火灾报警状态,当有备品时,可抽样检查其报警功能;探测器的火警确认灯应点亮并保持。

(2) 火灾报警控制器火灾报警和信息显示功能应符合标准规定。

(3) 应使可恢复探测器监测区域的环境恢复正常,使不可恢复探测器恢复正常,手动操作控制器的复位键后,控制器应处于正常监视状态,探测器的火警确认灯应熄灭。

知识点索引:《火灾自动报警系统施工及验收标准》GB 50166-2019 第 4.3.5 条

关键词:火灾自动报警系统　火灾报警及复位功能

10. 火灾自动报警系统消防联动控制器调试时应在接通电源前按什么顺序做好准备工作?

答:(1) 应将消防联动控制器与火灾报警控制器连接;

(2) 应将任一备调回路的输入/输出模块与消防联动控制器连接;

(3) 应将备调回路的模块与其控制的受控设备连接;

（4）应切断各受控现场设备的控制连线；

（5）应接通电源，使消防联动控制器处于正常监视状态。

知识点索引：《火灾自动报警系统施工及验收标准》GB 50166－2019 第 4.5.1 条

关键词：火灾自动报警系统　调试顺序

11. 火灾自动报警系统应对电气火灾监控设备哪些主要功能进行检查并记录？

答：（1）自检功能；

（2）操作级别；

（3）故障报警功能；

（4）监控报警功能；

（5）消音功能；

（6）复位功能。

知识点索引：《火灾自动报警系统施工及验收标准》GB 50166－2019 第 4.8.2 条

关键词：火灾自动报警系统　监控设备的功能

12. 火灾自动报警系统应对消防设备应急电源哪些主要功能进行检查并记录？

答：（1）正常显示功能；

（2）故障报警功能；

（3）消音功能；

（4）转换功能。

知识点索引：《火灾自动报警系统施工及验收标准》GB 50166－2019 第 4.10.2 条

关键词：火灾自动报警系统　应急电源功能

13. 火灾自动报警系统应对防火卷帘手动控制装置的控制功能进行检查并记录，手动控制装置的控制功能应符合哪些规定？

答：（1）应手动操作手动控制装置的防火卷帘下降、停止、上升控制按键（钮）；

（2）防火卷帘控制器应发出卷帘动作声、光信号，并控制卷帘执行相应的动作。

知识点索引：《火灾自动报警系统施工及验收标准》GB 50166－2019 第 4.13.3 条

关键词：火灾自动报警系统　控制功能

14. 火灾自动报警系统应根据系统联动控制逻辑设计文件的规定，对疏散通道上的防火卷帘控制器配接火灾探测器的防火卷帘系统的联动控制功能进行检查并记录，防火卷帘系统的联动控制功能应符合哪些规定？

答：（1）应使一只专门用于联动防火卷帘的感烟火灾探测器发出火灾报警信号；防火卷帘控制器应控制防火卷帘下降至距楼板面 1.8m 处。

（2）应使一只专门用于联动防火卷帘的感温火灾探测器发出火灾报警信号；防火卷帘控制器应控制防火卷帘下降至楼板面。

（3）消防联动控制器应接收并显示防火卷控制器配接的火灾探测器的火灾报警信号、防火卷帘下降至距楼板面 1.8m 处、楼板面的反馈信号。

（4）消防控制器图形显示装置应显示火灾探测器的火灾报警信号和设备动作的反馈信号，且显示的信息应与消防联动控制器的显示一致。

知识点索引：《火灾自动报警系统施工及验收标准》GB 50166－2019 第 4.13.6 条

关键词：火灾自动报警系统　联动控制功能

15. 火灾自动报警系统应根据系统联动控制逻辑设计文件的规定，对非疏散通道上的防火卷帘系统的联动控制功能进行检查并记录，防火卷帘系统的联动控制功能应符合哪些规定？

答：（1）应使报警区域内符合联动控制触发条件的两只火灾探测器发出火灾报警信号；

（2）消防联动控制器应发出控制防火卷帘下降至楼板面的启动信号，点亮启动指示灯；

（3）防火卷帘控制器应控制防火卷帘下降至楼板面；

（4）消防联动控制器应接收并显示防火卷帘下降至楼板面的反馈信号；

（5）消防控制器图形显示装置应显示火灾报警控制器的火灾报警信号、消防联动控制器的启动信号和设备动作的反馈信号，且显示的信息应与控制器的显示一致。

知识点索引：《火灾自动报警系统施工及验收标准》GB 50166－2019 第 4.13.8 条

关键词：火灾自动报警系统　联动控制功能

16. 火灾自动报警系统应使消防联动控制器处于手动控制工作状态，对非疏散通道上的防火卷帘的手动控制功能进行检查并记录，防火卷帘的手动控制功能应符合哪些规定？

答：（1）手动操作消防联动控制器总线控制盘上的防火卷帘下降控制按钮、按键，对应的防火卷帘控制器应控制防火卷帘下降；

（2）消防联动控制器应接收并显示防火卷帘下降至楼板面的反馈信号。

知识点索引：《火灾自动报警系统施工及验收标准》GB 50166－2019 第 4.13.9 条

关键词：火灾自动报警系统　手动控制功能

17. 火灾自动报警系统应对风机控制箱、柜哪些主要功能进行检查？

答：（1）操作级别；

（2）自动、手动工作状态转换功能；

（3）手动控制功能；

（4）自动启动功能；

（5）手动控制插入优先功能。

知识点索引：《火灾自动报警系统施工及验收标准》GB 50166－2019 第 4.18.1 条

关键词：火灾自动报警系统　控制箱、柜功能

18. 火灾自动报警系统应根据系统联动控制逻辑设计文件的规定，在消防控制室对加压送风机的直接手动控制功能进行检查并记录，加压送风机的直接手动控制功能应符合哪些规定？

答：（1）手动操作消防联动控制器直接手动控制单元的加压送风机开启控制按钮、按

键，对应的风机控制箱、柜应控制加压送风机启动。

（2）手动操作消防联动控制器直接手动控制单元的加压送风机停止控制按钮、按键，对应的风机控制箱、柜应控制加压送风机停止运转。

（3）消防控制室图形显示装置应显示消防联动控制器的直接手动启动、停止控制信号。

知识点索引：《火灾自动报警系统施工及验收标准》GB 50166－2019 第 4.18.6 条

关键词：火灾自动报警系统　手动控制功能

19. 火灾自动报警系统应根据系统联动控制逻辑设计文件的规定，在消防控制室对排烟风机的直接手动控制功能进行检查并记录，排烟风机的直接手动控制功能应符合哪些规定？

答：（1）手动操作消防联动控制器直接手动控制单元的排烟风机开启控制按钮、按键，对应的风机控制箱、柜应控制排烟风机启动。

（2）手动操作消防联动控制器直接手动控制单元的排烟风机停止控制按钮、按键，对应的风机控制箱、柜应控制排烟风机停止运转。

（3）消防控制室图形显示装置应显示消防联动控制器的直接手动启动、停止控制信号。

知识点索引：《火灾自动报警系统施工及验收标准》GB 50166－2019 第 4.18.9 条

关键词：火灾自动报警系统　手动控制功能

20. 火灾自动报警系统中的非集中控制型消防应急照明和疏散指示系统的应急启动控制功能应符合哪些规定？

答：（1）应使报警区域内任两只火灾探测器，或一只火灾探测器和一只手动火灾报警按钮发出火灾报警信号。

（2）火灾报警控制器的火警控制输出触点应动作，控制系统蓄电池电源的转换、消防应急灯具光源的应急点亮。

知识点索引：《火灾自动报警系统施工及验收标准》GB 50166－2019 第 4.19.2 条

关键词：火灾自动报警系统　应急启动控制功能

八、《消防给水及消火栓系统技术规范》GB 50974－2014

1. 消防给水及消火栓系统市政两路消防供水应符合哪些条件，当不符合时应视为一路消防供水？

答：（1）市政给水厂应至少有两条输水干管向市政给水管网输水；

（2）市政给水管网应为环状管网；

（3）应有不同市政给水干管上不少于两条引入管向消防给水系统供水。

知识点索引：《消防给水及消火栓系统技术规范》GB 50974－2014 第 4.2.2 条

关键词：消防给水及消火栓系统　消防供水

2. 消防给水及消火栓系统符合哪些规定之一时应设置消防水池？

答：（1）当生产、生活用水量达到最大时，市政给水管网或引入管不能满足室内、外消防用水量时。

（2）当采用一路消防供水或只有一条引入管且室外消火栓设计流量大于 20L/s 或建筑高度大于 50m 时。

（3）市政消防给水设计流量小于建筑的消防给水设计流量时。

知识点索引：《消防给水及消火栓系统技术规范》GB 50974 - 2014 第 4.3.1 条

关键词：消防给水及消火栓系统　消防水池

3. 消防给水及消火栓系统消防水池的出水、排水和水位应符合哪些要求？

答：（1）消防水池的出水管应保证消防水池的有效容积能被全部利用；

（2）消防水池应设置就地水位显示装置，并应在消防控制中心或值班室等地点设置显示消防水池水位的装置，同时应有最高和最低报警水位；

（3）消防水池应设置溢流水管和排水设施，并应采用间接排水。

知识点索引：《消防给水及消火栓系统技术规范》GB 50974 - 2014 第 4.3.9 条

关键词：消防给水及消火栓系统　消防水池

4. 消防给水及消火栓系统消防水泵的主要材质应符合哪些规定？

答：（1）水泵外壳宜为球墨铸铁；

（2）叶轮宜为青铜或不锈钢。

知识点索引：《消防给水及消火栓系统技术规范》GB 50974 - 2014 第 5.1.7 条

关键词：消防给水及消火栓系统　消防水泵材质

5. 消防给水及消火栓系统当有两路消防供水且允许消防水泵直接吸水时应符合哪些规定？

答：（1）每一条市政给水应满足消防给水设计流量和消防时必须保证的其他用水；

（2）消防时室外给水管网的压力从地面算起不应小于 0.10MPa；

（3）消防水泵扬程应按室外给水管网的最低水压计算，并应以室外给水的最高水压校核消防水泵的工作工况。

知识点索引：《消防给水及消火栓系统技术规范》GB 50974 - 2014 第 5.1.14 条

关键词：消防给水及消火栓系统　消防水泵吸水

6. 消防给水及消火栓系统消防水泵吸水管和出水管上应设置压力表并应符合哪些规定？

答：（1）消防水泵出水管压力表的最大量程不应低于水泵额定工作压力的 2 倍，且不应低于 1.60MPa；

（2）消防水泵吸水管宜设置真空表、压力表或真空压力表，压力表的最大量程应根据工程具体情况确定，但不应低于 0.70MPa，真空表的最大量程宜为 -0.10MPa；

（3）压力表的直径不应小于 100mm，应采用直径不小于 6mm 的管道与消防水泵进出口管相接，并应设置关断阀门。

知识点索引：《消防给水及消火栓系统技术规范》GB 50974 - 2014 第 5.1.17 条

关键词：消防给水及消火栓系统　设置压力表

7. 消防给水及消火栓系统高位消防水箱的设置应符合哪些规定？

答：（1）当高位消防水箱在屋顶露天设置时，水箱的人孔，以及进出水管的阀门等应采取锁具或阀门箱等保护措施；

（2）严寒、寒冷等冬季冰冻地区的消防水箱应设置在消防水箱间内，其他地区宜设置在室内，当必须在屋顶露天设置时，应采取防冻隔热等安全措施；

（3）高位消防水箱与基础应牢固连接。

知识点索引：《消防给水及消火栓系统技术规范》GB 50974-2014 第 5.2.4 条

关键词：消防给水及消火栓系统　高位消防水箱

8. 消防给水及消火栓系统哪些场所的室内消火栓给水系统应设置消防水泵接合器？

答：（1）高层民用建筑；

（2）设有消防给水的住宅、超过五层的其他多层民用建筑；

（3）地下建筑和平战结合的人防工程；

（4）超过四层的厂房和库房，以及最高层楼板超过 20m 的厂房或库房；

（5）四层以上多层汽车库和地下汽车库；

（6）城市市政隧道。

知识点索引：《消防给水及消火栓系统技术规范》GB 50974-2014 第 5.4.1 条

关键词：消防给水及消火栓系统　消防水泵接合器

9. 消防给水及消火栓系统消防水泵机组的布置应符合哪些规定？

答：（1）相邻两个机组及机组至墙壁间的净距，当电机容量小于 22kW 时，不宜小于 0.60m；当电动机容量不小于 22kW，且不大于 55kW 时，不宜小于 0.8m；当电动机容量大于 55kW 且小于 255kW 时，不宜小于 1.2m；当电动机容量大于 255kW 时，不宜小于 1.5m。

（2）当消防水泵就地检修时，应至少在每个机组一侧设消防水泵机组宽度加 0.5m 的通道，并应保证消防水泵轴和电动机转子在检修时能拆卸。

（3）消防水泵房的主要通道宽度不应小于 1.2m。

知识点索引：《消防给水及消火栓系统技术规范》GB 50974-2014 第 5.5.2 条

关键词：消防给水及消火栓系统　水泵机组

10. 消防给水及消火栓系统消防水泵房应符合哪些规定？

答：（1）独立建造的消防水泵房耐火等级不应低于二级，与其他产生火灾暴露危害的建筑的防火距离应根据计算确定，但不应小于 15m；

（2）附设在建筑物内的消防水泵房，应采用耐火极限不低于 2.0h 的隔墙和 1.50h 的楼板与其他部位隔开，其疏散门应靠近安全出口，并应设甲级防火门；

（3）附设在建筑物内的消防水泵房，当设在首层时，其出口应直通室外；当设在地下室或其他楼层时，其出口应直通安全出口。

知识点索引：《消防给水及消火栓系统技术规范》GB 50974-2014 第 5.5.12 条

关键词：消防给水及消火栓系统　消防水泵房

11. 消防给水及消火栓系统市政消火栓或消防车从消防水池吸水向建筑供应室外消防给水时，应符合哪些规定？

答：（1）供消防车吸水的室外消防水池的每个取水口宜按一个室外消火栓计算，且其保护半径不应大于 150m；

（2）建筑外缘 5m～150m 的市政消火栓可计入建筑室外消火栓的数量，但当为消防水泵接合器供水时，建筑外缘 5m～40m 的市政消火栓可计入建筑室外消火栓的数量；

（3）当市政给水管网为环状时，符合本条第 1、2 款的室外消火栓出流量宜计入建筑室外消火栓设计流量；但当市政给水管网为枝状时，计入建筑的室外消火栓设计流量不宜超过一个市政消火栓的出流量。

知识点索引：《消防给水及消火栓系统技术规范》GB 50974－2014 第 6.1.5 条

关键词：消防给水及消火栓系统　室外消火栓

12. 消防给水及消火栓系统当室内采用临时高压消防给水系统时，高位消防水箱的设置应符合哪些规定？

答：（1）高层民用建筑、总建筑面积大于 10000m² 且层数超过 2 层的公共建筑和其他重要建筑，必须设置高位消防水箱。

（2）其他建筑应设置高位消防水箱，但当工业建筑设置高位消防水箱确有困难，且采用安全可靠的消防给水时，可采用稳压泵稳压。

（3）当市政供水管网的供水能力在满足生产、生活最大小时用水量后，仍能满足初期火灾所需的消防流量和压力时，市政直接供水可替代高位消防水箱。

知识点索引：《消防给水及消火栓系统技术规范》GB 50974－2014 第 6.1.9 条

关键词：消防给水及消火栓系统　高位消防水箱

13. 消防给水及消火栓系统室内消火栓的选用应符合哪些要求？

答：（1）室内消火栓 SN65 可与消防软管卷盘一同使用；

（2）SN65 的消火栓应配置公称直径 65 有内衬里的消防水带，每根水带的长度不宜超过 25m；消防软管卷盘应配置内径不小于 ϕ19 的消防软管，其长度宜为 30m；

（3）SN65 的消火栓宜配当量喷嘴直径 16mm 或 19mm 的消防水枪，但当消火栓设计流量为 2.5L/s 时宜配当量喷嘴直径 11mm 或 13mm 的消防水枪；消防软管卷盘应配当量喷嘴直径 6mm 的消防水枪。

知识点索引：《消防给水及消火栓系统技术规范》GB 50974－2014 第 7.4.2 条

关键词：消防给水及消火栓系统　室内消火栓

14. 消防给水及消火栓系统室内消火栓栓口压力和消防水枪充实水柱应符合哪些规定？

答：（1）消火栓栓口动压力不应大于 0.50MPa，但当大于 0.70MPa 时应设置减压装置；

（2）高层建筑、厂房、库房和室内净空高度超过 8m 的民用建筑等场所的消火栓栓口动压；

（3）不应小于 0.35MPa，且消防防水枪充实水柱应按 13m 计算；其他场所的消火栓栓口动压不应小于 0.25MPa，且防水枪充实水柱应按 10m 计算。

知识点索引：《消防给水及消火栓系统技术规范》GB 50974－2014 第 7.4.12 条

关键词：消防给水及消火栓系统　充实水柱

15. 消防给水及消火栓系统哪些消防给水应采用环状给水管网？

答：（1）向两栋或两座及以上建筑供水时；

（2）向两种及以上水灭火系统供水时；

（3）采用设有高位消防水箱的临时高压消防给水系统时；

（4）向两个及以上报警阀控制的自动水灭火系统供水时。

知识点索引：《消防给水及消火栓系统技术规范》GB 50974－2014 第 8.1.2 条

关键词：消防给水及消火栓系统　环状给水管网

16. 消防给水及消火栓系统室内消防给水管网应符合哪些规定？

答：（1）室内消火栓系统管网应布置成环状，当室外消火栓设计流量不大于 20L/s（但建筑高度超过 50m 的住宅除外），且室内消火栓不超过 10 个时，可布置成枝状。

（2）当由室外生产生活消防合用系统直接供水时，合用系统除应满足室外消防给水设计流量以及生产和生活最大小时设计流量的要求外，还应满足室内消防给水系统的设计流量和压力要求。

（3）室内消防管道管径应根据系统设计流量、流速和压力要求经计算确定；室内消火栓竖管管径应根据竖管最低流量经计算确定，但不应小于 DN100。

知识点索引：《消防给水及消火栓系统技术规范》GB 50974－2014 第 8.1.5 条

关键词：消防给水及消火栓系统　给水管网

17. 消防给水及消火栓系统埋地金属管道的管顶覆土应符合哪些规定？

答：（1）管道最小管顶覆土应按地面荷载、埋深荷载和冰冻线对管道的综合影响确定。

（2）管道最小管顶覆土不应小于 0.70m；但当在机动车道下时管道最小管顶覆土应经计算确定，并不宜小于 0.90m。

（3）管道最小管顶覆土应至少在冰冻线以下 0.30m。

知识点索引：《消防给水及消火栓系统技术规范》GB 50974－2014 第 8.2.6 条

关键词：消防给水及消火栓系统　管顶覆土

18. 消防给水及消火栓系统消防给水系统的阀门选择应符合哪些规定？

答：（1）埋地管道的阀门宜采用带启闭刻度的暗杆闸阀，当设置在阀门井内时可采用耐腐蚀的明杆闸阀；

（2）室内架空管道的阀门宜采用蝶阀、明杆闸阀或带启闭刻度的暗杆闸阀等；

（3）室外架空管道宜采用带启闭刻度的暗杆闸阀或耐腐蚀的明杆闸阀；

（4）埋地管道的阀门应采用球墨铸铁阀门，室内架空管道的阀门应采用球墨铸铁或不锈钢阀门，室外架空管道的阀门应采用球墨铸铁阀门或不锈钢阀门。

知识点索引：《消防给水及消火栓系统技术规范》GB 50974－2014 第 8.3.1 条

关键词：消防给水及消火栓系统　系统阀门

19. 消防给水及消火栓系统消防水泵和稳压泵的检验应符合哪些要求？

答：（1）消防水泵和稳压泵的流量、压力和电机功率应满足设计要求。

（2）消防水泵产品质量应符合现行国家标准《消防泵》GB 6245、《离心泵技术条件》GB/T 5656 的有关规定。

（3）稳压泵产品质量应符合现行国家标准《离心泵技术条件》GB/T 5656 的有关规定；消防水泵和稳压泵的电机功率应满足水泵全性能曲线运行的要求。

（4）泵及电机的外观表面不应有碰损，轴心不应有偏心。

知识点索引：《消防给水及消火栓系统技术规范》GB 50974－2014 第 12.2.2 条

关键词：消防给水及消火栓系统　水泵检验

20. 消防给水及消火栓系统的安装应符合哪些要求？

答：（1）消防水泵、消防水箱、消防水池、消防气压给水设备、消防水泵接合器等供水设施及其附属管道安装前，应清除其内部污垢和杂物。

（2）消防供水设施应采取安全可靠的防护措施，其安装位置应便于日常操作和维护管理。

（3）管道的安装应采用符合管材的施工工艺，管道安装中断时，其敞口处应封闭。

知识点索引：《消防给水及消火栓系统技术规范》GB 50974－2014 第 12.3.1 条

关键词：消防给水及消火栓系统　系统安装

21. 消防给水及消火栓系统控制柜的安装应符合哪些要求？

答：（1）控制柜的基座其水平度误差不大于±2mm，并应做防腐处理及防水措施；

（2）控制柜与基座应采用不小于 φ12mm 的螺栓固定，每只柜不应少于 4 只螺栓；

（3）做控制柜的上下进出线口时，不应破坏控制柜的防护等级。

知识点索引：《消防给水及消火栓系统技术规范》GB 50974－2014 第 12.3.27 条

关键词：消防给水及消火栓系统　控制柜安装

22. 消防给水及消火栓系统水源调试和测试应符合哪些要求？

答：（1）按设计要求核实高位消防水箱、高位消防水池、消防水池的容积，高位消防水池、高位消防水箱设置高度应符合设计要求；消防储水应有不作他用的技术措施；当有江河湖海、水库和水塘等天然水源作为消防水源时应验证其枯水位、洪水位和常水位的流量符合设计要求；地下水井的常水位、出水量等应符合设计要求。

（2）消防水泵直接从市政管网吸水时，应测试市政供水的压力和流量能否满足设计要求的流量。

（3）应按设计要求核实消防水泵接合器的数量和供水能力，并应通过消防车车载移动泵供水进行试验验证。

（4）应核实地下水井的常水位和设计抽升流量时的水位。

知识点索引：《消防给水及消火栓系统技术规范》GB 50974－2014 第 13.1.3 条

关键词：消防给水及消火栓系统　水源调试

23. 消防给水及消火栓系统消防水泵房的验收应符合哪些要求？

答：（1）消防水泵房的建筑防火要求应符合设计要求和现行国家标准《建筑设计防火规范》GB 50016 的有关规定；

（2）消防水泵房设置的应急照明、安全出口应符合设计要求；

（3）消防水泵房的采暖通风、排水和防洪等应符合设计要求；

（4）消防水泵房的设备进出和维修安装空间应满足设备要求；

（5）消防水泵控制柜的安装位置和防护等级应符合设计要求。

知识点索引：《消防给水及消火栓系统技术规范》GB 50974－2014 第 13.2.5 条

关键词：消防给水及消火栓系统　泵房验收

九、《施工现场临时用电安全技术规范》JGJ 46－2005

1. 施工现场临时用电组织设计中的设计配电系统应包括哪些内容？

答：（1）设计配电线路，选择导线或电缆；

（2）设计配电装置，选择电器；

（3）设计接地装置；

（4）绘制临时用电工程图纸，主要包括用电工程总平面图、配电装置布置图、配电系统接线图、接地装置设计图。

知识点索引：《施工现场临时用电安全技术规范》JGJ 46－2005 第 3.1.2 条

关键词：施工现场临时用电　配电系统

2. 施工现场临时用电在 TN 系统中哪些电气设备不带电的外露可导电部分应做保护接零？

答：（1）电机、变压器、电器、照明器具、手持式电动工具的金属外壳。

（2）电气设备传动装置的金属部件。

（3）配电柜与控制柜的金属框架。

（4）配电装置的金属箱体、框架及靠近带电部分的金属围栏和金属门。

（5）电力线路的金属保护管、敷线的钢索、起重机的底座和轨道、滑升模板金属操作平台等。

（6）安装在电力线路杆（塔）上的开关、电容器等电气装置的金属外壳及支架。

知识点索引：《施工现场临时用电安全技术规范》JGJ 46－2005 第 5.2.1 条

关键词：施工现场临时用电　保护接零

3. 施工现场临时用电在 TN 系统中哪些电气设备不带电的外露可导电部分，可不做保护接零？

答：（1）在木质、沥青等不良导电地坪的干燥房间内，交流电压 380V 及以下的电气装置金属外壳（当维修人员可能同时触及电气设备金属外壳和接地金属物件时除外）。

（2）安装在配电柜、控制柜金属框架和配电箱的金属箱体上，且与其可靠电气连接的电气测量仪表、电流互感器、电器的金属外壳。

知识点索引：《施工现场临时用电安全技术规范》JGJ 46－2005 第5.2.3条

关键词：施工现场临时用电　保护接零

4. 施工现场临时用电架空线导线截面的选择应符合哪些要求？

答：（1）导线中的计算负荷电流不大于其长期连续负荷允许载流量。

（2）线路末端电压偏移不大于其额定电压的5%。

（3）三相四线制线路的N线和PE线截面不小于相线截面的50%，单相线路的零线截面与相线截面相同。

（4）按机械强度要求，绝缘铜线截面不小于10mm²，绝缘铝线截面不小于16mm²。

（5）在跨越铁路、公路、河流、电力线路档距内，绝缘铜线截面不小于16mm²，绝缘铝线截面不小于25mm²。

知识点索引：《施工现场临时用电安全技术规范》JGJ 46－2005 第7.1.3条

关键词：施工现场临时用电　导线截面

5. 施工现场临时用电架空线路相序排列应符合哪些规定？

答：（1）动力、照明线在同一横担上架设时，导线相序排列是：面向负荷从左侧起依次为L1、N、L2、L3、PE。

（2）动力、照明线在二层横担上分别架设时，导线相序排列是：上层横担面向负荷从左侧起依次为L1、L2、L3；下层横担面向负荷从左侧起依次为L1（L2、L3）、N、PE。

知识点索引：《施工现场临时用电安全技术规范》JGJ 46－2005 第7.1.5条

关键词：施工现场临时用电　相序排列

6. 施工现场临时用电塔式起重机应按规范要求做重复接地和防雷接地，轨道式塔式起重机接地装置的设置应符合哪些要求？

答：（1）轨道两端各设一组接地装置；

（2）轨道的接头处作电气连接，两条轨道端部做环形电气连接；

（3）较长轨道每隔不大于30m加一组接地装置。

知识点索引：《施工现场临时用电安全技术规范》JGJ 46－2005 第9.2.2条

关键词：施工现场临时用电　起重机接地

7. 施工现场临时用电哪些特殊场所应使用安全特低电压照明器？

答：（1）隧道、人防工程、高温、有导电灰尘、比较潮湿或灯具离地面高度低于2.5m等场所的照明，电源电压不应大于36V；

（2）潮湿和易触及带电体场所的照明，电源电压不得大于24V；

（3）特别潮湿场所、导电良好的地面、锅炉或金属容器内的照明，电源电压不得大于12V。

知识点索引：《施工现场临时用电安全技术规范》JGJ 46－2005 第10.2.2条

关键词：施工现场临时用电　电压照明

8. 施工现场临时用电工作零线截面应按哪些规定选择?

答：(1) 单相二线及二相二线线路中，零线截面与相线截面相同。

(2) 三相四线制线路中，当照明器为白炽灯时，零线截面不小于相线截面的 50%。当照明器为气体放电灯时，零线截面按最大负载相的电流选择。

(3) 在逐相切断的三相照明电路中，零线截面与最大负载相线截面相同。

知识点索引：《施工现场临时用电安全技术规范》JGJ 46‐2005 第 10.2.8 条

关键词：施工现场临时用电　工作零线

9. 施工现场临时用电螺口灯头及其接线应符合哪些要求?

答：(1) 灯头的绝缘外壳无损伤、无漏电；

(2) 相线接在与中心触头相连的一端，零线接在与螺纹口相连的一端。

知识点索引：《施工现场临时用电安全技术规范》JGJ 46‐2005 第 10.3.7 条

关键词：施工现场临时用电　螺口灯

10. 施工现场临时用电暂设工程的照明灯具宜采用拉线开关控制，开关安装位置宜符合哪些要求?

答：(1) 拉线开关距地面高度为 2m～3m，与出入口的水平距离为 0.15m～0.2m，拉线的出口向下；

(2) 其他开关距地面高度为 1.3m，与出入口的水平距离为 0.15m～0.2m。

知识点索引：《施工现场临时用电安全技术规范》JGJ 46‐2005 第 10.3.9 条

关键词：施工现场临时用电　开关安装

第八章 节能工程、人防工程、其他建筑工程规范规程

一、《建筑节能工程施工质量验收标准》GB 50411－2019

1. 供暖节能工程使用的散热器和保温材料进场时，应对其哪些性能进行复验，复验应为见证取样检验？

答：（1）散热器的单位散热量、金属热强度；

（2）保温材料的导热系数或热阻、密度、吸水率。

知识点索引：《建筑节能工程施工质量验收标准》GB 50411－2019 第 9.2.2 条

关键词：建筑节能工程　性能复验

2. 建筑节能工程室内供暖系统的安装应符合哪些规定？

答：（1）供暖系统的形式应符合设计要求；

（2）散热设备、阀门、过滤器、温度、流量、压力等测量仪表应按设计要求安装齐全，不得随意增减或更换；

（3）水力平衡装置、热计量装置、室内温度调控装置的安装位置和方向应符合设计要求，并便于数据读取、操作、调试和维护。

知识点索引：《建筑节能工程施工质量验收标准》GB 50411－2019 第 9.2.4 条

关键词：建筑节能工程　供暖系统安装

3. 建筑节能工程通风与空调节能工程使用的风机盘管机组和绝热材料进场时，应对哪些性能进行复验，复验应为见证取样检验？

答：（1）风机盘管机组的供冷量、供热量、风量、水阻力、功率及噪声；

（2）绝热材料的导热系数或热阻、密度、吸水率。

知识点索引：《建筑节能工程施工质量验收标准》GB 50411－2019 第 10.2.2 条

关键词：建筑节能工程　性能复验

4. 建筑节能工程通风与空调节能工程中的送、排风系统及空调风系统、空调水系统的安装应符合哪些规定？

答：（1）各系统的形式应符合设计要求；

（2）设备、阀门、过滤器、温度计及仪表应按设计要求安装齐全，不得随意增减或更换；

（3）水系统各分支管路水力平衡装置、温度控制装置的安装位置、方向应符合设计要求，并便于数据读取、操作、调试和维护；

（4）空调系统应满足设计要求的分室（区）温度调控和冷、热计量功能。

知识点索引：《建筑节能工程施工质量验收标准》GB 50411－2019 第 10.2.3 条

关键词：建筑节能工程　空调风水系统

5. 建筑节能工程风管的安装应符合哪些规定？

答：（1）风管的材质、断面尺寸及壁厚应符合设计要求；

（2）风管与部件、建筑风道及风管间的连接应严密、牢固；

（3）风管的严密性检验结果应符合设计和国家现行标准的有关要求；

（4）需要绝热的风管与金属支架的接触处，需要绝热的复合材料风管及非金属风管的连接处和内部支撑加固处等，应有防热桥的措施，并应符合设计要求。

知识点索引：《建筑节能工程施工质量验收标准》GB 50411－2019 第 10.2.4 条

关键词：建筑节能工程　风管安装

6. 建筑节能工程组合式空调机组、柜式空调机组、新风机组、单元式空调机组的安装应符合哪些规定？

答：（1）规格、数量应符合设计要求；

（2）安装位置和方向应正确，且与风管、送风静压箱、回风箱、阀门的连接应严密可靠；

（3）现场组装的组合式空调机组各功能段之间连接应严密，其漏风量应符合现行国家标准的有关要求；

（4）机组内的空气热交换器翅片和空气过滤器应清洁、完好，且安装位置和方向正确，以便于维护和清理。

知识点索引：《建筑节能工程施工质量验收标准》GB 50411－2019 第 10.2.5 条

关键词：建筑节能工程　空调机组安装

7. 建筑节能工程空调与供暖系统冷热源设备和辅助设备及其管网系统的安装，应符合哪些规定？

答：（1）管道系统的形式应符合设计要求；

（2）设备、自控阀门与仪表，应按设计要求安装齐全，不得随意增减或更换；

（3）空调冷（热）水系统，应能实现设计要求的变流量或定流量运行；

（4）供热系统应能根据热负荷及室外温度变化，实现设计要求的集中质调节、量调节或质—量调节相结合的运行。

知识点索引：《建筑节能工程施工质量验收标准》GB 50411－2019 第 11.2.3 条

关键词：建筑节能工程　管网系统安装

8. 建筑节能工程空调与供暖系统冷热源和辅助设备及其管道和管网系统安装完毕后，应按哪些规定进行系统的试运转与调试？

答：（1）冷热源和辅助设备应进行单机试运转与调试；

（2）冷热源和辅助设备应同建筑物室内空调或供暖系统进行联合试运转与调试。

知识点索引：《建筑节能工程施工质量验收标准》GB 50411－2019 第 11.2.10 条

关键词：建筑节能工程　系统调试

9. 建筑节能工程配电与照明节能工程使用的照明光源、照明灯具及其附属装置等进场时，应对其哪些性能进行见证取样复验？

答：（1）照明光源初始光效；

（2）照明灯具镇流器能效值；

（3）照明灯具效率；

（4）照明设备功率、功率因数和谐波含量值。

知识点索引：《建筑节能工程施工质量验收标准》GB 50411－2019 第 12.2.2 条

关键词：建筑节能工程　性能复验

10. 建筑节能工程安装完成后应对配电系统进行调试，调试合格后应对低压配电系统哪些技术参数进行检测？

答：（1）用电单位受电端电压允许偏差；

（2）正常运行情况下用电设备端子处额定电压的允许偏差；

（3）10kV 及以下配电变压器低压侧功率因数；

（4）380V 的电网标称电压谐波限值；

（5）谐波电流。

知识点索引：《建筑节能工程施工质量验收标准》GB 50411－2019 第 12.2.4 条

关键词：建筑节能工程　技术参数检测

11. 建筑节能工程照明系统安装完成后应通电试运行，其测试参数和计算值应符合哪些规定？

答：（1）照度值允许偏差为设计值的±10％；

（2）功率密度值不应大于设计值，当典型功能区域照度值高于或低于其设计值时，功率密度值可按比例同时提高或降低。

知识点索引：《建筑节能工程施工质量验收标准》GB 50411－2019 第 12.2.5 条

关键词：建筑节能工程　通电试运行

12. 建筑节能工程中的监测与控制节能工程使用的设备、材料进行进场验收，应对主要产品的哪些技术性能参数和功能进行核查？

答：（1）系统集成软件的功能及系统接口兼容性。

（2）自动控制阀门和执行机构的设计计算书；控制器、执行器、变频设备以及阀门等设备的规格参数。

（3）变风量（VAV）末端控制器的自动控制和运算功能。

知识点索引：《建筑节能工程施工质量验收标准》GB 50411－2019 第 13.2.1 条

关键词：建筑节能工程　性能核查

13. 建筑节能工程照明自动控制系统的功能应符合设计要求，当设计无要求时，应符合哪些规定？

答：（1）大型公共建筑的公用照明区应采用集中控制，按照建筑使用条件、自然采光状况和实际需要，采取分区、分组及调光或降低照度的节能控制措施。

（2）宾馆的每间（套）客房应设置总电源节能控制开关。

（3）有自然采光的楼梯间、廊道的一般照明，应采用按照度或时间表开关的节能控制方式。

（4）当房间或场所设有两列或多列灯具时，应采取下列控制方式：

1）所控灯列应与侧窗平行；

2）电教室、会议室、多功能厅、报告厅等场所，应按靠近或远离讲台方式进行分组；

3）大空间场所应间隔控制或调光控制。

知识点索引：《建筑节能工程施工质量验收标准》GB 50411－2019 第 13.2.8 条

关键词：建筑节能工程 自控系统功能

14. 建筑节能工程地源热泵地埋管换热系统方案设计前，应由有资质的第三方检验机构在建设项目地点进行岩土热响应试验，并应符合哪些规定？

答：（1）地源热泵系统的应用建筑面积小于 $5000m^2$ 时，测试孔不应少于 1 个；

（2）地源热泵系统的应用建筑面积大于或等于 $5000m^2$ 时，测试孔不应少于 2 个。

知识点索引：《建筑节能工程施工质量验收标准》GB 50411－2019 第 14.2.2 条

关键词：建筑节能工程 岩土热响应试验

15. 建筑节能工程地源热泵地下水换热系统的施工应符合哪些规定？

答：（1）施工前应具备热源井及周围区域的工程地质勘查资料、设计文件、施工图纸和专项施工方案。

（2）热源井的数量、井位分布及取水层位应符合设计要求。

（3）井身结构、井管配置、填砾位置、滤料规格、止水材料及抽灌设备选用均应符合设计要求。

（4）热源井应进行抽水试验和回灌试验并应单独验收，其持续出水量和回灌量应稳定，并应满足设计要求；抽水试验结束前 应在抽水设备的出口处采集水样进行水质和含砂量的测定，水质和含砂量应满足系统设备的使用要求。

（5）地下水换热系统验收后，施工单位应提交热源成井报告。报告应包括文字说明，热源井的井位图和管井综合柱状图，洗井、抽水和回灌试验、水质和含砂量检验及管井验收资料。

知识点索引：《建筑节能工程施工质量验收标准》GB 50411－2019 第 14.2.5 条

关键词：建筑节能工程 换热系统施工

16. 建筑节能工程地埋管换热系统在安装前后管路冲洗应符合哪些规定？

答：（1）竖直埋管插入钻孔后，应进行管道冲洗；

（2）环路水平地埋管连接完成，在与分、集水器连接之前，应进行管道二次冲洗；

（3）环路水平管道与分、集水器连接完成后，地源热泵换热系统应进行第三次管道冲洗。

知识点索引：《建筑节能工程施工质量验收标准》GB 50411－2019 第 14.3.1 条

关键词：建筑节能工程　管路冲洗

17. 建筑节能工程太阳能光热系统节能工程采用的集热设备、保温材料进场时，应对其哪些性能进行见证取样复验？

答：（1）集热设备的热性能；

（2）保温材料的导热系数或热阻、密度、吸水率。

知识点索引：《建筑节能工程施工质量验收标准》GB 50411－2019 第 15.2.2 条

关键词：建筑节能工程　性能复验

18. 建筑节能工程参加建筑节能工程验收的各方人员资格、程序应符合哪些规定？

答：（1）节能工程检验批验收和隐蔽工程验收应由专业监理工程师组织并主持，施工单位相关专业的质量检查员与施工员参加验收。

（2）节能分项工程验收应由专业监理工程师组织并主持，施工单位项目技术负责人和相关专业的质量检查员、施工员参加验收；必要时可邀请主要设备、材料供应商及分包单位、设计单位 相关专业的人员参加验收。

（3）节能分部工程验收应由总监理工程师组织并主持，施工单位项目负责人、项目技术负责人和相关专业的负责人、质量检查员、施工员参加验收；施工单位的质量、技术负责人应参加验收；设计单位项目负责人及相关专业负责人应参加验收；主要设备、材料供应商及分包单位负责人应参加验收。

知识点索引：《建筑节能工程施工质量验收标准》GB 50411－2019 第 18.0.2 条

关键词：建筑节能工程　验收程序

19. 建筑节能工程建筑节能分部工程质量验收合格应符合哪些规定？

答：（1）分项工程应全部合格；

（2）质量控制资料应完整；

（3）外墙节能构造现场实体检验结果应符合设计要求；

（4）建筑外窗气密性能现场实体检验结果应符合设计要求；

（5）建筑设备系统节能性能检测结果应合格。

知识点索引：《建筑节能工程施工质量验收标准》GB 50411－2019 第 18.0.5 条

关键词：建筑节能工程　分部工程验收

20. 建筑节能工程的施工过程应如何控制？

答：（1）建筑节能工程应按照经审查合格的设计文件和经审查批准的专项施工方案施工，各施工工序应严格执行并按施工技术标准进行质量控制，每道施工工序完成后，经施工单位自检符合要求后，可进行下道工序施工。各专业工种之间的相关工序应进行交接检验，并应记录。

（2）建筑节能工程施工前，对于采用相同建筑节能设计的房间和构造做法，应在现场采用相同材料和工艺制作样板间或样板件，经有关各方确认后方可进行施工。

（3）使用有机类材料的建筑节能工程施工过程中，应采取必要的防火措施，并应制定火灾应急预案。

（4）建筑节能工程的施工作业环境和条件，应符合国家现行相关标准的规定和施工工艺的要求。节能保温材料不宜在雨雪天气中露天施工。

知识点索引：《建筑节能工程施工质量验收标准》GB 50411-2019 第 3.3.1～3.3.4 条

关键词：节能工程施工控制

21. 建筑节能工程分部、分项工程的划分，有何规定？

答：建筑节能工程为单位工程的一个分部工程。其子分部工程和分项工程的划分，应符合下列规定：

（1）建筑节能子分部工程和分项工程划分为：

1）围护结构节能工程子分部：墙体节能工程、幕墙节能工程、门窗节能工程、屋面节能工程、地面节能工程分项工程。

2）供暖空调节能工程子分部：供暖节能工程、通风与空调节能工程、冷热源及管网节能工程分项工程。

3）配电照明节能工程子分部：配电与照明节能工程分项工程。

4）监测控制节能工程子分部：监测与控制节能工程分项工程。

5）可再生能源节能工程子分部：地源热泵换热系统节能工程、太阳能光热系统节能工程、太阳能光伏节能工程分项工程。

（2）建筑节能工程可按照分项工程进行验收。当建筑节能分项工程的工程量较大时，可将分项上程划分为若干个检验批进行验收。

知识点索引：《建筑节能工程施工质量验收标准》GB 50411-2019 第 3.4.1 条

关键词：节能工程分部分项划分

22. 建筑节能分项工程和检验批的验收内容与其他专业分部工程、分项工程或检验批的验收内容相同时如何处理？

答：当在同一个单位工程项目中，建筑节能分项工程和检验批的验收内容与其他各专业分部工程、分项工程或检验批的验收内容相同且验收结果合格时，可采用其验收结果，不必进行重复检验。建筑节能分部工程验收资料应单独组卷。

知识点索引：《建筑节能工程施工质量验收标准》GB 50411-2019 第 3.4.4 条

关键词：节能工程验收资料

23. 墙体节能工程验收何时进行？

答：主体结构完成后进行施工的墙体节能工程，应在基层质量验收合格后施工，施工过程中应及时进行质量检查、隐蔽工程验收和检验批验收，施工完成后应进行墙体节能分项工程验收。与主体结构同时施工的墙体节能工程，应与主体结构一同验收。

知识点索引：《建筑节能工程施工质量验收标准》GB 50411－2019 第 4.1.2 条

关键词：墙体节能工程验收

24. 墙体节能工程应对哪些部位或内容进行隐蔽工程验收？

答：墙体节能工程应对下列部位或内容进行隐蔽工程验收，并应有详细的文字记录和必要的图像资料：

（1）保温层附着的基层及其表面处理；

（2）保温板粘结或固定；

（3）被封闭的保温材料厚度；

（4）锚固件及锚固节点做法；

（5）增强网铺设；

（6）抹面层厚度；

（7）墙体热桥部位处理；

（8）保温装饰板、预置保温板或预制保温墙板的位置、界面处理、板缝、构造节点及固定方式；

（9）现场喷涂或浇筑有机类保温材料的界面；

（10）保温隔热砌块墙体；

（11）各种变形缝处的节能施工做法。

知识点索引：《建筑节能工程施工质量验收标准》GB 50411－2019 第 4.1.3 条

关键词：墙体节能工程验收

25. 墙体节能工程使用的材料、产品进场时，应对哪些性能进行复检？

答：墙体节能工程使用的材料、产品进场时，应对其下列性能进行复验，复验应为见证取样检验：

（1）保温隔热材料的导热系数或热阻、密度、压缩强度或抗压强度、垂直于板面方向的抗拉强度、吸水率、燃烧性能（不燃材料除外）；

（2）复合保温板等墙体节能定型产品的传热系数或热阻、单位面积质量、拉伸粘结强度、燃烧性能（不燃材料除外）；

（3）保温砌块等墙体节能定型产品的传热系数或热阻、抗压强度、吸水率；

（4）反射隔热材料的太阳光反射比，半球发射率；

（5）粘结材料的拉伸粘结强度；

（6）抹面材料的拉伸粘结强度、压折比；

（7）增强网的力学性能、抗腐蚀性能。

知识点索引：《建筑节能工程施工质量验收标准》GB 50411－2019 第 4.2.2 条

关键词：节能工程材料复验

26. 根据《建筑节能工程施工质量验收标准》，外墙外保温工程使用材料或技术有何要求？

答：外墙外保温工程应采用预制构件、定型产品或成套技术，并应由同一供应商提供配套的组成材料和型式检验报告。型式检验报告中应包括耐候性和抗风压性能检验项目以及配套组成材料的名称、生产单位、规格型号及主要性能参数。

知识点索引:《建筑节能工程施工质量验收标准》GB 50411-2019 第 4.2.3 条

关键词:外墙外保温材料技术要求

27. 墙体节能工程的施工质量,必须符合哪些规定?

答:(1)保温隔热材料的厚度不得低于设计要求。

(2)保温板材与基层之间及各构造层之间的粘结或连接必须牢固。保温板材与基层的连接方式、拉伸粘结强度和粘结面积比应符合设计要求。保温板材与基层之间的拉伸粘结强度应进行现场拉拔试验,且不得在界面破坏。粘结面积比应进行剥离检验。

(3)当采用保温浆料做外保温时,厚度大于 20mm 的保温浆料应分层施工。保温浆料与基层之间及各层之间的粘结必须牢固,不应脱层、空鼓和开裂。

(4)当保温层采用锚固件固定时,锚固件数量、位置、锚固深度、胶结材料性能和锚固力应符合设计和施工方案的要求;保温装饰板的锚固件应使其装饰面板可靠固定;锚固力应做现场拉拔试验。

知识点索引:《建筑节能工程施工质量验收标准》GB 50411-2019 第 4.2.7 条

关键词:墙体节能工程施工质量规定

28. 墙体节能工程饰面层的基层及面层施工应符合哪些规定?

答:墙体节能工程各类饰面层的基层及面层施工,应符合设计且应符合现行国家标准《建筑装饰装修工程质量验收标准》GB 50210 的规定,并应符合下列规定:

(1)饰面层施工前应对基层进行隐蔽工程验收。基层应无脱层、空鼓和裂缝,并应平整、洁净,含水率应符合饰面层施工的要求。

(2)外墙外保温工程不宜采用粘贴饰面砖作饰面层;当采用时,其安全性与耐久性必须符合设计要求。饰面砖应做粘结强度拉拔试验,试验结果应符合设计和有关标准的规定。

(3)外墙外保温工程的饰面层不得渗漏。当外墙外保温工程的饰面层采用饰面板开缝安装时,保温层表面应覆盖具有防水功能的抹面层或采取其他防水措施。

(4)外墙外保温层及饰面层与其他部位交接的收口处,应采取防水措施。

知识点索引:《建筑节能工程施工质量验收标准》GB 50411-2019 第 4.2.10 条

关键词:墙体节能工程饰面层施工规定

29. 幕墙节能工程应对哪些部位或项目进行隐蔽工程验收?

答:幕墙节能工程施工中应对下列部位或项目进行隐蔽工程验收,并应有详细的文字记录和必要的图像资料:

(1)保温材料厚度和保温材料的固定;

(2)幕墙周边与墙体、屋面、地面的接缝处保温、密封构造;

(3)构造缝、结构缝处的幕墙构造;

(4)隔汽层;

（5）热桥部位、断热节点；

（6）单元式幕墙板块间的接缝构造；

（7）凝结水收集和排放构造；

（8）幕墙的通风换气装置；

（9）遮阳构件的锚固和连接。

知识点索引：《建筑节能工程施工质量验收标准》GB 50411－2019 第 5.1.4 条

关键词：幕墙节能工程隐蔽验收

30. 幕墙（含采光顶）节能工程使用的材料、构件进场有何复验要求？

答：幕墙（含采光顶）节能工程使用的材料、构件进场时，应对其下列性能进行复验，复验应为见证取样检验：

（1）保温隔热材料的导热系数或热阻、密度、吸水率、燃烧性能（不燃材料除外）；

（2）幕墙玻璃的可见光透射比、传热系数、遮阳系数，中空玻璃的密封性能；

（3）隔热型材的抗拉强度、抗剪强度；

（4）透光、半透光遮阳材料的太阳光透射比、太阳光反射比。

知识点索引：《建筑节能工程施工质量验收标准》GB 50411－2019 第 5.2.2 条

关键词：幕墙节能工程材料复验

31. 门窗（包括天窗）节能工程使用的材料、构件进场有何要求？

答：门窗（包括天窗）节能工程使用的材料、构件进场时，应按工程所处的气候区核查质量证明文件、节能性能标识证书、门窗节能性能计算书、复验报告，并应对下列性能进行复验，复验应为见证取样检验：

（1）严寒、寒冷地区：门窗的传热系数、气密性能；

（2）夏热冬冷地区：门窗的传热系数气密性能，玻璃的遮阳系数、可见光透射比；

（3）夏热冬暖地区：门窗的气密性能，玻璃的遮阳系数、可见光透射比；

（4）严寒、寒冷，夏热冬冷和夏热冬暖地区：透光、部分透光遮阳材料的太阳光透射比、太阳光反射比，中空玻璃的密封性能。

知识点索引：《建筑节能工程施工质量验收标准》GB 50411－2019 第 6.2.2 条

关键词：门窗节能工程材料进场要求

32. 屋面节能工程材料进场有何复验要求？

答：屋面节能工程使用的材料进场时，应对其下列性能进行复验，复验应为见证取样检验：

（1）保温隔热材料的导热系数或热阻、密度、压缩强度或抗压强度、吸水率、燃烧性能（不燃材料除外）；

（2）反射隔热材料的太阳光反射比、半球发射率。

知识点索引：《建筑节能工程施工质量验收标准》GB 50411－2019 第 7.2.2 条

关键词：屋面节能工程材料复验

33. 地面节能工程保温材料进场有何复验要求？

答：地面节能工程使用的保温材料进场时，应对其导热系数或热阻、密度、压缩强度或抗压强度、吸水率、燃烧性能（不燃材料除外）等性能进行复验，复验应为见证取样检验。

知识点索引：《建筑节能工程施工质量验收标准》GB 50411－2019 第 8.2.2 条

关键词：地面节能保温材料复验

二、《福建省建筑节能工程施工质量验收规程》DBJ/T 13－83－2013

1. 《福建省建筑节能工程施工质量验收规程》DBJ/T 13－83－2013 规定保温浆料外墙内、外保温工程采用的主要材料进场有何复验要求？

答：保温浆料外墙内、外保温工程采用的主要材料，进场时应对其下列性能进行复验，复验应为见证取样送检：

（1）保温浆料的导热系数、干密度、抗压强度、燃烧性能（无机保温浆料除外）；

（2）增强网的力学性能、抗腐蚀性能。

知识点索引：《福建省建筑节能工程施工质量验收规程》DBJ/T 13－83－2013 第 4.3.3 条

关键词：保温浆料复验要求

2. 根据《福建省建筑节能工程施工质量验收规程》DBJ/T 13－83－2013，保温浆料施工及送检有何规定？

答：（1）保温浆料应在施工中制作同条件养护试件，检测其导热系数、干密度和抗压强度。保温浆料的同条件养护试件应见证取样送检。

（2）保温浆料外墙内、外保温工程的施工，应符合下列规定：

1）保温隔热材料的厚度不得低于设计要求；

2）保温浆料的厚度大于 20mm 应分层施工。保温浆料与基层之间及各层之间的粘结必须牢固，不应脱层、空鼓和开裂。

知识点索引：《福建省建筑节能工程施工质量验收规程》DBJ/T 13－83－2013 第 4.3.6、第 4.3.7 条

关键词：保温浆料施工送检

3. 根据《福建省建筑节能工程施工质量验收规程》DBJ/T 13－83－2013，外墙保温板材进场有何复验要求？

答：外墙保温板材外保温工程采用的主要材料，进场时应对其下列性能进行复验，复验应为见证取样送检：

（1）保温板材的导热系数、密度、压缩强度、垂直于板面方向的抗拉强度、燃烧性能；

（2）粘结材料的拉伸粘结强度；

（3）增强网的力学性能、抗腐蚀性能。

知识点索引：《福建省建筑节能工程施工质量验收规程》DBJ/T 13-83－2013 第 4.4.3 条

关键词：保温板材复验要求

4. 根据《福建省建筑节能工程施工质量验收规程》DBJ/T 13-83-2013，外墙保温板材外保温工程施工有何规定？

答：（1）保温隔热材料的厚度不得低于设计要求。

（2）保温板材与基层及各构造层之间的粘结或连接必须牢固。保温板材与基层的连接方式、拉伸粘结强度和粘结面积比应符合设计要求。保温板材与基层的拉伸粘结强度应进行现场拉拔试验，粘结面积比应进行剥离检验。

知识点索引：《福建省建筑节能工程施工质量验收规程》DBJ/T 13-83-2013 第4.4.6条

关键词：保温板材施工规定

5. 根据《福建省建筑节能工程施工质量验收规程》DBJ/T 13-83-2013，采用防火隔离带构造的外墙外保温工程施工有何要求？

答：（1）采用防火隔离带构造的外墙外保温工程施工前应编制专项施工方案，并应采用与施工方案相同的材料和工艺制作有防火隔离带的外墙外保温样板墙。

（2）防火隔离带组成材料应与外墙外保温组成材料相配套。防火隔离带应采用工厂预制的制品现场安装，并应与基层墙体可靠连接。防火隔离带抹面胶浆、增强网应采用与外墙外保温相同的材料。

（3）建筑外墙外保温防火隔离带保温材料的燃烧性能等级应为 A 级，并应提供有防火隔离带的外墙外保温墙体耐候性检验报告。

知识点索引：《福建省建筑节能工程施工质量验收规程》DBJ/T 13-83-2013 第4.4.10、第4.4.11、第4.4.12 条

关键词：防火隔离带保温施工规定

6. 根据《福建省建筑节能工程施工质量验收规程》DBJ/T 13-83-2013，坡屋面、架空屋面保温隔热层施工有何要求？

答：坡屋面、架空屋面当采用将保温材料敷设于屋面内侧时，应采用无机类保温材料，保温隔热层应有防潮措施，其表面应有保护层，保护层的做法应符合设计要求。

知识点索引：《福建省建筑节能工程施工质量验收规程》DBJ/T 13-83-2013 第7.2.7 条

关键词：坡屋面、架空屋面保温隔热层施工规定

三、《福建省绿色建筑设计规范》DBJ/T 13-197-2017

1. 什么是绿色建筑被动技术措施？

答：绿色建筑被动技术措施是指直接利用阳光、风力、气温、湿度、地形、植物等现场自然条件，通过优化建筑设计，采用非机械、不耗能或少耗能的方式，降低建筑的采暖、空调和照明等负荷，提高室内外环境性能。通常包括天然采光、自然通风、围护结构的保温、隔热、遮阳、蓄热、雨水入渗等措施。

知识点索引：《福建省绿色建筑设计规范》DBJ/T 13 - 197 - 2017 第 2.0.2 条

关键词：绿色建筑被动技术措施

2. 绿色建筑设计应遵循的原则是什么？

答：绿色建筑设计应遵循以下原则：

（1）综合建筑全寿命期的技术与经济特性，采用有利于促进建筑与环境可持续发展的场地、建筑形式、技术、设备和材料。

（2）遵循因地制宜的原则，结合项目所在地气候、资源、经济和人文等条件，优先采用自然通风、天然采光、建筑遮阳、立体绿化、围护结构自保温、雨水利用等福建省绿色建筑适宜技术和产品。

（3）体现共享、平衡、集成的理念。在设计过程中总平面、建筑、结构、给水排水、暖通空调、建筑电气等各专业应紧密配合、协同工作。

（4）宜在理念、方法、技术应用等方面进行创新。

知识点索引：《福建省绿色建筑设计规范》DBJ/T 13 - 197 - 2017 第 3.0.1 条

关键词：绿色建筑设计原则

3. 绿色建筑设计中，宜选用绿色建筑适宜技术和产品，其中墙体节能技术主要包括哪些？

答：绿色建筑设计墙体节能技术，主要包括：

（1）蒸压加气混凝土砌块；

（2）自保温混凝土复合砌块（砖）；

（3）淤泥多孔砖；

（4）烧结煤矸石多孔砖；

（5）无机保温砂浆；

（6）建筑反射隔热涂料等。

知识点索引：《福建省绿色建筑设计规范》DBJ/T 13 - 197 - 2017 附录 A 第 A.0.2 条

关键词：绿色建筑设计墙体节能技术

四、《外墙外保温工程技术标准》JGJ 144 - 2019

1. 外墙外保温工程设计有何防水构造要求？

答：（1）外保温工程水平或倾斜的出挑部位以及延伸至地面以下的部位应做防水处理。

（2）门窗洞口与内窗交接处、首层与其他层交接处、外墙与屋顶交接处应进行密封和防水构造设计，水不应渗入保温层及基层墙体，重要节点部位应有详图。

（3）穿过外保温系统安装的设备、穿墙管线或支架等应固定在基层墙体上，并应做密封和防水设计。

（4）基层墙体变形缝处应采取防水和保温构造处理。

知识点索引：《外墙外保温工程技术标准》JGJ 144 - 2019 第 5.1.3 条

关键词：外墙外保温防水

2. 外墙外保温工程施工应符合哪些规定?

答:(1)可燃、难燃保温材料的施工应分区段进行,各区段应保持足够的防火间距。

(2)粘贴保温板薄抹灰外保温系统中的保温材料施工上墙后应及时做抹面层。

(3)防火隔离带的施工应与保温材料的施工同步进行。

知识点索引:《外墙外保温工程技术标准》JGJ 144-2019 第 5.2.8 条

关键词:外墙外保温施工

3. 外墙外保温工程施工现场防火安全措施有哪些要求?

答:外保温工程施工现场应采取可靠的防火安全措施且应满足国家现行标准的要求,并应符合下列规定:

(1)在外保温专项施工方案中,应按国家现行标准要求,对施工现场消防措施作出明确规定。

(2)可燃、难燃保温材料的现场存放、运输、施工应符合消防的有关规定。

(3)外保温工程施工期间现场不应有高温或明火作业。

知识点索引:《外墙外保温工程技术标准》JGJ 144-2019 第 5.2.9 条

关键词:外墙外保温施工防火

4. 现场喷涂硬泡聚氨酯外墙外保温系统组成有什么?

答:(1)基层墙体。

(2)界面层。

(3)喷涂硬泡聚氨酯保温层。

(4)界面砂浆。

(5)找平面。

(6)抹面胶浆复合玻纤网。

(7)饰面层。

知识点索引:《外墙外保温工程技术标准》JGJ 144-2019 第 6.6.1 条

关键词:外墙外保温构造

5. EPS 钢丝网架板现浇混凝土外墙外保温系统构造有什么?

答:现浇混凝土外墙、EPS 钢丝网架板、掺外加剂的水泥砂浆抹面层、钢丝网架、饰面层、辅助固定件。

知识点索引:《外墙外保温工程技术标准》JGJ 144-2019 第 6.4.1 条

关键词:外墙外保温构造

6. 对外墙外保温系统材料性能试验有哪些?

答:耐候性、耐冻融性能、抗冲击性能、吸水量、保温板抗拉强度、拉伸粘结强度、抹面不透水性、防护层水蒸气渗透性。

知识点索引:《外墙外保温工程技术标准》JGJ 144-2019 附录 A

关键词:外墙外保温材料试验

五、《外墙内保温工程技术规程》JGJ/T 261－2011

1. 外墙内保温系统中，保温砂浆有哪些？对干密度、抗压强度、导热系数的要求是多少？

答：（1）保温砂浆有无机轻集料保温砂浆和聚苯颗粒保温砂浆。

（2）保温砂浆干密度≤350kg/m³，抗压强度≥0.20MPa，导热系数≤0.07W/(m·K)。

知识点索引：《外墙内保温工程技术规程》JGJ/T 261－2011 第4.2.5条

关键词：外墙保温砂浆性能

2. 外墙内保温系统中，保温材料喷涂硬泡聚氨酯对密度、导热系数、吸水率、燃烧性能有何要求？

答：喷涂硬泡聚氨酯要求密度≥35kg/m³，导热系数≤0.024W/(m·K)，吸水率≤3%，燃烧性能不低于D级。

知识点索引：《外墙内保温工程技术规程》JGJ/T 261－2011 第4.2.6条

关键词：喷涂硬泡聚氨酯性能

3. 外墙内保温工程的热工和节能设计有何具体规定？

答：（1）外墙平均传热系数应符合国家现行建筑节能标准对外墙的要求。

（2）外墙热桥部位内表面温度不应低于室内空气在设计温度、湿度条件下的露点温度，必要时应进行保温处理。

（3）内保温复合墙体内部有可能出现冷凝时，应进行冷凝受潮验算，必要时应设置隔气层。

知识点索引：《外墙内保温工程技术规程》JGJ/T 261－2011 第5.1.2条

关键词：内保温设计

4. 外墙内保温系统各构造层组成材料的选择有何具体规定？

答：（1）保温板及复合板与基层墙体的粘结，可采用胶粘剂或粘结石膏。当用于厨房、卫生间等潮湿环境或饰面层为面砖时，应采用胶粘剂。

（2）厨房、卫生间等潮湿环境或饰面层为面砖时不得使用粉刷石膏抹面。

（3）无机保温板或保温砂浆的抹面层的增强材料宜采用耐碱玻璃纤维网布。有机保温材料的抹面层为抹面胶浆时，其增强材料可选用涂塑中碱玻璃纤维网布；当抹面层为粉刷石膏时，其增强材料可选用中碱玻璃纤维网布。

（4）当内保温工程用于厨房、卫生间等潮湿环境采用腻子时，应选用耐水型腻子；在低收缩性面板上刮涂腻子时，可选普通型腻子；保温层尺寸稳定性差或面层材料收缩值大时，宜选用弹性腻子，不得选用普通型腻子。

知识点索引：《外墙内保温工程技术规程》JGJ/T 261－2011 第5.1.5条

关键词：内保温材料选择

5. 外墙内保温工程中，有机保温材料防护层有何要求？

答：有机保温材料应采用不燃材料或难燃材料做防护层，且防护层厚度不应小于 6mm。

知识点索引：《外墙内保温工程技术规程》JGJ/T 261-2011 第 5.1.7 条

关键词：有机保温材料防护层

6. 外墙内保温工程中，门窗和外墙阴阳角的内保温构造有何要求？

答：门窗四角和外墙阴阳角等处的内保温工程抹面层中，应设置附加增强网布。门窗洞口内侧面应做保温。

知识点索引：《外墙内保温工程技术规程》JGJ/T 261-2011 第 5.1.8 条

关键词：门窗保温构造

7. 外墙内保温复合墙体上安装设备、管道或悬挂重物有何要求？对墙体有何要求？

答：（1）在内保温复合墙体上安装设备、管道或悬挂重物时，其支承的埋件应固定于基层墙体上，并应做密封设计。

（2）内保温基层墙体应具有防水能力。

知识点索引：《外墙内保温工程技术规程》JGJ/T 261-2011 第 5.1.9、5.1.10 条

关键词：内保温复合墙体

8. 外墙内保温工程施工现场的防火安全措施应符合哪些规定？

答：（1）内保温工程施工作业区域，严禁明火作业。

（2）施工现场灭火器的配置和消防给水系统，应符合现行国家标准《建设工程施工现场消防安全技术规范》GB 50720 的规定。

（3）对可燃保温材料的存放和保护，应采取符合消防要求的措施。

（4）可燃保温材料上墙后，应及时做防护层，或采取相应保护措施。

（5）施工用照明等高温设备靠近可燃保温材料时，应采取可靠的防火措施。

（6）当施工电气线路采取暗敷设时，应敷设在不燃烧体结构内，且其保护层厚度不应小于 30mm；当采用明敷设时，应穿金属管、阻燃套管或封闭式阻燃线槽。

（7）喷涂硬泡聚氨酯现场作业时，施工工艺、工具及服装等应采取防静电措施。

知识点索引：《外墙内保温工程技术规程》JGJ/T 261-2011 第 5.2.3 条

关键词：内保温施工防火措施

9. 外墙内保温工程施工，基层墙体需要找平时，应符合哪些规定？

答：（1）应采用水泥砂浆找平，找平层厚度不宜小于 12mm；找平层与基层墙体应粘结牢固，粘结强度不应小于 0.3MPa。找平层垂直度和平整度应符合国家标准《建筑装饰装修工程质量验收规范》GB 50210 的规定。

（2）基层墙体与找平层之间，应涂刷界面砂浆。当基层墙体为混凝土墙及砖砌体时，应涂刷Ⅰ型界面砂浆界面层；基层墙体为加气混凝土时，应采用Ⅱ型界面砂浆界面层。

知识点索引：《外墙内保温工程技术规程》JGJ/T 261-2011 第 5.2.5 条

关键词：内保温施工找平

10. 外墙内保温工程施工抗裂措施有哪些要求？

答：（1）楼板与外墙、外墙与内墙交接的阴阳角处应粘贴一层 300mm 宽玻璃纤维网布，且阴阳角的两侧应各为 150mm。

（2）门窗洞口等处的玻璃纤维网布应翻折满包内口。

（3）在门窗洞口、电器盒四周对角线方向，应斜向加铺不小于 400mm×200mm 玻璃纤维网布。

知识点索引：《外墙内保温工程技术规程》JGJ/T 261－2011 第 5.2.6 条

关键词：内保温施工　抗裂措施

11. 复合板内保温系统所用石膏板面板、无石棉纤维增强硅酸钙板面板和无石棉纤维水泥平板面板最小公称厚度是多少？

答：石膏板面板公称厚度不得小于 9.5mm，无石棉纤维增强硅酸钙板面板和无石棉纤维水泥平板面板公称厚度不得小于 6.0mm。

知识点索引：《外墙内保温工程技术规程》JGJ/T 261－2011 第 6.1.2 条

关键词：内保温施工

12. 复合板内保温系统采用的锚栓有何具体规定？

答：（1）应采用材质为不锈钢或经过表面防腐处理的碳素钢制成的金属钉锚栓。

（2）锚栓进入基层墙体的有效锚固深度不应小于 25mm，基层墙体为加气混凝土时，锚栓的有效锚固深度不应小于 50mm。有空腔结构的基层墙体，应采用旋入式锚栓。

（3）当保温层为 EPS、XPS、PU 板时，其单位面积质量不宜超过 15kg/m^2，且每块复合板顶部离边缘 80mm 处，应采用不少于 2 个金属钉锚栓固定在基层墙体上，锚栓的钉头不得凸出板面。

（4）当保温层为纸蜂窝填充憎水型膨胀珍珠岩时，锚栓间距不应大于 400mm，且距板边距离不应小于 20mm。

知识点索引：《外墙内保温工程技术规程》JGJ/T 261－2011 第 6.1.6 条

关键词：内保温锚栓

13. 外墙内保温工程保温砂浆施工有哪些要求？

答：（1）应采用专用机械搅拌，搅拌时间不宜少于 3min，且不宜大于 6min。搅拌后的砂浆应在 2h 内用完。

（2）应分层施工，每层厚度不应大于 20mm。后一层保温砂浆施工，应在前一层保温砂浆终凝后进行（一般为 24h）。

（3）应先用保温砂浆做标准饼，然后冲筋，其厚度应以墙面最高处抹灰厚度不小于设计厚度为准，并应进行垂直度检查，门窗口处及墙体阳角部分宜做护角。

知识点索引：《外墙内保温工程技术规程》JGJ/T 261－2011 第 6.4.3 条

关键词：内保温砂浆施工

14. 外墙内保温喷涂硬泡聚氨酯施工应符合哪些规定?

答:(1)环境温度不应低于10℃,空气相对湿度宜小于85%。

(2)硬泡聚氨酯应分层喷涂,每遍厚度不宜大于15mm。当日的施工作业面应在当日连续喷涂完毕。

(3)喷涂过程中应保证硬泡聚氨酯保温层表面平整度,喷涂完毕后保温层平整度偏差不宜大于6mm。

(4)阴阳角及不同材料的基层墙体交接处,保温层应连续不留缝。

知识点索引:《外墙内保温工程技术规程》JGJ/T 261-2011第6.5.2条

关键词:喷涂硬泡聚氨酯施工

15. 外墙内保温系统采用纸面石膏板或无石棉硅酸钙板或无石棉纤维水泥平板防护层面板的最小厚度是多少?

答:纸面石膏板最小公称厚度不得小于12mm;无石棉硅酸钙板及无石棉纤维水泥平板最小公称厚度,对高密度板不得小于6.0mm,对中密度板不得小于7.5mm,低密度板不得小于8.0mm,对易受撞击场所面板厚度应适当增加。

知识点索引:《外墙内保温工程技术规程》JGJ/T 261-2011第6.5.6条

关键词:内保温防护层面板材料

16. 保温砂浆外墙内保温系统分项工程需进行验收的主要施工工序有哪些?

答:有基层处理、涂抹保温砂浆、抹面层施工、饰面层施工四个工序。

知识点索引:《外墙内保温工程技术规程》JGJ/T 261-2011第7.1.3条

关键词:内保温砂浆验收工序

17. 喷涂硬泡聚氨酯外墙内保温系统分项工程需进行验收的主要施工工序有哪些?

答:有基层处理、喷涂保温层、保温层找平、抹面层施工、饰面层施工五个工序。

知识点索引:《外墙内保温工程技术规程》JGJ/T 261-2011第7.1.3条

关键词:喷涂硬泡聚氨酯内保温验收工序

18. 外墙内保温隐蔽工程验收应提供哪些内容的文字记录和图像资料?

答:(1)保温层附着的基层及其表面处理。

(2)保温板粘结或固定,空气层的厚度。

(3)锚栓安装。

(4)增强网铺设。

(5)墙体热桥部位处理。

(6)复合板的板缝处理。

(7)喷涂硬泡聚氨酯、保温砂浆或被封闭的保温材料厚度。

(8)隔汽层铺设。

(9)龙骨固定。

知识点索引:《外墙内保温工程技术规程》JGJ/T 261-2011第7.1.4条

关键词：内保温隐蔽验收

六、《人民防空工程施工及验收规范》GB 50134－2004

1. 人民防空工程施工中，坑道、地道的掘进施工应对轴线方向、高程和距离进行复测。复测应符合哪些规定？

答：（1）复测轴线方向，每个测点应进行两个以上测回；

（2）复测高程时，水准测量的前后视距宜相等，水准尺的读数应精确到毫米；

（3）复测两标准桩之间轴线长度时，应采用钢尺测量，其偏差不应超过 0.2％。

知识点索引：《人民防空工程施工及验收规范》GB 50134－2004 第 3.2.1 条

关键词：人民防空工程　施工复测

2. 人民防空工程，坑道、地道的掘进施工口部测量应符合哪些规定？

答：（1）应根据口部中心桩测设底部起挖桩和上部起挖桩；在明显和便于保护的地点设置水准点，并应设高程标志；

（2）在距底部起挖桩和上部起挖桩 3m 以外，宜各设一对控制中心桩；

（3）在洞口掘进 5m 以后，宜在洞口底部埋设标桩。

知识点索引：《人民防空工程施工及验收规范》GB 50134－2004 第 3.2.2 条

关键词：人民防空工程　口部测量

3. 人民防空工程，坑道、地道的掘进施工钢筋网喷射混凝土支护应符合哪些规定？

答：（1）钢筋使用前应清除污锈；

（2）钢筋网与岩面的间隙不应小于 30mm，钢筋保护层厚度不应小于 25mm；

（3）钢筋网应与锚杆或其他锚定装置联结牢固；

（4）当采用双层钢筋网时，第二层钢筋网应在第一层钢筋网被混凝土覆盖后铺设。

知识点索引：《人民防空工程施工及验收规范》GB 50134－2004 第 3.4.3 条

关键词：人民防空工程　喷射支护

4. 人民防空工程，坑道、地道的掘进施工钢纤维喷射混凝土支护应符合哪些规定？

答：（1）钢纤维的长度宜一致，并不得含有其他杂物；

（2）钢纤维不得有明显的锈蚀和油渍；

（3）混凝土粗骨料的粒径不宜大于 10mm；

（4）钢纤维掺量应为混合料重量的 3％～6％；应搅拌均匀，不得成团。

知识点索引：《人民防空工程施工及验收规范》GB 50134－2004 第 3.4.4 条

关键词：人民防空工程　喷射支护

5. 人民防空工程逆作法施工钻机应符合哪些规定？

答：（1）钻机应运行平稳，纵、横方向应移动方便；

（2）应有自动调整钻杆垂直度的装置和起吊能力；

（3）钻头带有螺旋叶片部分的长度应大于或等于钻孔柱的长度；螺旋叶片的直径应与

钻孔柱直径相等。

知识点索引：《人民防空工程施工及验收规范》GB 50134-2004 第 5.2.1 条

关键词：人民防空工程　施工钻机

6. 人民防空工程采用逆做法施工时，暗挖的土方运输应符合哪些规定？

答：（1）施工竖井应设置人行爬梯，严禁人员乘坐吊盘出入；

（2）施工竖井地面、地下均应设置联系信号；

（3）在吊盘上必须设置限速器和超高器。

知识点索引：《人民防空工程施工及验收规范》GB 50134-2004 第 5.5.2 条

关键词：人民防空工程　土方运输

7. 人民防空工程顶管顶进作业应符合哪些规定？

答：（1）顶进作业中当油压突然升高时，应立即停止顶进，查明原因并进行处理后，方可继续顶进。

（2）千斤顶活塞的伸出长度不得大于允许冲程；在顶进过程中，顶铁两侧不得停留人。

（3）当顶进不连续作业时，应保持工具管端部充满土塞；当土塞可能松塌时，应在工具管端部注满压力水。

（4）当地表不允许隆起变形时，严禁采用闷顶。

知识点索引：《人民防空工程施工及验收规范》GB 50134-2004 第 7.3.4 条

关键词：人民防空工程　顶管顶进

8. 人民防空工程顶管过程中对哪些各分项工程应进行中间检验？

答：（1）顶管工作井的坐标位置；

（2）管段的接头质量；

（3）顶管轴线轨迹。

知识点索引：《人民防空工程施工及验收规范》GB 50134-2004 第 7.5.1 条

关键词：人民防空工程　中间检验

9. 人民防空工程顶管工程竣工验收应提交哪些文件？

答：（1）测量、测试记录；

（2）中间检验记录；

（3）工程质量试验报告；

（4）工程质量事故的处理资料；

（5）工程竣工图。

知识点索引：《人民防空工程施工及验收规范》GB 50134-2004 第 7.5.2 条

关键词：人民防空工程　竣工验收

10. 人民防空工程盾构施工工作井应符合哪些规定？

答：（1）拼装用工作井的宽度应比盾构直径大 1.6m～2m；长度应满足初期掘进出

土、管片运输的要求；底板标高宜低于洞口底部 1m；

（2）拆卸用工作井的大小应满足盾构的起吊和拆卸的要求；

（3）盾构基座和后座应有足够的强度和刚度；

（4）盾构基座上的导轨定位必须准确，基座上应预留安装用的托轮位置。

知识点索引：《人民防空工程施工及验收规范》GB 50134-2004 第 8.2.1 条

关键词：人民防空工程 施工复测

11. 人民防空工程盾构施工的中间检验应包括哪些内容？

答：（1）盾构工作井的坐标；

（2）管片加工精度、拼装质量和接缝防水效果；

（3）掘进方向、地表变形、地道沉降。

知识点索引：《人民防空工程施工及验收规范》GB 50134-2004 第 8.6.1 条

关键词：人民防空工程 中间检验

12. 人民防空工程门框墙的混凝土浇筑应符合哪些规定？

答：（1）门框墙应连续浇筑，振捣密实，表面平整光滑，无蜂窝、孔洞、露筋；

（2）预埋件应除锈并涂防腐油漆，其安装的位置应准确，固定应牢靠；

（3）带有颗粒状或片状老锈，经除锈后仍留有麻点的钢筋严禁按原规格使用；

（4）钢筋的表面应保持清洁。

知识点索引：《人民防空工程施工及验收规范》GB 50134-2004 第 9.1.1 条

关键词：人民防空工程 门框墙浇筑

13. 人民防空工程密闭穿墙短管两端伸出墙面的长度，应符合哪些规定？

答：（1）电缆、电线穿墙短管宜为 30mm～50mm；

（2）给水排水穿墙短管应大于 40mm；

（3）通风穿墙短管应大于 100mm。

知识点索引：《人民防空工程施工及验收规范》GB 50134-2004 第 10.1.6 条

关键词：人民防空工程 穿墙短管

14. 人民防空工程密闭穿墙短管作套管时，应符合哪些规定？

答：（1）在套管与管道之间应用密封材料填充密实，并应在管口两端进行密闭处理。填料长度应为管径的 3 倍～5 倍，且不得小于 100mm。

（2）管道在套管内不得有接口。

（3）套管内径应比管道外径大 30mm～40mm。

知识点索引：《人民防空工程施工及验收规范》GB 50134-2004 第 10.1.7 条

关键词：人民防空工程 穿墙套管

15. 人民防空工程排烟管的安装应符合哪些规定？

答：（1）坡度应大于 0.5%，放水阀应设在最低处；

（2）清扫孔堵板应有耐热垫层，并固定严密；

（3）当排烟管穿越隔墙时，其周围空隙应采用石棉绳填充密实；

（4）排烟管与排烟道连接处，应预埋带有法兰及密闭翼环的密闭穿墙短管。

知识点索引：《人民防空工程施工及验收规范》GB 50134－2004 第 10.5.4 条

关键词：人民防空工程　排烟管安装

16. 人民防空工程通风机安装应符合哪些规定？

答：（1）风机试运转时，叶轮旋转方向正确，经不少于 2h 运转后，滑动轴承温升不超过 35℃，最高温度不超过 70℃；滚动轴承温不超过 40℃，最高温度不超过 80℃。

（2）离心风机与减振台座接触紧密，螺栓拧紧，并有防松装置。

（3）管道风机采用减振吊架安装时，风机与减振吊架连接紧密，牢固可靠；采用支、托架安装时，风机与减振器及支架、托架连接紧密，稳固可靠。

知识点索引：《人民防空工程施工及验收规范》GB 50134－2004 第 11.2.1 条

关键词：人民防空工程　通风机安装

17. 人民防空工程柴油发电机安装应符合哪些规定？

答：（1）机组在试运转中，润滑油压力和温度，冷却水进、出口温度，排烟温度必须符合设备技术文件的规定；

（2）各机件的接合处和管道系统，必须保证无漏油、漏水、漏烟和漏气现象；

（3）排烟管与日用油箱的距离必须保持在 1.5m 及以上；

（4）机座与支座、机座与导轨、机座与垫铁间各贴合面接触紧密，连接牢固；

（5）机组在额定负荷、50%负荷、空载试运转时，机件运转平稳、均匀，无异常发热；

（6）电气、热工仪表、信号安装位置准确，连接牢固，指示正确，灵敏可靠。

知识点索引：《人民防空工程施工及验收规范》GB 50134－2004 第 11.4.1 条

关键词：人民防空工程　柴油发电机安装

18. 人民防空工程变压器安装应符合哪些规定？

答：（1）位置正确，就位后轮子固定可靠；装有气体继电器的变压器顶盖，沿气体继电器的气流方向有 1%～1.5%的升高坡度；

（2）变压器与线路连接紧密，连接螺栓的锁紧装置齐全，瓷套管不受外力；

（3）零线沿器身向下接至接地装置的线段固定牢靠；

（4）器身各附件间连接的导线有保护管，保护管、接线盒固定牢靠，盒盖齐全。

知识点索引：《人民防空工程施工及验收规范》GB 50134－2004 第 11.4.3 条

关键词：人民防空工程　变压器安装

19. 人民防空工程落地式配电柜（箱）的安装应符合哪些规定？

答：（1）成排安装的配电柜（箱）应安装在基础型钢上。基础型钢应平直；型钢顶面高出地面应等于或大于 10mm；同一室内的基础型钢水平允许偏差不应超过 1mm/m，全长不应超过 5mm。

（2）基础型钢应有良好接地。

（3）柜（箱）的垂直度允许偏差不应大于 1.5mm/m。

知识点索引：《人民防空工程施工及验收规范》GB 50134－2004 第 11.4.4 条

关键词：人民防空工程　配电柜（箱）安装

20. 人民防空工程电气接地装置安装应符合哪些规定？

答：（1）应利用钢筋混凝土结构的钢筋网作自然接地体，用作自然接地体的钢筋网应焊接成整体；

（2）当采用自然接地体不能满足要求时，宜在工程内渗水井、水库、污水池中放置镀锌钢板作人工接地体，并不得损坏防水层；

（3）不宜采用外引式的人工接地体。当采用外引接地时，应从不同口部或不同方向引进接地干线。接地干线穿越防护密闭隔墙、密闭隔墙时，应做防护密闭处理。

知识点索引：《人民防空工程施工及验收规范》GB 50134－2004 第 11.4.8 条

关键词：人民防空工程　接地安装

21. 人民防空工程通风系统试验应符合哪些规定？

答：（1）防毒密闭管路及密闭阀门的气密性试验，充气加压 5.06×10^4 Pa，保持 5min 不漏气；

（2）过滤吸收器的气密性试验，充气加压 1.06×10^4 Pa 后 5min 内下降值不大于 660Pa；

（3）过滤式通风工程的超压试验，超压值应为 30Pa～50Pa；

（4）清洁式、过滤式和隔绝式通风方式相互转换运行，各种通风方式的进风、送风、排风及回风的风量和风压，满足设计要求；

（5）各主要房间的温度和相对湿度应满足平时使用要求。

知识点索引：《人民防空工程施工及验收规范》GB 50134－2004 第 11.6.1 条

关键词：人民防空工程　通风系统试验

22. 人民防空工程给水排水系统试验应符合哪些规定？

答：（1）清洁式通风时，水泵的供水量符合设计要求；

（2）过滤式通风时，洗消用水量、饮用水量符合设计要求；

（3）柴油发电机组、空调机冷却设备的进、出水温度、供水量等符合设计要求；

（4）水库或油库，当贮满水或油时，在 24h 内液位无明显下降，在规定时间内能将水或油排净；

（5）渗水井的渗水量符合设计要求。

知识点索引：《人民防空工程施工及验收规范》GB 50134－2004 第 11.6.3 条

关键词：人民防空工程　给水排水系统试验

23. 人民防空工程电气系统试验应包括哪些规定？

答：（1）检查电源切换的可靠性和切换时间；

（2）测定设备运行总负荷；

（3）检查事故照明及疏散指示电源的可靠性；

（4）测定主要房间的照度；

（5）检查用电设备远控、自控系统的联动效果；

（6）测定各接地系统的接地电阻。

知识点索引：《人民防空工程施工及验收规范》GB 50134－2004 第 11.6.4 条

关键词：人民防空工程　电气系统试验

24. 人民防空工程柴油发电机组的试运行应符合哪些规定？

答：（1）空载运行应在设备检查、试验合格后进行，空载运行时间不应少于 30min。

（2）负载运行应在空载运行正常后进行。试运行时，负荷应由空载状态逐步增加并在额定容量的 25％、50％、75％的负荷下各运行 1h，满载运行不少于 2h。

（3）超载运行应在额定容量 110％的负荷下运行 30min。

（4）并车试验应在各机组单机运行试验正常后进行。并车装置性能应可靠。各并车机组在 50％额定负荷以上时，有功功率和无功功率分配差度均应符合设计要求。

（5）自启动试验应在上述试验正常后进行，且不应少于 3 次。机组各项功能应符合设计要求。

知识点索引：《人民防空工程施工及验收规范》GB 50134－2004 第 11.6.5 条

关键词：人民防空工程　柴油发电机组试运行

25. 人民防空工程中，除了普通柴油发电机应该检测的项目外，有远距离自动控制台和机房仪表台的柴油发电机组尚应进行哪些检验？

答：（1）分别用自动和手动远动控制的方法进行试运转；

（2）进行自启动系统可靠性试验，测定启动时间；

（3）声光报警信号情况；

（4）柴油机调速和停车电磁阀工作情况；

（5）机房和控制室联络信号装置工作情况。

知识点索引：《人民防空工程施工及验收规范》GB 50134－2004 第 11.6.7 条

关键词：人民防空工程　柴油发电机组检验

26. 人防工程中门扇安装应符合哪些规定？

答：（1）门扇上下铰页受力均匀，门扇与门框贴合严密，门扇关闭后密封条压缩量均匀，严密不漏气；

（2）门扇启闭比较灵活，闭锁活动比较灵敏，门扇外表面标有闭锁开关方向；

（3）门扇能自由开到终止位置；

（4）门扇的零部件齐全，无锈蚀、无损坏。

知识点索引：《人民防空工程施工及验收规范》GB 50134－2004 第 9.2.1 条

关键词：门扇安装

27. 人防工程中防爆波悬摆活门安装，应符合哪些规定？

答：防爆波悬摆活门安装，应符合下列规定：

（1）底座与胶板粘贴应牢固、平整，其剥离强度不应小于 0.5MPa；

（2）悬板关闭后底座胶垫贴合应严密；

（3）悬板应启闭灵活，能自动开启到限位座；

（4）闭锁定位机构应灵活可靠。

知识点索引：《人民防空工程施工及验收规范》GB 50134 - 2004（9.3.1）

关键词：人防、防爆波悬摆活门

28. 人防工程中防爆超压排气活门、自动排气活门安装，应符合哪些规定？

答：防爆超压排气活门、自动排气活门安装，应符合下列规定：

（1）活门开启方向必须朝向排风方向；

（2）穿墙管法兰和在轴线视线上的杠杆均必须铅直；

（3）活门在设计超压下能自动启闭，关闭后阀盘与密封圈贴合严密。

知识点索引：《人民防空工程施工及验收规范》GB 50134 - 2004（9.3.3）

关键词：人防

29. 人防工程中当管道穿越防护密闭隔墙时，必须采取何措施？

答：当管道穿越密闭隔墙时，必须预埋带有密闭翼环的密闭穿墙短管。

知识点索引：《人民防空工程施工及验收规范》GB 50134 - 2004（10.1.1）

关键词：管道穿墙　措施

30. 人防工程中测压装置安装有何规定？

答：（1）测压管连接应采用焊接，并应满焊、不漏气；

（2）管路阀门与配件连接应严密；

（3）测压板应做防腐处理和用膨胀螺丝固定；

（4）测压仪器应保持水平安置。

知识点索引：《人民防空工程施工及验收规范》GB 50134 - 2004（11.2.8）

关键词：测压装置　安装规定

七、《建筑工程施工质量验收统一标准》GB 50300 - 2013

1. 建筑工程施工质量应按哪些要求进行验收？

答：（1）工程质量验收均应在施工单位自检合格的基础上进行。

（2）参加工程施工质量验收的各方人员应具备相应的资格。

（3）检验批的质量应按主控项目和一般项目验收。

（4）对涉及结构安全、节能、环境保护和主要使用功能的试块、试件及材料，应在进场时或施工中按规定进行见证检验。

（5）隐蔽工程在隐蔽前应由施工单位通知监理单位进行验收，并应形成验收文件，验收合格后方可继续施工。

（6）对涉及结构安全、节能、环境保护和使用功能的重要分部工程，应在验收前按规定进行抽样检验。

（7）工程的观感质量由验收人员现场检查，并应共同确认。

知识点索引：《建筑工程施工质量验收统一标准》GB 50300－2013（3.0.6）

关键词：施工质量验收

2. 建筑工程施工质量验收，单位工程应按什么原则划分？

答：（1）具备独立施工条件并能形成独立使用功能的建筑物或构筑物为一个单位工程。

（2）对于规模较大的单位工程，可将其能形成独立使用功能的部分划分为一个子单位工程。

知识点索引：《建筑工程施工质量验收统一标准》GB 50300－2013（4.0.2）

关键词：单位工程划分

3. 建筑工程检验批应如何划分？

答：检验批可根据施工、质量控制和专业验收的需要，按工程量、楼层、施工段、变形缝进行划分。

知识点索引：《建筑工程施工质量验收统一标准》GB 50300－2013（4.0.5）

关键词：检验批划分

4. 建筑工程的单位工程质量验收应符合哪些规定？

答：（1）所含分部工程的质量均应验收合格。

（2）质量控制资料应完整。

（3）所含分部工程中有关安全、节能、环境保护和主要使用功能的检验资料应完整。

（4）主要使用功能的抽查结果应符合相关专业验收规范的规定。

（5）观感质量应符合要求。

知识点索引：《建筑工程施工质量验收统一标准》GB 50300－2013（5.0.4）

关键词：单位工程质量验收

5. 当建筑工程施工质量不符合要求时，应怎样处理？

答：（1）经返工或返修的检验批，应重新进行验收。

（2）经有资质的检测机构检测鉴定能够达到设计要求的检验批，应予以验收。

（3）经有资质的检测机构检测鉴定达不到设计要求、但经原设计单位核算认可能满足安全和使用功能的检验批，可予以验收。

（4）经返修或加固处理的分项、分部工程，满足安全及使用功能要求时，可按技术处理方案和协商文件的要求予以验收。

知识点索引：《建筑工程施工质量验收统一标准》GB 50300－2013（5.0.6）

关键词：施工质量　处理

6. 经返修或加固处理仍不能满足安全或重要使用要求的建筑工程的分部工程及单位工程,应怎样处理?

答:经返修或加固处理仍不能满足安全或重要使用要求的分部工程及单位工程,严禁验收。

知识点索引:《建筑工程施工质量验收统一标准》GB 50300－2013(5.0.8)

关键词:返修或加固 处理

7. 建筑工程的分部工程质量验收由谁组织,参加人员有哪些?

答:分部工程应由总监理工程师组织施工单位项目负责人和项目技术负责人等进行验收。

勘察、设计单位项目负责人和施工单位技术、质量部门负责人应参加地基与基础分部工程的验收。

设计单位项目负责人和施工单位技术、质量部门负责人应参加主体结构、节能分部工程的验收。

知识点索引:《建筑工程施工质量验收统一标准》GB 50300－2013(6.0.3)

关键词:分部工程验收

八、《福建省建筑工程施工文件管理规程》DBJ/T 13－56－2017

1. 根据《福建省建筑工程施工文件管理规程》,隐蔽工程验收应符合哪些要求?

答:(1)隐蔽工程项目检查验收符合设计要求和规范规定的,应明确验收意见,参加检查验收人员应及时签字。

(2)隐蔽工程在检查验收中,发现有不符合要求的,应立即进行返修,返修后应再进行验收;经验收仍不合格者,不得进行下道工序的施工。

(3)隐蔽工程在隐蔽前应由施工单位提出隐蔽工程验收申请,监理工程师(建设单位项目技术负责人)组织隐蔽工程验收,建设单位代表、专业监理工程师、施工单位项目专业质量(技术)负责人、质检员、施工员等相关人员参加。

知识点索引:《福建省建筑工程施工文件管理规程》DBJ/T 13-56－2017(3.0.22)

关键词:隐蔽工程验收

2. 钢材出厂合格证书及进场检验报告应按什么办法进行核查?

答:(1)按照单位工程结构设计、变更设计文件核查钢材出厂合格证书(商检证)与进场检验报告是否一致,有否按批取样,取样所代表的批量之和是否与实际用量相符。

(2)核查预应力筋用锚具、夹具和连接器是否按批取样检验,检验结果是否符合标准的规定。

(3)核查合格证、检验报告中各项技术数据、信息量是否符合标准规定,检验方法及计算结论是否正确,检验项目是否齐全,是否符合先检验后使用,先鉴定后隐蔽的原则。

(4)核查钢筋代换使用是否有设计变更文件。

知识点索引:《福建省建筑工程施工文件管理规程》DBJ/T 13-56－2017(4.3.3)

关键词:钢材合格证、进场检验报告核查

3. 什么情况下必须进行水泥物理力学性能复验，并应提供水泥检验报告单？

答：（1）水泥出厂时间超过 3 个月（快硬硅酸盐水泥超过 1 个月）。

（2）在使用中对水泥质量有怀疑。

（3）水泥因运输或存放条件不良，有受潮结块等异常现象。

（4）使用进口水泥。

（5）设计中有特殊要求的水泥。

知识点索引：《福建省建筑工程施工文件管理规程》DBJ/T 13-56－2017（4.3.5 第 3 点）

关键词：水泥物理力学性能复验

4. 单桩竖向抗压静载检（试）验，抽样检测的受检桩选择宜按什么规定抽样？

答：（1）施工质量有疑问的桩。

（2）设计方认为重要的桩。

（3）局部地质条件出现异常的桩。

（4）施工工艺不同的桩。

（5）适量选择完整性检测中判定为Ⅲ类的桩。

（6）同类型桩宜均匀随机分布。

知识点索引：《福建省建筑工程施工文件管理规程》DBJ/T 13-56－2017（4.7.14 第 9 点）

关键词：桩基抽样检测

5. 钻芯法检（试）验及抽样检测资料应按什么办法进行核查？

答：（1）钻芯法所用仪器设备、安装、现场操作、芯样试件截取加工、芯样试件抗压强度试验、检测数据分析与判定是否按现行行业标准《建筑基桩检测技术规范》JGJ 106 的有关规定执行。

（2）核查检测报告内容是否符合规定。

（3）核查成桩质量评价结果是否符合设计要求。

（4）核查有无芯样彩色照片。

知识点索引：《福建省建筑工程施工文件管理规程》DBJ/T 13-56－2017（4.7.24）

关键词：钻芯法检测资料核查

6. 对低应变法检测中不能明确完整性类别的桩或Ⅲ类桩，可根据实际情况采用哪些方法验证检测？

答：对低应变法检测中不能明确完整性类别的桩或Ⅲ类桩，可根据实际情况采用静载法、钻芯法、高应变法、开挖等适宜的方法验证检测。

知识点索引：《福建省建筑工程施工文件管理规程》DBJ/T 13-56－2017（4.7.35 第 11 点）

关键词：低应变法验证检测

7. 混凝土强度检验资料应按什么办法进行核查？

答：（1）核查混凝土强度评定是否符合标准要求。

（2）采用非破损或局部破损的检测方法时，检测部位是否由监理（建设）、施工等各方共同选定。

（3）核查非破损或局部破损检测是否按国家现行有关标准的规定进行。

（4）核查检测结果是否符合设计要求。

（5）核查检测报告内容是否符合规定。

知识点索引：《福建省建筑工程施工文件管理规程》DBJ/T 13-56－2017（4.7.39）

关键词：混凝土强度检验资料核查

8. 梁类、板类构件纵向受力钢筋的保护层厚度允许偏差分别是多少？

答：梁类、板类构件纵向受力钢筋的保护层厚度应分别进行验收，钢筋保护层厚度检验时，纵向受力钢筋保护层厚度的允许偏差为：梁类构件为＋10mm，－7mm，板类构件为＋8mm，－5mm。

知识点索引：《福建省建筑工程施工文件管理规程》DBJ/T 13-56－2017（4.7.44 第6点）

关键词：钢筋的保护层厚度

9. 应在钢结构构件制作及安装施工之前进行焊接工艺评定的情况有哪些？

答：（1）国内首次应用于钢结构工程的钢材（包括钢材牌号与标准相符但微合金强化元素的类别不同和供货状态不同，或国外钢号国内生产）。

（2）国内首次应用于钢结构工程的焊接材料。

（3）设计规定的钢材类别、焊接材料、焊接方法、接头形式、焊接位置、焊后热处理方法以及施工单位所采用的焊接工艺参数、预后热措施等各种参数的组合条件为施工企业首次采用。

知识点索引：《福建省建筑工程施工文件管理规程》DBJ/T 13-56－2017（4.7.50 第3点）

关键词：焊接工艺评定

第九章　道路工程、桥梁工程

一、《城镇道路工程施工与质量验收规范》CJJ 1－2008

1. 道路工程施工测量开始前，监理应督导完成哪些准备工作？

答：（1）建设单位组织设计、勘测单位向施工单位办理桩点交接手续。给出施工图控制网、点等级、起算数据，并形成文件。施工单位应进行现场踏勘、复核。

（2）施工单位应组织学习设计文件及相应的技术标准，根据工程需要编制施工测量方案。

（3）测量仪器、设备、工具等使用前应进行符合性检查，确认符合要求。严禁使用未经计量检定、校准及超过检定有效期或检定不合格的仪器、设备、工具。

知识点索引：《城镇道路工程施工与质量验收规范》CJJ 1－2008 第 5.1.1 条

关键词：测量　准备

2. 道路工程施工单位开工前，应如何进行测量控制点控制？

答：（1）施工单位开工前应对施工图规定的基准点、基准线和高程测量控制资料进行内业及外业复核。复核过程中，当发现不符或与相邻施工路段或桥梁的衔接有问题时，应向建设单位提出，进行查询，并取得准确结果。

（2）开工前施工单位应在合同规定的期限内向建设单位提交测量复核书面报告。经监理工程师签认批准后，方可作为施工控制桩放线测量、建立施工控制网、线、点的依据。

（3）施工测量用的控制桩应进行保护并校测。

（4）测量记录应使用专用表格，记录应字迹清楚，严禁涂改。

（5）施工中应建立施工测量的技术质量保证体系建立健全测量复核制度。从事施工测量的作业人员应经专业培训，考核合格后持证上岗。

（6）测量控制网应作好与相邻道路、桥梁控制网的联系。

（7）施工测量除执行本规范规定外，尚应符合国家现行有关标准的规定。

知识点索引：《城镇道路工程施工与质量验收规范》CJJ 1－2008 第 5.1.2～5.1.4 条

关键词：测量控制点

3. 城镇道路竣工测量包括哪些项目？

答：竣工测量包括：中心线位置、高程、横断面图式、附属结构和地下管线的实际位置和高程。测量成果应在竣工图中标明。

知识点索引：《城镇道路工程施工与质量验收规范》CJJ 1－2008 第 5.4.13 条

关键词：竣工　测量

4. 城市道路路基施工前，应根据工程地质勘察报告，对路基土哪些指标进行试验？

答：施工前，应根据工程地质勘察报告，对路基土进行天然含水量、液限、塑限、标准击实、CBR 试验，必要时应做颗粒分析、有机质含量、易溶盐含量、冻膨胀和膨胀量等试验。

知识点索引：《城镇道路工程施工与质量验收规范》CJJ 1－2008 第 6.1.4 条

关键词：路基土 试验 指标

5. 路基施工降排水要求有哪些？

答：（1）应结合工程实际编制排水与降水方案，施工期间应保证排水通畅。

（2）施工降排水应保证路基土壤天然结构不受扰动，保证附近建筑物和构筑物的安全。

（3）施工降排水设施，不得破坏原有地面排水系统，且宜与现况地面排水系统及道路工程永久排水系统相结合。

（4）排水沟断面及纵坡、排水泵性能应满足排水需要，排出水应引向离路基较远的地点。

（5）在细砂、粉砂土中降水时，应采取防止流砂的措施。

（6）路堑坡顶排水沟离路堑顶部边缘应有足够的防渗安全距离或采取防渗措施，排水沟应防冲刷。

知识点索引：《城镇道路工程施工与质量验收规范》CJJ 1－2008 第 6.2.1～6.2.6 条

关键词：路基 降排水

6. 路基挖方施工应符合哪些强制性规定？

答：（1）挖土时应自上向下分层开挖，严禁掏洞开挖。作业中断或作业后，开挖面应做成稳定边坡。

（2）机械开挖作业时，必须避开构筑物、管线，在距管道边 1m 范围内应采用人工开挖；在距直埋缆线 2m 范围内必须采用人工开挖。

（3）严禁挖掘机等机械在电力架空线路下作业。需在其一侧作业时，垂直及水平安全距离应符合《城市道路工程施工与质量验收规范》CJJ 1－2008 表 6.3.10 要求。

知识点索引：《城镇道路工程施工与质量验收规范》CJJ 1－2008 第 6.3.10 条

关键词：路基挖方 强制性规定

7. 路基填料有何要求？

答：（1）填方材料的强度（CBR）值应符合设计要求，其最小强度值应符合 CJJ 1－2008 表 6.3.12-1 规定。不应使用淤泥、沼泽土、泥炭土、冻土、有机土以及含生活垃圾的土做路基填料。对液限大于 50%、塑性指数大于 26. 可溶盐含量大于 5%、700℃有机质烧失量大于 8% 的土，未经技术处理不得用作路基填料。

（2）填土中使用房渣土、工业废渣等需经过试验，确认可靠并经建设单位、设计单位同意后方可使用。

知识点索引：《城镇道路工程施工与质量验收规范》CJJ 1－2008 第 6.3.12-2、3 条

关键词：路基填料　要求

8. 软土路基置换土施工应符合哪些规定？

答：（1）填筑前，应排除地表水，清除腐殖土、淤泥。

（2）填料宜采用透水性土。处于常水位以下部分的填土，不得使用非透水性土壤。

（3）填土应由路中心向两侧按要求分层填筑并压实，层厚宜为15cm。

（4）分段填筑时，接槎应按分层作成台阶形状，台阶宽不宜小于2m。

知识点索引：《城镇道路工程施工与质量验收规范》CJJ 1－2008 第6.7.2-3条

关键词：软土路基　置换

9. 土方路基（路床）质量检验主控项目有哪些？

答：（1）路基压实度。

（2）弯沉值。

知识点索引：《城镇道路工程施工与质量验收规范》CJJ 1－2008 第6.8.1条

关键词：土方路基路床　主控项目

10. 软基处理塑料排水板质量检验主控项目有哪些？

答：（1）塑料排水板质量必须符合设计要求。

（2）塑料排水板下沉时不得出现扭结、断裂等现象。

（3）板深不小于设计要求，排水板在井口外应伸入砂垫层50cm以上。

知识点索引：《城镇道路工程施工与质量验收规范》CJJ 1－2008 第6.8.4-6条

关键词：塑料排水板　主控项目

11. 水泥稳定土所掺配的水泥应符合哪些要求？

答：（1）应选用初凝时间大于3h、终凝时间不小于6h的32.5级、42.5级普通硅酸盐水泥、矿渣硅酸盐、火山灰硅酸盐水泥。水泥应有出厂合格证与生产日期，复验合格方可使用。

（2）水泥贮存期超过3个月或受潮，应进行性能试验，合格后方可使用。

知识点索引：《城镇道路工程施工与质量验收规范》CJJ 1－2008 第7.5.1-1条

关键词：水泥稳定土　水泥

12. 级配砂砾及级配砾石基层碾压成活应符合哪些规定？

答：（1）碾压前应洒水，洒水量应使全部砂砾湿润，且不导致其层下翻浆。

（2）碾压过程中应保持砂砾湿润。

（3）碾压时应自路边向路中倒轴碾压。采用12t以上压路机进行，初始碾速宜为25m/min～30m/min；砂砾初步稳定后，碾速宜控制在30m/min～40m/min。碾压至轮迹不应大于5mm，砂石表面应平整、坚实，无松散和粗、细集料集中等现象。

（4）上层铺筑前，不得开放交通。

知识点索引：《城镇道路工程施工与质量验收规范》CJJ 1－2008 第7.6.4条

关键词：级配砂砾　基层　碾压

13. 当旧水泥混凝土路面作为基层加铺沥青混合料面层时，对原水泥混凝土路面的处理应符合哪些规定？

答：（1）对原混凝土路面应作弯沉试验，符合设计要求，经表面处理后，可作基层使用。

（2）对原混凝土路面层与基层间的空隙，应填充处理。

（3）对局部破损的原混凝土面层应剔除，并修补完好。

（4）对混凝土面层的胀缝、缩缝、裂缝应清理干净，并应采取防反射裂缝措施。

知识点索引：《城镇道路工程施工与质量验收规范》CJJ 1－2008 第 8.1.6 条

关键词：水泥基层　加铺沥青

14. 热拌沥青混合料类型包括哪些？

答：（1）密级配沥青混凝土（连续级配）、密级配沥青稳定碎石（连续级配），密级配沥青玛蹄脂碎石（间断级配）。

（2）开级配排水式沥青磨耗层（间断级配）、开级配排水式沥青碎石基层（间断级配）。

（3）半开级配沥青碎石。

知识点索引：《城镇道路工程施工与质量验收规范》CJJ 1－2008 第 8.2.1 表

关键词：热拌沥青混合料类型

15. 沥青混合料的搅拌及施工温度应如何确定？

答：沥青混合料搅拌及施工温度应根据沥青标号及黏度、气候条件、铺装层的厚度、下卧层温度确定。

知识点索引：《城镇道路工程施工与质量验收规范》CJJ 1－2008 第 8.2.5 条

关键词：沥青混合料　搅拌　施工温度

16. 沥青混合料的搅拌时间应如何确定？

答：沥青混合料搅拌时间应经试拌确定，以沥青均匀裹覆集料为度。间歇式搅拌机每盘的搅拌周期不宜少于45s，其中干拌时间不宜少于5s～10s。改性沥青和SMA混合料的搅拌时间应适当延长。

知识点索引：《城镇道路工程施工与质量验收规范》CJJ 1－2008 第 8.2.9 条

关键词：沥青混合料　搅拌时间

17. 热拌沥青混合料的运输应符合哪些规定？

答：（1）热拌沥青混合料宜采用与摊铺机匹配的自卸汽车运输。

（2）运料车装料时，应防止粗细集料离析。

（3）运料车应具有保温、防雨、防混合料遗撒与沥青滴漏等功能。

（4）沥青混合料运输车辆的总运力应比搅拌能力或摊铺能力有所富余。

（5）沥青混合料运至摊铺地点，应对搅拌质量与温度进行检查，合格后方可使用。

知识点索引：《城镇道路工程施工与质量验收规范》CJJ 1－2008 第 8.2.13 条

关键词：沥青混合料　运输

18. 沥青混合料的松铺系数应如何确定？

答：沥青混合料的松铺系数应根据混合料类型、施工机械和施工工艺等应通过试验段确定，试验段长不宜小于100m。松铺系数可按沥青混凝土混合料机械摊铺1.15～1.35，人工摊铺1.25～1.50；沥青碎石混合料1.15～1.30，人工摊铺1.20～1.45进行初选。

知识点索引：《城镇道路工程施工与质量验收规范》CJJ 1－2008 第 8.2.14-5 条

关键词：沥青混合料　松铺系数

19. 热拌沥青混合料机械摊铺时，摊铺设备组合有何要求？

答：热拌沥青混合料应采用机械摊铺。城市快速路、主干路宜采用两台以上摊铺机联合摊铺，每台机器的摊铺宽度宜小于6m。表面层宜采用多机全幅摊铺，减少施工接缝。

知识点索引：《城镇道路工程施工与质量验收规范》CJJ 1－2008 第 8.2.14-1 条

关键词：沥青混合料　摊铺设备　组合

20. 沥青混合料最低摊铺温度如何确定？

答：沥青混合料的最低摊铺温度应根据气温、下卧层表面温度、摊铺层厚度与沥青混合料种类经试验确定。城市快速路、主干路不宜在气温低于10℃条件下施工。

知识点索引：《城镇道路工程施工与质量验收规范》CJJ 1－2008 第 8.2.14-4 条

关键词：沥青混合料　摊铺温度

21. 热拌沥青混合料压实分哪三个阶段？

答：压实应按初压、复压、终压（包括成形）三个阶段进行。

知识点索引：《城镇道路工程施工与质量验收规范》CJJ 1－2008 第 8.2.15-2 条

关键词：沥青混合料　压实

22. 热拌沥青混合料复压应紧跟初压连续进行，并应符合哪些要求？

答：（1）复压应连续进行，碾压段长度宜为60m～80m，当采用不同型号的压路机组合碾压时，每一台压路机均应做全幅碾压。

（2）密级配沥青混凝土宜优先采用重型的轮胎压路机进行碾压，碾压到要求的压实度为止。

（3）对大粒径沥青稳定碎石类的基层，宜优先采用振动压路机复压，厚度小于30mm的沥青层不宜采用振动压路机碾压，相邻碾压带重叠宽度宜为10cm～20cm，振动压路机折返时应先停止振动。

（4）采用三轮钢筒式压路机时，总质量不宜小于12t。

（5）大型压路机难于碾压的部位，宜采用小型压实工具进行压实。

知识点索引：《城镇道路工程施工与质量验收规范》CJJ 1－2008 第 8.2.15-4 条

关键词：沥青混合料　复压

23. SMA 混合料压实应符合哪些规定?

答:(1) SMA 混合料宜采用振动压路机或钢筒式压路机碾压。

(2) SMA 混合料不宜采用轮胎压路机碾压。

知识点索引:《城镇道路工程施工与质量验收规范》CJJ 1－2008 第 8.2.16-1、2 条

关键词:SMA 混合料　压实

24. 沥青混合料接缝应符合哪些规定?

答:(1) 沥青混合料面层的施工接缝应紧密、平顺。

(2) 上、下层的纵向热接缝应错开 15cm;冷接缝应错开 30cm～40cm。相邻两幅及上、下层的横向接缝均应错开 1m 以上。

(3) 表面层接缝应采用直茬,以下各层可采用斜接茬,层较厚时也应做阶梯形接茬。

(4) 对冷接茬施作前,应在茬面涂少量沥青并预热。

知识点索引:《城镇道路工程施工与质量验收规范》CJJ 1－2008 第 8.2.19 条

关键词:沥青混合料　接缝

25. 沥青混合料面层质量检验主控项目有哪些?

答:(1) 沥青混合料面层压实度,对城市快速路、主干路不应小于 96%;对次干路及以下道路不应小于 95%。

(2) 面层厚度应符合设计规定,允许偏差为＋10mm～－5mm。

(3) 弯沉值:不应大于设计规定。

知识点索引:《城镇道路工程施工与质量验收规范》CJJ 1－2008 第 8.5.1-2 条

关键词:沥青混合料　面层　主控项目

26. 沥青粘层、透层、封层质量检验一般项目有哪些要求?

答:(1) 透层、粘层、封层的宽度不应小于设计规定值。

(2) 封层油层与粒料洒布应均匀,不应有松散、裂缝、油丁、泛油、波浪、花白、漏洒、堆积、污染其他构筑物等现象。

知识点索引:《城镇道路工程施工与质量验收规范》CJJ 1－2008 第 8.5.3-2、3 条

关键词:沥青粘层、透层、封层　一般项目

27. 对于水泥混凝土路面,城市主干路及以上的道路等级水泥品种、等级有何要求?

答:重交通以上等级道路、城市快速路、主干路应采用 42.5 级以上的道路硅酸盐水泥或硅酸盐水泥、普通硅酸盐水泥;中、轻交通等级的道路可采用矿渣水泥,其强度等级不宜低于 32.5 级。水泥应有出厂合格证(含化学成分、物理指标),并经复验合格,方可使用。

知识点索引:《城镇道路工程施工与质量验收规范》CJJ 1－2008 第 10.1.1-1 条

关键词:主干路　水泥品种　等级

28. 水泥混凝土路面粗集料应符合哪些规定?

答:(1) 粗集料应采用质地坚硬、耐久、洁净的碎石、砾石、破碎砾石,城市快速

路、主干路、次干路及有抗（盐）冻要求的次干路、支路混凝土路面使用的粗集料级别不应低于Ⅰ级。

（2）粗集料宜采用人工级配，其级配范围宜符合 CJJ 1－2008 规范表 10.1.2-2 的规定。

（3）粗集料的最大公称粒径，碎砾石不应大于 26.5mm，碎石不应大于 31.5mm，砾石不宜大于 19.0mm；钢纤维混凝土粗集料最大粒径不宜大于 19.0mm。

　　知识点索引：《城镇道路工程施工与质量验收规范》CJJ 1－2008 第 10.1.2 条

　　关键词：水泥路面　粗集料　规定

29. 水泥混凝土路面细集料应符合哪些规定？

答：（1）宜采用质地坚硬、细度模数在 2.5 以上、符合级配规定的洁净粗砂、中砂。

（2）砂的技术要求应符合本规范表 10.1.3 规定。

（3）使用机制砂时除满足表 10.1.3 规定外，还应检验砂磨光值，其值宜大于 35，不宜使用抗磨性较差的水成岩类机制砂。

（4）城市快速路、主干路宜采用一级砂和二级砂。

（5）海砂不得直接用于混凝土面层。淡化海砂不应用于城市快速路、主干路、次干路，可用于支路。

　　知识点索引：《城镇道路工程施工与质量验收规范》CJJ 1－2008 第 10.1.3 条

　　关键词：水泥路面　细集料　规定

30. 水泥混凝土路面外加剂应符合哪些基本规定？

答：（1）外加剂宜使用无氯盐类的防冻剂、引气剂、减水剂等。

（2）外加剂应符合现行国家标准《混凝土外加剂》GB 8076 的有关规定，并应有合格证。

（3）使用外加剂应经掺配试验，并应符合现行国家标准《混凝土外加剂应用技术规范》GB 50119 的有关规定。

　　知识点索引：《城镇道路工程施工与质量验收规范》CJJ 1－2008 第 10.1.5 条

　　关键词：水泥路面　外加剂　基本规定

31. 水泥混凝土路面胀缝板有什么要求？

答：胀缝板宜采用厚 20mm、水稳定性好、具有一定柔性的板材制作，且应经防腐处理。

　　知识点索引：《城镇道路工程施工与质量验收规范》CJJ 1－2008 第 10.1.9 条

　　关键词：水泥路面　胀缝板

32. 水泥混凝土路面填缝料有什么要求？

答：填缝材料，宜采用树脂类、橡胶类、聚氯乙烯胶泥类、改性沥青类填缝材料，并宜加入耐老化剂。

　　知识点索引：《城镇道路工程施工与质量验收规范》CJJ 1－2008 第 10.1.10 条

关键词：水泥路面　填缝料

33. 路面混凝土外加剂的使用应符合哪些要求?

答：（1）高温施工时，混凝土搅拌物的初凝时间不得小于 3h；低温施工时，终凝时间不得大于 10h。

（2）外加剂的掺量应由混凝土试配试验确定。

（3）引气剂与减水剂或高效减水剂等外加剂复配在同一水溶液中时，不应发生絮凝现象。

知识点索引：《城镇道路工程施工与质量验收规范》CJJ 1－2008 第 10.2.2-4 条

关键词：水泥路面　外加剂　使用

34. 水泥混凝土路面混凝土配合比的确定与调整应符合哪些规定?

答：（1）计算的普通混凝土、钢纤维混凝土配合比应在实验室内经试配检验抗弯强度、坍落度、含气量等配合比设计的各项指标，并根据结果进行配合比调整。

（2）实验室的基准配合比应通过搅拌机实际搅拌检验，并经试验段验证。

（3）配合比调整时，水灰比不得增大，单位水泥用量、钢纤维体积率不得减小。

（4）施工期间应根据气温和运距等的变化，微调外加剂掺量，微调加水量与砂石料称量。

（5）当需要掺加粉煤灰时，对粉煤灰原材料及配合比设计的其他相关要求应参照国家现行标准《公路水泥混凝土路面施工技术细则》JTG/T F30 的有关规定执行。

知识点索引：《城镇道路工程施工与质量验收规范》CJJ 1－2008 第 10.2.4 条

关键词：水泥路面　配合比　确定

35. 水泥混凝土路面模板安装应符合哪些规定?

答：（1）支模前应核对路面标高、面板分块、胀缝和构造物位置。

（2）模板应安装稳固、顺直、平整，无扭曲，相邻模板连接应紧密平顺，不应错位。

（3）严禁在基层上挖槽嵌入模板。

（4）使用轨道摊铺机应采用专用钢制轨模。

（5）模板安装完毕，应进行检验，合格后方可使用。其安装质量应符合表 10.4.2 的规定。

知识点索引：《城镇道路工程施工与质量验收规范》CJJ 1－2008 第 10.4.2 条

关键词：水泥路面　模板安装

36. 水泥混凝土路面钢筋安装应符合哪些规定?

答：（1）钢筋安装前应检查其原材料品种、规格与加工质量，确认符合设计规定。

（2）钢筋网、角隅钢筋等安装应牢固、位置准确。钢筋安装后应进行检查，合格后方可使用。

（3）传力杆安装应牢固、位置准确。胀缝传力杆应与胀缝板、提缝板一起安装。

（4）钢筋加工及安装允许偏差值符合规范要求。

知识点索引：《城镇道路工程施工与质量验收规范》CJJ 1－2008 第 10.4.3 条

关键词：水泥路面　钢筋安装

37. 水泥混凝土搅拌应符合哪些规定？

答：（1）混凝土的搅拌时间应按配合比要求与施工对其工作性要求经试拌确定最佳搅拌时间，每盘最长总搅拌时间宜为 80s～120s。

（2）外加剂宜稀释成溶液，均匀加入进行搅拌。

（3）混凝土应搅拌均匀，出仓温度应符合施工要求。

（4）搅拌钢纤维混凝土严禁用人工搅拌；当钢纤维体积率较高，搅拌物较干时，搅拌设备一次搅拌量不宜大于其额定搅拌量的 80%；钢纤维混凝土的投料次序、方法和搅拌时间，应以搅拌过程中钢纤维不产生结团和满足使用要求为前提，通过试拌确定。

知识点索引：《城镇道路工程施工与质量验收规范》CJJ 1－2008 第 10.5.3-1～3 条

关键词：水泥混凝土　搅拌

38. 水泥混凝土铺筑前应检查哪些项目？

答：（1）基层或砂垫层表面、模板位置、高程等符合设计要求。模板支撑接缝严密、模内洁净、隔离剂涂刷均匀。

（2）钢筋、预埋胀缝板的位置正确，传力杆等安装符合要求。

（3）混凝土搅拌、运输与摊铺设备，状况良好。

知识点索引：《城镇道路工程施工与质量验收规范》CJJ 1－2008 第 10.6.1 条

关键词：水泥混凝土　铺筑前　检查

39. 采用人工小型机具施工水泥混凝土路面时，真空脱水作业应符合哪些要求？

答：（1）真空脱水应在面层混凝土振捣后、抹面前进行。

（2）开机后应逐渐升高真空度，当达到要求的真空度，开始正常出水后，真空度应保持稳定，最大真空度不宜超过 0.085MPa，待达到规定脱水时间和脱水量时，应逐渐减小真空度。

（3）真空系统安装与吸水垫放置位置，应便于混凝土摊铺与面层脱水，不得出现未经吸水的脱空部位。

（4）混凝土试件，应与吸水作业同条件制作、同条件养护。

（5）真空吸水作业后，应重新压实整平，并拉毛、压痕或刻痕。

知识点索引：《城镇道路工程施工与质量验收规范》CJJ 1－2008 第 10.6.4 条第 7 点

关键词：水泥路面　真空脱水

40. 采用人工小型机具施工水泥混凝土路面时，面层成活应符合哪些要求？

答：（1）现场应采取防风、防晒等措施；抹面拉毛等应在跳板上进行，抹面时严禁在板面上洒水、撒水泥粉。

（2）采用机械抹面时，真空吸水完成后即可进行。先用带有浮动圆盘的重型抹面机粗抹，再用带有振动圆盘的轻型抹面机或人工细抹一遍。

（3）混凝土抹面不宜少于 4 次，先找平抹平，待混凝土表面无泌水时再抹面，并依据水泥品种与气温控制抹面间隔时间。

知识点索引：《城镇道路工程施工与质量验收规范》CJJ 1－2008 第 10.6.4 第 8 点

关键词：水泥路面　面层成活

41. 水泥混凝土路面横缝施工应符合哪些规定？

答：（1）胀缝间距应符合设计规定，缝宽宜为 20mm。在与结构物衔接处、道路交叉和填挖土方变化处，应设胀缝。

（2）胀缝上部的预留填缝空隙，宜用提缝板留置。提缝板应直顺，与胀缝板密合、垂直于面层。

（3）缩缝应垂直板面，宽度宜为 4mm～6mm。切缝深度：设传力杆时，不应小于面厚的 1/3，且不得小于 70mm；不设传力杆时不应小于面层厚的 1/4，且不应小于 60mm。

（4）机切缝时，宜在水泥混凝土强度达到设计强度 25%～30%时进行。

知识点索引：《城镇道路工程施工与质量验收规范》CJJ 1－2008 第 10.6.6 条

关键词：水泥路面　横缝施工

42. 水泥混凝土路面面层填缝应符合哪些规定？

答：（1）混凝土板养护期满后应及时填缝，缝内遗留的砂石、灰浆等杂物，应剔除干净。

（2）应按设计要求选择填缝料，根据填料品种制定工艺技术措施。

（3）浇筑填缝料必须在缝槽干燥状态下进行，填缝料应与混凝土缝壁粘附紧密，不渗水。

（4）填缝料的充满度应根据施工季节而定。常温施工应与路面平，冬期施工，宜略低于板面。

知识点索引：《城镇道路工程施工与质量验收规范》CJJ 1－2008 第 10.7.5 条

关键词：水泥路面　面层填缝

43. 水泥混凝土路面面层混凝土弯拉强度试块取样留置有何要求？

答：每 100m³ 的同配合比的混凝土，取样 1 次；不足 100m³ 时按 1 次计。每次取样应至少留置 1 组标准养护试件。同条件养护试件的留置组数应根据实际需要确定，最少 1 组。

知识点索引：《城镇道路工程施工与质量验收规范》CJJ 1－2008 第 10.8.1-2-1 条

关键词：水泥路面　弯拉　试块制作

44. 城镇道路砌筑砂浆中采用的水泥、砂、水应符合哪些规定？

答：（1）宜采用现行国家标准《通用硅酸盐水泥》GB 175 或《矿渣硅酸盐水泥、火山灰质硅酸盐水泥及粉煤灰硅酸盐水泥》GB/T 1344 中规定的水泥。

（2）宜用质地坚硬、干净的粗砂或中砂，含泥量应小于 5%。

（3）搅拌用水应符合国家现行标准《混凝土用水标准》JGJ 63 的规定。宜使用饮用水及不含油类等杂质的清洁中性水，pH 值宜为 6～8。

知识点索引：《城镇道路工程施工与质量验收规范》CJJ 1－2008 第 11.1.2 条

关键词：砌筑砂浆　规定

45. 城镇道路人行道（含盲道）铺筑时，混凝土预制砌块铺筑质量检验主控项目有哪些？

答：（1）路床与基层压实度应符合 CJJ 1－2008 规范第 13.4.1 条规定。

（2）混凝土预制砌块（含盲道砌块）强度应符合设计规定。

（3）砂浆平均抗压强度等级应符合设计规定，任一组试件抗压强度最低值不低于设计强度的 85%。

（4）盲道铺砌应正确。

知识点索引：《城镇道路工程施工与质量验收规范》CJJ 1－2008 第 13.4.2 条

关键词：人行道　预制块铺砌　主控项目

46. 城镇道路人行道（含盲道）铺筑时，混凝土预制砌块铺筑质量检验一般项目有哪些？

答：（1）铺砌应稳固、无翘动，表面平整、缝线直顺、缝宽均匀、灌缝饱满，无翘边、翘角、反坡、积水现象。

（2）允许偏差项目包括平整度、横坡、井框与面层高差、相邻块高差、纵缝直顺、横缝直顺、缝宽。

知识点索引：《城镇道路工程施工与质量验收规范》CJJ 1－2008 第 13.4.2 条

关键词：人行道　预制块铺砌　一般项目

47. 城镇道路人行道沥青混合料铺筑质量检验一般项目有哪些？

答：（1）沥青混合料压实度不应小于 95%。

（2）表面应平整、密实，无裂缝、烂边、掉渣、推挤现象，接茬应平顺、烫边无枯焦现象，与构筑物衔接平顺、无反坡积水。

（3）允许偏差项目包括面层平整度、横坡、井框与面层高差、厚度。

知识点索引：《城镇道路工程施工与质量验收规范》CJJ 1－2008 第 13.4.3-3～5 条

关键词：人行道　沥青混合料　一般项目

48. 人行地道外防水层作业应符合哪些规定？

答：（1）材料品质、规格、性能应符合设计要求。

（2）结构底部防水层应在垫层混凝土强度达到 5MPa 后铺设，且与地道结构粘贴牢固。

（3）防水材料纵横向搭接长度不应小于 10cm；应粘接密实、牢固。

（4）人行地道基础施工不得破坏防水层。地道侧墙与顶板防水层铺设完成后，应在其外侧做保护层。

知识点索引：《城镇道路工程施工与质量验收规范》CJJ 1－2008 第 14.2.2 条

关键词：人行地道　外防水层作业

49. 现浇钢筋混凝土人行地道结构质量检验主控项目有哪些？

答：地基承载力；防水层材料质量；防水层安装质量；钢筋品种、规格；钢筋加工、成型与安装质量；混凝土强度。

知识点索引：《城镇道路工程施工与质量验收规范》CJJ 1－2008 第 14.5.1　1～4 条

关键词：人行地道　结构　主控项目

50. 城镇道路中挡土墙施工一般规定有哪些？

答：（1）挡土墙基础地基承载力必须符合设计要求，且经检测验收合格后方可进行后续工序施工。

（2）施工中应按设计规定施作挡土墙的排水系统、泄水孔、反滤层和结构变形缝。

（3）当挡土墙墙面需整体绿化时，应有防止挡土墙基础浸水下沉的措施。当挡土墙前面需立体绿化时，应报请建设单位补充防止挡土墙基础浸水下沉的设计。

（4）墙背填土应采用透水性材料或设计规定的填料，土方施工应符合规范的有关规定。

（5）挡土墙顶设帽石时，帽石安装应平顺、坐浆饱满、缝隙均匀。

（6）当挡土墙顶部设有栏杆时，栏杆施工应符合国家现行标准《城市桥梁工程施工与质量验收规范》CJJ 2 的有关规定。

知识点索引：《城镇道路工程施工与质量验收规范》CJJ 1－2008 第 15.1 条

关键词：道路　挡土墙施工　规定

51. 城镇道路中加筋挡土墙质量检验主控项目有哪些？

答：地基承载力；基础混凝土强度；预制挡墙板的质量；拉环及筋带材料质量、数量、安装位置、粘结牢固性；填土土质；压实度。

知识点索引：《城镇道路工程施工与质量验收规范》CJJ 1－2008 第 15.6.4　1～7 条

关键词：加筋挡土墙　主控项目

52. 雨期路基施工应符合哪些规定？

答：（1）路基土方宜避开主汛期施工。

（2）易翻浆与低洼积水地段宜避开雨期施工。

（3）路基因雨产生翻浆时，应及时进行逐段处理，不应全线开挖。

（4）挖方地段每日停止作业前应将开挖面整平，保持基面排水与边坡稳定。

（5）低洼地带填方宜在主汛期前填土至汛期水位以上，且做好路基表面、边坡与排水防冲刷措施。

（6）填方宜避开主汛期施工。

（7）当日填土应当日碾压密实。填土过程中遇雨，应对已摊铺的虚土及时碾压。

知识点索引：《城镇道路工程施工与质量验收规范》CJJ 1－2008 第 17.2.5 条

关键词：雨期　路基施工

53. 雨期沥青混合料面层施工应符合哪些规定？

答：（1）降雨或基层有集水或水膜时，不应施工。

（2）施工现场应与沥青混合料生产厂保持联系，遇天气变化及时调整产品供应计划。

（3）沥青混合料运输车辆应有防雨措施。

知识点索引：《城镇道路工程施工与质量验收规范》CJJ 1－2008 第 17.2.9 条

关键词：雨期　沥青混合料　面层施工

54. 雨期水泥混凝土面层施工应符合哪些规定？

答：（1）搅拌站应具有良好的防水条件与防雨措施。

（2）根据天气变化情况及时测定砂石含水量，准确控制混合料的水灰比。

（3）雨天运输混凝土时，车辆必须采取防雨措施。

（4）施工前应准备好防雨棚等防雨设施。

（5）施工中遇雨时，应立即使用防雨设施完成对已铺筑混凝土的振实成型，不应再开新作业段，并应采取覆盖等措施保护尚未硬化的混凝土面层。

知识点索引：《城镇道路工程施工与质量验收规范》CJJ 1－2008 第 17.2.10 条

关键词：雨期　水泥混凝土　面层施工

55. 冬季沥青类面层施工应符合哪些规定？

答：（1）粘层、透层、封层严禁冬期施工。

（2）城市快速路、主干路的沥青混合料面层严禁冬期施工。次干路及其以下道路在施工温度低于 5℃时，应停止施工。

（3）沥青混合料施工时，应视沥青品种、标号，比常温适度提高混合料搅拌与施工温度。

（4）当风力在 6 级及以上时，沥青混合料不应施工。

（5）贯入式沥青面层与表面处治沥青面层严禁冬期施工。

知识点索引：《城镇道路工程施工与质量验收规范》CJJ 1－2008 第 17.3.6 条

关键词：冬季　沥青混合料　面层施工

56. 冬季水泥混凝土面层施工应符合哪些规定？

答：（1）施工中应根据气温变化采取保温防冻措施。当连续 5 昼夜气温低于－5℃，或最低气温低于－15℃时，宜停止施工。

（2）水泥应选用水化总热量大的 R 型水泥或单位水泥用量较多的 32.5 级水泥，不宜掺粉煤灰。

（3）对搅拌物中掺加的早强剂、防冻剂应经优选确定。

（4）采用加热水或砂石料拌制混凝土，应依据混凝土出料温度要求，经热工计算，确定水与粗细集料加热温度。水温不得高于 80℃，砂石温度不宜高于 50℃。

（5）搅拌机出料温度不得低于 10℃，摊铺混凝土温度不应低于 5℃。

（6）养护期应加强保温，保湿覆盖，混凝土面层最低温度不应低于 5℃。

（7）养护期应经常检查保温、保湿隔离膜，保持其完好。并应按规定检测气温与混凝土面层温度。

知识点索引：《城镇道路工程施工与质量验收规范》CJJ 1-2008 第 17.3.7 条

关键词：冬季　水泥混凝土　面层施工

二、《城市桥梁工程施工与质量验收规范》CJJ 2-2008

1. 城市桥梁平面控制测量等级由低到高分为哪些等级？

答：（1）多跨桥梁总长 L<500m，控制测量等级为二级。

（2）多跨桥梁总长 500≤L<1000m，单跨桥长 L<150m 控制测量等级为一级。

（3）多跨桥梁总长 1000≤L<2000m，单跨桥长 150≤L<300m 控制测量等级为四等。

（4）多跨桥梁总长 2000≤L<3000m，单跨桥长 300≤L<500m 控制测量等级为三等。

（5）多跨桥梁总长 L≥3000m，单跨桥长≥500m 控制测量等级为二等。

知识点索引：《城市桥梁工程施工与质量验收规范》CJJ 2-2008 第 4.2.1 条表 4.2.1

关键词：桥梁　平面控制　测量等级

2. 城市桥梁水准测量等级由低到高分为哪些等级？

答：五等、四等、三等、二等。

知识点索引：《城市桥梁工程施工与质量验收规范》CJJ 2-2008 第 4.2.7 条

关键词：桥梁　水准测量　等级划分

3. 桥梁支架进行强度计算时应组合哪些荷载？

答：（1）模板、拱架和支架自重；

（2）新浇筑混凝土、钢筋混凝土或圬工、砌体的自重力；

（3）施工人员及施工材料机具等行走运输或堆放的荷载；

（4）振捣混凝土时的荷载；

（5）其他可能产生的荷载。如风雪荷载、冬季保温设施荷载等。

知识点索引：《城市桥梁工程施工与质量验收规范》CJJ 2-2008 表 5.1.3 及标注

关键词：桥梁支架　强度计算　荷载组合

4. 桥梁支架进行刚度验算时应组合哪些荷载？

答：（1）模板、拱架和支架自重；

（2）新浇筑混凝土、钢筋混凝土或圬工、砌体的自重力；

（3）其他可能产生的荷载。如风雪荷载、冬季保温设施荷载等。

知识点索引：《城市桥梁工程施工与质量验收规范》CJJ 2-2008 表 5.1.3 及标注

关键词：桥梁支架　强度计算　荷载组合

5. 验算模板、支架和拱架刚度时，其变形值不得超过哪些规定值？

答：（1）结构表面外露的模板挠度为模板构件跨度的 1/400；

(2) 结构表面隐蔽的模板挠度为模板构件跨度的 1/250；

(3) 拱架和支架受载后挠曲的杆件，其弹性挠度为相应结构跨度的 1/400；

(4) 钢模板的面板变形值为 1.5mm；

(5) 钢模板的钢楞、柱箍变形值为 $L/500$ 及 $B/500$（L—计算跨度，B—柱宽度）。

知识点索引：《城市桥梁工程施工与质量验收规范》CJJ 2 - 2008 第 5.1.6 条

关键词：模板　支架和拱架　刚度　变形值

6. 桥梁工程模板、支架和拱架施工预拱度应考虑哪些因素？

答：（1）设计文件规定的结构预拱度；

（2）支架和拱架承受全部施工荷载引起的弹性变形；

（3）受载后由于杆件接头处的挤压和卸落设备压缩而产生的非弹性变形；

（4）支架、拱架基础受载后的沉降。

知识点索引：《城市桥梁工程施工与质量验收规范》CJJ 2 - 2008 第 5.1.7 条

关键词：模板　支架和拱架　预拱度

7. 桥梁模板安装应符合哪些规定？

答：（1）支架、拱架安装完毕，经检验合格后方可安装模板。

（2）安装模板应与钢筋工序配合进行，妨碍绑扎钢筋的模板，应待钢筋工序结束后再安装。

（3）安装墩、台模板时，其底部应与基础预埋件连接牢固，上部应采用拉杆固定。

（4）模板在安装过程中，必须设置防倾覆设施。

知识点索引：《城市桥梁工程施工与质量验收规范》CJJ 2 - 2008 第 5.2.9 条

关键词：桥梁模板　安装

8. 桥梁工程钢筋混凝土结构的承重模板、支架和拱架的拆除，应符合设计要求。当设计无规定时，应符合哪些要求？

答：（1）板结构跨度≤2m，不小于设计混凝土强度标准值的 50%，跨度 2m～8m 不小于 75%，跨度＞8m，不小于 100%；

（2）梁、拱跨度≤8m，不小于 75%，跨度＞8m，不小于 100%；

（3）悬臂构件跨度≤2m，不小于 75%，跨度＞2m，不小于 100%。

知识点索引：《城市桥梁工程施工与质量验收规范》CJJ 2 - 2008 第 5.3.1-3 条

关键词：承重模板　支架和拱架　拆除

9. 桥梁工程模板、支架和拱架拆除的原则是什么？

答：模板支架和拱架拆除应按设计要求的程序和措施进行，遵循"先支后拆、后支先拆"的原则。支架和拱架，应按几个循环卸落，卸落量宜由小渐大。每一循环中，在横向应同时卸落，在纵向应对称均衡卸落。

知识点索引：《城市桥梁工程施工与质量验收规范》CJJ 2 - 2008 第 5.3.3 条

关键词：模板　支架和拱架　拆除原则

10. 桥梁钢筋接头的截面面积占总截面面积的百分率是如何规定的？

答：（1）主钢筋绑扎接头，受拉区接头面积最大百分率为25％，受压区50％；

（2）主钢筋焊接接头，受拉区接头面积最大百分率为50％，受压区不限制。

知识点索引：《城市桥梁工程施工与质量验收规范》CJJ 2－2008第6.3.2条

关键词：钢筋接头 截面面积

11. 桥梁钢筋采用绑扎接头时，应符合哪些规定？

答：（1）受拉区域内，HPB235钢筋绑扎接头的末端应做成弯钩，HRB335、HRB400钢筋可不做弯钩。

（2）直径不大于12mm的受压HPB235钢筋的末端，以及轴心受压构件中任意直径的受力钢筋的末端，可不做弯钩，但搭接长度不得小于钢筋直径的35倍。

（3）钢筋搭接处，应在中心和两端至少3处用绑丝绑牢，钢筋不得滑移。

（4）受拉或受压钢筋绑扎接头的搭接长度，应符合规范规定。

（5）施工中钢筋受力分不清受拉或受压时，应符合受拉钢筋的规定。

知识点索引：《城市桥梁工程施工与质量验收规范》CJJ 2－2008第6.3.7条

关键词：钢筋绑扎接头 规定

12. 钢筋采用机械连接接头时，应符合哪些规定？

答：（1）从事钢筋机械连接的操作人员应经专业技术培训，考核合格后，方可上岗。

（2）采用机械连接接头时，其应用范围、技术要求、质量检验及采用设备、施工安全、技术培训等应符合国家现行标准规定。

（3）当混凝土结构中钢筋接头部位温度低于－10℃时，应进行专门的试验。

（4）型式检验应由国家、省部级主管部门认定的有资质的检验机构进行，并按国家现行标准规定的格式出具试验报告和评定结论。

（5）带肋钢筋套筒挤压接头的套筒两端外径和壁厚相同时，被连接钢筋直径相差不得大于5mm，套筒在运输和储存中不得腐蚀和沾污。

（6）同一结构内机械连接接头不得使用两个生产厂家提供的产品。

（7）在同条件下经外观检查合格的机械连接接头，应按规定做单向拉伸试验，并作出评定。

知识点索引：《城市桥梁工程施工与质量验收规范》CJJ 2－2008第6.3.8条

关键词：钢筋机械接头 规定

13. 桥梁钢筋的混凝土保护层厚度与构件类别及所处环境条件有关，其环境条件包括哪4种类型？

答：（1）Ⅰ类—湿暖或寒冷地区的大气环境，与无侵蚀性的水或土接触的环境；

（2）Ⅱ类—严寒地区的大气环境、使用除冰盐环境、滨海环境；

（3）Ⅲ类—海水环境；

（4）Ⅳ类—受侵蚀性物质影响的环境。

知识点索引：《城市桥梁工程施工与质量验收规范》CJJ 2－2008表6.4.5

关键词：钢筋混凝土保护层　环境条件

14. 桥梁工程混凝土配制时，水泥应符合哪些规定？

答：（1）选用水泥不得对混凝土结构强度、耐久性和使用条件产生不利影响。

（2）选用水泥应以能使所配制的混凝土强度达到要求、收缩小、和易性好和节约水泥为原则。

（3）水泥的强度等级应根据所配制混凝土的强度等级选定。水泥与混凝土强度等级之比，C30 及以下的混凝土，宜为 1.1～1.2；C35 及以上混凝土宜为 0.9～1.5。

（4）水泥的技术条件应符合现行国家标准规定，并应有出厂检验报告和产品合格证。

（5）进场水泥，应按规定进行强度、细度、安定性和凝结时间的试验。

（6）当在使用中对水泥质量有怀疑或出厂日期逾 3 个月（快硬硅酸盐水泥逾 1 个月）时，应进行复验，并按复验结果使用。

知识点索引：《城市桥梁工程施工与质量验收规范》CJJ 2－2008 第 7.2.1 条

关键词：桥梁混凝土配置　水泥　规定

15. 桥梁工程混凝土配制时，矿物掺合料应符合哪些规定？

答：（1）配制混凝土所用的矿物掺合料宜为粉煤灰、火山灰、粒化高炉矿渣等材料。

（2）矿物掺合料的技术条件应符合现行国家标准相关规定，并应有出厂检验报告和产品合格证。对矿物掺合料的质量有怀疑时，应对其质量进行复验。

（3）掺合料中不得含放射性或对混凝土性能有害的物质。

知识点索引：《城市桥梁工程施工与质量验收规范》CJJ 2－2008 第 7.2.2 条

关键词：桥梁混凝土配置掺合料　规定

16. 桥梁工程混凝土配制时，细骨料应符合哪些规定？

答：（1）混凝土的细骨料，应采用质地坚硬、级配良好、颗粒洁净、粒径小于 5mm 的天然河砂、山砂，或采用硬质岩石加工的机制砂。

（2）混凝土用砂一般应以细度模数 2.5～3.5 的中、粗砂为宜。

（3）砂的分类、级配及各项技术指标应符合国家现行标准有关规定。

知识点索引：《城市桥梁工程施工与质量验收规范》CJJ 2－2008 第 7.2.3 条

关键词：桥梁混凝土配置　细骨料　规定

17. 桥梁工程混凝土配制时，粗骨料应符合哪些规定？

答：（1）粗骨料最大粒径应按混凝土结构情况及施工方法选取，最大粒径不得超过结构最小边尺寸的 1/4 和钢筋最小净距的 3/4；在两层或多层密布钢筋结构中，不得超过钢筋最小净距的 1/2，同时最大粒径不得超过 100mm。

（2）施工前应对所用的粗骨料进行碱活性检验。

（3）粗骨料的颗粒级配范围、各项技术指标以及碱活性检验应符合国家现行标准有关规定。

知识点索引：《城市桥梁工程施工与质量验收规范》CJJ 2－2008 第 7.2.4 条

关键词：桥梁混凝土配置　粗骨料　规定

18. 桥梁工程混凝土配制时，在混凝土中掺外加剂时应符合哪些规定？

答：（1）外加剂的品种及掺量应根据混凝土的性能要求、施工方法、气候条件、混凝土的原材料等因素，经试配确定。

（2）在钢筋混凝土中不得掺用氯化钙、氯化钠等氯盐。无筋混凝土的氯化钙或氯化钠掺量，以干质量计，不得超过水泥用量的 3%。

（3）混凝土中氯化物的总含量应符合现行国家标准规定。

（4）掺入加气剂的混凝土的含气量宜为 3.5%～5.5%。

（5）使用两种（含）以上外加剂时，应彼此相容。

知识点索引：《城市桥梁工程施工与质量验收规范》CJJ 2-2008 第 7.3.8 条

关键词：桥梁混凝土配置　外加剂　规定

19. 桥梁工程高强度混凝土配合比应符合哪些规定？

答：（1）当无可靠的强度统计数据及标准差时，混凝土的施工配制强度（平均值），C50～C60 不应低于强度等级的 1.15 倍，C70～C80 不应低于强度等级值 1.12 倍。

（2）水胶比宜控制在 0.24～0.38 的范围内。

（3）纯水泥用量不宜超过 550kg/m³；水泥与掺合料的总量不宜超过 600kg/m³。粉煤灰掺量不宜超过胶结料总量的 30%；沸石粉不宜超过 10%；硅粉不宜超过 8%。

（4）砂率宜控制在 28%～34% 的范围内。

（5）高效减水剂的掺量宜为胶结料的 0.5%～1.8%。

知识点索引：《城市桥梁工程施工与质量验收规范》CJJ 2-2008 第 7.3.9 条

关键词：桥梁高强度混凝土　配合比

20. 桥梁工程混凝土拌合物坍落度检测有何要求？

答：混凝土拌合物的坍落度，应在搅拌地点和浇筑地点分别随机取样检测，每一工作班或每一单元结构物不应少于两次。评定时应以浇筑地点的测值为准。如混凝土拌合物从搅拌机出料起至浇筑入模的时间不超过 15min 时，其坍落度可仅在搅拌地点取样检测。

知识点索引：《城市桥梁工程施工与质量验收规范》CJJ 2-2008 第 7.4.7 条

关键词：桥梁混凝土　坍落度

21. 桥梁工程混凝土自高处向模板内倾卸浇筑时有何要求？

答：自高处向模板内倾卸混凝土时，其自由倾落高度不得超过 2m；当倾落高度超过 2m 时，应通过串筒、溜槽或振动溜管等设施下落；倾落高度超过 10m 时应设置减速装置。

知识点索引：《城市桥梁工程施工与质量验收规范》CJJ 2-2008 第 7.5.2 条

关键词：桥梁混凝土　高处　内倾浇筑

22. 桥梁工程混凝土浇筑过程因故设置施工缝，施工缝应符合哪些规定？

答：（1）施工缝宜留置在结构受剪力和弯矩较小、便于施工的部位，且应在混凝土浇筑之前确定。施工缝不得呈斜面。

（2）先浇混凝土表面的水泥砂浆和松弱层应及时凿除。凿除时的混凝土强度，水冲法应达到 0.5MPa；人工凿毛应达到 2.5MPa；机械凿毛应达到 10MPa。

（3）经凿毛处理的混凝土面，应清除干净，在浇筑后续混凝土前，应铺 10mm～20mm 同配比的水泥砂浆。

（4）重要部位及有抗震要求的混凝土结构或钢筋稀疏的混凝土结构，应在施工缝处补插锚固钢筋或石榫；有抗渗要求的施工缝宜做成凹形、凸形或设止水带。

（5）施工缝处理后，应待下层混凝土强度达到 2.5MPa 后，方可浇筑后续混凝土。

知识点索引：《城市桥梁工程施工与质量验收规范》CJJ 2-2008 第 7.5.6 条

关键词：桥梁混凝土　施工缝

23. 桥梁工程混凝土养护应符合哪些规定？

答：（1）施工现场应根据施工对象、环境、水泥品种、外加剂以及对混凝土性能的要求，制定具体的养护方案，并应严格执行方案规定的养护制度。

（2）常温下混凝土浇筑完成后，应及时覆盖并洒水养护。

（3）当气温低于 5℃时，应采取保温措施，并不得对混凝土洒水养护。

（4）混凝土洒水养护的时间，采用硅酸盐水泥、普通硅酸盐水泥或矿渣硅酸盐水泥的混凝土，不得少于 7d；掺用缓凝型外加剂或有抗渗等要求以及高强度混凝土，不得少于 14d。使用真空吸水的混凝土，可在保证强度条件下适当缩短养护时间。

（5）采用涂刷薄膜养护剂养护时，养护剂应通过试验确定，并应制定操作工艺。

（6）采用塑料膜覆盖养护时，应在混凝土浇筑完成后及时覆盖严密，保证膜内有足够的凝结水。

知识点索引：《城市桥梁工程施工与质量验收规范》CJJ 2-2008 第 7.6.1～7.6.6 条

关键词：桥梁混凝土　养护

24. 桥梁工程泵送混凝土原材料应符合哪些规定？

答：（1）水泥应采用保水性好、泌水性小的品种，混凝土中的水泥用量（含掺合料）不宜小于 300kg/m³。

（2）细骨料宜选用中砂，粒径小于 300μm 颗粒所占的比例宜为 15%～20%，砂率宜为 38%～45%。

（3）粗骨料宜采用连续级配，其针片状颗粒含量不宜大于 10%；粗骨料的最大粒径与所用输送管的管径之比宜符合表 7.7.1 规定。

知识点索引：《城市桥梁工程施工与质量验收规范》CJJ 2-2008 第 7.7.1　1～3 条

关键词：桥梁泵送混凝土　原材料

25. 桥梁工程泵送混凝土配合比应符合哪些规定？

答：（1）掺入粉煤灰后，砂率宜减小 2%～6%。粉煤灰掺入量，硅酸盐水泥不宜大于水泥重量的 30%、普通硅酸盐水泥不宜大于 20%、矿渣硅酸盐水泥不宜大于 15%。

（2）混凝土的配合比除应满足设计强度和耐久性要求外，尚应满足泵送要求。泵送混凝土入泵坍落度不宜小于 80mm；当泵送高度大于 100m 时，不宜小于 180mm。水灰比宜为 0.4～0.6。

知识点索引：《城市桥梁工程施工与质量验收规范》CJJ 2－2008 第 7.7.1　4～5 条

关键词：桥梁泵送混凝土　配合比

26. 桥梁工程泵送混凝土施工应符合哪些规定？

答：（1）混凝土的供应必须保证输送混凝土的泵能连续工作。

（2）输送管线宜直，转弯宜缓，接头应严密。

（3）泵送前应先用与混凝土成分相同的水泥浆润滑输送管内壁。

（4）泵送混凝土因故间歇时间超过 45min 时，应采用压力水或其他方法冲洗管内残留的混凝土。

（5）泵送过程中，受料斗内应具有足够的混凝土，以防止吸入空气产生阻塞。

知识点索引：《城市桥梁工程施工与质量验收规范》CJJ 2－2008 第 7.7.2 条

关键词：泵送混凝土　施工

27. 桥梁工程抗渗混凝土分哪几类？

答：普通抗渗混凝土、外加剂抗渗混凝土和膨胀水泥抗渗混凝土。

知识点索引：《城市桥梁工程施工与质量验收规范》CJJ 2－2008 第 7.9.1 条

关键词：桥梁抗渗混凝土　分类

28. 桥梁工程抗渗混凝土原材料有何要求？

答：（1）抗渗混凝土应选用泌水小、水化热低的水泥。采用矿渣水泥时，应加入减小泌水性的外加剂。

（2）抗渗混凝土的粗骨料应采用连续粒级，最大粒径不得大于 40mm，含泥量不得大于 1%；细骨料含泥量不得大于 3%。

知识点索引：《城市桥梁工程施工与质量验收规范》CJJ 2－2008 第 7.9.2～7.9.3 条

关键词：桥梁抗渗混凝土　原材料

29. 桥梁工程抗渗混凝土掺用外加剂有何要求？

答：抗渗混凝土宜采用防水剂、膨胀剂、引气剂、减水剂或引气减水剂等外加剂。掺用引气剂时含气量宜控制在 3%～5%。

知识点索引：《城市桥梁工程施工与质量验收规范》CJJ 2－2008 第 7.9.3 条

关键词：桥梁抗渗混凝土　外加剂

30. 桥梁工程抗渗混凝土拆模温度有何要求？

答：抗渗混凝土拆模时，结构表面温度与环境气温之差不得大于 15℃。地下结构部分的抗渗混凝土，拆模后应及时回填。

知识点索引：《城市桥梁工程施工与质量验收规范》CJJ 2-2008 第 7.9.10 条

关键词：桥梁抗渗混凝土　拆模温度

31. 桥梁工程大体积混凝土分层、分段浇筑应符合哪些规定？

答：（1）分层混凝土厚度宜为 1.5m～2.0m。

（2）分段数目不宜过多。当横截面面积在 $200m^2$ 以内时不宜大于 2 段，在 $300m^2$ 以内时不宜大于 3 段。每段面积不得小于 $50m^2$。

（3）上、下层的竖缝应错开。

知识点索引：《城市桥梁工程施工与质量验收规范》CJJ 2-2008 第 7.10.2 条

关键词：大体积混凝土　浇筑

32. 桥梁工程冬季混凝土施工是如何界定的？

答：当工地昼夜平均气温连续 5d 低于 5℃或最低气温低于 -3℃时，应确定混凝土进入冬期施工。

知识点索引：《城市桥梁工程施工与质量验收规范》CJJ 2-2008 第 7.11.1 条

关键词：桥梁冬季混凝土　界定

33. 桥梁工程冬季混凝土的配制和拌和应符合哪些规定？

答：（1）宜选用较小的水胶比和较小的坍落度。

（2）拌制混凝土应优先采用加热水的方法，水加热温度不宜高于 80℃。骨料加热温度不得高于 60℃。混凝土掺用片石时，片石可预热。

（3）混凝土搅拌时间宜较常温施工延长 50%。

（4）骨料不得混有冰雪、冻块及易被冻裂的矿物质。

（5）拌制设备宜设在气温不低于 10℃的厂房或暖棚内。拌制混凝土前，应采用热水冲洗搅拌机鼓筒。

（6）当混凝土掺用防冻剂时，其试配强度应较设计强度提高一个等级。

知识点索引：《城市桥梁工程施工与质量验收规范》CJJ 2-2008 第 7.11.3 条

关键词：桥梁冬季混凝土　配制和拌和

34. 桥梁工程冬季混凝土浇筑应符合哪些规定？

答：（1）混凝土浇筑前，应清除模板及钢筋上的冰雪。当环境气温低于 -10℃时，应将直径大于或等于 25mm 的钢筋和金属预埋件加热至 0℃以上。

（2）当旧混凝土面和外露钢筋暴露在冷空气中时，应对距离新旧混凝土施工缝 1.5m 范围内的旧混凝土和长度在 1m 范围内的外露钢筋，进行防寒保温。

（3）在非冻胀性地基或旧混凝土面上浇筑混凝土，加热养护时，地基或旧混凝土面的温度不得低于 2℃。

（4）当浇筑负温早强混凝土时，对于用冻结法开挖的地基，或在冻结线以上且气温低于 -5℃的地基应做隔热层。

（5）混凝土拌合物入模温度不宜低于 10℃。

（6）混凝土分层浇筑的厚度不得小于 20cm。

知识点索引：《城市桥梁工程施工与质量验收规范》CJJ 2－2008 第 7.11.5 条

关键词：桥梁冬季混凝土　浇筑

35. 桥梁工程冬季混凝土拆模应符合哪些规定？

答：（1）当混凝土达到规范规定的拆模强度及抗冻强度后，方可拆除模板。

（2）拆模时混凝土与环境的温差不得大于 15℃。当温差在 10℃～15℃时，拆除模板后的混凝土表面应采取临时覆盖措施。

（3）采用外部热源加热养护的混凝土，当环境气温在 0℃以下时，应待混凝土冷却至 5℃以下后，方可拆除模板。

知识点索引：《城市桥梁工程施工与质量验收规范》CJJ 2－2008 第 7.11.7 条

关键词：桥梁冬季混凝土　拆模

36. 桥梁工程高温期混凝土施工是如何界定的？

答：当昼夜平均气温高于 30℃时，应确定混凝土进入高温期施工。

知识点索引：《城市桥梁工程施工与质量验收规范》CJJ 2－2008 第 7.12.1 条

关键词：桥梁高温期混凝土　界定

37. 桥梁工程高温期混凝土运输与浇筑应符合哪些规定？

答：（1）尽量缩短运输时间，宜采用混凝土搅拌运输车。

（2）混凝土的浇筑温度应控制在 32℃以下，宜选在一天温度较低的时间内进行。

（3）浇筑场地宜采取遮阳、降温措施。

知识点索引：《城市桥梁工程施工与质量验收规范》CJJ 2－2008 第 7.12.3 条

关键词：桥梁高温期混凝土　浇筑

38. 桥梁工程预应力钢丝进场检验有何规定？

答：钢丝检验每批不得大于 60t；从每批钢丝中抽查 5%，且不少于 5 盘，进行形状、尺寸和表面检查，如检查不合格，则将该批钢丝全数检查；从检查合格的钢丝中抽取 5%，且不少于 3 盘，在每盘钢丝的两端取样进行抗拉强度、弯曲和伸长率试验，试验结果有一项不合格时，则不合格盘报废，并从同批未检验过的钢丝盘中取双倍数量的试样进行该不合格项的复验，如仍有一项不合格，则该批钢丝为不合格。

知识点索引：《城市桥梁工程施工与质量验收规范》CJJ 2－2008 第 8.1.2-1 条

关键词：桥梁预应力钢丝　进场检验

39. 桥梁工程预应力钢绞线进场检验有何规定？

答：钢绞线检验每批不得大于 60t；从每批钢绞线中任取 3 盘，并从每盘所选用的钢绞线端部正常部位截取一根试样，进行表面质量、直径偏差检查和力学性能试验，如每批少于 3 盘，应全数检查，试验结果如有一项不合格时，则不合格盘报废，并再从该批未检验过的钢绞线中取双倍数量的试样进行该不合格项的复验，如仍有一项不合格，则该批钢绞线为不合格。

　　知识点索引:《城市桥梁工程施工与质量验收规范》CJJ 2－2008第8.1.2-2条

　　关键词:桥梁预应力钢绞线　进场检验

40. 桥梁工程精轧螺纹钢筋进场检验有何规定?

　　答:精轧螺纹钢筋检验每批不得大于60t,对表面质量应逐根检查;检查合格后,在每批中任选2根钢筋截取试件进行拉伸试验,试验结果如有一项不合格,则取双倍数量试件重做试验,如仍有一项不合格,则该批钢筋为不合格。

　　知识点索引:《城市桥梁工程施工与质量验收规范》CJJ 2－2008第8.1.2-3条

　　关键词:桥梁精轧螺纹钢　进场检验

41. 桥梁工程预应力筋锚具、夹片和连接器验收批如何划分?

　　答:锚具、夹片和连接器验收批的划分:在同种材料和同一生产工艺条件下,锚具和夹片应以不超过1000套为一个验收批;连接器应以不超过500套为一个验收批。

　　知识点索引:《城市桥梁工程施工与质量验收规范》CJJ 2－2008第8.1.3-1条

　　关键词:桥梁预应力筋锚具　夹片和连接器　验收批

42. 桥梁工程预应力筋锚具、夹片和连接器外观检查有哪些规定?

　　答:应从每批中抽取10%的锚具(夹片或连接器)且不少于10套,检查其外观和尺寸,如有一套表面有裂纹或超过产品标准及设计要求规定的允许偏差,则应另取双倍数量的锚具重做检查,如仍有一套不符合要求,则应全数检查,合格者方可投入使用。

　　知识点索引:《城市桥梁工程施工与质量验收规范》CJJ 2－2008第8.1.3-2条

　　关键词:桥梁预应力筋锚具　夹片和连接器　外观检查

43. 桥梁工程预应力筋锚具、夹片和连接器硬度检查有哪些规定?

　　答:应从每批中抽取5%的锚具(夹片或连接器)且不少于5套,对其中有硬度要求的零件做硬度试验,对多孔夹片式锚具的夹片,每套至少抽取5片。每个零件测试3点,其硬度应在设计要求范围内,如有一个零件不合格,则应另取双倍数量的零件重新试验,如仍有一个零件不合格,则应逐个检查,合格后方可使用。

　　知识点索引:《城市桥梁工程施工与质量验收规范》CJJ 2－2008第8.1.3-3条

　　关键词:桥梁预应力筋锚具　夹片和连接器　硬度检查

44. 桥梁工程预应力筋锚具、夹片和连接器静载锚固性能检验有哪些规定?

　　答:大桥、特大桥等重要工程、质量证明文件不齐全、不正确或质量有疑点的锚具,经上述检查合格后,应从同批锚具中抽取6套锚具(夹片或连接器)组成3个预应力锚具组装件,进行静载锚固性能试验,如有一个试件不符合要求,则应另取双倍数量的锚具(夹片或连接器)重做试验,如仍有一个试件不符合要求,则该批锚具(夹片或连接器)为不合格品。一般中、小桥使用的锚具(夹片或连接器),其静载锚固性能可由锚具生产厂提供试验报告。

知识点索引：《城市桥梁工程施工与质量验收规范》CJJ 2-2008 第 8.1.3-4 条

关键词：桥梁预应力筋锚具　夹片和连接器　静载锚固

45. 桥梁工程预应力管道性能应满足哪些要求？

答：（1）预应力管道应具有足够的刚度、能传递粘结力。

（2）胶管的承受压力不得小于 5kN，极限抗拉力不得小于 7.5kN，且应具有较好的弹性恢复性能。

（3）钢管和高密度聚乙烯管的内壁应光滑，壁厚不得小于 2mm。

（4）金属螺旋管道宜采用镀锌材料制作，制作金属螺旋管的钢带厚度不宜小于 0.3mm。金属螺旋管性能应符合国家现行标准规定。

知识点索引：《城市桥梁工程施工与质量验收规范》CJJ 2-2008 第 8.1.4 条

关键词：桥梁预应力管道性能

46. 桥梁工程预应力筋下料应符合哪些规定？

答：（1）预应力筋的下料长度应根据构件孔道或台座的长度、锚夹具长度等经过计算确定。

（2）预应力筋宜使用砂轮锯或切断机切断，不得采用电弧切割。钢绞线切断前，应在距切口 5cm 处用绑丝绑牢。

（3）钢丝束的两端均采用墩头锚具时，同一束中各根钢丝下料长度的相对差值，当钢丝束长度小于或等于 20m 时，不宜大于 1/3000；当钢丝束长度大于 20m 时，不宜大于 1/5000，且不得大于 5mm。长度不大于 6m 的先张预应力构件，当钢丝成束张拉时，同束钢丝下料长度的相对差值不得大于 2mm。

知识点索引：《城市桥梁工程施工与质量验收规范》CJJ 2-2008 第 8.2.1 条

关键词：桥梁预应力筋　下料

47. 桥梁工程预应力混凝土施工应符合哪些规定？

答：（1）拌制混凝土应优先采用硅酸盐水泥、普通硅酸盐水泥，不宜使用矿渣硅酸盐水泥，不得使用火山灰质硅酸盐水泥及粉煤灰硅酸盐水泥。粗骨料应采用碎石，其粒径宜为 5mm～25mm。

（2）混凝土中的水泥用量不宜大于 550kg／m^3。

（3）混凝土中严禁使用含氯化物的外加剂及引气剂或引气型减水剂。

（4）从各种材料引入混凝土中的氯离子最大含量不宜超过水泥用量的 0.06％。超过以上规定时，宜采取掺加阻锈剂、增加保护层厚度、提高混凝土密实度等防锈措施。

（5）浇筑混凝土时，对预应力筋锚固区及钢筋密集部位，应加强振捣。后张构件应避免振动器碰撞预应力筋的管道。

知识点索引：《城市桥梁工程施工与质量验收规范》CJJ 2-2008 第 8.3.1～8.3.6 条

关键词：桥梁预应力混凝土　施工

48. 桥梁工程预应力筋采用应力控制方法进行张拉时有何要求？

答：预应力筋采用应力控制方法张拉时，应以伸长值进行校核。实际伸长值与理论伸长值的差值应符合设计要求；设计无规定时，实际伸长值与理论伸长值之差应控制在 6%以内。

知识点索引：《城市桥梁工程施工与质量验收规范》CJJ 2 - 2008 第 8.4.4 条

关键词：桥梁预应力筋　应力法　张拉

49. 桥梁工程预应力张拉时初应力及伸长值是如何控制的？

答：预应力张拉时，应先调整到初应力（δ_0)，该初应力宜为张拉控制应力（δ_{con}）的 10%～15%，伸长值应从初应力时开始量测。

知识点索引：《城市桥梁工程施工与质量验收规范》CJJ 2 - 2008 第 8.4.5 条

关键词：桥梁预应力　初应力及伸长值

50. 桥梁工程采用先张法预应力施工时，张拉台座构造有何要求？

答：张拉台座应具有足够的强度和刚度，其抗倾覆安全系数不得小于 1.5，抗滑移安全系数不得小于 1.3。张拉横梁应有足够的刚度，受力后的最大挠度不得大于 2mm。锚板受力中心应与预应力筋合力中心一致。

知识点索引：《城市桥梁工程施工与质量验收规范》CJJ 2 - 2008 第 8.4.7-1 条

关键词：桥梁先张法　张拉台座

51. 桥梁工程采用先张法预应力施工时，对于预应力钢筋张拉程序有何要求？

答：钢筋：0→初应力→$1.05\delta_{con}$→$0.9\delta_{con}$→δ_{con}（锚固）。

知识点索引：《城市桥梁工程施工与质量验收规范》CJJ 2 - 2008 表 8.4.7-1

关键词：先张法　预应力钢筋张拉程序

52. 桥梁工程采用先张法预应力施工时，对于预应力钢丝、钢绞线张拉程序有何要求？

答：（1）钢丝、钢绞线：0→初应力→$1.05\delta_{con}$（持荷 2min）→0→δ_{con}（锚固）。

（2）对于夹片式等具有自锚性能的锚具：普通松弛力筋：0→初应力→$1.03\delta_{con}$（锚固）；低松弛力筋：0→初应力→δ_{con}（持荷 2min 锚固）。

知识点索引：《城市桥梁工程施工与质量验收规范》CJJ 2 - 2008 表 8.4.7-1

关键词：先张法　预应力钢丝　钢绞线张拉程序

53. 桥梁工程采用先张法预应力施工时，对于预应力钢丝、钢绞线断丝控制有何要求？

答：同一构件内断丝数不得超过钢丝总数的 1%。

知识点索引：《城市桥梁工程施工与质量验收规范》CJJ 2 - 2008 表 8.4.7-2

关键词：先张法　断丝控制

54. 桥梁工程采用先张法预应力施工时，预应力筋放张有何要求？

答：放张预应力筋时混凝土强度必须符合设计要求。设计未规定时，不得低于设计强度的 75％。放张顺序应符合设计要求。设计未规定时，应分阶段、对称、交错地放张。放张前，应将限制位移的模板拆除。

知识点索引：《城市桥梁工程施工与质量验收规范》CJJ 2－2008 第 8.4.7-4 条

关键词：先张法　放张

55. 桥梁工程后张法预应力管道安装应符合哪些规定？

答：（1）管道应采用定位钢筋牢固地固定于设计位置。

（2）金属管道接头应采用套管连接，连接套管宜采用大一个直径型号的同类管道，且应与金属管道封裹严密。

（3）管道应留压浆孔和溢浆孔；曲线孔道的波峰部位应留排气孔；在最低部位宜留排水孔。

（4）管道安装就位后应立即通孔检查，发现堵塞应及时疏通。管道经检查合格后应及时将其端面封堵。

（5）管道安装后，需在其附近进行焊接作业时，必须对管道采取保护措施。

知识点索引：《城市桥梁工程施工与质量验收规范》CJJ 2－2008 第 8.4.8-1 条

关键词：后张法　预应力管道

56. 桥梁工程后张法预应力筋安装应符合哪些规定？

答：（1）先穿束后浇混凝土时，浇筑之前，必须检查管道，并确认完好；浇筑混凝土时应定时抽动、转动预应力筋。

（2）先浇混凝土后穿束时，浇筑后应立即疏通管道，确保其畅通。

（3）混凝土采用蒸汽养护时，养护期内不得装入预应力筋。

（4）穿束后至孔道灌浆完成应控制在规范要求时间内完成，否则应对预应力筋采取防锈措施。

（5）在预应力筋附近进行电焊时，应对预应力钢筋采取保护措施。

知识点索引：《城市桥梁工程施工与质量验收规范》CJJ 2－2008 第 8.4.8-2 条

关键词：后张法　预应力筋安装

57. 桥梁工程后张法预应力筋张拉顺序有何规定？

答：预应力筋的张拉顺序应符合设计要求；当设计无规定时，可采取分批、分阶段对称张拉。宜先中间，后上、下或两侧。

知识点索引：《城市桥梁工程施工与质量验收规范》CJJ 2－2008 第 8.4.8-3.4 条

关键词：后张法　张拉顺序

58. 桥梁工程后张法施工时，对于钢绞线束张拉程序如何规定？

答：（1）对于夹片式等具有自锚性能的锚具：普通松弛力筋：$0 \rightarrow$ 初应力 $\rightarrow 1.03\delta_{con}$（锚固）；低松弛力筋：$0 \rightarrow$ 初应力 $\rightarrow \delta_{con}$（持荷 2min 锚固）。

（2）其他锚具：$0 \rightarrow$ 初应力 $\rightarrow 1.05\delta_{con}$（持荷 2min）$\rightarrow \delta_{con}$（锚固）。

知识点索引：《城市桥梁工程施工与质量验收规范》CJJ 2－2008 表 8.4.8-1

关键词：后张法　钢绞线束张拉程序

59. 桥梁工程后张法施工时，对于钢丝束张拉程序如何规定？

答：（1）对于夹片式等具有自锚性能的锚具：普通松弛力筋：0→初应力→$1.03\delta_{con}$（锚固）；低松弛力筋：0→初应力→δ_{con}（持荷 2min 锚固）。

（2）其他锚具：0→初应力→$1.05\delta_{con}$（持荷 2min）→0→δ_{con}（锚固）。

知识点索引：《城市桥梁工程施工与质量验收规范》CJJ 2－2008 表 8.4.8-1

关键词：后张法　钢丝束张拉程序

60. 桥梁工程后张法施工时，对于精轧螺纹钢筋张拉程序如何规定？

答：（1）直线配筋时：普通松弛力筋：0→初应力→δ_{con}（锚固）

（2）曲线配筋时：0→δ_{con}（持荷 2min）→0（上述程序可反复几次）→初应力→δ_{con}（持荷 2min 锚固）。

知识点索引：《城市桥梁工程施工与质量验收规范》CJJ 2－2008 表 8.4.8-1

关键词：后张法　精轧螺纹钢张拉程序

61. 桥梁工程后张法施工时，对于钢丝束、钢绞线束断丝、滑丝控制值有何规定？

答：（1）每束钢丝断丝、滑丝不超过 1 根。

（2）每束钢绞线断丝、滑丝不超过 1 丝。

（3）每个断面断丝之和不超过该断面钢丝总数的 1%。

知识点索引：《城市桥梁工程施工与质量验收规范》CJJ 2－2008 表 8.4.8-2

关键词：后张法　断丝、滑丝规定

62. 桥梁工程后张法预应力管道压浆有何要求？

答：（1）预应力筋张拉后，应及时进行孔道压浆，对多跨连续有连接器的预应力筋孔道，应张拉完一段灌注一段。孔道压浆宜采用水泥浆，水泥浆的强度应符合设计要求；设计无规定时不得低于 30MPa。

（2）压浆后应从检查孔抽查压浆的密实情况，如有不实，应及时处理。压浆作业，每一工作班应留取不少于 3 组砂浆试块，标准养护 28d，以其抗压强度作为水泥浆质量的评定依据。

（3）压浆过程中及压浆后 48h 内，结构混凝土的温度不得低于 5℃，否则应采取保温措施。当白天气温高于 35℃时，压浆宜在夜间进行。

（4）埋设在结构内的锚具，压浆后应及时浇筑封锚混凝土。封锚混凝土的强度等级应符合设计要求，不宜低于结构混凝土强度等级的 80%，且不得低于 30MPa。

（5）孔道内的水泥浆强度达到设计规定后方可吊移预制构件；设计未规定时，不应低于砂浆设计强度的 75%。

知识点索引：《城市桥梁工程施工与质量验收规范》CJJ 2－2008 第 8.4.8　5～9 条

关键词：后张法　预应力管道压浆

63. 桥梁工程扩大基础位于河、湖、浅滩采用围堰施工时应符合哪些规定？

答：（1）围堰顶宜高出施工期间可能出现的最高水位（包括浪高）0.5～0.7m。

（2）围堰应减少对现状河道通航、导流的影响。对河流断面被围堰压缩而引起的冲刷，应有防护措施。

（3）围堰应便于施工、维护及拆除。围堰材质不得对现况河道水质产生污染。

（4）围堰应严密，不得渗漏。

知识点索引：《城市桥梁工程施工与质量验收规范》CJJ 2－2008 第 10.1.2 条

关键词：桥梁扩大基础 围堰

64. 桥梁工程扩大基础基坑开挖应符合哪些规定？

答：（1）基坑宜安排在枯水或少雨季节开挖。

（2）坑壁必须稳定。

（3）基底应避免超挖，严禁受水浸泡和受冻。

（4）当基坑及其周围有地下管线时，必须在开挖前探明现况。对施工损坏的管线，必须及时处理。

（5）槽边堆土时，堆土坡脚距基坑顶边线的距离不得小于1m，堆土高度不得大于1.5m。

（6）基坑挖至标高后应及时进行基础施工，不得长期暴露。

知识点索引：《城市桥梁工程施工与质量验收规范》CJJ 2－2008 第 10.1.6 条

关键词：桥梁扩大基础 基坑开挖

65. 桥梁灌注桩施工时，钻孔场地应符合哪些要求？

答：（1）在旱地上，应清除杂物，平整场地；遇软土应进行处理。

（2）在浅水中，宜用筑岛法施工。

（3）在深水中，宜搭设平台。如水流平稳，钻机可设在船上，船必须锚固稳定。

知识点索引：《城市桥梁工程施工与质量验收规范》CJJ 2－2008 第 10.3.1-1 条

关键词：桥梁灌注桩 钻孔场地

66. 桥梁灌注桩施工时，护筒埋设应符合哪些要求？

答：（1）在岸滩上的埋设深度：黏性土、粉土不得小于1m；砂性土不得小于2m。当表面土层松软时，护筒应埋入密实土层中0.5m以下。

（2）水中筑岛，护筒应埋入河床面以下1m左右。

（3）在水中平台上沉入护筒，可根据施工最高水位、流速、冲刷及地质条件等因素确定沉入深度，必要时应沉入不透水层。

（4）护筒埋设允许偏差：顶面中心偏位宜为5cm。护筒斜度宜为1%。

知识点索引：《城市桥梁工程施工与质量验收规范》CJJ 2－2008 第 10.3.1-5 条

关键词：桥梁灌注桩 护筒埋设

67. 桥梁灌注桩施工时，钻孔出现异常情况，进行处理时应符合哪些要求？

答：（1）坍孔不严重时，可加大泥浆相对密度继续钻进，严重时必须回填重钻。

（2）出现流沙现象时，应增大泥浆相对密度，提高孔内压力或用黏土、大泥块、泥砖投下。

（3）钻孔偏斜、弯曲不严重时，可重新调整钻机在原位反复扫孔，钻孔正直后继续钻进。发生严重偏斜、弯曲、梅花孔、探头石时，应回填重钻。

（4）出现缩孔时，可提高孔内泥浆量或加大泥浆相对密度采用上下反复扫孔的方法，恢复孔径。

（5）冲击钻孔发生卡钻时，不宜强提。应采取措施，使钻头松动后再提起。

知识点索引：《城市桥梁工程施工与质量验收规范》CJJ 2－2008 第 10.3.2-4 条

关键词：桥梁灌注桩　钻孔异常

68. 桥梁灌注桩水下混凝土的原材料应符合哪些规定？

答：（1）水泥的初凝时间，不宜小于 2.5h。

（2）粗骨料优先选用卵石，如采用碎石宜增加混凝土配合比的含砂率。粗骨料的最大粒径不得大于导管内径的 1/6～1/8 和钢筋最小净距的 1/4，同时不得大于 40mm。

（3）细骨料宜采用中砂。

知识点索引：《城市桥梁工程施工与质量验收规范》CJJ 2－2008 第 10.3.5-2.1～2.3 条

关键词：桥梁灌注桩　水下混凝土　原材料

69. 桥梁灌注桩水下混凝土的配合比应符合哪些规定？

答：（1）混凝土配合比的含砂率宜采用 0.4～0.5，水胶比宜采用 0.5～0.6。经试验，可掺入部分粉煤灰（水泥与掺合料总量不宜小于 350kg/m³，水泥用量不得小于 300kg/m³）。

（2）水下混凝土拌合物应具有足够的流动性和良好的和易性。

（3）灌注时坍落度宜为 180mm～220mm。

（4）混凝土的配制强度应比设计强度提高 10%～20%。

知识点索引：《城市桥梁工程施工与质量验收规范》CJJ 2－2008 第 10.3.5-2.4～2.7 条

关键词：桥梁灌注桩　水下混凝土　配合比

70. 桥梁灌注桩水下混凝土灌注时，导管应符合哪些规定？

答：（1）导管内壁应光滑圆顺，直径宜为 20cm～30cm，节长宜为 2m。

（2）导管不得漏水，使用前应试拼、试压，试压的压力宜为孔底静水压力的 1.5 倍。

（3）导管轴线偏差不宜超过孔深的 0.5%，且不宜大于 10cm。

（4）导管采用法兰盘接头宜加锥形活套；采用螺旋丝扣型接头时必须有防止松脱装置。

知识点索引：《城市桥梁工程施工与质量验收规范》CJJ 2－2008 第 10.3.5～3 条

关键词：桥梁灌注桩　混凝土灌注　导管

71. 桥梁灌注桩水下混凝土施工应符合哪些要求?

答：（1）在灌注水下混凝土前，宜向孔底射水（或射风）翻动沉淀物 3min～5min。

（2）混凝土应连续灌注，中途停顿时间不宜大于 30min。

（3）在灌注过程中，导管的埋置深度宜控制在 2m～6m。

（4）灌注混凝土应采取防止钢筋骨架上浮的措施。

（5）灌注的桩顶标高应比设计高出 0.5m～1m。

（6）使用全护筒灌注水下混凝土时，护筒底端应埋于混凝土内不小于 1.5m，随导管提升逐步上拔护筒。

知识点索引：《城市桥梁工程施工与质量验收规范》CJJ 2－2008 第 10.3.5-4 条

关键词：桥梁灌注桩　水下混凝土　施工

72. 桥梁工程筑岛制作沉井时应符合哪些要求?

答：（1）筑岛标高应高于施工期间河水的最高水位 0.5m～0.7m，当有冰流时，应适当加高。

（2）筑岛的平面尺寸，应满足沉井制作及抽垫等施工要求。无围堰筑岛时，应在沉井周围设置不少于 2m 的护道，临水面坡度宜为 1：1.75～1：3。有围堰筑岛时，沉井外缘距围堰的距离应满足公式（10.4.3），且不得小于 1.5m；当不能满足时，应考虑沉井重力对围堰产生的侧压力。

（3）筑岛材料应以透水性好、易于压实和开挖的无大块颗粒的砂土或碎石土。

（4）筑岛应考虑水流冲刷对岛体稳定性的影响，并采取加固措施。

（5）在斜坡上或在靠近堤防两侧筑岛时，应采取防止滑移的措施。

知识点索引：《城市桥梁工程施工与质量验收规范》CJJ 2－2008 第 10.4.3～3 条

关键词：筑岛制作沉井

73. 桥梁工程沉井下沉应符合哪些规定?

答：（1）在渗水量小，土质稳定的地层中宜采用排水下沉。有涌水翻砂的地层，不宜采用排水下沉。

（2）下沉困难时，可采用高压射水、降低井内水位、压重等措施下沉。

（3）沉井应连续下沉，尽量减少中途停顿时间。

（4）下沉时，应自中间向刃脚处均匀对称除土。支承位置处的土，应在最后同时挖除。应控制各井室间的土面高差，并防止内隔墙底部受到土层的顶托。

（5）沉井下沉中，应随时调整倾斜和位移。

（6）弃土不得靠近沉井，避免对沉井引起偏压。在水中下沉时，应检查河床因冲、淤引起的土面高差，必要时可采用外弃土调整。

（7）在不稳定的土层或沙土中下沉时，应保持井内外水位一定的高差，防止翻砂。

（8）纠正沉井倾斜和位移应先摸清情况、分析原因，然后采取相应措施，如有障碍物应先排除再纠偏。

知识点索引：《城市桥梁工程施工与质量验收规范》CJJ 2－2008 第 10.4.4 条

关键词：沉井下沉

74. 桥梁工程沉井接高应符合哪些规定？

答：（1）沉井接高前应调平。接高时应停止除土作业。

（2）接高时，井顶露出水面不得小于150cm，露出地面不得小于50cm。

（3）接高时应均匀加载，可在刃脚下回填或支垫，防止沉井在接高加载时突然下沉或倾斜。

（4）接高时应清理混凝土界面，并用水湿润。

（5）接高后的各节沉井中轴线应一致。

知识点索引：《城市桥梁工程施工与质量验收规范》CJJ 2-2008 第10.4.5条

关键词：沉井接高

75. 桥梁工程水中高桩承台采用套箱法施工时应符合哪些要求？

答：水中高桩承台采用套箱法施工时，套箱应架设在可靠的支承上，并具有足够的强度、刚度和稳定性。套箱顶面高程应高于施工期间的最高水位。套箱应拼装严密，不漏水。套箱底板与基桩之间缝隙应堵严。套箱下沉就位后，应及时浇筑水下混凝土封底。

知识点索引：《城市桥梁工程施工与质量验收规范》CJJ 2-2008 第10.6.5条

关键词：高桩承台　套箱

76. 桥梁工程重力式混凝土墩台施工应符合哪些规定？

答：（1）墩台混凝土浇筑前应对基础混凝土顶面做凿毛处理，清除锚筋污锈。

（2）墩台混凝土宜水平分层浇筑，每次浇筑高度宜为1.5m～2m。

（3）墩台混凝土分块浇筑时，接缝应与墩台截面尺寸较小的一边平行，邻层分块接缝应错开，接缝宜做成企口形。分块数量，墩台水平截面积在200m²内不得超过2块；在300m²以内不得超过3块。每块面积不得小于50m²。

知识点索引：《城市桥梁工程施工与质量验收规范》CJJ 2-2008 第11.1.1条

关键词：重力式混凝土墩台施工

77. 桥梁工程柱式墩台施工应符合哪些规定？

答：（1）模板、支架除应满足强度、刚度外，稳定计算中应考虑风力影响。

（2）墩台柱与承台基础接触面应凿毛处理，清除钢筋污锈。浇筑墩台柱混凝土时，应铺同配合比的水泥砂浆一层。墩台柱的混凝土宜一次连续浇筑完成。

（3）柱身高度内有系梁连接时，系梁应与柱同步浇筑。V形墩柱混凝土应对称浇筑。

知识点索引：《城市桥梁工程施工与质量验收规范》CJJ 2-2008 第11.1.2 1-3条

关键词：柱式混凝土墩台施工

78. 桥梁预制柱安装应符合哪些规定？

答：（1）杯口在安装前应校核长、宽、高，确认合格。杯口与预制件接触面均应凿毛处理，埋件应除锈并应校核位置，合格后方可安装。

（2）预制柱安装就位后应采用硬木楔或钢楔固定，并加斜撑保持柱体稳定，在确保稳定后方可摘去吊钩。

（3）安装后应及时浇筑杯口混凝土，待混凝土硬化后拆除硬楔，浇筑二次混凝土，待杯口混凝土达到设计强度 75% 后方可拆除斜撑。

知识点索引：《城市桥梁工程施工与质量验收规范》CJJ 2-2008 第 11.2.2 条

关键词：预制柱　安装

79. 桥梁预制钢筋混凝土盖梁安装应符合哪些规定？

答：（1）预制盖梁安装前，应对接头混凝土面凿毛处理，预埋件应除锈。

（2）在墩台柱上安装预制盖梁时，应对墩台柱进行固定和支撑，确保稳定。

（3）盖梁就位时，应检查轴线和各部尺寸，确认合格后方可固定，并浇筑接头混凝土。接头混凝土达到设计强度后，方可卸除临时固定设施。

知识点索引：《城市桥梁工程施工与质量验收规范》CJJ 2-2008 第 11.2.3 条

关键词：预制盖梁　安装

80. 桥梁台背填土应符合哪些规定？

答：（1）台背填土不得使用含杂质、腐殖物或冻土块的土类。宜采用透水性土。

（2）台背、锥坡应同时回填，并应按设计宽度一次填齐。

（3）台背填土宜与路基填土同时进行，宜采用机械碾压。台背 0.8m～1m 范围内宜回填砂石、半刚性材料，并采用小型压实设备或人工夯实。

（4）轻型桥台台背填土应待盖板和支撑梁安装完成后，两台对称均匀进行。

（5）刚构应两端对称均匀回填。

（6）拱桥台背填土应在主拱施工前完成；拱桥台背填土长度应符合设计要求。

（7）柱式桥台台背填土宜在柱侧对称均匀地进行。

（8）回填土均应分层夯实，填土压实度应符合国家现行标准规定。

知识点索引：《城市桥梁工程施工与质量验收规范》CJJ 2-2008 第 11.4 条

关键词：台背填土

81. 桥梁支座安装的一般规定有哪些？

答：（1）当实际支座安装温度与设计要求不同时，应通过计算设置支座顺桥方向的预偏量。

（2）支座安装平面位置和顶面高程必须正确，不得偏斜、脱空、不均匀受力。

（3）支座滑动面上的聚四氟乙烯滑板和不锈钢板位置应正确，不得有划痕、碰伤。

（4）墩台帽、盖梁上的支座垫石和挡块宜二次浇筑，确保其高程和位置的准确。垫石混凝土的强度必须符合设计要求。

知识点索引：《城市桥梁工程施工与质量验收规范》CJJ 2-2008 第 12.1 条

关键词：支座安装　一般规定

82. 桥梁工程板式橡胶支座安装应符合哪些规定？

答：（1）支座安装前应将垫石顶面清理干净，采用干硬性水泥砂浆抹平，顶面标高应符合设计要求。

（2）梁板安放时应位置准确，且与支座密贴。如就位不准或与支座不密贴时，必须重新起吊，采取垫钢板等措施，并应使支座位置控制在允许偏差内。不得用撬棍移动梁、板。

知识点索引：《城市桥梁工程施工与质量验收规范》CJJ 2－2008 第 12.2 条

关键词：板式支座　安装规定

83. 桥梁工程在固定支架上浇筑梁板时，对于支架及基础有哪些规定？

答：（1）支架的地基承载力应符合要求，必要时，应采取加强处理或其他措施。

（2）应有简便可行的落架拆模措施。

（3）各种支架和模板安装后，宜采取预压方法消除拼装间隙和地基沉降等非弹性变形。

（4）安装支架时，应根据梁体和支架的弹性、非弹性变形，设置预拱度。

（5）支架底部应有良好的排水措施，不得被水浸泡。

（6）浇筑混凝土时应采取防止支架不均匀下沉的措施。

知识点索引：《城市桥梁工程施工与质量验收规范》CJJ 2－2008 第 13.1.1 条

关键词：固定支架　浇筑梁板

84. 桥梁梁板采用挂篮进行悬臂浇筑时，挂篮结构主要设计参数应符合哪些规定？

答：（1）挂篮质量与梁段混凝土的质量比值宜控制在 0.3～0.5，特殊情况下不得超过 0.7。

（2）允许最大变形（包括吊带变形的总和）为 20mm。

（3）施工、行走时的抗倾覆安全系数不得小于 2。

（4）自锚固系统的安全系数不得小于 2。

（5）斜拉水平限位系统和上水平限位安全系数不得小于 2。

知识点索引：《城市桥梁工程施工与质量验收规范》CJJ 2－2008 第 13.2.1 条

关键词：挂篮　设计参数

85. 桥梁工程连续梁（T形结构）的合龙、体系转换和支座反力调整应符合哪些规定？

答：（1）合龙段的长度宜为 2m。

（2）合龙前应观测气温变化与梁端高程及悬臂端间距的关系。

（3）合龙前应按设计规定，将两悬臂端合龙口予以临时连接，并将合龙跨一侧墩的临时锚固放松或改成活动支座。

（4）合龙前，在两端悬臂预加压重，并于浇筑混凝土过程中逐步撤除，以使悬臂端挠度保持稳定。

（5）合龙宜在一天中气温最低时进行。

（6）合龙段的混凝土强度宜提高一级，以尽早施加预应力。

（7）连续梁的梁跨体系转换，应在合龙段及全部纵向连续预应力筋张拉、压浆完成，并解除各墩临时固结后进行。

（8）梁跨体系转换时，支座反力的调整应以高程控制为主，反力作为校核。

知识点索引:《城市桥梁工程施工与质量验收规范》CJJ 2－2008 第 13.2.8 条

关键词:体系转换　支座反力调整

86. 桥梁工程装配式梁板施工时,构件预制应符合哪些规定?

答:(1)场地应平整、坚实,并采取必要的排水措施。

(2)预制台座应坚固、无沉陷,台座表面应光滑平整,在 2m 长度上平整度的允许偏差为 2mm。气温变化大时应设伸缩缝。

(3)模板应根据施工图设置起拱。预应力混凝土梁、板设置起拱时,应考虑梁体施加预应力后的上拱度,预设起拱应折减或不设,必要时可设反拱。

(4)采用平卧重叠法浇筑构件混凝土时,下层构件顶面应设隔离层。上层构件须待下层构件混凝土强度达到 5MPa 后方可浇筑。

知识点索引:《城市桥梁工程施工与质量验收规范》CJJ 2－2008 第 13.3.1 条

关键词:装配式梁板　预制

87. 桥梁工程装配式梁板施工时,构件移运及堆放应符合哪些规定?

答:(1)构件运输和堆放时,梁式构件应竖立放置,并应采取斜撑等防止倾覆的措施;板式构件不得倒置。支承位置应与吊点位置在同一竖直线上。

(2)使用平板拖车或超长拖车运输大型构件时,车长应能满足支承间的距离要求,支点处应设活动转盘。运输道路应平整。

(3)堆放构件的场地应平整、坚实。

(4)构件应按吊运及安装次序顺序堆放。

(5)构件堆放时,应放置在垫木上,吊环向上,标志向外。混凝土养护期未满的,应继续洒水养护。

(6)水平分层堆放构件时,其堆放高度应按构件强度、地面承载力等条件确定。层与层之间应以垫木隔开,各层垫木的位置应在吊点处,上下层垫木必须在一条竖直线上。

(7)雨期和冰冻地区的春融期间,必须采取措施防止地面下沉,造成构件断裂。

知识点索引:《城市桥梁工程施工与质量验收规范》CJJ 2－2008 第 13.3.4 条

关键词:装配式梁板　移运及堆放

88. 桥梁工程装配式梁板安装时,起重机架梁应符合哪些要求?

答:(1)起重机工作半径和高度的范围内不得有障碍物。

(2)严禁起重机斜拉斜吊,严禁轮胎起重机吊重物行驶。

(3)使用双机抬吊同一构件时,吊车臂杆应保持一定距离,必须设专人指挥。每一单机必须按降效 25% 作业。

知识点索引:《城市桥梁工程施工与质量验收规范》CJJ 2－2008 第 13.3.5-2 条

关键词:装配式梁板　起重机架梁

89. 桥梁工程装配式梁板安装时,门式吊梁车架梁应符合哪些要求?

答:(1)吊梁车吊重能力应大于 1/2 梁重,轮距应为主梁间距的 2 倍。

（2）导梁长度不得小于桥梁跨径的 2 倍另加 5m～10m 引梁，导梁高度宜小于主梁高度，在墩顶设垫块使导梁顶面与主梁顶面保持水平。

（3）构件堆放场或预制场宜设在桥头引道上。桥头引道应填筑到主梁顶高，引道与主梁或导梁接头处应砌筑坚实平整。

（4）吊梁车起吊或落梁时应保持前后吊点升降速度一致，吊梁车负载时应慢速行驶，保持平稳，在导梁上行驶速度不宜大于 5m/min。

知识点索引：《城市桥梁工程施工与质量验收规范》CJJ 2－2008 第 13.3.5-3 条

关键词：装配式梁板　门式吊梁车架梁

90. 桥梁工程梁板采用悬臂拼装时，梁段预制应符合哪些规定？

答：（1）梁段应在同一台座上连续或奇偶相间预制，预制台座应符合规范有关规定。

（2）预制台座使用前应采用 1.5 倍梁段质量预压。

（3）梁段间的定位销孔及其他预埋件应位置准确。

（4）预制梁段吊移前，应分别测量各段顶面四角的相对高差，并在各梁段上测设与梁轴线垂直的端横线。

知识点索引：《城市桥梁工程施工与质量验收规范》CJJ 2－2008 第 13.4.1 条

关键词：悬臂拼装　梁段预制

91. 桥梁工程梁板采用悬臂拼装时，悬臂拼装施工应符合哪些规定？

答：（1）悬拼吊架走行及悬拼施工时的抗倾覆稳定系数不得小于 1.5。

（2）吊装前应对吊装设备进行全面检查，并按设计荷载的 130% 进行试吊。

（3）悬拼施工前应绘制主梁安装挠度变化曲线，以控制各梁段安装高程。

（4）悬拼施工应按锚固设计要求将墩顶梁段与桥墩临时锚固，或在桥墩两侧设立临时支撑。

（5）墩顶梁段与悬拼第 1 段之间应设 10cm～15cm 宽的湿接缝。

知识点索引：《城市桥梁工程施工与质量验收规范》CJJ 2－2008 第 13.4.5　1～5 条

关键词：悬臂拼装　施工

92. 桥梁工程梁板采用悬臂拼装时，墩顶梁段与悬拼第 1 段之间的湿接缝应符合哪些要求？

答：（1）湿接缝的端面应凿毛清洗。

（2）波纹管伸入两梁段长度不得小于 5cm，并进行密封。

（3）湿接缝混凝土强度宜高于梁段混凝土一个等级，待接缝混凝土达到设计强度后方可拆模、张拉预应力束。

知识点索引：《城市桥梁工程施工与质量验收规范》CJJ 2－2008 第 13.4.5　5.1～5.3 条

关键词：悬臂拼装　湿接缝

93. 桥梁工程梁板采用悬臂拼装，梁段接缝采用胶拼时应符合哪些要求？

答：（1）胶拼前，应清除胶拼面上浮浆、杂质、隔离剂，并保持干燥。

（2）胶拼前应先预拼，检测并调整其高程、中线，确认符合设计要求。涂胶应均匀，厚度宜为 1mm～1.5mm。涂胶时，混凝土表面温度不宜低于 15℃。

（3）环氧树脂胶浆应根据环境温度、固化时间和强度要求选定配方。固化时间应根据操作需要确定，不宜少于 10h，在 36h 内达到梁体设计强度。

（4）梁段正式定位后，应按设计要求张拉定位束，设计无规定时，应张拉部分预应力束，预压胶拼接缝，使接缝处保持 0.2MPa 以上压应力，并及时清理接触面周围及孔道中挤出的胶浆。待环氧树脂胶浆固化、强度符合设计要求后，再张拉其余预应力束。

（5）在设计要求的预应力束张拉完毕后，起重机方可松钩。

知识点索引：《城市桥梁工程施工与质量验收规范》CJJ 2－2008 第 13.4.5-6 条

关键词：悬臂拼装　胶拼

94. 桥梁钢梁制造企业应向安装企业提供哪些文件？

答：（1）产品合格证；

（2）钢材和其他材料质量证明书和检验报告；

（3）施工图，拼装简图；

（4）工厂高强度螺栓摩擦面抗滑移系数试验报告；

（5）焊缝无损检验报告和焊缝重大修补记录；

（6）产品试板的试验报告；

（7）工厂试拼装记录；

（8）杆件发运和包装清单。

知识点索引：《城市桥梁工程施工与质量验收规范》CJJ 2－2008 第 14.1.4 条

关键词：钢梁企业　提供文件

95. 桥梁钢梁采用高强度螺栓连接的强制性条款是什么？

答：高强度螺栓终拧完毕必须当班检查。每栓群应抽查总数的 5%，且不得少于 2 套。抽查合格率不得小于 80%，否则应继续抽查，直至合格率达到 80% 以上。对螺栓拧紧度不足者应补拧，对超拧者应更换、重新施拧并检查。

知识点索引：《城市桥梁工程施工与质量验收规范》CJJ 2－2008 第 14.2.4 条

关键词：钢梁　高强螺栓　强制性条款

96. 桥梁钢梁焊接应符合哪些规定？

答：（1）首次焊接之前必须进行焊接工艺评定试验。

（2）焊工和无损检测员必须经考试合格取得资格证书后，方可从事资格证书中认定范围内的工作，焊工停焊时间超过 6 个月，应重新考核。

（3）焊接环境温度，低合金钢不得低于 5℃，普通碳素结构钢不得低于 0℃。焊接环境湿度不宜高于 80%。

（4）焊接前应进行焊缝除锈，并应在除锈后 24h 内进行焊接。

（5）焊接前，对厚度 25mm 以上的低合金钢预热温度宜为 80℃～120℃，预热范围宜为焊缝两侧 50mm～80mm。

（6）多层焊接宜连续施焊，并应控制层间温度。每一层焊缝焊完后应及时清除药皮、熔渣、溢流和其他缺陷后，再焊下一层。

（7）钢梁杆件现场焊缝连接应按设计要求的顺序进行。设计无要求时，纵向应从跨中向两端进行，横向应从中线向两侧对称进行。

（8）现场焊接应设防风设施，遮盖全部焊接处。雨天不得焊接，箱形梁内进行 CO_2 气体保护焊时，必须使用通风防护设施。

知识点索引：《城市桥梁工程施工与质量验收规范》CJJ 2－2008 第 14.2.5 条

关键词：钢梁　焊接

97. 桥梁钢梁现场涂装应符合哪些规定？

答：（1）防腐涂料应有良好的附着性、耐蚀性，其底漆应具有良好的封孔性能。钢梁表面处理的最低等级应为 Sa2.5。

（2）上翼缘板顶面和剪力连接器均不得涂装，在安装前应进行除锈、防腐蚀处理。

（3）涂装前应先进行除锈处理。首层底漆于除锈后 4h 内开始，8h 内完成。涂装时的环境温度和相对湿度应符合涂料说明书的规定，当产品说明书无规定时，环境温度宜在 5℃～38℃，相对湿度不得大于 85%；当相对湿度大于 75% 时应在 4h 内涂完。

（4）涂料、涂装层数和涂层厚度应符合设计要求；涂层干漆膜总厚度应符合设计要求。当规定层数达不到最小干漆膜总厚度时，应增加涂层层数。

（5）涂装应在天气晴朗、4 级（不含）以下风力时进行，夏季应避免阳光直射。涂装时构件表面不应有结露，涂装后 4h 内应采取防护措施。

知识点索引：《城市桥梁工程施工与质量验收规范》CJJ 2－2008 第 14.2.10 条

关键词：钢梁　现场涂装

98. 桥梁工程跨径大于或等于 16m 的拱圈或拱肋混凝土浇筑应注意哪些事项？

答：跨径大于或等于 16m 的拱圈或拱肋，宜分段浇筑。分段位置，拱式拱架宜设置在拱架受力反弯点、拱架节点、拱顶及拱脚处；满布式拱架宜设置在拱顶、1/4 跨径、拱脚及拱架节点等处。各段的接缝面应与拱轴线垂直，各分段点应预留间隔槽，其宽度宜为 0.5m～1m。当预计拱架变形较小时，可减少或不设间隔槽，应采取分段间隔浇筑。

知识点索引：《城市桥梁工程施工与质量验收规范》CJJ 2－2008 第 16.3.2 条

关键词：拱圈　拱肋　混凝土浇筑

99. 桥梁工程钢管混凝土拱肋安装应符合哪些规定？

答：（1）钢管拱肋成拱过程中，应同时安装横向连系，未安装连系的不得多于一个节段，否则应采取临时横向稳定措施。

（2）节段间环焊缝的施焊应对称进行，并应采用定位板控制焊缝间隙，不得采用堆焊。

（3）合龙口的焊接或栓接作业应选择在环境温度相对稳定的时段内快速完成。

（4）采用斜拉扣索悬拼法施工时，扣索采用钢绞线或高强钢丝束时，安全系数应大于 2。

知识点索引：《城市桥梁工程施工与质量验收规范》CJJ 2－2008 第 16.6.2 条

关键词：钢管混凝土　拱肋安装

100. 桥梁工程钢管混凝土拱进行混凝土施工时应符合哪些规定？

答：（1）管内混凝土宜采用泵送顶升压注施工，由两拱脚至拱顶对称均衡地连续压注完成。

（2）大跨径拱肋钢管混凝土应根据设计加载程序，宜分环、分段并隔仓由拱脚向拱顶对称均衡压注。压注过程中拱肋变位不得超过设计规定。

（3）钢管混凝土应具有低泡、大流动性、收缩补偿、延缓初凝和早强的性能。

（4）钢管混凝土压注前应清洗管内污物，润湿管壁，先泵入适量水泥浆再压注混凝土，直至钢管顶端排气孔排出合格的混凝土时停止。压注混凝土完成后应关闭倒流截止阀。

（5）钢管混凝土的质量检测办法应以超声波检测为主，人工敲击为辅。

（6）钢管混凝土的泵送顺序应按设计要求进行，宜先钢管后腹箱。

知识点索引：《城市桥梁工程施工与质量验收规范》CJJ 2－2008 第 16.6.3 条

关键词：钢管混凝土施工

101. 桥梁橡胶伸缩装置安装应符合哪些规定？

答：（1）安装橡胶伸缩装置应尽量避免预压工艺。橡胶伸缩装置在5℃以下气温不宜安装。

（2）安装前应对伸缩装置预留槽进行修整，使其尺寸、高程符合设计要求。

（3）锚固螺栓位置应准确，焊接必须牢固。

（4）伸缩装置安装合格后应及时浇筑两侧过渡段混凝土，并与桥面铺装接顺。每侧混凝土宽度不宜小于 0.5m。

知识点索引：《城市桥梁工程施工与质量验收规范》CJJ 2－2008 第 20.4.6 条

关键词：橡胶伸缩装置　安装

102. 桥梁工程齿形钢板伸缩装置施工应符合哪些规定？

答：（1）底层支撑角钢应与梁端锚固筋焊接。

（2）支撑角钢与底层钢板焊接时，应采取防止钢板局部变形措施。

（3）齿形钢板宜采用整块钢板仿形切割成型，经加工后对号入座。

（4）安装顶部齿形钢板，应按安装时气温经计算确定定位值。齿形钢板与底层钢板端部焊缝应采用间隔跳焊，中部塞孔焊应间隔分层满焊。焊接后齿形钢板与底层钢板应密贴。

（5）齿形钢板伸缩装置宜在梁端伸缩缝处采用 U 形铝板或橡胶板止水带防水。

知识点索引：《城市桥梁工程施工与质量验收规范》CJJ 2－2008 第 20.4.7 条

关键词：齿形钢板伸缩装置　施工

103. 桥梁工程模数式伸缩装置应符合哪些规定？

答：（1）模数式伸缩装置在工厂组装成型后运至工地，应按国家现行标准对成品进行验收，合格后方可安装。

（2）伸缩装置安装时其间隙量定位值应由厂家根据施工时气温在工厂完成，用定位卡固定。如需在现场调整间隙量应在厂家专业人员指导下进行，调整定位并固定后应及时安装。

（3）伸缩装置应使用专用车辆运输，按厂家标明的吊点进行吊装，防止变形。现场堆放场地应平整，并避免雨淋暴晒和防尘。

（4）安装前应按设计和产品说明书要求检查锚固筋规格和间距、预留槽尺寸，确认符合设计要求，并清理预留槽。

（5）分段安装的长伸缩装置需现场焊接时，宜由厂家专业人员施焊。

（6）伸缩装置中心线与梁段间隙中心线应对正重合。伸缩装置顶面各点高程应与桥面横断面高程对应一致。

（7）伸缩装置的边梁和支承箱应焊接锚固，并应在作业中采取防止变形措施。

（8）过渡段混凝土与伸缩装置相接处应粘固密封条。

（9）混凝土达到设计强度后，方可拆除定位卡。

知识点索引：《城市桥梁工程施工与质量验收规范》CJJ 2－2008 第 20.4.8 条

关键词：模数式伸缩装置　施工

三、《城镇桥梁钢结构防腐蚀涂装工程技术规程》CJJ/T 235－2015

1. 桥梁钢结构防腐中提到的热喷涂指的是什么？

答：在喷涂枪内或枪外将喷涂材料加热到塑性或熔化状态，然后喷射于经预处理的基底上，基底保持未熔状态形成涂层的方法。

知识点索引：《城镇桥梁钢结构防腐蚀涂装工程技术规程》CJJ/T 235－2015 第 2.0.5 条

关键词：桥梁钢结构　热喷涂

2. 桥梁钢结构防腐中提到的电弧喷涂指的是什么？

答：利用两根金属丝之间产生的电弧熔化丝的顶端，经一束或多束气体射流将已熔并雾化的金属熔滴喷射到经预处理的基底表面上形成涂层的方法。

知识点索引：《城镇桥梁钢结构防腐蚀涂装工程技术规程》CJJ/T 235－2015 第 2.0.6 条

关键词：桥梁钢结构　电弧喷涂

3. 桥梁钢结构涂装部位可分哪些类型？

答：（1）外表面；

（2）非封闭环境内表面；

（3）封闭环境内表面；

（4）钢桥面；

（5）干湿交替区和水下区；

（6）防滑摩擦面；

（7）附属结构。

知识点索引：《城镇桥梁钢结构防腐蚀涂装工程技术规程》CJJ/T 235－2015 第 4.1.3 条

关键词：桥梁钢结构　涂装部位

4. 桥梁钢结构热喷涂涂层性能检测项目包括哪些？

答：（1）外观；

（2）厚度；

（3）涂层附着力；

（4）孔隙率。

知识点索引：《城镇桥梁钢结构防腐蚀涂装工程技术规程》CJJ/T 235－2015 表 4.3.5

关键词：热喷涂　涂层检测

5. 钢结构桥梁栓接部位的涂层抗滑系数有什么要求？

答：栓接结构的栓接部位摩擦面涂层初始抗滑移系数应大于 0.55，并应在 6 个月内安装，安装时的涂层抗滑移系数应大于 0.45。

知识点索引：《城镇桥梁钢结构防腐蚀涂装工程技术规程》CJJ/T 235－2015 第 4.3.6 条

关键词：钢结构　栓接　涂层抗滑系数

6. 钢结构桥梁防腐施工的一般规定有哪些？

答：（1）防腐蚀涂装工程施工所用的检测器具应经检定或校准合格，并应在有效期内使用。

（2）金属热喷涂或涂料涂装应在表面处理完成后 4h 内进行；当环境相对湿度不大于 60% 时，可延时施工，但延时不应超过 12h。

（3）当钢结构表面出现返锈现象时，应重新除锈，检验合格后方可进行涂装施工。

（4）对非喷涂和涂装表面，应采用耐热的玻璃布或石棉等进行保护或隔离。

（5）对处于水下区的钢构件，在浸水状态下施工时，应选择水下施工和水下固化的涂层体系。

知识点索引：《城镇桥梁钢结构防腐蚀涂装工程技术规程》CJJ/T 235－2015 第 5.1 条

关键词：钢结构桥梁　防腐施工

7. 钢结构桥梁防腐表面处理应符合哪些规定？

答：（1）应采用动力或手工工具打磨、清除钢结构表面的焊渣、焊瘤、焊接飞溅物、毛刺，锋利的边角应打磨成半径大于 2mm 的圆角；

（2）表面油污应采用专用清洁剂进行低压喷洗或软刷刷洗，应采用淡水将残余物冲洗干净；或采用碱液、火焰等方法处理，并应采用淡水冲洗至中性；

（3）喷砂钢结构表面可溶性氯离子含量应小于 $7\mu g/cm^2$，超标时应采用高压淡水冲洗；

（4）对非涂装部位，在喷砂时应采取保护措施。

知识点索引：《城镇桥梁钢结构防腐蚀涂装工程技术规程》CJJ/T 235 - 2015 第5.3.2条

关键词：钢结构桥梁　防腐表面处理

8. 桥梁钢结构防腐表面进行二次表面处理时应符合哪些规定？

答：（1）在已涂无机硅酸锌、无机富锌或其他类车间底漆的钢结构外表面再涂装油漆前，应采用喷砂方法进行二次表面处理；

（2）在已涂无机硅酸锌、无机富锌或其他类车间底漆的钢结构内表面再涂装油漆前，可根据涂装体系设计要求采用喷砂或机械打磨方法进行拉毛处理；

（3）无机硅酸锌、无机富锌车间底漆完好的部位，可采用扫砂或打磨拉毛方法除去表面锌盐，焊缝、锈蚀处喷砂除锈应符合现行国家标准规定；

（4）对需热喷涂的钢结构焊缝预留部分，应在现场焊接后采用喷砂方法进行二次表面处理，除锈清洁度应符合现行国家标准规定的St3级。

知识点索引：《城镇桥梁钢结构防腐蚀涂装工程技术规程》CJJ/T 235 - 2015 第5.3.7条

关键词：钢结构　防腐表面　二次处理

9. 桥梁钢结构防腐金属热喷涂施工环境应符合哪些规定？

答：（1）施工环境温度宜为5℃～38℃；

（2）有强烈阳光照射时，不宜施工；

（3）当施工环境通风较差时，应进行强制通风。

知识点索引：《城镇桥梁钢结构防腐蚀涂装工程技术规程》CJJ/T 235 - 2015 第5.4.1条

关键词：钢结构防腐　金属热喷涂

10. 桥梁钢结构防腐采用电弧喷涂工艺时，应符合哪些规定？

答：（1）应在受喷面积上连续喷涂到规定厚度；

（2）喷涂气体应清洁、干燥，喷涂气体压力不应低于0.5MPa；

（3）喷涂距离宜为150mm～300mm；

（4）喷涂微颗粒宜垂直冲击基体表面，喷枪与被喷涂面的夹角不应小于60°；

（5）喷枪移动速度应均匀；

（6）当基体表面温度过高时，可暂停喷涂；

（7）应经常对喷枪进行清洁检查。

知识点索引：《城镇桥梁钢结构防腐蚀涂装工程技术规程》CJJ/T 235 - 2015 第5.4.3条

关键词：钢结构防腐　电弧喷涂

11. 桥梁钢结构防腐采用火焰喷涂工艺时，应符合哪些规定？

答：（1）被喷构件表面预热温度应高于塑料粉末的熔点；

（2）火焰喷涂线材表面应清洁，直径应与喷嘴及燃烧嘴直径相吻合；

（3）应采用摩擦点火器或电弧点火器点火；

（4）喷涂时，燃气流量应根据设备要求确定；

（5）当喷枪发生回火或熄火时，应迅速关闭喷枪，并应及时切断电源；

（6）喷涂结束后，应放出压力调节器和软管中的压缩气体。

知识点索引：《城镇桥梁钢结构防腐蚀涂装工程技术规程》CJJ/T 235-2015 第 5.4.4 条

关键词：钢结构防腐　火焰喷涂

12. 桥梁钢结构防腐涂料涂装施工环境应符合哪些规定？

答：（1）涂料施工环境温度宜为 5℃～38℃，相对湿度不宜大于 85％；当施工环境温度连续 5d 低于 5℃时，应采用低温固化产品或采取其他措施。

（2）遇 6 级及以上大风、雨、雪、雾等恶劣天气时，不宜进行室外施工。

（3）当施工环境通风较差时，应采取强制通风。

（4）施工时，钢材表面温度应高于露点温度 3℃。

知识点索引：《城镇桥梁钢结构防腐蚀涂装工程技术规程》CJJ/T 235-2015 第 5.5.1 条

关键词：钢结构防腐　施工环境

13. 桥梁钢结构防腐涂料配制和使用应符合哪些规定？

答：（1）涂料配制和使用应按涂料供应方提供的产品说明书进行，涂料配制和使用前应明确防腐蚀涂装的表面处理要求及处理工艺、防腐蚀涂层的施工工艺、防腐蚀涂层的质量检测手段。

（2）对双组分和单组分涂料应按产品说明书规定的比例混合，应搅拌均匀、熟化，并应在有效期内使用。

知识点索引：《城镇桥梁钢结构防腐蚀涂装工程技术规程》CJJ/T 235-2015 第 5.5.2 条

关键词：钢结构防腐　涂料配置和使用

14. 桥梁钢结构防腐涂料涂装应符合哪些规定？

答：（1）大面积涂装应采用高压无气喷涂方法；

（2）当采用喷涂时，喷枪移动速度应均匀，并应保持喷嘴与被喷面垂直；

（3）当采用滚涂施工时，滚筒蘸料应均匀，滚涂时用力应均匀，并应保持匀速；

（4）当采用刷涂施工时，用力应均匀，朝同一方向涂刷，避免表面起毛；

（5）对细长、小面积以及复杂形状的构件，可采用空气喷涂、滚涂或刷涂施工；

（6）不易喷涂部位应采用刷涂法进行预涂装或在喷涂后进行补涂；

（7）当刷涂或滚涂时，层间应纵横交错，每层宜往复进行；

（8）焊缝、边角及表面凹凸不平部位应多蘸涂料或增加涂装遍数；

（9）涂装过程中，施工工具应保持清洁；

（10）冬期施工每道涂层应干燥；

（11）施工过程中应在不同部位测定涂层的湿膜厚度，并应及时调整涂料黏度及涂装工艺参数，防腐层最终厚度应符合设计要求。

知识点索引：《城镇桥梁钢结构防腐蚀涂装工程技术规程》CJJ/T 235－2015 第5.5.4条

关键词：钢结构防腐　涂料涂装

15. 桥梁钢结构防腐涂料涂装间隔应符合哪些规定？

答：（1）封闭涂层、底涂层、中间涂层和面涂层施工，应符合涂料工艺要求，每道涂层的间隔时间应符合涂料技术要求；当超过最大重涂间隔时间时，应进行拉毛处理后再涂装。

（2）每涂完封闭涂层、底涂层、中间涂层和面涂层后，应检查干膜厚度，合格后方可进行下道涂装施工。

（3）涂装结束后涂层应经自然养护后方可使用。其中化学反应类涂料形成的涂层，养护时间不应少于7d。

知识点索引：《城镇桥梁钢结构防腐蚀涂装工程技术规程》CJJ/T 235－2015 第5.5.5条

关键词：钢结构防腐　涂料间隔

16. 桥梁钢结构防腐连接面涂装应符合哪些规定？

答：（1）焊接结构应预留焊接区域，预留区域应按相邻部位涂装要求涂装；

（2）栓接结构的栓接部位摩擦面底涂，可采用无机富锌防锈防滑涂料或热喷铝；

（3）栓接结构的栓接部位外露底涂层和螺栓头部，在现场涂装前应进行清洁处理。对栓接部位外露底涂层清洁处理后，应按设计涂装体系或相邻部位的配套涂装体系进行涂装处理；应对螺栓头部先进行净化、打磨处理，刷涂环氧富锌底漆，厚度宜为 $60\mu m\sim 80\mu m$，然后按相邻部位的配套涂装体系进行涂装处理。

知识点索引：《城镇桥梁钢结构防腐蚀涂装工程技术规程》CJJ/T 235－2015 第5.5.6条

关键词：钢结构防腐　连接面涂装

17. 桥梁钢结构防腐施工现场末道面漆涂装应符合哪些规定？

答：（1）破损处应进行修复处理，焊缝部位防腐蚀涂装应符合设计要求；

（2）应采用淡水、清洗剂等对待涂表面进行清洁处理，除掉表面灰尘和油污等污染物；

（3）涂层相容性、附着力及外观颜色应经试验确定；

（4）当附着力试验不合格时，应进行拉毛处理后再涂装。

知识点索引：《城镇桥梁钢结构防腐蚀涂装工程技术规程》CJJ/T 235－2015

第5.5.7条

关键词：钢结构防腐　末道面漆涂装

18. 桥梁钢结构防腐涂装质量验收主控项目中，涂层厚度应符合哪些规定？

答：（1）施工中应随时检查湿膜厚度，干膜厚度应符合设计要求。

（2）钢结构主体外表面干膜厚度测量值低于规定值的不得超过10%，且每一单独厚度测量值不应低于规定值的90%。钢结构其他表面干膜厚度测量值低于规定值的不得超过15%，且每一单独厚度测量值不应低于规定值的85%。

（3）当涂层厚度未达到设计要求时，应增加涂装道数，直至合格。

知识点索引：《城镇桥梁钢结构防腐蚀涂装工程技术规程》CJJ/T 235－2015 第6.3.3条

关键词：钢结构防腐　主控项目　涂层厚度

19. 桥梁钢结构防腐涂装质量验收一般项目中，涂层外观质量应符合哪些规定？

答：（1）金属热喷涂涂层应颗粒细密、表面均匀一致，不得有起皮、鼓泡、大熔滴、流坠、裂纹、剥落及其他影响涂层使用的缺陷。

（2）涂料涂层表面应平整、均匀一致，不得有漏涂、咬底、起泡、裂纹、气孔和返锈等现象，可有轻微橘皮和局部轻微流挂。

（3）构件表面不应误涂、漏涂，涂层不应脱皮和返锈等。

知识点索引：《城镇桥梁钢结构防腐蚀涂装工程技术规程》CJJ/T 235－2015 第6.3.7条

关键词：钢结构防腐　一般项目　涂层外观

第十章 轨道交通工程、隧道工程

一、《地下铁道工程施工标准》GB/T 51310-2018

1. 地下铁道设备进场验收应符合哪些规定？

答：（1）设备应有合格证，实行安全认证制度的系统应有安全认证标志或文件；

（2）应保证外观完好，产品应无损伤、变形、瑕疵和锈蚀；

（3）设备及配件进入施工现场应有清单、使用说明书、质量格证明文件、国家法定质检机构的检验报告等文件；

（4）进口产品应提供原产地证明、商检证明，配套的质量合格证明、检测报告及安装、使用及维护说明书，文件应为中文文本或附中文译文。

知识点索引：《地下铁道工程施工标准》GB/T 51310-2018 第 3.0.18 条

关键词：地下铁道　设备进场　规定

2. 地下铁道施工过程工程安全风险预警类型应分为哪些？

答：地下铁道施工过程工程安全风险预警类型应分为监测预警、巡视预警和综合预警。

知识点索引：《地下铁道工程施工标准》GB/T 51310-2018 第 5.3.6 条

关键词：地下铁道　安全风险预警　类型

3. 地下铁道地下水控制方法宜划分为降水、隔水（堵水）和回灌三类，其中隔水方法有哪些？

答：地下铁道地下水隔水方法应包括地下连续墙、排桩墙、组合隔水帷幕、冷冻和坑底水平封底隔水。

知识点索引：《地下铁道工程施工标准》GB/T 51310-2018 第 7.2.1　7.2.6 条

关键词：地下铁道　地下水　控制方法

4. 地下铁道盖挖法可分哪些方法？

答：全断面盖挖和局部盖挖。

知识点索引：《地下铁道工程施工标准》GB/T 51310-2018 第 9.1.1 条

关键词：地下铁道　盖挖法　分类

5. 地下铁道工程地质超前支护中超前小导管应在喷射混凝土完成后及时施工，并应符合哪些规定？

答：（1）小导管采用锤击或钻机顶入时，其埋入长度不应小于管长的 90%；

（2）采用钻（吹）孔施工时，其孔深应大于导管长度；成孔后应立即安装小导管；

（3）杆体安装后外插角允许偏差应为 1°；

（4）施工过程中不得扰动已安装好的钢拱架。

知识点索引：《地下铁道工程施工标准》GB/T 51310 - 2018 第 10.3.4 条

关键词：地下铁道　地层超前支护　超前小导管　规定

6. 地下铁道工程隧道施工洞内应设双回路电源，并应有可靠切断装置。照明线路电压不得大于多少？

答：隧道施工洞内照明线路电压不得大于 36V。

知识点索引：《地下铁道工程施工标准》GB/T 51310 - 2018 第 10.9.1 条

关键词：隧道　照明电压

7. 地下铁道工程盾构始发和接收基座应符合哪些规定？

答：（1）基座的强度、刚度和稳定性应满足盾构始发受力要求；

（2）始发基座应满足盾构机组装和始发作业要求；

（3）基座应满足盾构机检修、解体要求；

（4）基座应固定牢靠，高程、平面位置应符合设计文件要求。

知识点索引：《地下铁道工程施工标准》GB/T 51310 - 2018 第 11.4.1 条

关键词：盾构始发接收　基座规定

8. 地下铁道工程盾构隧道施工中，哪些地段为特殊地段？

答：（1）浅覆土层地段；

（2）小半径曲线地段；

（3）大坡度地段；

（4）建（构）筑物、地下管线地段；

（5）地下障碍物地段；

（6）小净距隧道地段；

（7）水域地段；

（8）不良地质条件地段；

（9）存在有害气体地段。

知识点索引：《地下铁道工程施工标准》GB/T 51310 - 2018 第 11.6.1 条

关键词：盾构隧道　特殊地段

9. 在地下铁道工程施工中，壁后注浆的总量应控制在什么范围？

答：注浆总量宜控制在 120%～200%。

知识点索引：《地下铁道工程施工标准》GB/T 51310 - 2018 第 11.8.5 条

关键词：盾构　壁后注浆　总量范围

10. 地下铁道工程土压平衡盾构，复合盾构及泥水盾构隧道内水平运输宜采用什么运输方式？

答：土压平衡盾构和复合盾构隧道内水平运输宜采用有轨运输方式，泥水盾构宜采用管道运输方式。

知识点索引：《地下铁道工程施工标准》GB/T 51310－2018 第 11.9.1 条

关键词：盾构隧道　水平运输方式

11. 地下铁道工程中，高架结构连续梁的合龙段长度和合龙顺序有什么规定？

答：（1）合龙段长度宜为 2m；

（2）合龙顺序宜先边跨，再次中跨，后中跨；多跨一次合龙时，应同时均衡对称合龙。

知识点索引：《地下铁道工程施工标准》GB/T 51310－2018 第 15.4.15 条

关键词：地下铁道　连续梁合龙　长度和顺序规定

12. 地下铁道工程预应力张拉设备在什么情况下需要重新标定？

答：超过 6 个月、张拉次数超过 200 次或者张拉中出现不正常现象或检修后均应重新标定。

知识点索引：《地下铁道工程施工标准》GB/T 51310－2018 第 15.6.8 条

关键词：地下铁道　张拉设备　标定

13. 地下铁道防水保护层施工应符合哪些规定？

答：（1）应在防水层验收合格后及时施工。

（2）施工不应损坏防水层结构；外防外贴法铺设的侧墙防水层的保护层采用砌块砌筑时，应边砌边用砂浆填实。

（3）砂浆或细石混凝土保护层终凝后应及时养护。

知识点索引：《地下铁道工程施工标准》GB/T 51310－2018 第 16.1.8 条

关键词：地下铁道　防水保护层　规定

二、《盾构法隧道施工及验收规范》GB 50446－2017

1. 盾构根据开挖面的稳定方式，可以分为哪几种形式？

答：盾构根据开挖面的稳定方式，可以分为土压平衡式盾构、泥水平衡式盾构、敞开式盾构和气压平衡式盾构。

知识点索引：《盾构法隧道施工及验收规范》GB 50446－2017 第 2.0.1 条

关键词：盾构　开挖面分类

2. 盾构法施工质量合格指标应符合哪些规定？

答：（1）主控项目的质量达到 100% 时，应为合格；

（2）一般项目的质量达到 95% 及以上时，应为合格；

（3）应具有完整的施工质量验收依据和质量验收记录。

知识点索引：《盾构法隧道施工及验收规范》GB 50446－2017 第 3.0.9 条

关键词：盾构　质量指标　规定

3. 盾构始发和接收工作井内设施应符合哪些规定？

答：（1）始发工作井内盾构基座应具备盾构组装、调试和始发条件；

（2）接收工作井内盾构基座应能安全接收盾构，并应满足盾构检修、解体或整体移位的要求；

（3）工作井内应布置必要的排水或泥浆设施；

（4）洞门密封装置应满足盾构始发和接收密封要求。

知识点索引：《盾构法隧道施工及验收规范》GB 50446－2017 第 4.4.3 条

关键词：盾构 始发和接收工作井内设施 规定

4. 盾构施工测量应包括哪些内容？

答：盾构施工测量应包括地面控制测量、联系测量、隧道内控制测量、掘进施工测量、贯通测量和竣工测量。

知识点索引：《盾构法隧道施工及验收规范》GB 50446－2017 第 5.1.1 条

关键词：盾构 施工测量 内容

5. 盾构钢筋混凝土管片当出现什么情况时，应对模具进行检验？

答：（1）模具每周转 100 次；

（2）模具受到重击或严重碰撞；

（3）钢筋混凝土管片几何尺寸不合格；

（4）模具停用超过 3 个月，投入生产前。

知识点索引：《盾构法隧道施工及验收规范》GB 50446－2017 第 6.3.4 条

关键词：盾构模具 检验要求

6. 盾构钢筋混凝土管片外观质量不应有严重缺陷，管片外观质量缺陷等级分几种？

答：管片外观质量缺陷等级划分为一般缺陷和严重缺陷。

知识点索引：《盾构法隧道施工及验收规范》GB 50446－2017 第 6.6.2 条

关键词：盾构钢筋混凝土管片 外观质量缺陷 分类

7. 盾构钢筋混凝土管片外观质量严重缺陷具体指哪些内容？

答：漏筋，蜂窝，孔洞，夹渣，疏松，裂缝，预埋件部位缺陷，外形缺陷。

知识点索引：《盾构法隧道施工及验收规范》GB 50446－2017 第 6.6.2-1 条

关键词：盾构钢筋混凝土管片 严重质量缺陷

8. 盾构钢筋混凝土管片成品检验应符合哪些规定？

答：（1）应逐片检查外观质量，检查结果应符合规范规定；

（2）每生产 15 环管片应抽检 1 环管片进行几何尺寸和主筋保护层厚度检验，检验结果应符合规范规定；

（3）每生产 200 环管片应进行水平拼装检验 1 次，检验结果应符合本规范的规定。

知识点索引：《盾构法隧道施工及验收规范》GB 50446－2017 第 6.6.3 条

关键词：盾构　管片成品　检验规定

9. 盾构钢管片成品检验应符合哪些规定？

答：（1）应逐片检查外观质量；

（2）每生产 15 环管片应抽检 1 环管片进行几何尺寸检验；

（3）每生产 200 环管片应进行水平拼装检验 1 次；

（4）检验结果应符合现行行业标准规定。

知识点索引：《盾构法隧道施工及验收规范》GB 50446 - 2017 第 6.7.3 条

关键词：盾构钢管片　成品检验规定

10. 盾构钢筋混凝土管片验收主控项目包括哪些内容？

答：盾构钢筋混凝土管片验收主控项目包括进场时的混凝土强度、抗渗等级等性能和管片结构性能；钢筋混凝土管片外观质量不应有严重缺陷；钢管片外观不应有裂缝。

知识点索引：《盾构法隧道施工及验收规范》GB 50446 - 2017 第 6.9.1 条、第 6.9.2 条、第 6.9.3 条

关键词：盾构管片　验收主控项目

11. 在盾构法隧道施工中，掘进施工可划分为哪些阶段？

答：掘进施工可划分为始发、掘进和接收阶段。

知识点索引：《盾构法隧道施工及验收规范》GB 50446 - 2017 第 7.1.2

关键词：盾构掘进　施工阶段划分

12. 盾构起始段多少米范围为试掘进阶段？

答：50m～200m。

知识点索引：《盾构法隧道施工及验收规范》GB 50446 - 2017 第 7.1.3 条

关键词：盾构　试掘进范围

13. 盾构法隧道施工掘进过程中遇到哪些特殊情况需及时处理？

答：（1）盾构前方地层发生坍塌或遇有障碍；

（2）盾构壳体滚转角达到 3 度；

（3）盾构轴线偏离隧道轴线达到 50mm；

（4）盾构推力与预计值相差较大；

（5）管片严重开裂或严重错台；

（6）壁后注浆系统发生故障无法注浆；

（7）盾构掘进扭矩发生异常波动；

（8）动力系统、密封系统和控制系统等发生故障。

知识点索引：《盾构法隧道施工及验收规范》GB 50446 - 2017 第 7.1.8 条

关键词：盾构掘进　需要处理　特殊情况

14. 盾构建（构）筑物地段施工应符合哪些规定？

答：（1）施工前，应对建（构）筑物地段进行详细调查，评估施工对建（构）筑物的影响，并应采取相应的保护措施，控制地表变形。

（2）根据建（构）筑物基础与结构的类型、现状和沉降控制值等，可采取加固、隔离或托换等措施。

（3）应加强地表和建（构）筑物变形监测及反馈，及时调整盾构掘进参数。

（4）壁后注浆应使用快凝早强注浆材料。

知识点索引：《盾构法隧道施工及验收规范》GB 50446－2017 第 8.2.5 条

关键词：盾构　建（构）筑物地段　规定

15. 盾构遇到存在有害气体地段施工应符合哪些规定？

答：（1）施工前应对盾构密封系统进行全面检查和处理；

（2）施工中应加强通风换气，必要时可采取提前排放等措施；

（3）应对有害气体进行监测预警；

（4）当存在易燃易爆气体地段施工时，相关设备应满足防爆要求。

知识点索引：《盾构法隧道施工及验收规范》GB 50446－2017 第 8.2.9 条

关键词：盾构　有害气体地段　施工规定

16. 盾构管片选型应符合哪些规定？

答：（1）应根据设计要求，选择管片类型、排版方法、拼装方式和拼装位置；

（2）当在曲线地段或需纠偏时，管片类型和拼装位置的选择应根据隧道设计轴线和上一环管片姿态、盾构姿态、盾尾间隙、推进油缸行程差和铰接油缸行程差等参数综合确定。

知识点索引：《盾构法隧道施工及验收规范》GB 50446－2017 第 9.1.2 条

关键词：盾构　管片选型　规定

17. 盾构法隧道施工作业环境有害气体有哪些？

答：甲烷，一氧化碳，二氧化碳，氮氧化物，粉尘，空气中游离二氧化硅，矿物性粉尘。

知识点索引：《盾构法隧道施工及验收规范》GB 50446－2017 第 12.0.6 条

关键词：盾构法隧道　有害气体

18. 盾构法隧道施工通风应符合哪些规定？

答：（1）宜采取机械通风方式；

（2）按隧道内施工高峰期人数计，每人需供应新鲜空气不应小于 $3m^3/min$，隧道最低风速不应小于 0.25m/s。

知识点索引：《盾构法隧道施工及验收规范》GB 50446－2017 第 12.0.9 条

关键词：盾构法隧道　施工通风　规定

19. 当现什么情况时，应对盾构及时保养与维修？

答：（1）超过正常负荷水平长时间运行；

（2）通过特殊地段前；

（3）调头或过站期间；

（4）发生故障或运转不稳定；

（5）长时间停机或拆机贮存期间。

知识点索引：《盾构法隧道施工及验收规范》GB 50446－2017 第 13.0.3 条

关键词：盾构　保养维修　规定

20. 盾构法隧道水平运输应符合哪些规定？

答：（1）有轨运输的轨道应保持平稳、顺直、牢固，并应进行养护；当采用卡车、内燃机车牵引时，不应对环境空气造成影响；

（2）当长距离运输时，宜在适当位置设置会车道；

（3）牵引设备的牵引能力应满足隧道最大纵坡和运输重量的要求；

（4）车辆配置应满足出渣、进料及盾构掘进速度的要求；

（5）隧道内水平运输宜设置专用通道。

知识点索引：《盾构法隧道施工及验收规范》GB 50446－2017 第 14.2 条

关键词：盾构法隧道　水平运输　规定

21. 盾构法隧道施工监测项目有哪些？

答：（1）必测项目：施工区域地表隆沉、沿线建（构）筑物和地下管线变形，隧道结构变形；

（2）选测项目：岩土体深层水平位移和分层竖向位移，衬砌环内力，地层与管片的接触应力。

知识点索引：《盾构法隧道施工及验收规范》GB 50446－2017 第 15.1.6 条

关键词：盾构法隧道　监测项目

22. 盾构法成型隧道验收主控项目有哪些？

答：（1）结构表面应无贯穿性裂缝、无缺棱掉角，管片接缝应符合设计要求；

（2）隧道防水应符合设计要求；

（3）隧道轴线平面位置和高程偏差应符合设计要求；

（4）衬砌结构严禁侵入建筑限界。

知识点索引：《盾构法隧道施工及验收规范》GB 50446－2017 第 16.0.1～16.0.4 条

关键词：盾构法隧道　验收主控项目

三、《福建省城市隧道工程施工与质量验收标准》DBJ/T 13－25－2018

1. 城市隧道施工监控量测必测项目包括哪些？

答：必测项目包括洞内外观察、拱顶下沉、周边位移、地表沉降等。

知识点索引：《福建省城市隧道工程施工与质量验收标准》DBJ/T 13－25－2018 第

3.5.3 条

关键词：隧道施工　监控　必测项目

2. 城市隧道施工监控量测选测项目包括哪些？

答：选测项目包括钢架内力、围岩体内位移（洞内设点）、围岩体内位移（洞外设点）、围岩压力、两层支护间压力、锚杆轴力、支护与衬砌内压力、围岩弹性波速度、爆破振动、渗水压力、水流量等。

知识点索引：《福建省城市隧道工程施工与质量验收标准》DBJ/T 13 - 25 - 2018 第 3.5.3 条

关键词：隧道施工　监控　选测项目

3. 隧道总体质量验收的主控项目有哪些要求？

答：（1）洞内无渗漏水现象，洞内外排水系统应符合设计要求。

（2）洞内净高净宽符合设计建筑界限要求，无侵线。

知识点索引：《福建省城市隧道工程施工与质量验收标准》DBJ/T 13 - 25 - 2018 第 4.2.1～第 4.2.2 条

关键词：隧道总体　验收　主控项目

4. 隧道洞口边仰坡防护质量验收的主控项目有哪些要求？

答：（1）钢筋网、锚杆（索）材质及锚固材料的材质、规格、数量应符合设计要求；

（2）喷射混凝土强度符合设计要求；

（3）锚杆（索）拉拔力、锚固长度符合设计要求。

知识点索引：《福建省城市隧道工程施工与质量验收标准》DBJ/T 13 - 25 - 2018 第 5.3.1～第 5.3.3 条

关键词：隧道洞口　仰坡防护

5. 隧道截排水质量验收的主控项目有哪些要求？

答：（1）洞口天沟、截水沟和明洞、辅助坑道等的边坡排水沟，仰坡坡顶截水沟等应符合设计要求。

（2）混凝土和砌体圬工工程用原材料质量应符合现行技术规范的要求。混凝土、砂浆强度应符合设计要求。

知识点索引：《福建省城市隧道工程施工与质量验收标准》DBJ/T 13 - 25 - 2018 第 5.5.1～第 5.5.2 条

关键词：隧道截排水　主控项目

6. 隧道工程明洞质量验收主控项目有哪些要求？

答：（1）混凝土原材料质量应符合设计要求。

（2）混凝土强度及抗渗等级必须符合设计要求。

（3）基础的地基承载力符合设计要求，严禁超挖回填虚土。

知识点索引：《福建省城市隧道工程施工与质量验收标准》DBJ/T 13-25-2018 第6.2.1~第6.2.3条

关键词：隧道明洞　主控项目

7. 隧道洞身开挖关于爆破施工的一般规定是什么？

答：隧道爆破施工，应采用光面爆破或预裂爆破，并应根据地质条件、开挖断面、开挖方法、掘进循环进尺、钻眼机具和爆破材料等进行钻爆设计，并根据爆破效果调整爆破参数。爆破施工应减少对围岩的扰动，不得危及衬砌、初期支护。在邻近建筑物、地下管线等特殊地段爆破时，应采用仪器检测围岩爆破扰动范围和振速，并采取措施控制爆破对围岩的扰动程度和对周边建筑物、地下管线的影响程度。

知识点索引：《福建省城市隧道工程施工与质量验收标准》DBJ/T 13-25-2018 第7.1.3条

关键词：隧道洞身开挖　爆破施工

8. 隧道洞身开挖质量验收的主控项目是如何规定的？

答：开挖断面应严格控制超挖、欠挖。拱脚、墙脚以上1m内严禁欠挖。

知识点索引：《福建省城市隧道工程施工与质量验收标准》DBJ/T 13-25-2018 第7.2.1条

关键词：隧道洞身开挖　主控项目

9. 隧道洞身开挖质量验收一般项目有哪些？

答：（1）隧道开挖前应先复核隧道的工程地质和水文地质情况，才可以进行开挖。

（2）开挖断面、尺寸、中线、高程应符合设计要求。

（3）外观检查：无松石、悬石。

（4）隧道开挖应控制超挖，超挖值应符合规范规定。

知识点索引：《福建省城市隧道工程施工与质量验收标准》DBJ/T 13-25-2018 第7.2.2~第7.2.5条

关键词：隧道洞身开挖　一般项目

10. 隧道开挖初期支护关于喷射混凝土的一般规定是什么？

答：喷射混凝土时应按照施工工艺分段、分片，由下而上依次进行。一次喷射混凝土的最大厚度，拱部不得超过50mm~60mm，边墙不得超过70mm~100mm。分层喷射混凝土时，后一层喷射应在前一层混凝土终凝后进行。喷射作业紧跟开挖作业面时，混凝土终凝到下一循环爆破作业时间不应小于3h。

知识点索引：《福建省城市隧道工程施工与质量验收标准》DBJ/T 13-25-2018 第8.1.4条

关键词：隧道　初期支护　喷射混凝土　一般规定

11. 隧道开挖初期支护中锚杆质量验收的主控项目有哪些？

答：（1）锚杆的材质、类型、质量、规格、数量和性能等应符合设计和规范要求。

（2）锚杆插入孔内的长度不得短于设计长度的95%，锚杆长度不小于设计值。

（3）锚杆拔力、锚固长度误差应符合设计要求，当设计无具体要求时，应符合规范规定。

（4）砂浆锚杆和注浆锚杆的灌浆强度应符合设计和规范要求，锚杆孔内灌浆密实、饱满。

知识点索引：《福建省城市隧道工程施工与质量验收标准》DBJ/T 13-25-2018 第8.2.1～第8.2.4条

关键词：隧道　初期支护　锚杆

12. 隧道开挖初期支护中钢支撑质量验收的主控项目有哪些要求？

答：（1）钢支撑选用的钢材品种、级别、规格和数量必须符合设计要求。

（2）钢支撑安装间距符合设计要求。

知识点索引：《福建省城市隧道工程施工与质量验收标准》DBJ/T 13-25-2018 第8.3.1～第8.3.2条

关键词：隧道　初期支护　钢支撑

13. 隧道开挖初期支护中钢筋网质量验收的一般项目有哪些要求？

答：（1）钢筋网应与锚杆或其他固定装置连接牢固。

（2）采用双层钢筋网时，第二层钢筋网应在第一层钢筋网被混凝土覆盖后铺设。

（3）钢筋网的网格间距、安装位置应符合设计要求，允许偏差应符合规范规定。

知识点索引：《福建省城市隧道工程施工与质量验收标准》DBJ/T 13-25-2018 第8.4.2～第8.4.4条

关键词：隧道　初期支护　钢筋网

14. 隧道开挖初期支护中喷射混凝土质量验收的主控项目有哪些要求？

答：（1）喷射混凝土所使用的原材料应符合设计要求。

（2）喷射混凝土的强度必须符合设计要求。

（3）喷射混凝土厚度应符合设计要求。喷射混凝土实测点平均厚度不小于设计厚度，60%的实测点厚度不小于设计厚度，实测点最小厚度不小于设计厚度的0.5倍且不小于50mm。

知识点索引：《福建省城市隧道工程施工与质量验收标准》DBJ/T 13-25-2018 第8.5.1～第8.5.3条

关键词：隧道　初期支护　喷射混凝土验收

15. 隧道开挖初期支护中管棚质量验收的主控项目有哪些要求？

答：（1）管棚所用的钢管的材质应符合设计要求。

（2）管棚搭接长度应符合设计要求。

（3）注浆浆液强度和配合比应符合设计要求，且浆液充满钢管及周围的空隙。

知识点索引：《福建省城市隧道工程施工与质量验收标准》DBJ/T 13-25-2018 第8.6.1～第8.6.3条

关键词：隧道　初期支护　管棚验收

16. 隧道开挖初期支护中超前小导管质量验收的主控项目有哪些要求？

答：（1）超前小导管所用的钢管的品种、级别、规格和数量必须符合设计要求。

（2）超前小导管与支撑结构的连接应符合设计要求。

（3）超前小导管的纵向搭接长度应符合设计要求。

（4）超前小导管注浆浆液强度和配合比应符合设计要求，且浆液必须充满钢管及周围的空隙。

知识点索引：《福建省城市隧道工程施工与质量验收标准》DBJ/T 13-25-2018 第8.7.1～第8.7.4条

关键词：隧道　初期支护　超前小导管验收

17. 隧道工程有关混凝土衬砌的一般规定有哪些要求？

答：（1）隧道衬砌应在围岩和初期支护变形基本稳定后进行；围岩变形较大或围岩突变等特殊条件下，隧道衬砌应在初期支护完成后及早施做。

（2）混凝土衬砌宜采用全断面的方法一次完成，环向施工缝应与设计的沉降缝、伸缩缝结合布置；在围岩对衬砌有不良影响的软硬围岩分界处，应设置沉降缝；所有施工缝、沉降缝、伸缩缝均应做防水处理。

（3）隧道衬砌应由下向上从两侧向拱顶对称，当采用先拱后墙的顺序时，应防止拱脚下沉；当隧道有仰拱时，宜先仰拱。

知识点索引：《福建省城市隧道工程施工与质量验收标准》DBJ/T 13-25-2018 第9.1.1　9.1.7～第9.1.8条

关键词：隧道　混凝土衬砌

18. 隧道仰拱质量验收的主控项目有哪些要求？

答：（1）混凝土原材料的规格、质量应符合设计要求。

（2）混凝土的强度、抗渗等级应符合设计要求。

（3）仰拱厚度应符合设计要求。

知识点索引：《福建省城市隧道工程施工与质量验收标准》DBJ/T 13-25-2018 第9.2.1～第9.2.3条

关键词：隧道　仰拱　主控项目

19. 隧道混凝土衬砌质量验收的主控项目有哪些要求？

答：（1）混凝土原材料的规格、质量应符合设计要求。

（2）混凝土的强度、抗渗等级应符合设计要求。

（3）衬砌厚度应符合设计要求。

（4）衬砌表面无渗漏。

知识点索引：《福建省城市隧道工程施工与质量验收标准》DBJ/T 13－25－2018 第 9.3.1～第 9.3.4 条

关键词：隧道　混凝土衬砌　主控项目

20. 隧道衬砌拱（墙）架及模板质量验收的主控项目有哪些要求？

答：（1）模板及支架等材料的技术指标应符合国家现行有关标准和专项施工方案的规定。

（2）衬砌所用的拱架、墙架和模板，宜采用金属或其他新型模板结构，应具有足够的强度、刚度和稳定性。

（3）拱架、墙架和模板拆除前，混凝土强度应符合设计要求。

知识点索引：《福建省城市隧道工程施工与质量验收标准》DBJ/T 13－25－2018 第 9.4.1～第 9.4.3 条

关键词：隧道　衬砌　拱架及模板　主控项目

21. 隧道衬砌钢筋质量验收的主控项目有哪些要求？

答：（1）钢筋原材料的材质、规格、数量应符合设计要求。

（2）钢筋原材料使用前应进行力学性能试验，合格后方可使用。

（3）机械连接套筒原材料的机械性能、力学性能必须符合标准要求，型式检验合格后方可使用。

（4）机械连接接头应进行力学性能试验，合格后方可使用。

知识点索引：《福建省城市隧道工程施工与质量验收标准》DBJ/T 13－25－2018 第 9.5.1～第 9.5.4 条

关键词：隧道衬砌　钢筋　主控项目

22. 隧道工程有关防水排水的一般规定有哪些要求？

答：（1）防水卷材铺设前应对基面进行检查，不得有尖锐突出物。对凹凸不平部位应修凿、喷补，确保基面平顺。

（2）防水层施工时，基面不得有明水，如有明水，应采取措施封堵或引流。

（3）采用压浆防水时，压浆段混凝土达到设计要求的强度时方可进行压浆。压浆施工应做好压浆孔编号及位置、注浆压力、压浆速度、注浆数量等各项施工记录。

（4）隧道排水盲管接头等应密封牢固，不得出现松动。

（5）开挖和衬砌作业不得损坏防水层，当发现层面有损坏时应及时修补。

知识点索引：《福建省城市隧道工程施工与质量验收标准》DBJ/T 13－25－2018 第 10.1 条

关键词：隧道　防水排水　规定

23. 隧道防排水中盲沟排水质量验收的主控项目有哪些要求？

答：（1）盲沟的设置及材料规格、质量等应符合设计要求和施工规范规定。

（2）墙背泄水孔必须伸入盲沟内，泄水孔进口标高以下超挖部分应用同级混凝土或不透水材料回填密实。

知识点索引：《福建省城市隧道工程施工与质量验收标准》DBJ/T 13 - 25 - 2018 第10.2.1～第10.2.2 条

关键词：隧道衬砌　盲沟排水　主控项目

24. 隧道防水排水中，防水层质量验收的一般项目有哪些要求？

答：（1）防水层表面平顺，无折皱、气泡、破损等现象，与洞壁密贴，松紧适度，无紧绷现象。

（2）接缝、补眼应采用热熔焊接。接缝、补眼粘结应密实、饱满，不得有气泡、空隙。

（3）实测项目的搭接宽度（mm）、缝宽（mm）、固定点间距（mm）、接缝与施工缝错开距离（mm）应符合规范规定。

知识点索引：《福建省城市隧道工程施工与质量验收标准》DBJ/T 13 - 25 - 2018 第10.3.2～第10.3.4 条

关键词：隧道防水层　一般项目

25. 隧道装饰工程质量验收的主控项目有哪些要求？

答：（1）涂饰工程所用材料的品种、型号和性能应符合设计要求。

（2）涂饰工程的套色、花纹和图案应符合设计要求。

知识点索引：《福建省城市隧道工程施工与质量验收标准》DBJ/T 13 - 25 - 2018 第12.2.1～第12.2.2 条

关键词：隧道装饰　主控项目

26. 隧道工程防火涂料质量验收的主控项目有哪些要求？

答：（1）防火涂料和面罩漆的品种和技术性能应符合设计及有关标准的规定。

（2）涂料与基层及各层间应粘结牢固，不空鼓、不脱落。

知识点索引：《福建省城市隧道工程施工与质量验收标准》DBJ/T 13 - 25 - 2018 第12.3.1～第12.3.2 条

关键词：隧道防火涂料　主控项目

27. 隧道工程饰面板质量验收的主控项目有哪些要求？

答：（1）饰面板的品种、规格、颜色和性能应符合设计要求，龙骨、饰面板的燃烧性能等级应符合设计要求。

（2）饰面板安装工程的预埋件（或后置埋件）、连接件的数量、规格、位置、连接方法和防腐处理必须符合设计要求。后置埋件的现场拉拔强度必须符合设计要求。饰面板安装必须牢固。

知识点索引：《福建省城市隧道工程施工与质量验收标准》DBJ/T 13 - 25 - 2018 第12.4.1～第14.4.2 条

关键词：隧道饰面板 主控项目

28. 隧道水泵房质量验收的主控项目有哪些要求？

答：（1）水泵房结构类型、结构尺寸、工艺布置平面尺寸等应符合设计要求。

（2）混凝土强度、抗渗性能、防腐蚀性能及砌筑砂浆强度应符合设计要求。

（3）混凝土结构、砌体结构外观不应有严重的质量缺陷。

（4）设备基础、预埋件、预留孔的位置、尺寸符合设计要求。

知识点索引：《福建省城市隧道工程施工与质量验收标准》DBJ/T 13-25-2018 第 13.1.1～第 13.1.4 条

关键词：隧道水泵房 主控项目

29. 隧道通风工程质量验收主控项目中风机安装应符合哪些要求？

答：（1）安装支架和预埋件焊接时，应选用与风机预埋件相匹配的支架和焊接材料，并按照确定的焊接施工技术方案进行焊接和防锈处理。

（2）风机支架与预埋件连接牢靠，焊接连接焊缝应饱满、均匀。

（3）风机安装连接螺栓的强度等级符合设计要求；螺栓应紧固，并有防松装置。

知识点索引：《福建省城市隧道工程施工与质量验收标准》DBJ/T 13-25-2018 第 15.2.2 条

关键词：隧道通风 主控项目 风机安装

30. 隧道通风系统调试质量验收中，风机试运转及调试应符合哪些要求？

答：（1）风机叶轮旋转方向正确，运转平稳，无异常振动与声响。

（2）风机试运行应在通电检查后进行，试运行时间不应少于 2h。风机在试运行时不应出现异常的电压、电流、声音、气味。

知识点索引：《福建省城市隧道工程施工与质量验收标准》DBJ/T 13-25-2018 第 15.3.1 条

关键词：隧道通风 风机调试

31. 隧道供配电与照明工程系统调试时，箱（柜）内检查试验应符合哪些要求？

答：（1）控制开关及保护装置的规格、型号应符合设计要求。

（2）闭锁装置动作应准确、可靠。

（3）主开关的辅助开关切换动作应与主开关动作一致。

知识点索引：《福建省城市隧道工程施工与质量验收标准》DBJ/T 13-25-2018 第 16.7.3 条

关键词：隧道 供配电与照明 箱内检查

32. 隧道照明系统调试应符合哪些要求？

答：（1）通电调试前应检查、核对各设备的安装和接线。

（2）依次开启各照明回路，各回路灯具运行应正常。

（3）在市电断电的条件下，由 UPS 或 EPS 供电的应急照明回路工作时间应符合设计要求。

（4）照明灯具应发光均匀，无刺眼的眩光；各照明段照度、路面照度总均匀度、路面中线照度纵向均匀度应符合设计要求。

（5）照明检测设备输出参数的误差应符合设计要求。

（6）手动控制、时间控制、亮度检测自动控制等控制功能应符合设计要求。

知识点索引：《福建省城市隧道工程施工与质量验收标准》DBJ/T 13-25-2018 第 16.7.4 条

关键词：隧道 照明 调试

33. 隧道消防灭火及排水工程中，管材、管件的现场外观检查应符合哪些要求？

答：（1）管材表面应无裂纹、缩孔、夹渣、折叠和重皮。

（2）镀锌钢管应为内外壁热镀锌钢管，钢管内外表面的镀锌层不应有脱落、锈蚀等现象。

（3）球墨铸铁管的内涂水泥层和外涂防腐涂层不应脱落，不应有锈蚀等现象。

（4）钢丝骨架塑料复合管管壁厚度均匀，内外壁应无划痕。

（5）法兰密封面应完整、光洁，不应有毛刺及径向沟槽。

（6）螺纹法兰的螺纹应完整，无损伤、毛刺。

知识点索引：《福建省城市隧道工程施工与质量验收标准》DBJ/T 13-25-2018 第 17.1.5 条

关键词：隧道 消防及排水 外观检查

34. 隧道火灾报警系统中，点型火灾探测器安装应符合哪些要求？

答：（1）点型火灾探测器的安装位置应符合设计要求。

（2）探测器探测范围应覆盖全部探测区域，探测器与保护目标之间应无遮挡物。

（3）探测器的底座应固定牢靠，探测器的确认灯应设置于便于检修人员观察的位置。

（4）探测器布线应符合《火灾自动报警系统施工及验收规范》GB 50166 的规定。

知识点索引：《福建省城市隧道工程施工与质量验收标准》DBJ/T 13-25-2018 第 18.2.3 条

关键词：隧道 点型火灾探测器安装

35. 隧道火灾报警系统中，线型火灾探测器安装应符合哪些要求？

答：（1）线型火灾探测器的安装位置应符合设计要求。

（2）缆式线型探测器固定牢靠、间距均匀，敷设时严禁硬性折弯、扭转，弯曲半径符合产品说明的规定。

（3）洞顶安装的线型火灾探测器距隧道顶壁距离符合产品技术文件要求。

知识点索引：《福建省城市隧道工程施工与质量验收标准》DBJ/T 13-25-2018 第 18.2.4 条

关键词：隧道 点型火灾探测器安装

36. 隧道火灾报警系统中，火灾报警控制器安装应符合哪些要求？

答：（1）火灾报警控制器在墙上安装时，应按照设计要求确定其底边距地面高度；落地安装时，其底部宜高出地坪 10mm～20mm。

（2）控制器应安装牢固，安装水平偏差不应大于 2mm/m，垂直偏差不应大于 3mm/m。

（3）火灾报警控制器配线应牢固、整齐、避免交叉，编号完整。

（4）控制器的接地应牢固，并有明显标识，接地电阻应符合设计要求。

知识点索引：《福建省城市隧道工程施工与质量验收标准》DBJ/T 13-25-2018 第 18.2.8 条

关键词：隧道 火灾报警控制器安装

第十一章　污水处理工程、垃圾处理工程

一、《城镇污水处理厂工程质量验收规范》GB 50334－2017

1. 污水处理厂工程质量验收时应提供哪些文件？

答：（1）工程建设项目合同书。

（2）地质勘察资料、施工图设计文件和设计变更。

（3）施工组织设计和专项施工方案。

（4）施工记录、试验记录、检测记录、监理检验记录、污水处理单位（子单位）工程、分部（子分部）工程、分项工程和检验批项目质量检验记录和工程会议记录。

（5）四新技术应用的检验和验收材料，包括专项方案及专家论证文件等。

（6）需验证的其他文件材料。

知识点索引：《城镇污水处理厂工程质量验收规范》GB 50334－2017 第 3.1.8 条

关键词：污水处理厂　质量验收　文件

2. 污水处理厂厂区总平面的测量如何控制？

答：厂区总平面的测量控制应进行测角、量距、平差调整，坐标基线和轴线的丈量回数、测距仪测回数、方向角观测回数等，应符合现行国家标准《工程测量规范》GB 50026 的有关规定。

知识点索引：《城镇污水处理厂工程质量验收规范》GB 50334－2017 第 4.2.2 条

关键词：厂区总平面　测量控制

3. 污水处理厂工程沉降观测应符合哪些规定？

答：（1）污水处理厂工程沉降观测验收应按主要荷载工况不同分步进行，应分别在基础完工、主体完工、满水试验中、设备安装完成及联合试运转完成后各验收一次。

（2）沉降观测应符合现行国家标准《工程测量规范》GB 50026 中四等精度的规定，差异沉降值应符合设计文件的要求。

（3）沉降观测点位布设间距应小于 20m，应布置在构（建）筑物四角、转角、沉降缝、施工缝等能反映出结构特征的位置。

（4）沉降观测频率应满足构（建）筑物荷载变化和时间周期的要求，直至符合设计文件要求或沉降稳定；构（建）筑物每增加一步荷载后，应重新开始一个沉降观测频率周期。

知识点索引：《城镇污水处理厂工程质量验收规范》GB 50334－2017 第 4.3.5 条

关键词：污水处理厂　沉降观测

4. 污水与污泥处理构筑物工程验收时应检查哪些文件？

答：（1）测量记录和沉降观测记录；

（2）材料、半成品和构件出厂质量合格证、检验、复验报告；

（3）混凝土配合比设计、试配报告；

（4）隐蔽工程验收记录；

（5）施工记录与监理检验记录；

（6）功能性试验记录；

（7）其他有关文件。

知识点索引：《城镇污水处理厂工程质量验收规范》GB 50334－2017 第 6.1.2 条

关键词：污水与污泥处理　构筑物验收

5. 污水处理厂工程底板混凝土浇筑有哪些注意事项？

答：底板混凝土浇筑面积较大，混凝土浇筑施工过程中极易产生施工缝，这是造成底板渗漏的主要因素及隐患部位，因此要求采取相应的技术措施，确保底板混凝土的连续浇筑，不允许出现施工假缝，更不允许设置垂直施工缝。

知识点索引：《城镇污水处理厂工程质量验收规范》GB 50334－2017 第 6.2.6 条

关键词：底板混凝土　注意事项

6. 污水处理厂工程预制池壁板安装应符合哪些要求？

答：施工中预制壁板安装需垂直、牢固，否则将影响后续集水槽安装的平整度和整体水平度。杯口内填充料及细石混凝土封堵应密实，防水材料的型号、规格、品种、配比应符合设计文件要求，且有产品出厂合格证。

知识点索引：《城镇污水处理厂工程质量验收规范》GB 50334－2017 第 6.3.4 条

关键词：预制池壁板　安装要求

7. 污水处理厂工程附属结构中，排水口质量验收应符合哪些规定？

答：（1）翼墙变形缝的位置应准确、直顺、上下贯通，宽度允许偏差应为 0～－5mm。

（2）翼墙后背填土应分层夯实，压实度应符合设计文件的要求。

（3）护坡、护底砌筑的表面应平整，灰缝应砂浆饱满、嵌缝密实，不得有松动、裂缝、空鼓。

知识点索引：《城镇污水处理厂工程质量验收规范》GB 50334－2017 第 6.6.7 条

关键词：排水口　质量验收规定

8. 污水处理设备安装工程验收应包括哪些内容？

答：预处理、二级生物处理、深度处理、再生水处理等设备安装工程的质量验收。

知识点索引：《城镇污水处理厂工程质量验收规范》GB 50334－2017 第 7.1.1 条

关键词：污水处理　设备安装　验收内容

9. 污水处理设备安装工程的质量验收应检查哪些文件？

答：（1）设备安装使用说明书；

（2）产品出厂合格证书、性能检测报告、材质证明书；

（3）设备开箱验收记录；

（4）设备试运转记录；

（5）施工记录和监理检验记录；

（6）其他有关文件。

知识点索引：《城镇污水处理厂工程质量验收规范》GB 50334－2017 第 7.1.2 条

关键词：污水处理　设备安装　验收文件

10. 污水处理厂工程曝气设备如何保证管道的洁净？

答：为保证管道的洁净，防止堵塞曝气头等设备，在曝气头安装前可利用安装好的鼓风装置进行管道吹扫，管道吹扫以出口处无铁锈、灰尘和其他杂物为合格。

知识点索引：《城镇污水处理厂工程质量验收规范》GB 50334－2017 第 7.6.2 条

关键词：曝气设备　管道洁净

11. 污水处理厂工程臭氧、氧气系统的管道及附件在安装前必须进行什么操作？

答：脱脂。

知识点索引：《城镇污水处理厂工程质量验收规范》GB 50334－2017 第 7.15.2 条

关键词：臭氧、氧气系统　管道及附件　安装

12. 污水处理厂工程紫外消毒装置试运转时应注意什么？

答：紫外消毒装置试运转时，全部灯管和灯管电极应完全浸没在污水中，当水位低于正常水位时，灯管应自动熄灭。

知识点索引：《城镇污水处理厂工程质量验收规范》GB 50334－2017 第 7.16.5 条

关键词：紫外消毒装置　试运行

13. 污水处理厂工程脱硫设备内部支撑构件的垂直度允许偏差和水平度允许偏差为多少？

答：垂直度允许偏差应为 2mm，水平度允许偏差应为 5mm。

知识点索引：《城镇污水处理厂工程质量验收规范》GB 50334－2017 第 8.5.5 条

关键词：脱硫设备　内部支撑构件

14. 污水处理厂工程沼气锅炉需进行哪些试验？

答：沼气锅炉应进行强度及严密性试验，其主汽阀、出水阀、排污阀和截止阀应与锅炉本体进行整体压力试验，安全阀应单独进行试验。

知识点索引：《城镇污水处理厂工程质量验收规范》GB 50334－2017 第 8.7.2 条

关键词：沼气锅炉　试验

15. 污水处理厂工程现场组装的除尘器漏风率检测指标为多少?

答：在设计工作压力下允许漏风率应为 5%，其中离心式除尘器应为 3%。

知识点索引：《城镇污水处理厂工程质量验收规范》GB 50334 - 2017 第 8.20.2 条

关键词：除尘器　漏风率　检测

16. 污水处理厂电气设备安装工程质量验收包括哪些内容?

答：城镇污水处理厂污水处理、再生水处理、污泥处理系统及配套工程等。

知识点索引：《城镇污水处理厂工程质量验收规范》GB 50334 - 2017 第 9.1.1 条

关键词：电气设备　质量验收

17. 城镇污水处理厂管线安装工程质量验收应包括哪些内容?

答：包括污水、污泥、再生水、加药、热力、燃气、空气、沼气等工艺管线和厂区配套管线工程的质量验收。

知识点索引：《城镇污水处理厂工程质量验收规范》GB 50334 - 2017 第 11.1.1 条

关键词：污水处理厂　管线安装　验收内容

18. 污水处理厂工程的功能性试验包括哪些内容?

答：(1) 污水污泥处理构筑物的严密性试验；

(2) 管线工程的严密性试验、强度试验；

(3) 厂区配套工程及其他工程涉及的功能性试验等。

知识点索引：《城镇污水处理厂工程质量验收规范》GB 50334 - 2017 第 13.1.1 条

关键词：污水处理厂工程　功能性试验

19. 污水处理厂带负荷联合运转前应检查哪些文件?

答：(1) 厂外管道及泵站连续进水通知书；

(2) 设备单机试运转记录、构筑物单位工程验收报告；

(3) 外部供电验收报告；

(4) 电气设备、自控系统单机试运转记录；

(5) 联合试运转调试记录；

(6) 联合试运转应急预案。

知识点索引：《城镇污水处理厂工程质量验收规范》GB 50334 - 2017 第 13.1.4 条

关键词：污水处理厂　带负荷联合运转前　检查文件

20. 污水处理厂工程联合试运转需注意哪些内容?

答：联合试运转应带负荷运行，试运转持续时间不应小于 72h，设备应运行正常、性能指标符合设计文件的要求。联合试运转过程中，构（建）筑物及管线工程应安全可靠，池体、管线应无渗漏。

知识点索引：《城镇污水处理厂工程质量验收规范》GB 50334 - 2017 第 13.4.4、13.4.5 条

关键词：联合试运转

二、《城镇污水处理厂污泥处理技术规程》CJJ 131-2009

1. 污泥处理厂必须设置哪些设施？

答：污泥处理厂必须按相关标准的规定设置消防、防爆、抗震等设施。

知识点索引：《城镇污水处理厂污泥处理技术规程》CJJ 131-2009 第 3.3.6 条

关键词：污泥处理厂　设置设施

2. 污泥处理厂堆肥后的污泥可作为什么使用？

答：堆肥后的污泥可作为土壤调理剂、覆盖土、有机基质等使用。

知识点索引：《城镇污水处理厂污泥处理技术规程》CJJ 131-2009 第 4.1.10 条

关键词：堆肥　污泥使用

3. 污泥处理厂堆肥厂的哪些区域必须进行防渗处理？

答：污泥接收区、快速反应区、熟化区、储存区的地面周边及车行道必须进行防渗处理。

知识点索引：《城镇污水处理厂污泥处理技术规程》CJJ 131-2009 第 4.1.11 条

关键词：防渗　处理

4. 污泥处理厂热干化可分为哪几种方式？

答：热干化可采用直接加热、间接加热、直接和间接联合加热三种方式。

知识点索引：《城镇污水处理厂污泥处理技术规程》CJJ 131-2009 第 6.1.1 条

关键词：热干化　方式

5. 污泥处理厂热干化系统必须设置哪种设施？

答：热干化系统必须设置烟气净化处理设施，并应达标排放。

知识点索引：《城镇污水处理厂污泥处理技术规程》CJJ 131-2009 第 6.1.10 条

关键词：热干化　设置　设施

6. 污泥处理厂热干化系统热交换介质为热油时，热油的闪点温度有什么要求？

答：当热交换介质为热油时，热油的闪点温度必须大于运行温度。

知识点索引：《城镇污水处理厂污泥处理技术规程》CJJ 131-2009 第 6.3.3 条

关键词：热交换　热油　闪点温度

7. 污泥处理厂焚烧炉宜采用哪些形式？

答：焚烧炉宜采用多膛炉、流化床等形式。

知识点索引：《城镇污水处理厂污泥处理技术规程》CJJ 131-2009 第 7.1.1 条

关键词：焚烧炉　形式

8. 污泥处理厂污泥焚烧必须设置什么设施?

答:污泥焚烧必须设置烟气净化处理设施。

知识点索引:《城镇污水处理厂污泥处理技术规程》CJJ 131 - 2009 第 7.1.6 条

关键词:污泥焚烧　设置设施

9. 污泥处理工程采用的材料设备进场时,应具备哪些商检报告及证件?

答:材料和设备进场时,应具备订购合同、产品质量合格证书、说明书、性能检测报告、进口产品的商检报告及证件等,否则不得使用。

知识点索引:《城镇污水处理厂污泥处理技术规程》CJJ 131 - 2009 第 8.2.2 条

关键词:污水处理工程　材料设备进场　商检报告及证件

10. 污泥处理工程验收程序应按哪些规定划分?

答:(1) 单位工程的主要部位工程质量验收;

(2) 单位工程质量验收;

(3) 设备安装工程单机及联动试运转验收;

(4) 污泥处理工程交工验收;

(5) 试运行;

(6) 污泥处理工程竣工验收。

知识点索引:《城镇污水处理厂污泥处理技术规程》CJJ 131 - 2009 第 8.3.1 条

关键词:污水处理工程　验收程序

11. 污泥处理厂堆肥过程的时间和温度控制应符合哪些规定?

答:应通过选择高热容、高比表面积的调理剂,尽量减少热量的损失,使温度尽快提高,并应控制温度和维持时间在设计范围之内;当温度超过 60℃时,应对堆体搅拌或通气。

知识点索引:《城镇污水处理厂污泥处理技术规程》CJJ 131 - 2009 第 9.2.1 条

关键词:堆肥　时间和温度控制

12. 污泥处理厂堆肥过程的通风控制应符合哪些规定?

答:(1) 当污泥所含的挥发性成分高时,应增加通风量;

(2) 通风和翻堆宜结合进行,减小局部过热区域的产生;

(3) 采用自动控制的堆肥设施可用温度和溶解氧传感器控制鼓风量和通风频率;

(4) 较大的堆肥系统宜使用鼓风机强制通风;

(5) 应定期监测堆肥产品堆场的温度。

知识点索引:《城镇污水处理厂污泥处理技术规程》CJJ 131 - 2009 第 9.2.5 条

关键词:堆肥　通风控制

13. 污泥处理厂石灰投加量控制应符合哪些规定?

答:(1) 应监测 pH 值变化,防止石灰投加量不足引起 pH 值降低;

（2）当需加速石灰稳定过程时，可采用补充加热或投加过量生石灰的方法；

（3）当只需要控制异味时，可减少石灰投加量。

知识点索引：《城镇污水处理厂污泥处理技术规程》CJJ 131－2009 第9.3.2 条

关键词：石灰　投加量控制

14. 污泥处理厂热干化系统启动应符合哪些规定？

答：（1）应在程序控制下启动，不宜手动操作启动；

（2）在启动时应补充惰性热气；

（3）为防止启动时发生堵塞，对于流化床污泥干化可投加干料充填筛板和布风板之间的导热管间隙，干料可采用干化后的污泥；

（4）应根据污泥干化机内的工况确定启动时的运行参数。

知识点索引：《城镇污水处理厂污泥处理技术规程》CJJ 131－2009 第9.4.1 条

关键词：热干化　系统启动

15. 污泥处理厂热干化系统停运应符合哪些规定？

答：（1）干化系统停运时应补充惰性热气；

（2）系统停运时应防止堵塞；

（3）维护维修停运时，必须采取措施防止其启动。

知识点索引：《城镇污水处理厂污泥处理技术规程》CJJ 131－2009 第9.4.3 条

关键词：热干化　系统停运

16. 污泥处理厂焚烧炉启动应符合哪些规定？

答：（1）应在程序控制下启动，不宜手动操作启动；

（2）应根据焚烧炉内的工况确定启动时的参数；

（3）启动时应防止堵塞。

知识点索引：《城镇污水处理厂污泥处理技术规程》CJJ 131－2009 第9.5.1 条

关键词：焚烧炉　启动

17. 污泥处理厂焚烧过程操作应符合哪些规定？

答：（1）应保持进料的均匀和稳定；

（2）应根据所用燃料确定相应风量；

（3）导热油循环系统必须有可靠的冷却保护系统；

（4）可采用石灰和污泥混合的方法在炉内脱硫。

知识点索引：《城镇污水处理厂污泥处理技术规程》CJJ 131－2009 第9.5.2 条

关键词：焚烧　过程操作

18. 污泥热干化工程安全监测中应采取哪些措施？

答：污泥热干化工程应采取降噪、防噪、降尘、除臭措施。

知识点索引：《城镇污水处理厂污泥处理技术规程》CJJ 131－2009 第10.0.2 条

关键词：污泥热干化　安全监测　措施

19. 污泥处理厂热干化工艺中安全监测有什么要求？

答：热干化工艺必须防止粉尘爆炸及火灾的发生，并应有相应的预防及控制措施。

知识点索引：《城镇污水处理厂污泥处理技术规程》CJJ 131 - 2009 第 10.0.3 条

关键词：热干化工艺　安全监测

20. 污泥处理厂（场）主要构筑物和最终处置设施应设置什么装置，污泥处理过程和厂区环境宜采用什么控制系统？

答：污泥处理厂（场）主要处理构筑物和最终处置设施应设置取样装置。污泥处理过程和厂区环境宜采用仪表监测或设置自动控制系统。

知识点索引：《城镇污水处理厂污泥处理技术规程》CJJ 131 - 2009 第 10.0.7 条

关键词：污泥处理厂　装置　控制系统

三、《垃圾填埋场用工滤网》CJ/T 437 - 2013

1. 垃圾填埋场用土工滤网外观质量中的疵点名称有哪些？

答：断纱、缺纱、杂物、边不良、破损、稀路、其他。

知识点索引：《垃圾填埋场用土工滤网》CJ/T 437 - 2013 第 5.2 条

关键词：土工滤网　外观质量　疵点

2. 垃圾填埋场用土工滤网出厂检验多少面积为一检验批？

答：同一规格品种、同一质量等级、同一生产工艺稳定连续生产的每 $20000m^2$ 的单位产品为一检验批。

知识点索引：《垃圾填埋场用土工滤网》CJ/T 437 - 2013 第 7.2.1 条

关键词：出厂检验　检验批

3. 垃圾填埋场用土工滤网在什么情况下应进行型式检验？

答：（1）新产品或老产品转厂生产的试制定型鉴定；

（2）产品结构、材料或制造工艺有较大改变，可能影响产品性能时；

（3）产品停产六个月以上恢复生产时；

（4）正常生产时每两年至少进行一次；

（5）出厂检验结果与上次检验结果有较大差异时。

知识点索引：《垃圾填埋场用土工滤网》CJ/T 437 - 2013 第 7.3.1 条

关键词：土工滤网　型式检验

4. 垃圾填埋场用土工滤网型式检验中，技术指标有几项，分别是什么？

答：16项，分别是断裂强度，断裂伸长率，撕破强力（均为纵横向），刺破强力，顶破强力，等效孔径，垂直渗透系数，开孔率，单位面积质量，抗紫外线性能中的断裂强度保持率和断裂伸长率保持率，抗酸碱性能中的断裂强度保持率和断裂伸长率保持率。

知识点索引：《垃圾填埋场用土工滤网》CJ/T 437-2013 第 7.1 条

关键词：型式检验　技术指标

5. 对于垃圾填埋场，土工滤网技术指标中开孔率合格标准是多少？

答：（1）地下水、封场表面入渗水收集用土工滤网 4%～8%；

（2）渗沥液收集用土工滤网 8%～12%。

知识点索引：《垃圾填埋场用土工滤网》CJ/T 437-2013 第 5.3 条

关键词：开孔率　合格标准

6. 对于垃圾填埋场，土工滤网技术指标中抗酸碱能的断裂伸长率保持率合格标准是多少？

答：（1）地下水、封场表面入渗水收集用土工滤网大于等于 70%；

（2）渗沥液收集用土工滤网大于等于 85%。

知识点索引：《垃圾填埋场用土工滤网》CJ/T 437-2013 第 5.3 条

关键词：断裂伸长率　保持率　合格标准

7. 垃圾填埋场用土工滤网的包装标志应有哪些内容，有哪些规定？

答：（1）应有生产企业的名称和地址、产品名称、产品型号和幅宽、执行的标准号、卷长和净重、生产批号、生产日期、检验合格证等 8 个内容；

（2）应按定长成卷包装，定长根据协议或合同确定。

知识点索引：《垃圾填埋场用土工滤网》CJ/T 437-2013 第 8.1、第 8.2 条

关键词：包装　标志

8. 垃圾填埋场用土工滤网贮存有什么要求？

答：应存放在阴凉、干燥、清洁的地方，远离热源、火源、不应长期竖立存放。贮存时间超过二年以上的，使用前应重新进行检验。

知识点索引：《垃圾填埋场用土工滤网》CJ/T 437-2013 第 8.4 条

关键词：贮存　要求

四、《垃圾填埋场用线性低密度聚乙烯土工膜》CJ/T 276-2008

1. 垃圾填埋场用土工膜定义及其类型是什么？

答：垃圾填埋场用土工膜是指以聚合物为基本原材料的防水阻隔型材料，包括高密度聚乙烯土工膜（HDPE）、线性低密度聚乙烯土工膜（LLDPE）、聚氯乙烯（PVC）土工膜、氯化聚乙烯（CPE）土工膜及各种复合土工膜等类型。

知识点索引：《垃圾填埋场用线性低密度聚乙烯土工膜》CJ/T 276-2008 第 3.1 条

关键词：土工膜　定义　类型

2. 垃圾填埋场用线性低密度聚乙烯土工膜的分类有哪些？

答：土工膜可分为光面土工膜和糙面土工膜两大类。

知识点索引：《垃圾填埋场用线性低密度聚乙烯土工膜》CJ/T 276－2008 第 4.1 条

关键词：线性低密度　土工膜　分类

3. 垃圾填埋场用线性低密度土工膜的型号包含哪些内容？

答：包含产品类型、产品宽度、产品厚度、执行标准编号。

知识点索引：《垃圾填埋场用线性低密度聚乙烯土工膜》CJ/T 276－2008 第 4.2 条

关键词：线性　型号　内容

4. 垃圾填埋场用线性低密度土工膜单卷的长度不小于多少，长度偏差应控制在什么范围？

答：线性低密度土工膜单卷的长度不小于 50m，长度偏差应控制在 ±2% 范围。

知识点索引：《垃圾填埋场用线性低密度聚乙烯土工膜》CJ/T 276－2008 第 5.1.1 条

关键词：线性　长度　偏差

5. 垃圾填埋场用线性低密度土工膜的厚度偏差应控制在什么范围内？

答：（1）线性低密度光面土工膜的厚度偏差应控制在 ±10% 范围内；

（2）线性低密度糙面土工膜的厚度偏差应控制在 ±15% 范围内。

知识点索引：《垃圾填埋场用线性低密度聚乙烯土工膜》CJ/T 276－2008 第 5.1.3 条

关键词：线性　厚度　偏差

6. 垃圾填埋场工程中，临时覆盖、终场覆盖分别可选用什么厚度的低线性密度土工膜？

答：（1）临时覆盖可选用厚度为大于等于 0.5mm 的低线性密度土工膜；

（2）终场覆盖可选用厚度为大于等于 1.0mm 的低线性密度土工膜。

知识点索引：《垃圾填埋场用线性低密度聚乙烯土工膜》CJ/T 276－2008 第 5.1.3 条

关键词：覆盖　选用　厚度

7. 垃圾填埋场用土工膜外观质量包含哪些项目？

答：包含有切口，穿孔修复点，机械（加工）划痕，僵块，气泡和杂质，裂纹、分层、接头和断头。

知识点索引：《垃圾填埋场用线性低密度聚乙烯土工膜》CJ/T 276－2008 第 5.2.2 条

关键词：外观质量　项目

8. 垃圾填埋场用线性低密度聚乙烯（LLDPE）土工膜的密度指标是多少？

答：线性低密度聚乙烯（LLDPE）土工膜的密度指标为 ≤0.939（g/cm³）。

知识点索引：《垃圾填埋场用线性低密度聚乙烯土工膜》CJ/T 276－2008 第 5.3 条

关键词：密度　指标

9. 垃圾填埋场用线性低密度聚乙烯（LLDPE）糙面土工膜的拉伸性能指标包括哪些

内容？

答：包括断裂强度（应变）、断裂标称应变、2%正割模量。

知识点索引：《垃圾填埋场用线性低密度聚乙烯土工膜》CJ/T 276－2008 第 5.3 条

关键词：拉伸性能　指标

10. 垃圾填埋场用线性低密度聚乙烯（LLDPE）土工膜的试验方法中，试样状态调节和试验的标准环境是什么？

答：试样状态调节周期为 24h～96h，试验标准环境为：温度 23℃±2℃、相对湿度 50%±5%。

知识点索引：《垃圾填埋场用线性低密度聚乙烯土工膜》CJ/T 276－2008 第 6.1 条

关键词：试样状态　标准环境

11. 垃圾填埋场用线性低密度聚乙烯（LLDPE）土工膜拉伸性能试验项目的生产测试频率是多少？

答：每 9000kg 测试一次。

知识点索引：《垃圾填埋场用线性低密度聚乙烯土工膜》CJ/T 276－2008 第 7 条

关键词：拉伸性能试验　测试频率

12. 垃圾填埋场用线性低密度聚乙烯（LLDPE）土工膜的标志有哪些内容？

答：产品出厂时每卷包装应附有合格证，并标明：

（1）产品名称、代号、产品标准号、商标；

（2）生产企业名称、地址；

（3）生产日期、批号、净质量；

（4）质检章、检验员章或其他形式的质检标志。

知识点索引：《垃圾填埋场用线性低密度聚乙烯土工膜》CJ/T 276－2008 第 8.1 条

关键词：土工膜　标志

13. 垃圾填埋场用线性低密度聚乙烯（LLDPE）土工膜的贮存有何要求？

答：产品应放在干燥、阴凉、清洁的场所，远离热源并与其他物品分开存放。贮存时间超过两年以上的，使用前应进行重新检验。

知识点索引：《垃圾填埋场用线性低密度聚乙烯土工膜》CJ/T 276－2008 第 9.3 条

关键词：贮存　要求

五、《生活垃圾焚烧处理工程技术规范》CJJ 90－2009

1. 垃圾特性分析包括哪些内容？

答：（1）物理性质：物理组成、容重、粒度；

（2）工业分析：固定碳、灰分、挥发分、水分、灰熔点、低位热值；

（3）元素分析和有害物质含量。

知识点索引：《生活垃圾焚烧处理工程技术规范》CJJ 90－2009 第 3.2.1 条

关键词：特性分析　内容

2. 垃圾物理组成分析应由哪些项目构成？

答：（1）有机物：厨余、纸类、竹木、橡（胶）、塑（料）、纺织物；

（2）无机物：玻璃、金属、砖瓦渣土；

（3）含水率；

（4）其他。

知识点索引：《生活垃圾焚烧处理工程技术规范》CJJ 90－2009 第 3.2.2 条

关键词：物理组成　项目构成

3. 垃圾焚烧厂应包括哪些系统？

答：垃圾焚烧厂应包括：接收、储存与进料系统、焚烧系统、烟气净化系统、垃圾热能利用系统、灰渣处理系统、仪表及自动化控制系统、电气系统、消防、给排水及污水处理系统、物流输送及计量系统，以及启停炉辅助燃烧系统、压缩空气系统和化验、维修等其他辅助系统。

知识点索引：《生活垃圾焚烧处理工程技术规范》CJJ 90－2009 第 4.1.1 条

关键词：垃圾焚烧厂　系统

4. 垃圾焚烧厂的规模是怎么分类？

答：（1）特大类垃圾焚烧厂：全厂总焚烧能力 2000t/d 及以上；

（2）Ⅰ类垃圾焚烧厂：全厂总焚烧能力 1200t/d～2000t/d（含 1200t/d）；

（3）Ⅱ类垃圾焚烧厂：全厂总焚烧能力 600t/d～1200t/d（含 600t/d）；

（4）Ⅲ类垃圾焚烧厂：全厂总焚烧能力 150t/d～600t/d（含 150t/d）。

知识点索引：《生活垃圾焚烧处理工程技术规范》CJJ 90－2009 第 4.1.4 条

关键词：规模　规定　分类

5. 垃圾处理厂厂区绿地率不宜大于多少？

答：厂区的绿地率不宜大于 30％。

知识点索引：《生活垃圾焚烧处理工程技术规范》CJJ 90－2009 第 4.6.2 条

关键词：厂区　绿地率

6. 对于垃圾焚烧厂，垃圾池有效容积大小依据什么确定，与垃圾接触的垃圾池内壁和池底有哪些要求？

答：（1）垃圾池有效容积宜按 5d～7d 额定垃圾焚烧量确定。垃圾池净宽度不应小于抓斗最大张角直径的 2.5 倍。

（2）与垃圾接触的垃圾池内壁和池底，应有防渗、防腐蚀措施，应平滑耐磨、抗冲击。垃圾池底宜有不小于 1％的渗沥液导排坡度。

知识点索引：《生活垃圾焚烧处理工程技术规范》CJJ 90－2009 第 5.3.1 条、第 5.3.3 条

关键词：垃圾池　容积　内壁

7. 垃圾焚烧系统设计服务期限不应低于多少年？

答：20 年。

知识点索引：《生活垃圾焚烧处理工程技术规范》CJJ 90－2009 第 6.1.7 条

关键词：系统设计　服务期限

8. 对于垃圾焚烧厂，通向垃圾卸料平台的坡道有什么要求？

答：通向垃圾卸料平台的坡道应按国家现行标准《公路工程技术标准》JTG B01 的规定执行。为双向通行时，宽度不宜小于 7m；单向通行时，宽度不宜小于 4m。坡道中心圆曲线半径不宜小于 15m，纵坡不应大于 8％。圆曲线处道路的加宽应根据通行车型确定。

知识点索引：《生活垃圾焚烧处理工程技术规范》CJJ 90－2009 第 4.5.3 条

关键词：卸料平台　坡道

9. 对于垃圾焚烧厂，垃圾卸料平台的设置应符合什么要求？

答：（1）卸料平台垂直于卸料门方向的宽度应根据最大垃圾运输车的长度和车流密度确定，不宜小于 18m；

（2）应有必要的安全防护设施；

（3）应有充足的采光；

（4）应有地面冲洗、废水导排设施和卫生防护措施；

（5）应有交通指挥系统。

知识点索引：《生活垃圾焚烧处理工程技术规范》CJJ 90－2009 第 5.2.4 条

关键词：卸料平台　设置

10. 垃圾焚烧系统应包括哪些装置？

答：垃圾进料装置、焚烧装置、驱动装置、出渣装置、燃烧空气装置、辅助燃烧装置及其他辅助装置。

知识点索引：《生活垃圾焚烧处理工程技术规范》CJJ 90－2009 第 6.1.1 条

关键词：焚烧系统　装置

11. 垃圾焚烧炉的选择，应符合什么要求？

答：（1）在设计垃圾低位热值与下限低位热值范围内，应保证垃圾设计处理能力，并应适应设计服务期限内垃圾特性变化的要求；

（2）应有超负荷处理能力，垃圾进料量应可调节；

（3）正常运行期间，炉内应处于负压燃烧状态；

（4）可设置垃圾渗沥液喷入装置。

知识点索引：《生活垃圾焚烧处理工程技术规范》CJJ 90－2009 第 6.2.2 条

关键词：焚烧炉　选择

12. 垃圾焚烧炉出口的烟气含氧量应控制在多少？

答：应控制在 6%～10%（体积百分数）。

知识点索引：《生活垃圾焚烧处理工程技术规范》CJJ 90－2009 第 6.4.6 条

关键词：出口 烟气 含氧量

13. 炉渣处理系统应包括哪些设施？

答：除渣冷却、输送、储存、除铁等设施。

知识点索引：《生活垃圾焚烧处理工程技术规范》CJJ 90－2009 第 6.6.1 条

关键词：处理系统 设施

14. 对于垃圾焚烧厂，炉渣储存、输送和处理工艺及设备的选择，应符合哪些要求？

答：（1）与垃圾焚烧炉衔接的除渣机，应有可靠的机械性能和保证炉内密封的措施；

（2）炉渣输送设备的输送能力应有足够裕量；

（3）炉渣储存设施的容量，宜按 3d～5d 的储存量确定；

（4）应对炉渣进行磁选，并及时清运；

（5）炉渣宜进行综合利用。

知识点索引：《生活垃圾焚烧处理工程技术规范》CJJ 90－2009 第 6.6.4 条

关键词：工艺及设备 选择

15. 对于垃圾焚烧厂，中和剂储罐的容量宜按什么设计，并应满足哪些要求？

答：中和剂储罐的容量宜按 4d～7d 的用量设计，并应满足下列要求：

（1）储罐应设有中和剂的破拱装置和扬尘收集装置；

（2）应有料位检测和计量装置。

知识点索引：《生活垃圾焚烧处理工程技术规范》CJJ 90－2009 第 7.2.3 条

关键词：中和剂储罐 容量

16. 对于垃圾焚烧厂，除尘设备的选择，应根据哪些因素确定？

答：（1）烟气特性：温度、流量和飞灰粒度分布；

（2）除尘器的适用范围和分级效率；

（3）除尘器同其他净化设备的协同作用或反向作用的影响；

（4）维持除尘器内的温度高于烟气露点温度 20℃～30℃。

知识点索引：《生活垃圾焚烧处理工程技术规范》CJJ 90－2009 第 7.3.1 条

关键词：除尘设备 选择

17. 垃圾焚烧过程中，应用什么措施控制二噁英？

（1）垃圾应完全焚烧，焚烧工况应满足规范要求，并严格控制燃烧室内焚烧烟气的温度、停留时间与气流扰动工况；

（2）应减少烟气在 200℃～400℃温度区的滞留时间；

（3）应设置吸附剂喷入装置。

知识点索引：《生活垃圾焚烧处理工程技术规范》CJJ 90－2009 第7.4.1条

关键词：措施　控制　二噁英

18. 对于垃圾焚烧厂，引风机风量如何确定？

答：引风机风量宜按最大计算烟气量加15％～30％的余量确定，引风机风压余量宜为10％～20％。

知识点索引：《生活垃圾焚烧处理工程技术规范》CJJ 90－2009 第7.6.2条

关键词：引风机　风量

19. 对于垃圾焚烧厂，烟气管道应符合什么要求？

答：（1）管道内的烟气流速宜按10m/s～20m/s设计；

（2）应采取吸收热膨胀及防腐、保温措施，并保持管道的气密性；

（3）连接焚烧装置与烟气净化装置的烟气管道的低点，应有清除积灰的措施。

知识点索引：《生活垃圾焚烧处理工程技术规范》CJJ 90－2009 第7.6.5条

关键词：烟气　管道

20. 垃圾焚烧厂的检测，应包括哪些内容？

答：（1）主体设备和工艺系统在各种工况下安全、经济运行的参数；

（2）辅机的运行状态；

（3）电动、气动和液动执行机构的状态及调节阀的开度；

（4）仪表和控制用电源、气源、液动源及其他必要条件的供给状态和运行参数；

（5）必要的环境参数。

知识点索引：《生活垃圾焚烧处理工程技术规范》CJJ 90－2009 第10.4.2条

关键词：垃圾焚烧厂　检测

21. 垃圾焚烧厂的报警应包括哪些内容？

答：（1）工艺系统主要工况参数偏离正常运行范围；

（2）保护和重要的连锁项目；

（3）电源、气源发生故障；

（4）监控系统故障；

（5）主要电气设备故障；

（6）辅助系统及主要辅助设备故障。

知识点索引：《生活垃圾焚烧处理工程技术规范》CJJ 90－2009 第10.4.8条

关键词：垃圾焚烧厂　报警

22. 垃圾焚烧厂的自动化控制系统有哪些？

答：焚烧线控制系统、热力与汽轮发电机组控制系统、车辆管制系统、公用工程控制系统和其他必要的控制系统。

知识点索引：《生活垃圾焚烧处理工程技术规范》CJJ 90－2009 第10.2.2条

关键词：焚烧厂 自动化控制 系统

23. 垃圾池间固定消防水炮设计消防水量不应小于多少？

答：60 L/s。

知识点索引：《生活垃圾焚烧处理工程技术规范》CJJ 90 - 2009 第 12.2.2 条

关键词：消防水炮 消防 水量

24. 垃圾焚烧厂房的生产类别及建筑耐火等级、疏散楼梯走道净宽和梯段净宽有什么要求？

答：（1）垃圾焚烧厂房的生产类别应为丁类，建筑耐火等级不应低于二级。

（2）垃圾焚烧厂房的疏散走道净宽不应小于 1.4m；

（3）梯段净宽不应小于 1.1 m。

知识点索引：《生活垃圾焚烧处理工程技术规范》CJJ 90 - 2009 第 12.3.1 条、第 12.3.6 条

关键词：类别 疏散楼梯 净宽

25. 垃圾焚烧厂房的通风换气量应按什么要求确定？

答：（1）焚烧间应只计算排除余热量；

（2）汽机间应同时计算排除余热量和余湿量；

（3）确定焚烧厂房的通风余热，可不计算太阳辐射热。

知识点索引：《生活垃圾焚烧处理工程技术规范》CJJ 90 - 2009 第 13.3.2 条

关键词：通风 换气量

26. 对于垃圾焚烧厂，竣工验收资料包括哪些？

答、（1）开工报告，项目批复文件；

（2）各单项工程、隐蔽工程、综合管线工程竣工图纸，工程变更记录；

（3）工程和设备技术文件及其他必需文件；

（4）基础检查记录，各设备、部件安装记录，设备缺损件清单及修复记录；

（5）仪表试验记录，安全阀调整试验记录；

（6）水压试验记录；

（7）烘炉、煮炉及严密性试验记录；

（8）试运行记录。

知识点索引：《生活垃圾焚烧处理工程技术规范》CJJ 90 - 2009 第 17.3.8 条

关键词：竣工验收 资料

第十二章　管道工程、管廊工程

一、《给水排水管道工程施工及验收规范》GB 50268－2008

1. 给水排水管道不开槽施工包括哪些施工方法?

答：在管道沿线地面下开挖成形的洞内敷设或浇筑管道（渠）的施工方法，有顶管法、盾构法、浅埋暗挖法、定向钻法、夯管法等。

知识点索引：《给水排水管道工程施工及验收规范》GB 50268－2008 第 2.0.10 条

关键词：不开槽施工　施工方法

2. 给水排水管道工程中，临时水准点和管道轴线控制桩的设置原则是什么?

答：临时水准点和管道轴线控制桩的设置应便于观测、不易被扰动且必须牢固，并应采取保护措施；开槽铺设管道的沿线临时水准点，每 200m 不宜少于 1 个。

知识点索引：《给水排水管道工程施工及验收规范》GB 50268－2008 第 3.1.7－2 条

关键词：临时水准点　管道轴线控制桩　设置原则

3. 给水排水管道附属设备安装前应为哪些项目进行复核?

答：管道附属设备安装前应对有关的设备基础、预埋件、预留孔的位置、高程、尺寸等进行复核。

知识点索引：《给水排水管道工程施工及验收规范》GB 50268－2008 第 3.1.16 条

关键词：管道附属设备　安装前　复核项目

4. 给水排水管道工程质量验收不合格时应如何处理?

答：（1）经返工重做或更换管节、管件、管道设备等的验收批，应重新进行验收；

（2）经有相应资质的检测单位检测鉴定能够达到设计要求的验收批，应予以验收；

（3）经有相应资质的检测单位检测鉴定达不到设计要求，但经原设计单位验算认可，能够满足结构安全和使用功能要求的验收批，可予以验收；

（4）经返修或加固处理的分项工程、分部（子分部）工程，改变外形尺寸但仍能满足结构安全和使用功能要求，可按技术处理方案文件和协商文件进行验收。

知识点索引：《给水排水管道工程施工及验收规范》GB 50268－2008 第 3.2.7 条

关键词：给水排水管道工程　质量验收　不合格时

5. 给水排水管道沟槽断面的选择与确定应符合哪些规定?

答：（1）槽底宽、槽深、分层开挖高度、各层边坡及层间留台宽度等，应方便管道结构施工，确保施工质量和安全，并尽可能减少挖方和占地；

（2）做好土（石）方平衡调配，尽可能避免重复挖运；大断面深沟槽开挖时，应编制专项施工方案；

（3）沟槽外侧应设置截水沟及排水沟，防止雨水浸泡沟槽。

知识点索引：《给水排水管道工程施工及验收规范》GB 50268－2008 第 4.1.4 条

关键词：沟槽断面　选择与确定　符合规定

6. 给水排水管道铺设验收合格，沟槽回填前应满足哪些规定？

答：（1）预制钢筋混凝土管道的现浇筑基础的混凝土强度、水泥砂浆接口的水泥砂浆强度不应小于 5MPa；

（2）现浇钢筋混凝管渠的强度应达到设计要求；

（3）混合结构的矩形或拱形管渠，砌体的水泥砂浆强度应达到设计要求；

（4）井室、雨水口及其他附属构筑物的现浇混凝土强度或砌体水泥砂浆强度应达到设计要求；

（5）回填时采取防止管道发生位移或损伤的措施；

（6）化学建材管道或管径大于 900mm 的钢管、球墨铸铁管等柔性管道在沟槽回填前，应采取措施控制管道的竖向变形；

（7）雨期应采取措施防止管道漂浮。

知识点索引：《给水排水管道工程施工及验收规范》GB 50268－2008 第 4.1.9 条

关键词：给排水管道　沟槽回填

7. 给水排水管道施工降排水方案应包括哪些主要内容？

答：（1）降排水量计算；

（2）降排水方法的选定；

（3）排水系统的平面和竖向布置，观测系统的平面布置以及抽水机械的选型和数量；

（4）降水井的构造，井点系统的组合与构造，排放管渠的构造、断面和坡度；

（5）电渗排水所采用的设施及电极；

（6）沿线地下和地上管线、周边构（建）筑物的保护和施工安全措施。

知识点索引：《给水排水管道工程施工及验收规范》GB 50268－2008 第 4.2.1 条

关键词：给水排水管道　施工降排水

8. 给水排水管道工程降水井的平面布置应符合哪些规定？

答：（1）在沟槽两侧应根据计算确定采用单排或双排降水井，在沟槽端部，降水井外延长度应为沟槽宽度的 1 倍～2 倍；

（2）在地下水补给方向可加密，在地下水排泄方向可减少。

知识点索引：《给水排水管道工程施工及验收规范》GB 50268－2008 第 4.2.3 条

关键词：给排水管道　降水井布置

9. 给水排水管道工程采用明沟排水时，排水井的布置有什么要求？

答：采取明沟排水施工时，排水井宜布置在沟槽范围以外，其间距不宜大于 150m。

知识点索引：《给水排水管道工程施工及验收规范》GB 50268－2008 第4.2.5条

关键词：给排水管道　排水井布置

10. 给水排水管道工程沟槽开挖与支护施工方案主要内容有哪些？

答：（1）沟槽施工平面布置图及开挖断面图；

（2）沟槽形式、开挖方法及堆土要求；

（3）无支护沟槽的边坡要求；有支护沟槽的支撑形式、结构、支拆方法及安全措施；

（4）施工设备机具的型号、数量及作业要求；

（5）不良土质地段沟槽开挖时采取的护坡和防止沟槽坍塌的安全技术措施；

（6）施工安全、文明施工、沿线管线及构（建）筑物保护要求等。

知识点索引：《给水排水管道工程施工及验收规范》GB 50268－2008 第4.3.1条

关键词：给排水管道　沟槽开挖与支护

11. 给水排水管道工程沟槽每侧临时堆土或施加其他荷载应符合哪些规定？

答：（1）不得影响建（构）筑物、各种管线和其他设施的安全；

（2）不得掩埋消火栓、管道闸阀、雨水口、测量标志以及各种地下管道的井盖，且不得妨碍其正常使用；

（3）堆土距沟槽边缘不小于0.8m，且高度不应超过1.5m；沟槽边堆置土方不得超过设计堆置高度。

知识点索引：《给水排水管道工程施工及验收规范》GB 50268－2008 第4.3.4条

关键词：给排水管道　沟槽侧　堆土

12. 给水排水管道工程沟槽挖深较大，分层开挖深度及台阶应符合哪些规定？

答：（1）人工开挖沟槽的槽深超过3m时应分层开挖，每层的深度不超过2m。

（2）人工开挖多层沟槽的层间留台宽度：放坡开槽时不应小于0.8m，直槽时不应小于0.5m，安装井点设备时不应小于1.5m。

（3）采用机械挖槽时，沟槽分层的深度按机械性能确定。

知识点索引：《给水排水管道工程施工及验收规范》GB 50268－2008 第4.3.5条

关键词：给排水管道　沟槽　分层深度及台阶

13. 给水排水管道工程沟槽开挖应符合哪些规定？

答：（1）沟槽的开挖断面应符合施工组织设计（方案）的要求。槽底原状地基土不得扰动，机械开挖时槽底预留200mm～300mm土层由人工开挖至设计高程，整平；

（2）槽底不得受水浸泡或受冻，槽底局部扰动或受水浸泡时，宜采用天然级配砂砾石或石灰土回填；槽底扰动土层为湿陷性黄土时，应按设计要求进行地基处理；

（3）槽底土层为杂填土、腐蚀性土时，应全部挖除并按设计要求进行地基处理；

（4）槽壁平顺，边坡坡度符合施工方案的规定；

（5）在沟槽边坡稳固后设置供施工人员上下沟槽的安全梯。

知识点索引：《给水排水管道工程施工及验收规范》GB 50268－2008 第4.3.7条

关键词：给排水管道　沟槽开挖

14. 给水排水管道工程沟槽采用钢板桩支撑时，应符合哪些规定？

答：（1）构件的规格尺寸经计算确定；

（2）通过计算确定钢板桩的入土深度和横撑的位置与断面；

（3）采用型钢作横梁时，横梁与钢板桩之间的缝应采用木板垫实，横梁、横撑与钢板桩连接牢固。

知识点索引：《给水排水管道工程施工及验收规范》GB 50268-2008 第 4.3.9 条

关键词：给排水管道　沟槽　钢支撑

15. 给排水管道工程中，沟槽支撑应符合哪些规定？

答：（1）支撑应经常检查，发现支撑构件有弯曲、松动、移位或劈裂等迹象时，应及时处理；雨期及春季解冻时期应加强检查；

（2）拆除支撑前应对沟槽两侧的建筑物、构筑物和槽壁进行安全检查，并应制定拆除支撑的作业要求和安全措施；

（3）施工人员应由安全梯上下沟槽，不得攀登支撑。

知识点索引：《给水排水管道工程施工及验收规范》GB 50268-2008 第 4.3.10 条

关键词：沟槽支撑　符合规定

16. 给水排水管道工程沟槽钢板桩拆除应符合哪些规定？

答：（1）在回填达到规定要求高度后，方可拔除钢板桩。

（2）钢板桩拔除后应及时回填桩孔。

（3）回填桩孔时应采取措施填实；采用砂灌回填时，非湿陷性黄土地区可冲水助沉；有地面沉降控制要求时，宜采取边拔桩边注浆措施。

知识点索引：《给水排水管道工程施工及验收规范》GB 50268-2008 第 4.3.12 条

关键词：给排水管道　沟槽　钢支撑拆除

17. 给水排水管道工程槽底局部超挖或发生扰动时，处理应符合哪些规定？

答：（1）超挖深度不超过 150mm 时，可用挖槽原土回填夯实，其压实度不应低于原地基土的密实度；

（2）槽底地基土壤含水量较大，不适于压实时，应采取换填等有效措施。

知识点索引：《给水排水管道工程施工及验收规范》GB 50268-2008 第 4.4.2 条

关键词：给排水管道　槽底超挖

18. 给水排水管道工程管道沟槽回填前，管道及沟槽处理应符合哪些规定？

答：（1）压力管道水压试验前，除接口外，管道两侧及管顶以上回填高度不应小于 0.5m；水压试验合格后，应及时回填沟槽的其余部分；无压管道在闭水或闭气试验合格后应及时回填。

（2）应符合下列规定：管道沟槽回填前沟槽内砖、石、木块等杂物清除干净，沟槽内不得有积水，应保持降排水系统正常运行，不得带水回填。

知识点索引：《给水排水管道工程施工及验收规范》GB 50268-2008 第4.5.1～4.5.2条

关键词：给排水管道　管道及沟槽处理

19. 给水排水管道工程井室、雨水口及附属物周围回填应符合哪些规定？

答：（1）井室周围的回填，应与管道沟槽回填同时进行；不便同时进行时，应留台阶形接槎。

（2）井室周围回填压实时应沿井室中心对称进行，且不得漏夯。

（3）回填材料压实后应与井壁紧贴。

（4）路面范围内的井室周围，应采用石灰土、砂、砂砾等材料回填，其回填宽度不宜小于400mm。

（5）严禁在槽壁取土回填。

知识点索引：《给水排水管道工程施工及验收规范》GB 50268-2008 第4.5.3条

关键词：给排水管道　附属物周围回填

20. 给水排水管道工程沟槽回填料运入槽内不得损伤管道及接口，并应符合哪些规定？

答：（1）根据每层虚铺厚度的用量将回填材料运至槽内，且不得在影响压实的范围内堆料。

（2）管道两侧和管顶以上500mm范围内的回填材料，应由沟槽两侧对称运入槽内，不得直接回填在管道上；回填其他部位时，应均匀运入槽内，不得集中推入。

（3）需要拌合的回填材料，应在运入槽内前拌合均匀，不得在槽内拌合。

知识点索引：《给水排水管道工程施工及验收规范》GB 50268-2008 第4.5.6条

关键词：给排水管道　回填料运入槽

21. 刚性管道沟槽回填的压实作业应符合哪些规定？

答：（1）回填压实应逐层进行，且不得损伤管道。

（2）管道两侧和管顶以上500mm范围内胸腔夯实，应采用轻型压实机具，管道两侧压实面的高差不应超过300mm。

（3）管道基础为土弧基础时，应填实管道支撑角范围内腋角部位；压实时，管道两侧应对称进行，且不得使管道位移或损伤。

（4）同一沟槽中有双排或多排管道的基础底面位于同一高程时，管道之间的回填压实应与管道与槽壁之间的回填压实对称进行。

（5）同一沟槽中有双排或多排管道但基础底面的高程不同时，应先回填基础较低的沟槽；回填至较高基础底面高程后，再按上一款规定回填。

（6）分段回填压实时，相邻段的应呈台阶形，且不得漏夯。

（7）采用轻型压实设备时，应夯夯相连；采用压路机时，碾压的重叠宽度不得小于200mm。

（8）采用压路机、振动压路机等压实机械压实时，其行驶速度不得超过 2km/h。

（9）接口工作坑回填时底部凹坑应先回填压实至管底，然后与沟槽同步回填。

知识点索引：《给水排水管道工程施工及验收规范》GB 50268－2008 第 4.5.10 条

关键词：刚性管道　沟槽回填　压实

22. 柔性管道的沟槽回填作业应符合哪些规定？

答：（1）回填前，检查管道有无损伤或变形，有损伤的管道应修复或更换。

（2）管内径大于 800mm 的柔性管道，回填施工时应在管内设有竖向支撑。

（3）管基有效支承角范围应采用中粗砂填充密实，与管壁紧密接触，不得用土或其他材料填充。

（4）管道半径以下回填时应采取防止管道上浮、位移的措施。

（5）管道回填时间宜在一昼夜中气温最低时段，从管道两侧同时回填，同时夯实。

（6）沟槽回填从管底基础部位开始到管顶以上 500mm 范围内，必须采用人工回填；管顶 500mm 以上部位，可用机械从管道轴线两侧同时夯实；每层回填高度应不大于 200mm。

（7）管道位于车行道下，铺设后即修筑路面或管道位于软土地层以及低洼、沼泽、地下水位高地段时，沟槽回填宜先用中、粗砂将管底腋角部位填充密实后，再用中、粗砂分层回填到管顶以上 500mm。

（8）回填作业的现场试验段长度应为一个井段或不少于 50m，因工程因素变化改变回填方式时，应重新进行现场试验。

知识点索引：《给水排水管道工程施工及验收规范》GB 50268－2008 第 4.5.11 条

关键词：柔性管道　沟槽回填

23. 柔性管道回填时变形率控制指标为多少？

答：柔性管道回填至设计高程时，应在 12h～24h 内测量并记录管道变形率，管道变形率应符合设计要求；设计无要求时，钢管或球墨铸铁管道变形率应不超过 2%，化学建材管道变形率应不超过 3%。

知识点索引：《给水排水管道工程施工及验收规范》GB 50268－2008 第 4.5.12 条

关键词：柔性管道　变形率控制

24. 柔性管道变形率检查数量是如何确定的？

答：试验段（或初始 50m）不少于 3 处，每 100m 正常作业段（取起点、中间点、终点近处各一点），每处平行测量 3 个断面，取其平均值。

知识点索引：《给水排水管道工程施工及验收规范》（GB 50268－2008）第 4.6.3 条

关键词：柔性管道　变形率检查数量

25. 给水排水管道雨期施工应采取哪些措施？

答：（1）合理缩短开槽长度，及时砌筑检查井，暂时中断安装的管道及与河道相连通的管口应临时封堵；已安装的管道验收后应及时回填。

（2）制定槽边雨水径流疏导、槽内排水及防止漂管事故的应急措施。

（3）刚性接口作业宜避开雨天。

知识点索引：《给水排水管道工程施工及验收规范》GB 50268-2008 第5.1.15 条

关键词：给水排水管道　雨期施工　采取措施

26. 给水排水管道保温层的施工应符合哪些规定？

答：（1）在管道焊接、水压试验合格后进行；

（2）法兰两侧应留有间隙，每侧间隙的宽度为螺栓长加 20mm～30mm；

（3）保温层与滑动支座、吊架、支架处应留出空隙；

（4）硬质保温结构，应留伸缩缝；

（5）施工期间，不得使保温材料受潮；

（6）保温层伸缩缝宽度的允许偏差应为±5mm。

知识点索引：《给水排水管道工程施工及验收规范》GB 50268-2008 第5.1.22 条

关键词：管道保温层　施工规定

27. 给水排水管道开槽施工时，混凝土基础施工应符合哪些规定？

答：（1）平基与管座的模板，可一次或两次支设，每次支设高度宜略高于混凝土的浇筑高度。

（2）平基、管座的混凝土设计无要求时，宜采用强度等级不低于 C15 的低坍落度混凝土。

（3）管座与平基分层浇筑时，应先将平基凿毛冲洗干净，并将平基与管体相接触的腋角部位，用同强度等级的水泥砂浆填满、捣实后，再浇筑混凝土，使管体与管座混凝土结合严密。

（4）管座与平基采用垫块法一次浇筑时，必须先从一侧灌注混凝土，对侧的混凝土高过管底与灌注侧混凝土高度相同时，两侧再同时浇筑，并保持两侧混凝土高度一致。

（5）管道基础应按设计要求留变形缝，变形缝的位置应与柔性接口相一致。

（6）管道平基与井室基础宜同时浇筑；跌落水井上游接近井基础的一段应砌砖加固，并将平基混凝土浇至井基础边缘。

（7）混凝土浇筑中应防止离析；浇筑后应进行养护，强度低于 1.2MPa 时不得承受荷载。

知识点索引：《给水排水管道工程施工及验收规范》GB 50268-2008 第5.2.2 条

关键词：管道　开槽施工　混凝土基础

28. 给水排水管道开槽施工时，砂石基础施工应符合哪些规定？

答：（1）铺设前应先对槽底进行检查，槽底高程及槽宽须符合设计要求，且不应有积水和软泥。

（2）柔性管道的基础结构设计无要求时，宜铺设厚度不小于 100mm 的中粗砂垫层；软土地基宜铺垫一层厚度不小于 150mm 的砂砾或 5mm～40mm 粒径碎石，其表面再铺厚度不小于 50mm 的中、粗砂垫层。

（3）柔性接口的刚性管道的基础结构，设计无要求时一般土质地段可铺设砂垫层，亦可铺设 25mm 以下粒径碎石，表面再铺 20mm 厚的砂垫层（中、粗砂），垫层总厚度应符合规范要求。

（4）管道有效支承角范围必须用中、粗砂填充插捣密实，与管底紧密接触，不得用其他材料填充。

知识点索引：《给水排水管道工程施工及验收规范》GB 50268－2008 第 5.2.3 条

关键词：管道　开槽施工　砂石基础

29. 给水排水管道开槽施工时，钢管安装应符合哪些规定？

答：（1）管道安装应符合现行国家标准《工业金属管道工程施工及验收规范》GB 50235 等规范的规定；

（2）对首次采用的钢材、焊接材料、焊接方法或焊接工艺，施工单位必须在施焊前按设计要求和有关规定进行焊接试验，并应根据试验结果编制焊接工艺指导书；

（3）焊工必须按规定经相关部门考试合格后持证上岗，并应根据经过评定的焊接工艺指导书进行施焊；

（4）焊缝的外观质量质量，如外观、宽度、表面余高、咬边、错边、未焊满等应满足规范要求；

（5）沟槽内焊接时，应采取有效技术措施保证管道底部的焊缝质量。

知识点索引：《给水排水管道工程施工及验收规范》GB 50268－2008 第 5.3.1 条

关键词：管道　开槽施工　钢管安装

30. 给水排水管道开槽施工时，钢管对口纵、环向焊缝的位置应符合哪些规定？

答：（1）纵向焊缝应放在管道中心垂线上半圆的 45°左右处。

（2）纵向焊缝应错开，管径小于 600mm 时，错开的间距不得小于 100mm；管径大于或等于 600mm 时。错开的间距不得小于 300mm。

（3）有加固环的钢管，加固环的对焊焊缝应与管节纵向焊缝错开，其间距不应小于 100mm；加固环距管节的环向焊缝不应小于 50mm。

（4）环向焊缝距支架净距离不应小于 100mm。

（5）直管管段两相邻环向焊缝的间距不应小于 200mm，并不应小于管节的外径。

（6）管道任何位置不得有十字形焊缝。

知识点索引：《给水排水管道工程施工及验收规范》GB 50268－2008 第 5.3.9 条

关键词：管道　开槽施工　钢管对口焊缝

31. 给水排水钢管管道上开孔应符合哪些规定？

答：（1）不得在干管的纵向、环向焊缝处开孔；

（2）管道上任何位置不得开方孔；

（3）不得在短节上或管件上开孔；

（4）开孔处的加固补强应符合设计要求。

知识点索引：《给水排水管道工程施工及验收规范》GB 50268－2008 第 5.3.11 条

关键词：钢管管道　开孔

32. 给水排水钢管管道采用法兰连接时，应符合哪些规定？

答：(1) 法兰应与管道保持同心，两法兰间应平行。

(2) 螺栓应使用相同规格，且安装方向应一致；螺栓应对称紧固，紧固好的螺栓应露出螺母之外。

(3) 与法兰接口两侧相邻的第一至第二个刚性接口或焊接接口，待法兰螺栓紧固后方可施工。

(4) 法兰接口埋入土中时，应采取防腐措施。

知识点索引：《给水排水管道工程施工及验收规范》GB 50268－2008 第 5.3.19 条

关键词：钢管管道　法兰连接

33. 给水排水钢管水泥砂浆内防腐层施工应符合哪些规定？

答：(1) 水泥砂浆内防腐层可采用机械喷涂、人工抹压、拖筒或离心预制法施工；工厂预制时，在运输、安装、回填土过程中，不得损坏水泥砂浆内防腐层。

(2) 管道端点或施工中断时，应预留搭槎。

(3) 水泥砂浆抗压强度符合设计要求，且不应低于 30MPa。

(4) 采用人工抹压法施工时，应分层抹压。

(5) 水泥砂浆内防腐层成形后，应立即将管道封堵，终凝后进行潮湿养护；普通硅酸盐水泥砂浆养护时间不应少于 7d，矿渣硅酸盐水泥砂浆不应少于 14d；通水前应继续封堵，保持湿润。

(6) 水泥砂浆内防腐层厚度应符合规定。

知识点索引：《给水排水管道工程施工及验收规范》GB 50268－2008 第 5.4.2－2 条

关键词：钢管水泥砂浆　内防腐

34. 给水排水钢管液体环氧涂料内防腐层施工应符合哪些规定？

答：(1) 应按涂料生产厂家产品说明书的规定配制涂料，不宜加稀释剂。

(2) 涂料使用前应搅拌均匀。

(3) 宜采用高压无气喷涂工艺，在工艺条件受限时，可采用空气喷涂或挤涂工艺。

(4) 应调整好工艺参数且稳定后，方可正式涂敷；防腐层应平整、光滑，无流挂、无划痕等；涂敷过程中应随时监测湿膜厚度。

(5) 环境相对湿度大于 85% 时，应对钢管除湿后方可作业；严禁在雨、雪、雾及风沙等气候条件下露天作业。

知识点索引：《给水排水管道工程施工及验收规范》GB 50268－2008 第 5.4.3-3 条

关键词：钢管　环氧涂料　内防腐层

35. 给水排水钢管管道在雨期、冬期石油沥青及环氧煤沥青涂料外防腐层施工应符合哪些规定？

答：(1) 环境温度低于 5℃时，不宜采用环氧煤沥青涂料；采用石油沥青涂料时，应采取冬期施工措施；环境温度低于—15℃或相对湿度大于85%时，未采取措施不得进行施工。

（2）不得在雨、雾、雪或5级以上大风环境露天施工。

（3）已涂刷石油沥青防腐层的管道，炎热天气下不宜直接受阳光照射；冬期气温等于或低于沥青涂料脆化温度时，不得起吊、运输和铺设；脆化温度试验应符合现行国家标准规定。

知识点索引：《给水排水管道工程施工及验收规范》GB 50268－2008第5.4.7条

关键词：钢管管道 雨期 冬期 外防腐层

36. 给水排水钢管管道牺牲阳极保护法防腐施工应符合哪些规定？

答：（1）立式阳极宜采用钻孔法施工，卧式阳极宜采用开槽法施工。

（2）牺牲阳极使用之前，应对表面进行处理，清除表面的氧化膜及油污。

（3）阳极连接电缆的埋设深度不应小于0.7m，四周应垫有50mm～100mm厚的细砂，砂的顶部应覆盖水泥护板或砖，敷设电缆要留有一定富裕量。

（4）阳极电缆可以自接焊接到被保护管道上，也可通过测试桩中的连接片相连。与钢质管道相连接的电缆应采用铝热焊接技术，焊点应重新进行防腐绝缘处理，防腐材料、等级应与原有覆盖层一致。

（5）电缆和阳极钢芯宜采用焊接连接，双边焊缝长度不得小于50mm；电缆与阳极钢芯焊接后，应采取防止连接部位断裂的保护措施。

（6）阳极端面、电缆连接部位及钢芯均要防腐、绝缘。

（7）填料包可在室内或现场包装，其厚度不应小于50mm；并应保证阳极四周的填料包厚度一致、密实；预包装的袋子须用棉麻织品。不得使用人造纤维织品。

（8）填包料应调拌均匀，不得混入石块、泥土、杂草等；阳极埋地后应充分灌水，并达到饱和。

（9）阳极埋设位置一般距管道外壁3m～5m，不宜小于0.3m，埋设深度（阳极顶部距地面）不应小于1m。

知识点索引：《给水排水管道工程施工及验收规范》GB 50268－2008第5.4.13条

关键词：钢管管道 牺牲阳极 防腐施工

37. 给水排水钢管管道阴极保护绝缘处理防腐施工应符合哪些规定？

答：（1）绝缘垫片应在干净、干燥的条件下安装，并应配对供应或在现场扩孔。

（2）法兰面应清洁、平直、无毛刺并正确定位。

（3）在安装绝缘套筒时，应确保法兰准直；除一侧绝缘的法兰外，绝缘套筒长度应包括两个垫圈的厚度。

（4）连接螺栓在螺母下应设有绝缘垫圈。

（5）绝缘法兰组装后应对装置的绝缘性能按国家现行标准进行检测。

（6）阴极保护系统安装后，应按国家现行标准规定进行测试，测试结果应符合规范的规定和设计要求。

知识点索引：《给水排水管道工程施工及验收规范》GB 50268－2008第5.4.15条

关键词：钢管管道　阴极保护　防腐施工

38. 给水排水球墨铸铁管道进入施工现场时，其外观质量应符合哪些规定？

答：（1）管节及管件表面不得有裂纹，不得有妨碍使用的凹凸不平的缺陷；

（2）采用橡胶圈柔性接口的球墨铸铁管，承口的内工作面和插口的外工作面应光滑、轮廓清晰，不得有影响接口密封性的缺陷。

知识点索引：《给水排水管道工程施工及验收规范》GB 50268－2008 第5.5.1 条

关键词：球墨铸铁钢管　外观质量

39. 给水排水钢筋混凝土管柔性接口橡胶圈质量应符合哪些规定？

答：（1）材质应符合相关规范的规定；

（2）应由管材厂配套供应；

（3）外观应光滑平整，不得有裂缝、破损、气孔、重皮等缺陷；

（4）每个橡胶圈的接头不得超过2个。

知识点索引：《给水排水管道工程施工及验收规范》GB 50268－2008 第5.6.5 条

关键词：钢管混凝土　柔性接口　橡胶圈

40. 给水排水钢筋混凝土管柔性接口施工应符合哪些规定？

答：柔性接口的钢筋混凝土管、预（自）应力混凝土管安装前，承口内工作面、插口外工作面应清洗干净；套在插口上的橡胶圈应平直、无扭曲，应正确就位；橡胶圈表面和承口工作面应涂刷无腐蚀性的润滑剂；安装后放松外力，管节回弹不得大于10mm，且橡胶圈应在承、插口工作面上。

知识点索引：《给水排水管道工程施工及验收规范》GB 50268－2008 第5.6.6 条

关键词：钢管混凝土　柔性接口

41. 给水排水钢筋混凝土管刚性接口采用钢丝网水泥砂浆抹带时，接口材料应符合哪些规定？

答：（1）选用粒径0.5mm～1.5mm，含泥量不大于3%的洁净砂；

（2）选用网格10mm×10mm、丝径为20号的钢丝网；

（3）水泥砂浆配比满足设计要求。

知识点索引：《给水排水管道工程施工及验收规范》GB 50268－2008 第5.6.7 条

关键词：钢管混凝土　刚性接口　水泥砂浆抹带

42. 给水排水钢筋混凝土管刚性接口施工时应符合哪些规定？

答：（1）抹带前应将管口的外壁凿毛、洗净。

（2）钢丝网端头应在浇筑混凝土管座时插入混凝土内，在混凝土初凝前，分层抹压钢丝网水泥砂浆抹带。

（3）抹带完成后应立即用吸水性强的材料覆盖，3h～4h后洒水养护。

（4）水泥砂浆填缝及抹带接口作业时落入管道内的接口材料应清除；管径大于或等于

700mm 时，应采用水泥砂浆将管道内接口部位抹平、压光；管径小于 700mm 时。填缝后应立即拖平。

知识点索引：《给水排水管道工程施工及验收规范》GB 50268 - 2008 第 5.6.8 条

关键词：钢管混凝土　　刚性接口

43. 给水排水预应力钢筒混凝土管进入施工现场时，其外观质量应符合哪些规定？

答：（1）内壁混凝土表面平整光洁；承插口钢环工作面光洁干净；内衬式管（简称衬筒管）内表面不应出现浮渣、露石和严重的浮浆；埋置式管（简称埋筒管）内表面不应出现气泡、孔洞、凹坑以及蜂窝、麻面等不密实的现象。

（2）管内表面出现的环向裂缝或者螺旋状裂缝宽度不应大于 0.5mm（浮浆裂缝除外）；距离管的插口端 300mm 范围内出现的环向裂缝宽度不应大于 1.5mm；管内表面不得出现长度大于 150mm 的纵向可见裂缝。

（3）管端面混凝土不应有缺料、掉角、孔洞等缺陷。端面应齐平、光滑、并与轴线垂直。端面垂直度及橡胶圈应符合规范规定。

（4）外保护层不得出现空鼓、裂缝及剥落。

知识点索引：《给水排水管道工程施工及验收规范》GB 50268 - 2008 第 5.7.1 条

关键词：预应力钢筒混凝土　　外观质量

44. 给水排水玻璃钢管道进入施工现场时，其外观质量应符合哪些规定？

答：（1）内、外径偏差、承口深度（安装标记环）、有效长度、管壁厚度、管端面垂直度等应符合产品标准规定。

（2）内、外表面应光滑平整，无划痕、分层、针孔、杂质、破碎等现象。

（3）管端面应平齐、无毛刺等缺陷。

知识点索引：《给水排水管道工程施工及验收规范》GB 50268 - 2008 第 5.8.1 条

关键词：玻璃钢管　　外观质量

45. 给水排水硬聚氯乙烯管、聚乙烯管及其复合管道进入施工现场时，其外观质量应符合哪些规定？

答：（1）不得有影响结构安全、使用功能及接口连接的质量缺陷；

（2）内、外壁光滑、平整，无气泡、无裂纹、无脱皮和严重的冷斑及明显的痕纹、凹陷；

（3）管节不得有异向弯曲，端口应平整；

（4）橡胶圈应符合规范规定。

知识点索引：《给水排水管道工程施工及验收规范》GB 50268 - 2008 第 5.9.1 条

关键词：硬聚氯乙烯管　　聚乙烯管　　外观质量

46. 给水排水硬聚氯乙烯管、聚乙烯管及其复合管道铺设应符合哪些规定？

答：（1）采用承插式（或套筒式）接口时，宜人工布管且在沟槽内连接；槽深大于 3m 或管外径大于 400mm 的管道，宜用非金属绳索兜住管节下管；严禁将管节翻滚抛入槽中。

（2）采用电熔、热熔接口时，宜在沟槽边上将管道分段连接后以弹性铺管法移入沟槽；移入沟槽时，管道表面不得有明显的划痕。

知识点索引：《给水排水管道工程施工及验收规范》GB 50268-2008 第5.9.2条

关键词：硬聚氯乙烯管　聚乙烯管　铺设

47. 给水排水硬聚氯乙烯管、聚乙烯管及其复合管道采用电熔、热熔连接时应符合哪些规定？

答：（1）应采用专用、挤出焊接设备和工具进行施工。

（2）管道连接时必须对连接部位清理干净。

（3）承插式柔性接口连接宜在当日温度较高时进行，插口端不宜插到承口底部，应留出不小于10mm的伸缩空隙，插入前应在插口端外壁做出插入深度标记；插入完毕后，承插口周围空隙均匀，连接的管道平直。

（4）应在当日温度较低或接近最低时进行；电熔连接、热焰连接时电热设备的温度控制、时间控制，挤出焊接时对焊接设备的操作等，必须严格按接头的技术指标和设备的操作程序进行；接头处应有沿管节圆周平滑对称的外翻边，内翻边应铲平。

（5）管道与井室宜采用柔性连接，连接方式符合计要求；设计无要求时，可采用承插管件连接或中介层做法。

（6）管道系统设置的弯头、三通、变径处应采用混凝土支墩或金属卡箍拉杆等技术措施；在消火栓及闸阀的底部应加垫混凝土支墩；非锁紧型承插连接管道，每根管节应有3点以上的固定措施。

（7）安装完的管道中心线及高程调整合格后，即将管底有效支撑角范围用中粗砂回填密实，不得用土或其他材料回填。

知识点索引：《给水排水管道工程施工及验收规范》GB 50268-2008 第5.9.3条

关键词：硬聚氯乙烯管　聚乙烯管　连接

48. 给水排水管道基础的主控项目有哪些要求？

答：（1）原状地基的承载力符合设计要求；

（2）混凝土基础的强度符合设计要求；

（3）砂石基础的压实度符合设计要求或本规范的规定。

知识点索引：《给水排水管道工程施工及验收规范》GB 50268-2008 第5.10.1条

关键词：管道基础　主控项目

49. 给水排水钢管接口质量检验主控项目有哪些？

答：（1）管节及管件、焊接材料质量；

（2）焊缝坡口、错边等焊缝质量；

（3）法兰接口的法兰、高强度螺栓的终拧扭矩。

知识点索引：《给水排水管道工程施工及验收规范》GB 50268-2008 第5.10.2条

关键词：钢管接口　主控项目

50. 给水排水钢管内防腐层质量检验主控项目有哪些要求?

答:(1)内防腐层材料应符合国家相关标准的规定和设计要求;给水管道内防腐层材料的卫生性能应符合国家相关标准的规定。

(2)水泥砂浆抗压强度符合设计要求,且不低于 30MPa。

(3)液体环氧涂料内防腐层表面应平整、光滑,无气泡、无划痕等,湿膜应无流淌现象。

知识点索引:《给水排水管道工程施工及验收规范》GB 50268－2008 第 5.10.3 条

关键词:钢管内防腐 主控项目

51. 给水排水钢管外防腐层质量检验主控项目有哪些要求?

答:(1)外防腐层材料(包括补口、修补材料)、结构等应符合国家相关标准的规定和设计要求;

(2)外防腐层厚度、电火花检漏、粘结力应符合规范规定。

知识点索引:《给水排水管道工程施工及验收规范》GB 50268－2008 第 5.10.4 条

关键词:钢管外防腐 主控项目

52. 给水排水球墨铸铁管接口质量检验主控项目有哪些要求?

答:(1)管节及管件的产品质量应符合规范规定。

(2)承插接口连接时,两管节中轴线应保持同心,承口、插口部位无破损、变形、开裂;插口推入深度应符合要求。

(3)法兰接口连接时,插口与承口法兰压盖的纵向轴线一致,连接螺栓终拧扭矩应符合设计或产品使用说明要求;接口连接后,连接部位及连接件应无变形、破损;

(4)橡胶圈安装位置应准确,不得扭曲、外露;沿圆周各点应与承口端面等距,其允许偏差应为±3mm。

知识点索引:《给水排水管道工程施工及验收规范》GB 50268－2008 第 5.10.6 条

关键词:球墨铸铁管 接口 主控项目

53. 给水排水钢筋混凝土管、预(自)应力混凝土管、预应力钢筒混凝土管接口质量检验主控项目有哪些要求?

答:(1)管及管件、橡胶圈的产品质量应符合规范规定。

(2)柔性接口的橡胶圈位置正确,无扭曲、外露现象;承口、插口无破损、开裂;双道橡胶圈的单口水压试验合格。

(3)刚性接口的强度符合设计要求,不得有开裂、空鼓、脱落现象。

知识点索引:《给水排水管道工程施工及验收规范》GB 50268－2008 第 5.10.7 条

关键词:刚性管道 接口质量

54. 给水排水化学建材管接口质量检验主控项目有哪些要求?

答:(1)管节及管件、橡胶圈等的产品质量应符合规范规定。

(2)承插、套筒式连接时,承口、插口部位及套筒连接紧密,无破损、变形、开裂等现象；插入后胶圈应位置正确，无扭曲等现象；双道橡胶圈的单口水压试验合格。

（3）聚乙烯管、聚丙烯管接口熔焊连接应符合规范规定。

（4）卡箍连接、法兰连接、钢塑过渡接头连接时，应连接件齐全、位置正确、安装牢固，连接部位无扭曲、变形。

知识点索引：《给水排水管道工程施工及验收规范》GB 50268-2008 第5.10.8条

关键词：化学建材管　接口质量

55. 给水排水管道铺设质量检验主控项目有哪些要求？

答：（1）管道埋设深度、轴线位置应符合设计要求，无压力管道严禁倒坡；

（2）刚性管道无结构贯通裂缝和明显缺损情况；

（3）柔性管道的管壁不得出现纵向隆起、环向扁平和其他变形情况；

（4）管道铺设安装必须稳固，管道安装后应线形平直。

知识点索引：《给水排水管道工程施工及验收规范》GB 50268-2008 第5.10.9条

关键词：管道铺设　主控项目

56. 给水排水管道采用不开槽施工，管道主体的主要施工方法有哪些？

答：顶管、盾构、浅埋暗挖、地表式水平定向钻及夯管等方法。

知识点索引：《给水排水管道工程施工及验收规范》GB 50268-2008 第6.1.1条

关键词：钢管不开槽施工　施工方法

57. 给水排水管道不开槽施工设备、装置，采用起重设备或垂直运输时应符合哪些规定？

答：（1）起重设备必须经过起重荷载计算。

（2）使用前应按有关规定进行检查验收，合格后方可使用。

（3）起重作业前应试吊，吊离地面100mm左右时，应检查重物捆扎情况和制动性能，确认安全后方可起吊；起吊时工作井内严禁站人，当吊运重物下井距作业面底部小于500mm时，操作人员方可近前工作。

（4）严禁超负荷使用。

（5）工作井上、下作业时必须有联络信号。

知识点索引：《给水排水管道工程施工及验收规范》GB 50268-2008 第6.1.9条

关键词：管道不开槽施工　设备运输

58. 给水排水顶管施工管节应符合哪些规定？

答：（1）管节的规格及其接口连接形式应符合设计要求。

（2）钢筋混凝土成品管质量应符合国家现行标准规定，管节及接口的抗渗性能应符合设计要求。

（3）钢管制作质量应符合规范规定和设计要求，且焊缝等级应不低于Ⅱ级；外防腐结构层满足设计要求，顶进时不得被土体磨损。

（4）双插口、钢承口钢筋混凝土管钢材部分制作与防腐应按钢管要求执行。

（5）玻璃钢管质量应符合国家有关标准的规定。

（6）橡胶圈应符合规范规定及设计要求，与管节粘附牢固、表面平顺。

（7）衬垫的厚度应根据管径大小和顶进情况选定。

知识点索引：《给水排水管道工程施工及验收规范》GB 50268—2008 第 6.1.10 条

关键词：顶管　管节

59. 给水排水不开槽管道采用水平定向法施工时，应符合哪些规定？

答：（1）钢管接口应焊接，聚乙烯管接口应熔接。

（2）钢管的焊缝等级应不低于Ⅱ级；钢管外防腐结构层及接口处的补口材质应满足设计要求，外防腐层不应被土体磨损或增设牺牲保护层。

（3）钻定向钻施工时，轴向最大回拖力和最小曲率半径的确定应满足管材力学性能要求，钢管的管径与壁厚之比不应大于100，聚乙烯管标准尺寸比宜为SDR11。

（4）夯管施工时，轴向最大锤击力的确定应满足管材力学性能要求，其管壁厚度应符合设计和施工要求；管节的圆度不应大于 0.005 管内径，管端面垂直度不应大于 0.001 管内径、且不大于 1.5mm。

知识点索引：《给水排水管道工程施工及验收规范》GB 50268—2008 第 6.1.13 条

关键词：不开槽施工　水平定向施工

60. 给水排水不开槽管道施工，工作井的位置应如何选择？

答：（1）宜选择在管道井室位置；

（2）便于排水、排泥、出土和运输；

（3）尽量避开现有构（建）筑物，减小施工扰动对周围环境的影响；

（4）顶管单向顶进时宜设在下游一侧。

知识点索引：《给水排水管道工程施工及验收规范》GB 50268—2008 第 6.2.1 条

关键词：不开槽施工　工作井位置

61. 给水排水不开槽管道施工，工作井施工应遵守哪些规定？

答：（1）编制专项施工方案。

（2）应根据工作井的尺寸、结构形式、环境条件等因素确定支护（撑）形式。

（3）土方开挖过程中，应遵循"开槽支撑、先撑后挖、分层开挖，严禁超挖"的原则进行开挖与支撑。

（4）井底应保证稳定和干燥，并应及时封底。

（5）井底封底前，应设置集水坑，坑上应设有盖；封闭集水坑时应进行抗浮验算。

（6）在地面井口周围应设置安全护栏、防汛墙和防雨设施。

（7）井内应设置便于上、下的安全通道。

知识点索引：《给水排水管道工程施工及验收规范》GB 50268—2008 第 6.2.3 条

关键词：不开槽施工　工作井施工

62. 给水排水不开槽管道施工，工作井洞口施工应符合哪些规定？

答：（1）留进、出洞口的位置应符合设计和施工方案的要求。

（2）洞口土层不稳定时，应对土体进行改良，进出洞施工前应检查改良后的土体强度和渗漏水情况。

（3）设置临时封门时，应考虑周围土层变形控制和施工安全等要求。封门应拆除方便，拆除时应减小对洞门土层的扰动。

（4）顶管或盾构施工的洞口应符合规范规定。

（5）浅埋暗挖施工的洞口影响范围的土层应进行预加固处理。

知识点索引：《给水排水管道工程施工及验收规范》GB 50268－2008 第 6.2.6 条

关键词：不开槽施工　工作井洞口

63. 给水排水不开槽管道施工时，千斤顶、油泵等主顶进装置应符合哪些规定？

答：（1）千斤顶宜固定在支架上，并与管道中心的垂线对称，其合力的作用点应在管道中心的垂线上；千斤顶对称布置且规格应相同。

（2）千斤顶的油路应并联，每台千斤顶应有进油、回油的控制系统；油泵应与千斤顶相匹配，并应有备用油泵；高压油管应顺直、转角少。

（3）千斤顶、油泵、换向阀及连接高压油管等安装完毕，应进行试运转；整个系统应满足耐压、无泄漏要求，千斤顶推进速度、行程和各千斤顶同步性应符合施工要求。

（4）初始顶进应缓慢进行，待各接触部位密合后，再按正常顶进速度顶进；顶进中若发现油压突然增高，应立即停止顶进，检查原因并经处理后方可继续顶进。

（5）千斤顶活塞退回时，油压不得过大，速度不得过快。

知识点索引：《给水排水管道工程施工及验收规范》GB 50268－2008 第 6.2.7 条第3点

关键词：不开槽施工　主顶进装置

64. 给水排水管道工程顶管施工应根据工程具体情况采用哪些技术措施？

答：（1）一次顶进距离大于 100m 时，应采用中继间技术。

（2）在砂砾层或卵石层顶管时，应采取管节外表面熔蜡措施、触变泥浆技术等减少顶进阻力和稳定周围土体。

（3）长距离顶管应采用激光定向等测量控制技术。

知识点索引：《给水排水管道工程施工及验收规范》GB 50268－2008 第 6.3.1 条

关键词：顶管施工　工程具体情况　技术措施

65. 给水排水顶管顶进前应检查哪些内容，确认条件具备时方可顶进？

答：（1）全部设备经过检查、试运转；

（2）顶管机在导轨上的中心线、坡度和高程应符合要求；

（3）防止流动性土或地下水由洞口进入工作井的技术措施；

（4）拆除洞口封门的准备措施。

知识点索引：《给水排水管道工程施工及验收规范》GB 50268－2008 第 6.3.5 条

关键词：顶管　顶进前

66. 给水排水顶管进、出工作井应符合哪些规定?

答：（1）应保证顶管进、出工作井和顶进过程中洞圈周围的土体稳定。

（2）应考虑顶管机的切削能力。

（3）洞口周围土体含地下水时，若条件允许可采取降水措施，或采取注浆等措施加固土体以封堵地下水；在拆除封门时，顶管机外壁与工作井洞圈之间应设置洞口止水装置，防止顶进施工时泥水渗入工作井。

（4）工作井洞口封门拆除应符合规范规定。

（5）拆除封门后，顶管机应连续顶进，直至洞口及止水装置发挥作用为止。

（6）在工作井洞口范围可预埋注浆管，管道进入土体之前可预先注浆。

知识点索引：《给水排水管道工程施工及验收规范》GB 50268-2008 第 6.3.6 条

关键词：顶管　进出工作井

67. 给水排水顶管顶进作业应符合哪些规定?

答：（1）设计顶力严禁超过管材允许顶力。

（2）第一个中继间的设计顶力，应保证其允许最大顶力能克服前方管道的外壁摩擦阻力及顶管机的迎面阻力之和；而后续中继间设计顶力应克服两个中继间之间的管道外壁摩擦阻力。

（3）确定中继间位置时，应留有足够的顶力安全系数，第一个中继间位置应根据经验确定并提前安装，同时考虑正面阻力反弹，防止地面沉降。

（4）中继间密封装置宜采用径向可调形式，密封配合面的加工精度和密封材料的质量应满足要求。

（5）超深、超长距离顶管工程，中继间应具有可更换密封止水圈的功能。

知识点索引：《给水排水管道工程施工及验收规范》GB 50268-2008 第 6.3.9 条

关键词：顶管　顶进作业　规定

68. 给水排水顶管触变泥浆应搅拌均匀，并具备哪些性能?

答：（1）在输送和注浆过程中应呈胶状液体，具有相应的流动性；

（2）注浆后经一定的静置时间应呈胶凝状，具有一定的固结强度；

（3）管道顶进时，触变泥浆被扰动后胶凝结构破坏，但应呈胶状液体；

（4）触变泥浆材料对环境无危害。

知识点索引：《给水排水管道工程施工及验收规范》GB 50268-2008 第 6.3.11 条

关键词：顶管　触变泥浆性能

69. 给水排水顶管注浆工艺的原则是什么?

答：应遵循"同步注浆与补浆相结合"和"先注后顶、随顶随注、及时补浆"的原则，制定合理的注浆工艺。

知识点索引：《给水排水管道工程施工及验收规范》GB 50268-2008 第 6.3.11~6 条

关键词：顶管注浆　原则

70. 给水排水顶管触变泥浆注浆系统应符合哪些规定？

答：（1）制浆装置容积应满足形成泥浆套的需要。

（2）注浆泵宜选用液压泵、活塞泵或螺杆泵。

（3）注浆管应根据顶管长度和注浆孔位置设置，管接头拆卸方便、密封可靠。

（4）注浆孔的布置按管道直径大小确定，每个断面可设置3个～5个；相邻断面上的注浆孔可平行布置或交错布置；每个注浆孔宜安装球阀，在顶管机尾部和其他适当位置的注浆孔管道上应设置压力表。

（5）注浆前，应检查注浆装置水密性；注浆时压力应逐步升至控制压力；注浆遇有机械故障、管路堵塞、接头渗漏等情况时，经处理后方可继续顶进。

知识点索引：《给水排水管道工程施工及验收规范》GB 50268－2008 第6.3.12条

关键词：顶管触变泥浆系统

71. 给水排水顶管顶进应连续作业，顶进过程遇哪些情况应暂停顶进、及时处理？

答：（1）顶管机前方遇到障碍；

（2）后背墙变形严重；

（3）顶铁发生扭曲现象；

（4）管位偏差过大且纠偏无效；

（5）顶力超过管材的允许顶力；

（6）油泵、油路发生异常现象；

（7）管节接缝、中继间渗漏泥水、泥浆；

（8）地层、邻近建（构）筑物、管线等周围环境的变形量超出控制允许值。

知识点索引：《给水排水管道工程施工及验收规范》GB 50268－2008 第6.3.14条

关键词：顶管　暂停及处理

72. 给水排水顶管管道贯通后，工作井中的管端应如何处理？

答：（1）进入接收工作井的顶管机和管端下部应设枕垫；

（2）管道两端露在工作井中的长度不小于0.5m，且不得有接口；

（3）工作井中露出的混凝土管道端部应及时浇筑混凝土基础。

知识点索引：《给水排水管道工程施工及验收规范》GB 50268－2008 第6.3.16－1条

关键词：工作井　管端处理

73. 给水排水顶管结束后进行触变泥浆置换时，应采取哪些措施？

答：（1）采用水泥砂浆、粉煤灰水泥砂浆等易于固结或稳定性较好的浆液置换泥浆填充管外侧超挖、塌落等原因造成的空隙；

（2）拆除注浆管路后，将管道上的注浆孔封闭严密；

（3）将全部注浆设备清洗干净。

知识点索引：《给水排水管道工程施工及验收规范》GB 50268－2008 第6.3.16-2条

关键词：顶管 触变泥浆置换

74. 给水排水顶管曲线顶进时应符合哪些规定？

答：（1）采用触变泥浆技术措施，并检查验证泥浆套形成情况。

（2）根据顶进阻力计算中继间的数量和位置；并考虑轴向顶力、轴线调整的需要，缩短第一个中继间与顶管机以及后续中继间之间的间距。

（3）顶进初始时，应保持一定长度的直线段，然后逐渐过渡到曲线段。

（4）曲线段前几节管接口处可预埋钢板、预设拉杆，以备控制和保持接口张开量；对于软土层或曲率半径较小的顶管，可在顶管机后续管节的每个接口间隙位置，预设间隙调整器，形成整体弯曲弧度导向管段。

（5）采用敞口式（手掘进）顶管机时，在弯曲轴线内侧可进行超挖；超挖量的大小应考虑弯曲段的曲率半径、管径、管长度等因素，满足地层变形控制和设计要求，并应经现场试验确定。

知识点索引：《给水排水管道工程施工及验收规范》GB 50268－2008 第 6.3.17-4 条

关键词：顶管 曲线顶进

75. 给水排水管道顶管垂直顶升完成后应做好哪些工作？

答：（1）做好与水平开口管节顶升口的接口处理，确保底座管节与水平管连接强度可靠；

（2）立管进行防腐和阴极保护施工；

（3）管道内应清洁干净，无杂物。

知识点索引：《给水排水管道工程施工及验收规范》GB 50268－2008 第 6.3.18-6 条

关键词：顶管垂直顶升 完成后工作

76. 给水排水管道盾构掘进施工中遇到哪些情况应停止掘进，查明原因并采取有效措施？

答（1）盾构位置偏离设计轴线过大；

（2）管片严重碎裂和渗漏水；

（3）盾构前方开挖面发生坍塌或地表隆沉严重；

（4）遭遇地下不明障碍物或意外的地质变化；

（5）盾构旋转角度过大，影响正常施工；

（6）盾构扭矩或顶力异常。

知识点索引：《给水排水管道工程施工及验收规范》GB 50268－2008 第 6.4.7 条

关键词：盾构掘进 停止掘进 采取措施

77. 给水排水管道盾构法施工及环境保护的监测内容应包括哪些？

答：地表隆沉、管道轴线监测，以及地下管道保护、地面建（构）筑物变形的量测等。有特殊要求时还应进行管道结构内力、分层土体变位、孔隙水压力的测量。施工监测情况应及时反馈，并指导施工。

知识点索引：《给水排水管道工程施工及验收规范》GB 50268-2008 第 6.4.10 条

关键词：盾构法施工　环境保护　监测内容

78. 给水排水工程采用浅埋暗挖时，超前小导管加固土层应符合哪些规定？

答：（1）宜采用顺直，长度 3m～4m，直径 40mm～50mm 的钢管；

（2）沿拱部轮廓线外侧设置，间距、孔位、孔深、孔径符合设计要求；

（3）小导管的后端应支承在已设置的钢格栅上，其前端应嵌固在土层中，前后两排小导管的重叠长度不应小于 1m；

（4）小导管外插角不应大于 15°。

知识点索引：《给水排水管道工程施工及验收规范》GB 50268-2008 第 6.5.3 条

关键词：浅埋暗挖　超前小导管　土层加固

79. 给水排水工程采用浅埋暗挖时，钢筋锚杆加固土层应符合哪些规定？

答：（1）稳定洞体时采用的锚杆类型、锚杆间距、锚杆长度及排列方式，应符合施工方案的要求；

（2）锚杆孔距允许偏差：普通锚杆±100mm；预应力锚杆±200mm；

（3）灌浆锚杆孔内应砂浆饱满，砂浆配比及强度符合设计要求；

（4）锚杆安装经验收合格后，应及时填写记录；

（5）锚杆试验要求：同批每 100 根为一组，每组 3 根，同批试件抗拔力平均值不得小于设计锚固力值。

知识点索引：《给水排水管道工程施工及验收规范》GB 50268-2008 第 6.5.3 条

关键词：浅埋暗挖　钢筋锚杆加固

80. 给水排水工程采用定向钻施工时，设备、人员应符合哪些要求？

答：（1）设备应安装牢固、稳定，钻机导轨与水平面的夹角符合入土角要求；

（2）钻机系统、动力系统、泥浆系统等调试合格；

（3）导向控制系统安装正确，校核合格，信号稳定；

（4）钻进、导向探测系统的操作人员经培训合格。

知识点索引：《给水排水管道工程施工及验收规范》GB 50268-2008 第 6.6.2-1 条

关键词：定向钻　设备人员要求

81. 给水排水工程采用定向钻施工时，导向孔钻进应符合哪些规定？

答：（1）钻机必须先进行试运转，确定各部分运转正常后方可钻进。

（2）第一根钻杆入土钻进时，应采取轻压慢转的方式，稳定钻进导入位置和保证入土角；且入土段和出土段应为直线钻进，其直线长度宜控制在 20m 左右。

（3）钻孔时应匀速钻进，并严格控制钻进给进力和钻进方向。

（4）每进一根钻杆应进行钻进距离、深度、侧向位移等的导向探测，曲线段和有相邻管线段应加密探测。

（5）保持钻头正确姿态，发生偏差应及时纠正，且采用小角度逐步纠偏；钻孔的轨迹偏差不得大于终孔直径，超出误差允许范围宜退回进行纠偏。

（6）绘制钻孔轨迹平面、剖面图。

知识点索引：《给水排水管道工程施工及验收规范》GB 50268－2008 第 6.6.4 条

关键词：定向钻施工　导向孔

82. 给水排水工程采用定向钻施工时，扩孔应符合哪些规定？

答：（1）从出土点向入土点回扩，扩孔器与钻杆连接应牢固。

（2）根据管径、管道曲率半径、地层条件、扩孔器类型等确定一次或分次扩孔方式；分次扩孔时每次回扩的级差宜控制在 100mm～150mm，终孔孔径宜控制在回拖管节外径的 1.2 倍～1.5 倍。

（3）严格控制回拉力、转速、泥浆流量等技术参数，确保成孔稳定和线形要求，无坍孔、缩孔等现象。

（4）扩孔孔径达到终孔要求后应及时进行回拖管道施工。

知识点索引：《给水排水管道工程施工及验收规范》GB 50268－2008 第 6.6.4 条

关键词：定向钻施工　扩孔

83. 给水排水工程采用定向钻施工时，回拖应符合哪些规定？

答：（1）从出土点向入土点回拖；

（2）回拖管段的质量、拖拉装置安装及其与管段连接等经检验合格后，方可进行拖管；

（3）严格控制钻机回拖力、扭矩、泥浆流量、回拖速率等技术参数，严禁硬拉硬拖；

（4）回拖过程中应有发送装置，避免管段与地面直接接触和减小摩擦力；发送装置可采用水力发送沟、滚筒管架发送道等形式，并确保进入地层前的管段曲率半径在允许范围内。

知识点索引：《给水排水管道工程施工及验收规范》GB 50268－2008 第 6.6.4 条

关键词：定向钻施工　回拖

84. 给水排水工程定向钻和夯管施工管道贯通后应做好哪些工作？

答：（1）检查露出管节的外观、管节外防腐层的损伤情况；

（2）工作井洞口与管外壁之间进行封闭、防渗处理；

（3）定向钻管道轴向伸长量经校测应符合管材性能要求，并应等待 24h 后方能与已敷设的上下游管道连接；

（4）定向钻施工的无压力管道，应对管道周围的钻进泥浆（液）进行置换改良，减少管道后期沉降量；

（5）夯管施工管道应进行贯通测量和检查，并按规范规定和设计要求进行内防腐施工。

知识点索引：《给水排水管道工程施工及验收规范》GB 50268－2008 第 6.6.6 条

关键词：定向钻和夯管施工　贯通工作

85. 给水排水工程定向钻和夯管施工施工过程监测和保护应符合哪些规定？

答：（1）定向钻的入土点、出土点以及夯管的起始、接收工作设有专人联系和有效的联系方式。

（2）定向钻施工时，应做好待回拖管段的检查、保护工作。

（3）根据地质条件、周围环境、施工方式等，对沿线地面、建（构）筑物、管线等进行监测，并做好保护工作。

知识点索引：《给水排水管道工程施工及验收规范》GB 50268－2008 第 6.6.7 条

关键词：定向钻和夯管施工　监测和保护

86. 浅埋暗挖管道的防水层主控项目有哪些要求？

答：每批的防水层及衬垫材料品种、规格必须符合设计要求。

知识点索引：《给水排水管道工程施工及验收规范》GB 50268－2008 第 6.7.10 条

关键词：浅埋暗挖管道　防水层　主控项目

87. 沉管和桥管工程，组对拼装后管道（段）预水压试验有何要求？

答：组对拼装后管道（段）预水压试验应按设计要求进行，设计无要求时，试验压力应为工作压力的 2 倍，且不得小于 1.0MPa，试验压力达到规定值后保持恒压 10min，不得有降压和渗水现象。

知识点索引：《给水排水管道工程施工及验收规范》GB 50268－2008 第 7.1.7-7 条

关键词：沉管和桥管　预水压试验

88. 沉管和桥管工程的管道功能性试验应符合哪些规定？

答：（1）给水管道宜单独进行水压试验，并应符合规范规定；

（2）超过 1km 的管道，可不分段进行整体水压试验；

（3）大口径钢筋混凝土沉管，也可按规范规定进行无压管道渗水量测与评定。

知识点索引：《给水排水管道工程施工及验收规范》GB 50268－2008 第 7.1.11 条

关键词：沉管和桥管　功能性试验

89. 给水排水工程沉管施工中，水面浮运法可采取哪些措施？

答：（1）整体组对拼装、整体浮运、整体沉放；

（2）分段组对拼装、分段浮运，管间接口在水上连接后整体沉放；

（3）分段组对拼装、分段浮运，沉放后管段间接口在水下连接。

知识点索引：《给水排水管道工程施工及验收规范》GB 50268－2008 第 7.2.2-1 条

关键词：沉管　水面浮运

90. 给水排水工程沉管管基处理应符合哪些规定？

答：（1）管道及管道接口的基础，所用材料和结构形式应符合设计要求，投料位置应准确；

（2）基槽宜设置基础高程标志，整平时可由潜水员或专用刮平装置进行水下粗平和细平；

（3）管基顶面高程和宽度应符合设计要求；

（4）采用管座、桩基时，施工应符合国家相关标准、规范的规定，管座、基础桩位置和顶面高程应符合设计和施工要求。

知识点索引：《给水排水管道工程施工及验收规范》GB 50268－2008 第7.2.5 条

关键词：沉管　管基处理

91. 给水排水工程采用沉管施工，水面浮运至沉放位置时，在沉放前应做好哪些准备工作？

答：（1）管道（段）沉放定位标志已按规定设置；

（2）基槽浚挖及管基处理经检查符合要求；

（3）管道（段）和工作船缆绳绑扎牢固，船只锚泊稳定；起重设备布置及安装完毕，试运转良好；

（4）灌水设备及排气阀门齐全完好；

（5）采用压重助沉时，压重装置应安装准确、稳固；

（6）潜水员装备完毕，做好下水准备。

知识点索引：《给水排水管道工程施工及验收规范》GB 50268－2008 第7.2.6-2 条

关键词：沉管　准备工作

92. 给水排水工程沉管采用水面浮运法施工，管道沉放时应符合哪些规定？

答：（1）测量定位准确，并在沉放中经常校测；

（2）管道（段）充水时同时排气，充水应缓慢、适量，并应保证排气通畅；

（3）应控制沉放速度，确保管道（段）整体均匀、缓慢下沉；

（4）两端起重设备在吊装时应保持管道（段）水平，并同步沉放于基槽底，管道（段）稳固后，再撤走起重设备；

（5）及时做好管道（段）沉放记录。

知识点索引：《给水排水管道工程施工及验收规范》GB 50268－2008 第7.2.6-3 条

关键词：沉管　沉放规定

93. 给水排水工程管道穿过井壁施工有哪些要求？

答：（1）混凝土类管道、金属类无压管道，其管外壁与砌筑井壁洞圈之间为刚性连接时水泥砂浆应坐浆饱满、密实；

（2）金属类压力管道，井壁洞圈应预设套管，管道外壁与套管的间隙应四周均匀一致，其间隙宜采用柔性或半柔性材料填嵌密实；

（3）化学建材管道宜采用中介层法与井壁洞圈连接；

（4）对于现浇混凝土结构井室，井壁洞圈应振捣密实；

（5）排水管道接入检查井时，管口外缘与井内壁平齐；接入管径大于300mm时，对于砌筑结构井室应砌砖圈加固。

知识点索引：《给水排水管道工程施工及验收规范》GB 50268－2008 第8.2.2 条

关键词：管道　穿井要求

94. 给水排水工程预制装配式结构的井室施工应符合哪些规定？

答：（1）预制构件及其配件经检验符合设计和安装要求；

（2）预制构件装配位置和尺寸正确，安装牢固；

（3）采用水泥砂浆接缝时，企口坐浆与竖缝灌浆应饱满，装配后的接缝砂浆凝结硬化期间应加强养护，并不得受外力碰撞或震动；

（4）设有橡胶密封圈时，胶圈应安装稳固，止水严密可靠；

（5）设有预留短管的预制构件，其与管道的连接应按本规范规定执行；

（6）底板与井室、井室与盖板之间的拼缝，水泥砂浆应填塞严密，抹角光滑平整。

知识点索引：《给水排水管道工程施工及验收规范》GB 50268－2008 第 8.2.4 条

关键词：装配式井室施工

95. 给水排水工程现浇钢筋混凝土结构的井室施工应符合哪些规定？

答：（1）浇筑前，钢筋、模板工程经检验合格，混凝土配合比满足设计要求；

（2）振捣密实，无漏振、走模、漏浆等现象；

（3）及时进行养护，强度等级达设计要求不得受力；

（4）浇筑时应同时安装踏步，踏步安装后在混凝土未达到规定抗压强度前不得踩踏。

知识点索引：《给水排水管道工程施工及验收规范》GB 50268－2008 第 8.2.5 条

关键词：钢筋混凝土结构井室

96. 给水排水工程检查井井室内部处理应符合哪些规定？

答：（1）预留孔、预埋件应符合设计和管道施工工艺要求；

（2）排水检查井的流槽表面应平顺、圆滑、光洁，并与上下游管道底部接顺；

（3）透气井及排水落水井、跌水井的工艺尺寸应按设计要求进行施工；

（4）阀门井的井底距承口或法兰盘下缘以及井壁与承口或法兰盘外缘应留有安装作业空间，其尺寸应符合设计要求；

（5）不开槽法施工的管道，工作井作为管道井室使用时，其洞口处理及井内布置应符合设计要求。

知识点索引：《给水排水管道工程施工及验收规范》GB 50268－2008 第 8.2.8 条

关键词：井室内部处理

97. 给水排水工程雨水口基础施工应符合哪些规定？

答：（1）开挖雨水口槽及雨水管支管槽，每侧宜留出 300mm～500mm 的施工宽度；

（2）槽底应夯实并及时浇筑混凝土基础；

（3）采用预制雨水口时，基础顶面宜铺设 20mm～30mm 厚的砂垫层。

知识点索引：《给水排水管道工程施工及验收规范》GB 50268－2008 第 8.4.2 条

关键词：雨水口基础施工

98. 给水排水工程雨水口砌筑应符合哪些规定？

答：（1）管端面在雨水口内的露出长度，不得大于 20mm，管端面应完整无破损；

（2）砌筑时，灰浆应饱满，随砌、随勾缝，抹面应压实；

（3）雨水口底部应用水泥砂浆抹出雨水口泛水坡；

（4）砌筑完成后雨水口内应保持清洁，及时加盖，保证安全。

知识点索引：《给水排水管道工程施工及验收规范》GB 50268－2008 第 8.4.3 条

关键词：雨水口砌筑

99. 给水排水管道采用两种（或两种以上）管材时试验应符合哪些规定？

答：管道采用两种（或两种以上）管材时，宜按不同管材分别进行试验；不具备分别试验的条件必须组合试验，且设计无具体要求时，应采用不同管材的管段中试验控制最严的标准进行试验。

知识点索引：《给水排水管道工程施工及验收规范》GB 50268－2008 第 9.1.8 条

关键词：管道 两种（或两种以上）管材 试验 符合规定

100. 给水管道和雨污水管道必须符合哪些规定才能投入运行？

答：（1）给水管道必须水压试验合格，并网运行前进行冲洗与消毒，经检验水质达到标准后，方可允许并网通水投入运行；

（2）污水、雨污水合流管道及湿陷土、膨胀土、流砂地区的雨水管道，必须经严密性试验合格后方可投入运行。

知识点索引：《给水排水管道工程施工及验收规范》GB 50268－2008 第 9.1.10 和 9.1.11 条

关键词：给水管道 雨污水管道 符合规定 投入运行

101. 给水排水工程压力管水压试验前准备工作应符合哪些规定？

答：（1）试验管段所有敞口应封闭，不得有渗漏水现象；

（2）试验管段不得用闸阀做堵板，不得含有消火栓、水锤消除器、安全阀等附件；

（3）水压试验前应清除管道内的杂物。

知识点索引：《给水排水管道工程施工及验收规范》GB 50268－2008 第 9.2.8 条

关键词：压力管道水压试验

102. 给水排水工程无压管道闭水试验应符合哪些规定？

答：（1）试验段上游设计水头不超过管顶内壁时，试验水头应以试验段上游管顶内壁加 2m 计；

（2）试验段上游设计水头超过管顶内壁时，试验水头应以试验段上游设计水头加 2m 计；

（3）计算出的试验水头小于 10m，但已超过上游检查井井口时，试验水头应以上游检查井井口高度为准；

（4）管道闭水试验浸泡时间和实测渗水量应满足规范要求。

知识点索引：《给水排水管道工程施工及验收规范》GB 50268－2008 第 9.3.4 条

关键词：无压管道闭水试验

103. 给水管道冲洗和消毒应符合哪些规定？

答：（1）给水管道严禁取用污染水源进行水压试验、冲洗，施工管段处于污染水水域较近时，必须严格控制污染水进入管道；如不慎污染管道，应由水质检测部门对管道污染水进行化验，并按其要求在管道并网运行前进行冲洗与消毒；

（2）管道冲洗与消毒应编制实施方案；

（3）施工单位应在建设单位、管理单位的配合下进行冲洗与消毒；

（4）冲洗时，应避开用水高峰，冲洗流速不小于 1.0m/s，连续冲洗。

知识点索引：《给水排水管道工程施工及验收规范》GB 50268－2008 第 9.5.1 条

关键词：给水管道　冲洗和消毒　符合规定

二、《工业设备及管道绝热工程施工质量验收标准》GB/T 50185－2019

1. 工业设备及管道绝热工程施工质量验收检验批如何划分？

答：检验批应根据工程特点、施工及质量控制和专业验收的需要，按设备的台（套）、管道的介质、压力等级和工程量进行划分。设备可按单台划分为一个检验批，管道可按介质、压力等级并视工程量大小划分为一个或若干个检验批。

知识点索引：《工业设备及管道绝热工程施工质量验收标准》GB/T 50185－2019 第3.1.2 条

关键词：绝热工程　检验批

2. 工业设备及管道绝热工程施工质量验收分项工程如何划分？

答：分项工程可由一个或若干个检验批组成。分项工程的划分，设备应以相同工作介质按台（套）进行划分，管道应按相同的工作介质进行划分。

知识点索引：《工业设备及管道绝热工程施工质量验收标准》GB/T 50185－2019 第3.1.3 条

关键词：绝热工程　分项工程

3. 工业设备及管道绝热层、防潮层、保护层的安装尺寸检查数量应符合哪些规定？

答：（1）当设备面积为每 50m² 或不足 50m²，管道长度为每 50m 或不足 50m 时，均应抽查 3 处，每处检查布点不应少于 3 个；对允许偏差项目的检查，每检查处应取检查布点的平均值；当同一设备的面积超过 500m²，或同一管道的长度超过 500m 时，取样检查处的间距可增大 50%～100%。

（2）可拆卸式绝热结构的检查数量为每 50 个或不足 50 个时，均应抽查 3 个。

（3）当质量检查中有 1 处不合格时，应在不合格处附近加倍取点复查，仍有 1 处不合格时，应认定该处为不合格。

知识点索引：《工业设备及管道绝热工程施工质量验收标准》GB/T 50185－2019 第3.4.2 条

关键词：绝热层　检查　规定

4. 工业设备及管道绝热层、防潮层及保护层材料的包装、保管和运输存放应符合哪些规定？

答：（1）绝热材料及其制品不得挤压和抛掷；

（2）应按材质分类存放在仓库或棚库内；

（3）根据材料品种应分别设置防潮、防水、防冻、防变形和防火等设施；

（4）软质及半硬质绝热材料的堆放高度不应超过2m。

知识点索引：《工业设备及管道绝热工程施工质量验收标准》GB/T 50185－2019 第 4.2.9 条

关键词：绝热层　存放　规定

5. 工业设备及管道绝热结构固定件和支承件的施工质量验收主控项目有哪些要求？

答：（1）固定件及支承件的材质、品种和规格应符合设计要求；

（2）固定件不得穿透保冷层；

（3）设备及管道经热处理后的部位不应焊接固定件和支承件；

（4）固定件和支承件的位置应避开设备及管道的焊缝、法兰和阀门；

（5）当采用碳钢制作的固定件或支承件在不锈钢设备及管道上焊接时，应加焊不锈钢垫板；

（6）当绝热层使用抱箍式支承件时，宜设置隔垫。

知识点索引：《工业设备及管道绝热工程施工质量验收标准》GB/T 50185－2019 第 5.0.2-7 条

关键词：绝热结构　施工质量　主控项目

6. 工业设备及管道固定件安装应符合设计要求，当设计无要求时，应符合哪些规定？

答：（1）绝热层材料为保温层硬质、半硬质及软质制品时：每平方米侧部不宜少于6个，底部不宜少于9个；间距：硬质宜为300mm～600mm，软质不宜大于350mm，且每块保温材料不宜少于2个固定件。

（2）绝热层材料为保冷层硬质、半硬质制品时：每块保冷材料固定件宜为4个，长度应小于保冷层厚度10mm，且不得小于20mm。

知识点索引：《工业设备及管道绝热工程施工质量验收标准》GB/T 50185－2019 第 5.0.8 条。

关键词：固定件　安装　规定

7. 工业设备及管道支承件的安装应符合设计要求，当设计无要求时，应符合哪些规定？

答：（1）绝热层材料为保温层硬质、半硬质及软质制品时：立式设备及立管，平壁间距宜为1.5m～2.0m，圆筒在介质温度大于或等于350℃时，间距宜为2.0m～3.0m，在介质温度小于350℃时，间距宜为3.0m～5.0m；支承件的宽度与结构应符合设计规定。

（2）绝热层材料为保冷层硬质、半硬质制品时：立式设备及立管，平壁和圆筒间距均不得大于5.0m；支承件的宽度与结构应符合设计规定。

（3）绝热层材料为软质（毯、毡）绝热制品时：水平位置，保护层支撑环安装间距宜为0.5m～1.0m；结构应符合设计规定。

知识点索引：《工业设备及管道绝热工程施工质量验收标准》GB/T 50185－2019第5.0.9条

关键词：支承件　安装　规定

8. 工业设备及管道绝热层厚度分层和绝热层拼缝等的施工质量验收主控项目有哪些要求？

答：（1）当采用一种绝热制品，绝热层厚度大于80mm时，绝热层施工应分层错缝进行，各层的厚度应接近。

（2）当采用两种及以上绝热材料复合结构时，每种材料的厚度及安装顺序应符合设计要求；当绝热层采用复合材料时，安装方向应符合设计要求。

（3）当采用软质或半硬质可压缩性的绝热制品时，安装厚度应符合设计要求。

（4）硬质或半硬质制品绝热层保温层拼缝宽度不得大于5mm，保冷层拼缝宽度不得大2mm；同层应错缝，上、下层应压缝，搭接长度宜大于100mm。

（5）设备及管道附件的保冷应符合设计要求，并应结构合理、安装牢固、拼缝严密、平整美观，且厚度应符合设计要求。

知识点索引：《工业设备及管道绝热工程施工质量验收标准》GB/T 50185－2019第6.1.2-6条

关键词：绝热层　厚度　拼缝　主控项目

9. 工业设备及管道绝热层厚度分层和绝热层拼缝等的施工质量验收一般项目有哪些要求？

答：（1）绝热层拼缝当使用硬质或半硬质材料时，角缝应为封盖式搭缝；当使用软质材料时，角部应进行覆盖；各层表面应做严缝处理；拼缝应规则，错缝应整齐，表面应平整。

（2）设备及管道的附件和管道端部或有盲板部位的保温应符合设计要求，并应结构合理、安装牢固、拼缝严密和平整完好。

（3）施工后的绝热层不得覆盖设备铭牌。

（4）施工后的绝热层不得影响管道膨胀和管道膨胀指示装置的安装。

（5）有防潮层结构的绝热层应接缝严密，表面应干净、干燥和平整，并应无突角、凹坑等现象。

知识点索引：《工业设备及管道绝热工程施工质量验收标准》GB/T 50185－2019第6.1.7-11条

关键词：绝热层　厚度　拼缝　一般项目

10. 工业设备及管道硬质绝热制品绝热层伸缩缝和膨胀间隙的质量验收应符合哪些规定？

答：（1）两固定管架间的水平管道绝热层至少应留设一道；

（2）在立式设备或垂直管道的支承件和法兰下面应留设；

（3）根据两弯头之间间距在两端直管段上可各留设一道；

（4）保冷层伸缩缝外面应再进行保冷补偿；

（5）各层伸缩缝应错开，错开距离宜大于 100mm。

知识点索引：《工业设备及管道绝热工程施工质量验收标准》GB/T 50185－2019 第 6.2.7 条

关键词：绝热层伸缩缝　质量验收　规定

11. 工业设备及管道绝热层采用硬质、半硬质或软质制品进行捆扎法施工的质量验收应符合哪些规定？

答：（1）绝热层应捆扎牢固，铁丝头应扳平嵌入绝热层内；硬质绝热制品捆扎间距不应大于 400mm，半硬质绝热制品捆扎间距不应大于 300mm；软质绝热制品捆扎间距宜为 200mm，捆扎件距绝热制品端部宜为 50mm；间距应均匀，外观应平整；每块绝热制品上的捆扎件不得少于 2 道，不得螺旋式缠绕捆扎。

（2）当设备封头、管道弯头部位的绝热层采用硬质、半硬质绝热制品时，加工尺寸应准确、紧贴工件，表面应平整、密实，拼缝应均匀、严密，并应无碎块填砌。

知识点索引：《工业设备及管道绝热工程施工质量验收标准》GB/T 50185－2019 第 6.2.11 条

关键词：绝热层　捆扎法　质量验收

12. 工业设备及管道绝热层采用粘贴法施工的质量验收应符合哪些规定？

答：（1）当设备封头、异型件和管道弯头等部位进行绝热层粘贴时，绝热制品加工面应平整、尺寸正确、拼缝规整，应与工件粘贴牢固、平顺美观。

（2）设备及管道的绝热层采用软质、半硬质制品粘贴时应粘贴牢固，并应拼缝规整严密，缝内粘结剂饱满，表面平整美观。

（3）绝热层应粘贴牢固，无断裂现象；粘结剂涂抹部位应准确均匀，无漏涂。

知识点索引：《工业设备及管道绝热工程施工质量验收标准》GB/T 50185－2019 第 6.2.15 条

关键词：绝热层　粘贴法　质量验收

13. 工业设备及管道上观察孔、检测点和维修处等可拆卸式绝热层的质量验收应符合哪些规定？

答：（1）设备或管道在法兰绝热断开处的绝热结构应留出螺栓的拆卸距离；设备法兰的两侧应留 3 倍螺母厚度的距离；管道法兰螺母一侧留 3 倍螺母厚度的距离，另一侧应留出螺栓长度加 25mm 的距离。

（2）可拆卸式保温层采用软质制品敷设时，装设应平整、严密、牢固，应紧贴工件和护壳，并应外形平顺美观，工件操作方便，便于安装拆卸。

（3）可拆卸式保冷层内衬应平整、合缝严密、尺寸准确和紧贴工件，密封处理应良好，外形应平顺美观，工件应操作方便，便于安装拆卸。

知识点索引：《工业设备及管道绝热工程施工质量验收标准》GB/T 50185－2019 第6.2.17 条

关键词：可拆卸式　质量验收

14. 工业设备及管道绝热层采用高分子发泡材料、轻质粒状材料或纤维状材料进行浇注、喷涂法施工的质量验收的主控项目及一般项目有哪些？

答：（1）主控项目有：

a. 浇注、喷涂绝热层施工材料的配合比和配制应符合设计要求和产品使用说明书的规定；

b. 预制成型管中管结构施工完毕后，补口处的绝热层应整体严密；

c. 大面积喷涂宜分层、分段、分片进行，处应结合良好，喷涂层应均匀。

（2）一般项目有：

a. 高分子发泡材料进行浇注、喷涂的基面应干净，绝热层与工件应粘贴牢固，并应无脱落、发脆、收缩、发软和泡沫中心发红等现象，表面宜平整；

b. 轻质粒料浇注、喷涂的绝热层厚度应符合设计要求，表面应无蜂窝、空洞、明显收缩、开裂和脱落等现象，接茬处应良好，粘贴应牢固，棱角部位应完整美观。

知识点索引：《工业设备及管道绝热工程施工质量验收标准》GB/T 50185－2019 第6.3.2 条、第 6.3.3 条

关键词：喷涂法　验收　一般项目

15. 工业设备及管道工程胶泥类防潮层中胶泥的施工质量应符合哪些规定？

答：（1）胶泥与绝热层外表面应结合紧密，无虚粘；涂抹应均匀一致，无漏涂。

（2）胶泥与纤维布、塑料网格布等加强布应粘贴密实、无漏涂。

（3）涂抹后的胶泥表层应平整，并应无脱层、流挂、空鼓和褶皱等缺陷。

知识点索引：《工业设备及管道绝热工程施工质量验收标准》GB/T 50185－2019 第7.0.6 条

关键词：防潮层　胶泥　施工质量

16. 工业设备及管道工程胶泥类防潮层中纤维布或塑料网格布等加强布的施工质量应符合哪些规定？

答：（1）加强布缠绕应紧密、无皱折和起鼓，搭接应均匀。

（2）加强布的环向和纵向搭接尺寸不应小于 50mm，接口搭接尺寸不应小于 100mm，接头应牢固。

（3）加强布与胶泥之间应粘贴紧密，网格内应布满复合胶泥涂料，并应无漏涂。

知识点索引：《工业设备及管道绝热工程施工质量验收标准》GB/T 50185－2019 第7.0.7 条

关键词：加强布　施工质量　规定

17. 工业设备及管道工程成型卷材类防潮层的施工质量应符合哪些规定？

答：（1）防潮层搭接和压接应均匀，松紧应适度，并应无皱折、起鼓和翻边现象。

　　（2）防潮层环向和纵向接缝搭接尺寸不应小于 50mm，接口搭接尺寸不应小于 100mm。

　　（3）成型卷材类防潮层采用缠绕法施工时，宜反向缠绕，当同向缠绕时，上下层应压缝，压缝尺寸不应小于 50mm，且应压接均匀。

　　（4）成型卷材类防潮层采用搭接法施工时，搭接缝应顺水压缝；多层施工时上、下层应盖缝，盖缝尺寸不应小于 50mm，且应压接均匀。

　　（5）防潮层的端部、接头及尾部应固定牢固、稳定；自粘型防潮层的环纵缝及搭接缝处应无虚粘、翘口、脱层和开裂等缺陷。

　　知识点索引：《工业设备及管道绝热工程施工质量验收标准》GB/T 50185－2019 第 7.0.8 条

　　关键词：成型卷材类　施工质量　规定

18. 工业设备及管道工程中，管道在法兰断开处及三通部位金属保护层的施工质量验收应符合哪些规定？

　　答：（1）管道保温在法兰断开处的端面应用金属保护层做成防水结构进行封堵，且不得与奥氏体不锈钢管材或高温管道相接触。

　　（2）管道保冷在法兰断开处的端面应做成封闭的防潮防水结构或用防水胶泥抹成 10°～20°的圆锥形状抹面保护层。

　　（3）管道三通部位金属保护层支管与主管在相交部位宜翻边固定，并应顺水搭接。

　　知识点索引：《工业设备及管道绝热工程施工质量验收标准》GB/T 50185－2019 第 8.1.11 条

　　关键词：管道　金属保护层　质量验收

19. 工业设备及管道工程中，大型贮罐及设备金属保护层的施工质量验收应符合哪些规定？

　　答：（1）当采用平壁非压型板金属保护层时，保护层的接缝应呈棋盘形错列布置，纵向接缝应上、下错缝 1/2，环缝应与水平一致，搭接缝应上口压下口。

　　（2）当采用大截面平壁压型板金属保护层时，保护层的结构形式应满足强度和防水要求，并应接缝严密、平整美观。

　　（3）风力较大地区的大型贮罐及设备应设置加固金属箍带，加固金属箍带之间的间距应小于 450mm。

　　知识点索引：《工业设备及管道绝热工程施工质量验收标准》GB/T 50185－2019 第 8.1.12 条

　　关键词：大型贮罐　质量验收　规定

20. 工业设备及管道工程中，圆形封头设备及球形容器金属保护层的施工质量验收应符合哪些规定？

　　答：（1）金属保护层的接缝应呈棋盘形错列布置，纵向接缝应上、下错缝 1/2，环缝应与水平一致，搭接缝应上口压下口。

（2）当圆形设备绝热层外径小于600mm时，封头可做成平盖式；当绝热层外径大于或等于600mm时，封头应做成橘瓣式。

知识点索引：《工业设备及管道绝热工程施工质量验收标准》GB/T 50185－2019 第8.1.13条

关键词：圆形封头　质量验收　规定

21. 工业设备及管道工程中，非金属保护层的施工质量验收主控项目有哪些要求？

答：（1）当采用毡、箔、布、防水卷材和玻璃钢制品等包缠型保护层时，搭接方向应上搭下，顺水搭接。

（2）当采用现场成型玻璃钢时，铺衬的基布应贴合紧密，胶料涂刷应饱满，层数和厚度应符合设计要求。

知识点索引：《工业设备及管道绝热工程施工质量验收标准》GB/T 50185－2019 第8.2.2-3条

关键词：非金属保护层　主控项目

22. 工业设备及管道工程中，采用毡、箔、布、防水卷材和玻璃钢制品等包缠型保护层的施工质量验收应符合哪些规定？

答：（1）外观应无松脱、翻边、豁口、翘缝、气泡等缺陷，表面应整洁美观；

（2）接缝粘贴应严密、牢固；

（3）管道环向与纵向接缝搭接尺寸不应小于50mm，设备平壁或大型贮罐接缝的搭接尺寸不应小于30mm；接缝搭接尺寸应均匀，并应整齐美观。

知识点索引：《工业设备及管道绝热工程施工质量验收标准》GB/T 50185－2019 第8.2.4条

关键词：包缠型　保护层　质量验收

23. 工业设备及管道工程中，绝热工程验收应提交哪些资料？

答：（1）绝热工程的材料质量证明文件，绝热材料性能检测报告应由第三方有资质的检测单位提供；

（2）现场抽样的检测报告；

（3）设计变更通知单、材料代用技术文件及施工过程中对重大技术问题的处理记录；

（4）隐蔽工程记录；

（5）质量验收记录。

知识点索引：《工业设备及管道绝热工程施工质量验收标准》GB/T 50185－2019 第9.0.2条

关键词：绝热工程　验收　资料

三、《现场设备、工业管道焊接工程施工质量验收规范》GB 50683－2011

1. 现场设备、工业管道焊接工程分项工程应按什么划分？

答：现场设备焊接工程的分项工程应按现场设备的台（套）划分，工业管道焊接工程

382

的分项工程应按管道级别和材质划分。

知识点索引：《现场设备、工业管道焊接工程施工质量验收规范》GB 50683-2011 第3.1.2 条

关键词：分项工程　划分

2. 现场设备、工业管道焊接材料使用前，应如何检查并做好哪些准备工作？

答：（1）应全部检查外观质量、质量证明文件、外包装和包装标记。有疑义时应进行相应的试验或复验。

（2）焊接材料在使用前应按规定进行烘干，并应在使用过程中保持干燥，烘烤条件应符合焊材说明书和有关技术文件的规定。焊丝使用前应按规定进行除油、除锈及清洗处理，清洗质量应符合国家现行有关标准和技术文件的规定。

知识点索引：《现场设备、工业管道焊接工程施工质量验收规范》GB 50683-2011 第4.0.2 条、第4.0.3 条

关键词：焊接材料　使用前　准备工作

3. 对于现场设备及工业管道工程，当设计文件有要求时，对坡口表面需进行哪些无损检测？

答：应进行磁粉检测或渗透检测。

知识点索引：《现场设备、工业管道焊接工程施工质量验收规范》GB 50683-2011 第5.0.1 条

关键词：坡口　无损检测

4. 对于现场设备及工业管道工程，管道同一直管段上两对接焊缝中心面间的距离应符合哪些规定？

答：（1）当公称尺寸大于或等于150mm 时，不应小于150mm；

（2）当公称尺寸小于150mm 时，不应小于管子外径，且不小于100mm。

知识点索引：《现场设备、工业管道焊接工程施工质量验收规范》GB 50683-2011 第5.0.6 条。

关键词：对接焊缝　中心面间　距离

5. 对于现场设备及工业管道工程，焊件的主要结构尺寸与形状、坡口形式和尺寸、坡口表面的质量应符合哪些规定？

答：（1）结构尺寸应符合设计文件的规定；

（2）坡口形式和尺寸、组对间隙应符合焊接工艺文件的规定；

（3）坡口表面应平整、光滑，不得有裂纹、夹层、加工损伤、夹渣、毛刺及火焰切割熔渣等缺陷。

知识点索引：《现场设备、工业管道焊接工程施工质量验收规范》GB 50683-2011 第5.0.7 条

关键词：结构　坡口　质量

6. 对于现场设备及工业管道工程，有冲击韧性要求的焊缝，施焊时应做什么检查？

答：施焊时应测量焊接线能量，并应作记录。焊接线能量应符合焊接工艺文件的规定。

知识点索引：《现场设备、工业管道焊接工程施工质量验收规范》GB 50683－2011 第6.0.1条

关键词：冲击韧性　焊缝　检查

7. 现场设备及工业管道工程，对道间温度有明确规定的焊缝，道间温度应符合什么要求？

答：应符合焊接工艺文件的规定。要求焊前预热的焊件，其道间温度应在规定的预热温度范围内。

知识点索引：《现场设备、工业管道焊接工程施工质量验收规范》GB 50683－2011 第6.0.3条

关键词：道间温度　焊缝　检查

8. 对于现场设备及工业管道工程，规定背面清根的焊缝，在清根后应如何检查？

答：规定背面清根的焊缝，在清根后应进行外观检查，清根后的焊缝应露出金属光泽，坡口形状应规整，满足焊接工艺要求。当设计文件或国家现行有关标准规定进行磁粉检测或渗透检测时，磁粉检测或渗透检测的焊缝质量不应低于现行行业标准《承压设备无损检测》JB/T 4730 规定的Ⅰ级。

知识点索引：《现场设备、工业管道焊接工程施工质量验收规范》GB 50683－2011 第6.0.4条

关键词：背面清根　焊缝　检查

9. 现场设备及工业管道工程，对规定进行酸洗、钝化处理后的焊缝及其附近表面的质量除了符合设计文件外，还应满足哪些规定？

答：（1）酸洗后的焊缝及其附近表面不得有明显的腐蚀痕迹、颜色不均匀的斑纹和氧化色。

（2）酸洗后的焊缝表面应用水冲洗干净，不得残留酸洗液。

（3）钝化后的焊缝表面应用水冲洗，呈中性后擦干水迹。

知识点索引：《现场设备、工业管道焊接工程施工质量验收规范》GB 50683－2011 第6.0.7条

关键词：酸洗　处理　质量

10. 现场设备及工业管道工程，焊后热处理的加热区域宽度和保温层应符合设计文件和哪些其他规定？

答：（1）采用局部加热热处理时，加热范围应包括焊缝、热影响区及其相邻母材，焊缝每侧不应小于焊缝宽度的 3 倍，加热范围以外部分至少 100mm 范围应进行保温。

（2）炉外整体热处理和局部加热热处理的保温材料和保温层厚度应符合相关标准和热

处理工艺文件的规定。

（3）炉内分段加热时，加热各段重叠部分长度不应小于 1500mm。

知识点索引：《现场设备、工业管道焊接工程施工质量验收规范》GB 50683 - 2011 第 7.0.4 条

关键词：热处理 宽度 规定

11. 现场设备及工业管道工程焊缝外观质量有哪些要求？

答：焊缝外观应成形良好，不应有电弧擦伤，焊道与焊道、焊道与母材之间应平滑过渡，焊渣和飞溅物应清除干净。

知识点索引：《现场设备、工业管道焊接工程施工质量验收规范》GB 50683 - 2011 第 8.1.4 条

关键词：焊缝 外观质量

12. 对于现场设备及工业管道工程，管道对接焊缝处的角变形应符合哪些规定？

答：（1）当管子公称尺寸小于 100mm 时，允许偏差为 2mm；

（2）当管子公称尺寸大于或等于 100mm 时，允许偏差为 3mm。

知识点索引：《现场设备、工业管道焊接工程施工质量验收规范》GB 50683 - 2011 第 8.1.5 条

关键词：管道 对接焊缝 角变形

13. 对于现场设备及工业管道工程，当焊缝磁粉检测（或渗透检测）的局部检验或抽样检验发现有不合格时，应怎样处理？

答：应在该焊工所焊的同一检验批中采用原规定的检验方法做扩大检验。焊缝质量应符合《现场设备、工业管道焊接工程施工质量验收规范》第的规定。

知识点索引：《现场设备、工业管道焊接工程施工质量验收规范》GB 50683 - 2011 第 8.2.1 条

关键词：磁粉检测 不合格 处理

14. 对于现场设备及工业管道工程，焊缝内部质量应怎样检测？

答：应按设计文件规定进行射线检测或超声检测。对射线检测或超声检测发现有不合格的焊缝，经返修后，应采用原规定的检验方法重新进行检验。

知识点索引：《现场设备、工业管道焊接工程施工质量验收规范》GB 50683 - 2011 第 8.3.1 条

关键词：焊缝 内部质量 检测

四、《城市综合管廊工程技术规范》GB 50838 - 2015

1. 综合管廊的概念是什么？

答：综合管廊是指建于城市地下用于容纳两类及以上城市工程管线的构筑物及附属设施。

知识点索引：《城市综合管廊工程技术规范》GB 50838 - 2015 第 2.1.1 条

关键词：综合管廊　概念

2. 综合管廊按照断面大小及使用功能如何分类？

答：综合管廊按照断面大小及使用功能可以分为干线综合管廊、支线综合管廊、缆线管廊（沟）。

知识点索引：《城市综合管廊工程技术规范》GB 50838 - 2015 第 2.1.2-2.1.4 条

关键词：综合管廊　分类

3. 综合管廊按照施工工艺如何分类？

答：（1）现浇混凝土综合管廊结构（采用现场整体浇筑混凝土的综合管廊）；

（2）预制拼装综合管廊结构（在工厂内分节段浇筑成型，现场采用拼装工艺施工成为整体的综合管廊）。

知识点索引：《城市综合管廊工程技术规范》GB 50838 - 2015 第 2.1.7-2.1.8 条

关键词：综合管廊　分类

4. 综合管廊可以纳入哪些城市工程管线？

答：给水、雨水、污水、再生水、天然气、热力、电力、通信等城市工程管线可纳入综合管廊。

知识点索引：《城市综合管廊工程技术规范》GB 50838 - 2015 第 3.0.1 条

关键词：综合管廊　纳入管线范围

5. 综合管廊通道净宽，应满足管道、配件及设备运输的要求，并应符合哪些规定？

答：（1）综合管廊内两侧设置支架或管道时，检修通道净宽不宜小于 1.0m；单侧设置支架或管道时，检修通道净宽不宜小于 0.9m。

（2）配备检修车的综合管廊检修通道宽度不宜小于 2.2m。

知识点索引：《城市综合管廊工程技术规范》GB 50838 - 2015 第 5.3.3 条

关键词：综合管廊　通道净宽　规定

6. 综合管廊的每个舱室应设置哪些构造设计？

答：综合管廊的每个舱室应设置人员出入口、逃生口、吊装口、进风口、排风口、管线分支口等。

知识点索引：《城市综合管廊工程技术规范》GB 50838 - 2015 第 5.4.1 条

关键词：综合管廊　舱室　构造设计

7. 综合管廊逃生口的设置应符合哪些规定？

答：（1）敷设电力电缆的舱室，逃生口间距不宜大于 200m。

（2）敷设天然气管道的舱室，逃生口间距不宜大于 200m。

（3）敷设热力管道的舱室，逃生口间距不应大于 400m。当热力管道采用蒸汽介质时，逃生口间距不应大于100m。

（4）敷设其他管道的舱室，逃生口间距不宜大于400m。

（5）逃生口尺寸不应小于1m×1m，当为圆形时，内径不应小于1m。

知识点索引：《城市综合管廊工程技术规范》GB 50838－2015第5.4.4条

关键词：综合管廊　逃生口设置　规定

8. 综合管廊工程中，天然气管道管材选择有哪些要求？

答：综合管廊天然气管道应采用无缝钢管。

知识点索引：《城市综合管廊工程技术规范》GB 50838－2015第6.4.2条

键词：综合管廊　天然气管道　管材选择

9. 综合管廊宜采用哪种通风方式？

答：综合管廊宜采用自然进风和机械排风相结合的通风方式。

知识点索引：《城市综合管廊工程技术规范》GB 50838－2015第7.2.1条

关键词：综合管廊　通风方式

10. 综合管廊内应急电源持续供电时间有什么要求？

答：综合管廊内应急电源持续供电时间不应小于60min。

知识点索引：《城市综合管廊工程技术规范》GB 50838－2015第7.4.1条

关键词：综合管廊　应急电源　时间要求

11. 综合管廊安装高度低于2.2m的照明灯具电压有什么规定？

答：综合管廊安装高度低于2.2m的照明灯具应采用24V及以下安全电压供电。

知识点索引：《城市综合管廊工程技术规范》GB 50838－2015第7.4.2条

关键词：综合管廊　照明灯具　规定

12. 综合管廊照明线路导线及材质应符合哪些规定？

答：照明回路导线应采用硬铜导线，截面面积不应小于2.5mm^2。

知识点索引：《城市综合管廊工程技术规范》GB 50838－2015第7.4.3条

关键词：综合管廊　照明线路导线　规定

13. 综合管廊监控与报警系统应包括哪些内容？

答：综合管廊监控与报警系统宜分为环境与设备监控系统、安全防范系统、通信系统、预警与报警系统、地理信息系统和统一管理信息平台等。

知识点索引：《城市综合管廊工程技术规范》GB 50838－2015第7.5.1条

关键词：综合管廊　监控与报警系统　内容

14. 综合管廊工程的结构设计使用年限为多少年？

答：综合管廊工程的结构设计使用年限应为100年。

知识点索引：《城市综合管廊工程技术规范》GB 50838－2015 第 8.1.3 条

关键词：综合管廊　结构设计使用年限

15. 综合管廊工程结构构件的裂缝控制等级有何要求？

答：综合管廊结构构件的裂缝控制等级应为三级，结构构件的最大裂缝宽度限值应小于等于 0.2mm，且不得贯通。

知识点索引：《城市综合管廊工程技术规范》GB 50838－2015 第 8.1.7 条

关键词：综合管廊　结构构件裂缝控制

16. 预制拼装综合管廊结构的接头形式有哪些？

答：预制拼装综合管廊结构宜采用预应力筋连接接头、螺栓连接接头或承插式接头。

知识点索引：《城市综合管廊工程技术规范》GB 50838－2015 第 8.5.1 条

关键词：预制拼装综合管廊　结构接头形式

17. 综合管廊混凝土结构厚度应符合哪些规定？

答：混凝土综合管廊结构主要承重侧壁的厚度不宜小于 250mm，非承重侧壁和隔墙等构件的厚度不宜小于 200mm。

知识点索引：《城市综合管廊工程技术规范》GB 50838－2015 第 8.6.2 条

关键词：综合管廊　结构厚度　规定

18. 综合管廊的防水有哪些规定？

答：（1）综合管廊防水等级标准应为二级，综合管廊的地下工程不应漏水，结构表面可有少量湿渍。总湿渍面积不应大于总防水面积的 1/1000。

（2）任意 100m² 防水面积上的湿渍不超过 1 处，单个湿渍的最大面积不得大于 0.1m²。

（3）综合管廊的变形缝、施工缝和预制接缝等部位是管廊结构的薄弱部位，应对其防水和防火措施进行适当加强。

知识点索引：《城市综合管廊工程技术规范》GB 50838－2015 第 8.1.8 条

关键词：综合管廊　防水规定

五、《非开挖顶管技术规程》DBJ/T 13－309－2019

1. 当相距较近的两条或多条平行管道采用顶管法施工时，宜按什么原则实施？

答：宜按照先深后浅、先大后小的原则实施。

知识点索引：《非开挖顶管技术规程》DBJ/T 13－309－2019 第 3.0.6 条

关键词：平行管道　顶管法　实施

2. 顶管工程岩土勘查应如何进行？

答：顶管工程岩土勘察宜分阶段进行，勘察分为初步勘察、详细勘察二个阶段，必要时可进行施工勘察。应根据初步勘察成果综合判定实施顶管的可行性；对线路长、沿线情况复杂的工程，宜进行线路比选的选线勘察。

知识点索引：《非开挖顶管技术规程》DBJ/T 13-309-2019 第4.1.1条

关键词：顶管　岩土勘查

3. 顶管管材需要有哪些证明文件？

答：顶管管材应有质量合格证书、按规定复试合格的证明文件，必要时使用单位可对交付使用的管材进行复检。

知识点索引：《非开挖顶管技术规程》DBJ/T 13-309-2019 第5.1.6条

关键词：顶管　管材　证明文件

4. 非开挖顶管时，钢管管壁厚度应符合什么要求？

答：管壁厚度应采用计算厚度加腐蚀量厚度，腐蚀量厚度应根据使用年限及环境条件确定，且不应小于2mm。

知识点索引：《非开挖顶管技术规程》DBJ/T 13-309-2019 第5.2.3条

关键词：钢管　管壁　厚度

5. 非开挖顶管时，钢管焊缝质量检验应符合什么标准？

答：钢管焊缝质量检验，非压力管应不低于焊缝质量分级的Ⅲ级标准；压力管应不低于焊缝质量分级的Ⅱ级标准。

知识点索引：《非开挖顶管技术规程》DBJ/T 13-309-2019 第5.2.6条

关键词：钢管　焊缝　检验标准

6. 非开挖顶管时，钢筋混凝土管的混凝土强度等级、抗渗等级、钢筋级别有什么要求？

答：钢筋混凝土管的混凝土强度等级不应低于C50，抗渗等级不应低于P8。钢筋混凝土管的钢筋应选用HPB300、HRB400及更高级别钢筋，钢筋性能应分别符合相关国家及行业标准。

知识点索引：《非开挖顶管技术规程》DBJ/T 13-309-2019 第5.3.2~3条

关键词：钢筋混凝土管　强度等级　抗渗等级　钢筋级别

7. 哪些顶管工程需进行施工专项论证？

答：采用手掘式、挤压式顶管工程需进行施工专项论证。

知识点索引：《非开挖顶管技术规程》DBJ/T 13-309-2019 第6.3.5条

关键词：顶管工程　专项论证

8. 软土地区，顶管进洞时应采取哪些措施防止顶管机倾斜下沉？

答：（1）基坑导轨前端应尽量接近洞口，缩短顶管机的悬空长度；

（2）进、出洞作业应迅速连续不可停顿；

（3）宜在洞口内设置支撑顶管机的临时装置。

知识点索引：《非开挖顶管技术规程》DBJ/T 13－309－2019 第7.4.2条

关键词：软土地区　进洞　管机倾斜下沉

9. 管道顶进时应符合什么要求?

答：（1）顶进速度宜控制在 20mm/min～50mm/min，出土量宜控制在理论出土量的 98%～100%；

（2）工作面压力值应根据顶管机机型确定。

知识点索引：《非开挖顶管技术规程》DBJ/T 13－309－2019 第7.5.2条

关键词：管道　顶进　要求

10. 管道顶进时应采取哪些抗扭转措施?

答：（1）顶管机宜设置限扭装置；

（2）在顶管机及每个中继间设管道扭转指示针，管道扭转时宜采用单侧压重，或改变切削刀盘的转动方向进行纠正。

知识点索引：《非开挖顶管技术规程》DBJ/T 13－309－2019 第7.5.4条

关键词：管道顶进　抗扭转　措施

11. 为了满足顶管施工精度要求，施工中必须对哪些参数进行测量?

答：（1）顶进方向的垂直偏差；

（2）顶进方向的水平偏差；

（3）顶管机机身的转动；

（4）顶管机的姿态；

（5）顶进长度。

知识点索引：《非开挖顶管技术规程》DBJ/T 13－309－2019 第7.7.3条

关键词：顶管施工精度　参数　测量

12. 顶管定向测量宜采用哪些方法?

答：（1）管道长度小于 50m 时，可采用人工拉线法；

（2）管道长度小于 300m 时，宜采用激光指向法；

（3）管道长度超过 300m 时，应在管内设置测站，采用导线法转站测量；

（4）管道长度超过 500m 时，宜使用自动测量导向装置；

（5）曲线顶管应采用导线法，宜使用自动测量导向装置。

知识点索引：《非开挖顶管技术规程》DBJ/T 13－309－2019 第7.7.4条

关键词：顶管　定向测量　方法

13. 非开挖顶管时，管内运输应考虑哪些因素，运输方法有哪些?

答：管内运输应考虑土层的性质、顶管机选型、管内作业空间、每次顶进的出土量、顶进长度等因素，选择合适的运输方法，通常采用矿车输送、泥浆管道输送、渣土管道输送等三种方式。

知识点索引：《非开挖顶管技术规程》DBJ/T 13-309-2019 第7.8.1条

关键词：管内　运输方法

14. 非开挖顶管时，地下水需通过哪些方法进行排出或抑止？

答：（1）开放式排水；

（2）封闭式排水；

（3）组合排水方法；

（4）水力平衡抑止地下水；

（5）特殊的工艺方法（如：冰冻法）。

知识点索引：《非开挖顶管技术规程》DBJ/T 13-309-2019 第7.10.2条

关键词：地下水　排出　抑止

15. 进人作业的顶管管道，应采取哪些措施？

答：进人作业的顶管管道，必须确保施工人员安全，管道位于回填土、淤泥等可能存在有毒有害气体的地层应安装有毒有害气体检测报警装置；管径小于等于2m，长度超过100m或直径大于等于2m，长度在150m以上顶管必须采取通风措施。

知识点索引：《非开挖顶管技术规程》DBJ/T 13-309-2019 第7.12.1条

关键词：顶管管道　人员安全　措施

16. 顶管施工用电输出端宜分为哪三路？

答：工作井井上供电系统、井下顶管系统和主千斤顶用电系统。

知识点索引：《非开挖顶管技术规程》DBJ/T 13-309-2019 第7.13.1条

关键词：顶管施工　用电输出端

17. 微型顶管施工的注意事项？

答：微型顶管宜采用泥水平衡式或钻顶法施工，并能在地面进行遥控操作；应根据管材的允许顶力，确定顶管控制顶力；微型顶管的顶距宜小于100m，不应超过150m；严禁施工人员进入微口径管道内；单节管材长度不宜超过2.0m。

知识点索引：《非开挖顶管技术规程》DBJ/T 13-309-2019 第8.3.1～5条

关键词：微型　顶管

18. 哪些情况宜进行顶管工程与周边环境的互相影响专项分析和评估？

答：（1）下穿或紧临建筑物和已建建（构）筑物（如大型管道、地铁隧道、桥梁、驳岸等）；

（2）文物保护建（构）筑物在顶管工程施工影响范围内；

（3）周边相关业主单位提出相应需求时。

知识点索引：《非开挖顶管技术规程》DBJ/T 13-309-2019 第9.1.2条

关键词：顶管工程　周边环境　分析和评估

19. 非开挖顶管时，哪些情况应调整监测的范围？

答：（1）采用地下水降水控制措施时，应根据降水影响范围和预计的地面沉降大小调整监测范围；

（2）施工期间发生严重的渗漏水、涌砂、冒水、支护结构变形过大、邻近建（构）筑物或地下管线严重变形等异常情况时，宜根据工程实际情况增大监测范围。

知识点索引：《非开挖顶管技术规程》DBJ/T 13-309-2019 第 9.2.4 条

关键词：调整　监测范围

20. 顶管顶进施工过程监测应包含哪些内容？

答：（1）顶管结构管段变形及内力；

（2）工作井影响范围内土体变形、地下水分布及变化等。

知识点索引：《非开挖顶管技术规程》DBJ/T 13-309-2019 第 9.4.1 条

关键词：顶进施工　监测

六、《给水排水构筑物工程施工及验收规范》GB 50141-2008

1. 哪些给水排水构筑物应采取降排水措施？

答：（1）受地表水、地下动水压力作用影响的地下结构工程；

（2）采用排水法下沉和封底的沉井工程；

（3）基坑底部存在承压含水层，且经验算基底开挖面至承压含水层顶板之间的土体重力不足以平衡承压水水头压力，需要减压降水的工程；

（4）基坑位于承压水层中，必须降低承压水水位的工程。

知识点索引：《给水排水构筑物工程施工及验收规范》GB 50141-2008 第 4.3.1 条

关键词：构筑物　降排水　措施

2. 给水排水构筑物工程基坑开挖的顺序、方法需符合哪些原则？

答：基坑开挖的顺序、方法应符合设计要求，并应遵循"对称平衡、分层分段（块）、限时挖土、限时支撑"的原则。

知识点索引：《给水排水构筑物工程施工及验收规范》GB 50141-2008 第 4.4.6 条

关键词：基坑开挖　顺序　方法　原则

3. 给水排水构筑物垫层、基础、底板施工前应对哪些项目进行复验？

答：（1）基底标高及基坑几何尺寸、轴线位置；

（2）天然岩土地基及地基处理；

（3）复合地基、桩基工程；

（4）降排水系统。

知识点索引：《给水排水构筑物工程施工及验收规范》GB 50141-2008 第 4.5.2 条

关键词：构筑物垫层　基础　底板　复验

4. 给水排水构筑物工程围堰质量验收主控项目应符合哪些规定？

答：（1）围堰结构形式和围堰高度、堰底宽度、堰顶宽度以及悬臂桩式围堰板桩入土深度符合设计要求。

（2）堰体稳固，变位、沉降在限定值内。无开裂、塌方、滑坡现象，背水面无线流。

知识点索引：《给水排水构筑物工程施工及验收规范》GB 50141-2008 第 4.7.1 条

关键词：围堰　质量验收　主控项目

5. 给水排水构筑物工程抗浮锚杆质量验收主控项目应符合哪些规定？

答：（1）钢杆件（钢筋、钢绞线等）以及焊接材料、锚头、压浆材料等的材质、规格应符合设计要求；

（2）锚杆的结构、数量、深度等应符合设计要求；

（3）锚杆抗拔能力、压浆强度等应符合设计要求。

知识点索引：《给水排水构筑物工程施工及验收规范》GB 50141-2008 第 4.7.5 条

关键词：抗浮锚杆　质量验收　主控项目

6. 给水排水构筑物预制取水头部沉放的主控项目有哪些？

答（1）沉放安装中所用的原材料、配件等的等级、规格、性能应符合国家有关标准规定和设计要求。

（2）取水头部的沉放位置、高度以及预制构件之间的连接方式等符合设计要求，拼装位置准确、连接稳固。

（3）进水孔、进水管口的中心位置符合设计要求；结构无变形、裂缝、歪斜。

知识点索引：《给水排水构筑物工程施工及验收规范》GB 50141-2008 第 5.7.7 条

关键词：预制取水头部　沉放　主控项目

7. 给水排水构筑物中，消化池应进行什么试验？

答：水处理构筑物施工完毕必须进行满水试验，消化池满水试验合格后，还应进行气密性试验。

知识点索引：《给水排水构筑物工程施工及验收规范》GB 50141-2008 第 6.1.4 条

关键词：水处理构筑物　消化池　试验

8. 给水排水构筑物池壁的施工缝设置应符合设计要求，设计无要求时应符合哪些规定？

答：（1）池壁与底部相接处的施工缝，宜留在底板上面不小于200mm处；底板与池壁连接有腋角时，宜留在腋角上面不小于200mm处。

（2）池壁与顶部相接处的施工缝，宜留在顶板下面不小于200mm处；有腋角时，宜留在腋角下部。

（3）构筑物处地下水位或设计运行水位高于底板顶面8m时，施工缝处宜设置高度不小于200mm、厚度不小于3mm的止水钢板。

知识点索引：《给水排水构筑物工程施工及验收规范》GB 50141-2008 第 6.2.14 条

关键词：构筑物池壁　施工缝设置

9. 给水排水构筑物工程构件运输及吊装时的混凝土强度有什么要求？

答：构件运输及吊装时的混凝土强度应符合设计要求，当设计无要求时，不应低于设计强度的 75%。

知识点索引：《给水排水构筑物工程施工及验收规范》GB 50141－2008 第 6.3.3 条

关键词：构件运输及吊装　混凝土强度

10. 给水排水构筑物工程中，沉井排水下沉施工应符合哪些规定？

答：（1）应采取措施，确保下沉和降低地下水过程中不危及周围建（构）筑物、道路或地下管线，并保证下沉过程和终沉时的坑底稳定。

（2）下沉过程中应进行连续排水，保证沉井范围内地层水疏干。

（3）挖土应分层、均匀、对称进行；对于有底梁或支撑梁的沉井，其相邻格仓高差不宜超过 0.5m；开挖顺序应根据地质条件、下沉阶段、下沉情况综合确定，不得超挖。

（4）用抓斗取土时，沉井内严禁站人；对于有底梁或支撑梁的沉井，严禁人员在底梁下穿越。

知识点索引：《给水排水构筑物工程施工及验收规范》GB 50141－2008 第 7.3.12 条

关键词：沉井排水下沉　施工规定

11. 给水排水构筑物工程中，沉井下沉及封底主控项目有哪些？

答：（1）封底所用工程材料应符合国家有关标准规定和设计要求。

（2）封底混凝土强度以及抗渗、抗冻性能应符合设计要求。

（3）封底前坑底标高应符合设计要求；封底后混土底板厚度不得小于设计要求。

（4）下沉过程及封底时沉井无变形、倾斜、开裂现象；沉井结构无线流现象，底板无渗水现象。

知识点索引：《给水排水构筑物工程施工及验收规范》GB 50141－2008 第 7.4.5 条

关键词：沉井下沉　封底　主控项目

12. 施工完毕的贮水调蓄构筑物必须进行什么试验？

答：满水试验。

知识点索引：《给水排水构筑物工程施工及验收规范》GB 50141－2008 第 8.1.6 条

关键词：施工完毕　贮水调蓄构筑物　试验

13. 给水排水构筑物工程中，水柜的保温层施工应符合哪些规定？

答：（1）应在水柜的满水试验合格后进行喷涂或安装；

（2）采用装配式保温层时，保温罩上的固定装置应与水柜上预埋件位置一致；

（3）采用空气层保温时，保温罩接缝处的水泥砂浆必须填塞密实。

知识点索引：《给水排水构筑物工程施工及验收规范》GB 50141－2008 第 8.3.2 条

关键词：水柜　保温层　施工规定

14. 水处理、调蓄构筑物施工完毕后，功能性试验需符合哪些条件？

答：（1）池内清理洁净，水池内外壁的缺陷修补完毕；

（2）设计预留孔洞、预埋管口及进出水口等已做临时封堵，且经验算能安全承受试验压力；

（3）池体抗浮稳定性满足设计要求；

（4）试验用充水、气和排水系统已准备就绪，经检查充水、充气及排水闸门不得渗漏；

（5）各项保证试验安全的措施已满足要求；

（6）满足设计的其他特殊要求。

知识点索引：《给水排水构筑物工程施工及验收规范》GB 50141－2008 第 9.1.2 条

关键词：水处理　调蓄构筑物　功能性试验　条件

15. 给水排水构筑物工程满水试验的准备应符合哪些规定？

答：（1）选定洁净、充足的水源；注水和放水系统设施及安全措施准备完毕。

（2）有盖池体顶部的通气孔、人孔盖已安装完毕，必要的防护设施和照明等标志已配备齐全。

（3）安装水位观测标尺，标定水位测针。

（4）现场测定蒸发量的设备应选用不透水材料制成，试验时固定在水池中。

（5）对池体有观测沉降要求时，应选定观测点，并测量记录池体各观测点初始高程。

知识点索引：《给水排水构筑物工程施工及验收规范》GB 50141－2008 第 9.2.1 条

关键词：满水试验　准备　符合规定

16. 给水排水构筑物工程水位观测应符合哪些规定？

答：（1）利用水位标尺测针观测、记录注水时的水位值。

（2）注水至设计水深进行水量测定时，应采用水位测针测定水位，水位测针的读数精确度应达 1/10mm。

（3）注水至设计水深 24h 后，开始测读水位测针的初读数。

（4）测读水位的初读数与末读数之间的间隔时间应不少于 24h。

（5）测定时间必须连续。测定的渗水量符合标准时，须连续测定两次以上；测定的渗水量超过允许标准，而以后的渗水量逐渐减少时，可继续延长观测；延长观测的时间应在渗水量符合标准时止。

知识点索引：《给水排水构筑物工程施工及验收规范》GB 50141－2008 第 9.2.3 条

关键词：水位观测　符合规定

17. 给水排水构筑物工程蒸发量测定应符合哪些规定？

答：（1）池体有盖时蒸发量忽略不计；

（2）池体无盖时，必须进行蒸发量测定；

（3）每次测定水池中水位时，同时测定水箱中的水位。

知识点索引：《给水排水构筑物工程施工及验收规范》GB 50141－2008 第 9.2.4 条

关键词：蒸发量　测定　符合规定

18. 给水排水构筑物工程满水试验合格标准应符合哪些规定？

答：（1）水池渗水量计算应按池壁（不含内隔墙）和池底的浸湿面积计算；

（2）钢筋混凝土结构水池渗水量不得超过 $2L/(m^2 \cdot d)$；砌体结构水池渗水量不得超过 $3L/(m^2 \cdot d)$。

知识点索引：《给水排水构筑物工程施工及验收规范》GB 50141－2008 第 9.2.6 条

关键词：满水试验　合格标准　符合规定

19. 给水排水构筑物工程气密性试验应符合哪些要求？

答：（1）需进行满水试验和气密性试验的池体，应在满水试验合格后，再进行气密性试验；

（2）工艺测温孔的加堵封闭、池顶盖板的封闭、安装测温仪、测压仪及充气截门等均已完成；

（3）所需的空气压缩机等设备已准备就绪。

知识点索引：《给水排水构筑物工程施工及验收规范》GB 50141－2008 第 9.3.1 条

关键词：气密性试验　符合要求

20. 给水排水构筑物工程气密性试验合格标准应达到哪些要求？

答：（1）试验压力宜为池体工作压力的 1.5 倍；

（2）24h 的气压降不超过试验压力的 20%。

知识点索引：《给水排水构筑物工程施工及验收规范》GB 50141－2008 第 9.3.5 条

关键词：气密性试验　合格标准　达到要求

第十三章　园林绿化工程、
其他市政工程规范规程

一、《福建省市政工程施工技术文件管理规程》DBJ/T 13－135－2017

1. 根据《福建省市政工程施工技术文件管理规程》DBJ/T 13－135－2017 要求，市政工程主要质量控制资料包括哪些？

答：（1）图纸会审、设计变更和工程洽商记录；

（2）施工组织设计；

（3）专项施工方案；

（4）技术交底记录；

（5）测量复核及预检工程检查记录；

（6）原材料出厂合格证及进场检验报告；

（7）施工检验报告；

（8）施工记录；

（9）隐蔽工程检查验收记录；

（10）工程质量验收记录；

（11）质量事故报告及处理记录。

知识点索引：《福建省市政工程施工技术文件管理规程》DBJ/T 13－135－2017 目录

关键词：市政工程　主要质量控制资料

2. 根据《福建省市政工程施工技术文件管理规程》DBJ/T 13－135－2017 要求，市政工程结构安全和重要使用功能检验主要资料有哪些？

答：（1）土的承载比（CBR）；

（2）道路弯沉试验；

（3）路面平整度试验；

（4）污水管道闭水试验；

（5）池体满水试验；

（6）消化池气密性试验；

（7）压力管道水压试验；

（8）混凝土结构实体检验；

（9）桥梁结构荷载试验；

（10）锚杆（索）拉拔试验；

（11）排水管道检测与评估；

（12）接地绝缘电阻测试；

（13）照明系统全负荷试验。

知识点索引：《福建省市政工程施工技术文件管理规程》DBJ/T 13-135-2017 目录

关键词：市政工程　结构安全和重要使用功能　检验资料

3. 根据《福建省市政工程施工技术文件管理规程》DBJ/T 13-135-2017 要求，道路工程观感抽查项目有哪些？

答：（1）车行道、人行道、路缘石；

（2）人行地道、车行地道、挡土墙、护坡、交通标志标线、声屏障、防眩板；

（3）其他附属构筑物。

知识点索引：《福建省市政工程施工技术文件管理规程》DBJ/T 13-135-2017 第3.0.13 条

关键词：道路工程　观感　抽查项目

4. 根据《福建省市政工程施工技术文件管理规程》DBJ/T 13-135-2017 要求，桥梁工程观感抽查项目有哪些？

答：（1）墩（柱）、塔、盖梁、桥台、系梁；

（2）混凝土梁、钢梁、拱部、拉索、吊索、钢结构焊缝；

（3）桥面、人行道、防撞设施、伸缩缝、栏杆、扶手；

（4）桥台护坡、灯柱、照明、隔声装置、防眩装置；

（5）涂饰、饰面；

（6）引道工程。

知识点索引：《福建省市政工程施工技术文件管理规程》DBJ/T 13-135-2017 第3.0.13 条

关键词：桥梁工程　观感　抽查项目

5. 根据《福建省市政工程施工技术文件管理规程》DBJ/T 13-135-2017 要求，隧道工程观感抽查项目有哪些？

答：明洞、洞口工程、洞身衬砌、隧道路面（电缆沟）、装饰装修、机电工程。

知识点索引：《福建省市政工程施工技术文件管理规程》DBJ/T 13-135-2017 第3.0.13 条

关键词：隧道工程　观感　抽查项目

6. 根据《福建省市政工程施工技术文件管理规程》DBJ/T 13-135-2017 要求，给水排水主体构筑物观感抽查项目有哪些？

答：现浇混凝土结构、装配式混凝土结构、钢结构、砌体结构。

知识点索引：《福建省市政工程施工技术文件管理规程》DBJ/T 13-135-2017 第3.0.13 条

关键词：给排水主体构筑物　观感　抽查项目

二、《园林绿化工程施工及验收规范》CJJ 82－2012

1. 园林绿化工程中，乔木分枝点高度定义是什么？

答：乔木从地表面至树冠第一个分枝点的高度称为分枝点高度。

知识点索引：《园林绿化工程施工及验收规范》CJJ 82－2012 第 2.0.7 条

关键词：园林绿化　乔木分枝点高度

2. 园林绿化工程乔木胸径定义是什么？

答：乔木主干高度在 1.3m 处的树干直径。

知识点索引：《园林绿化工程施工及验收规范》CJJ 82－2012 第 2.0.8 条

关键词：园林绿化　乔木胸径

3. 园林绿化工程栽植基层包括哪些内容？

答：非绿地绿化方式的植物栽植基础结构，它包括耐根穿刺防水层、排蓄水层、过滤层、栽植土层等。

知识点索引：《园林绿化工程施工及验收规范》CJJ 82－2012 第 2.0.12 条

关键词：园林绿化　栽植基层

4. 园林植物栽植土土壤 pH 值应符合什么规定？

答：园林植物栽植土土壤 pH 按 5.6～8.0 进行选择。

知识点索引：《园林绿化工程施工及验收规范》CJJ 82－2012 第 4.1.3 条

关键词：园林绿化　土壤 pH 值

5. 园林植物栽植土土壤块径应符合什么规定？

答：园林植物栽植土土壤块径不应大于 5cm。

知识点索引：《园林绿化工程施工及验收规范》CJJ 82－2012 第 4.1.3 条

关键词：园林绿化　土壤块径

6. 园林植物栽植土施肥应符合哪些规定？

答：（1）商品肥料应有产品合格证明，或已经过试验证明符合要求；

（2）有机肥应充分腐熟方可使用；

（3）施用无机肥料应测定绿地土壤有效养分含量，并宜采用缓释性无机肥。

知识点索引：《园林绿化工程施工及验收规范》CJJ 82－2012 第 4.1.6-1 条

关键词：园林绿化　施肥　规定

7. 乔木灌木的外观质量检测项目和质量要求有哪些？

答：（1）乔木灌木的外观质量检测项目有姿态和长势（树干符合设计要求，树冠较完整，分枝点和分枝合理，生长势良好）；

（2）病虫害（危害程度不超过树体的 5%～10%）；

（3）土球苗（土球完整，规格符合要求，包装牢固）；

（4）裸根苗根系（根系完整，切口平整，规格符合要求）；

（5）容器苗木（规格符合要求，容器完整、苗木不徒长、根系发育良好不外露）。

知识点索引：《园林绿化工程施工及验收规范》CJJ 82－2012 第 4.3.3 条

关键词：乔木灌木　质量检测项目　质量要求

8. 乔木灌木的外观质量检查数量和方法有哪些要求？

答：乔木灌木的外观质量检查数量为：每 100 株 检查 10 株，每株为 1 点，少于 20 株全数检查。检查方法：观察、量测。

知识点索引：《园林绿化工程施工及验收规范》CJJ 82－2012 第 4.3.3 条

关键词：乔木灌木　检测方法　检测数量

9. 苗木假植应符合哪些规定？

答：（1）裸根苗可在栽植现场附近选择适合地点，根据根幅大小，挖假植沟假植；假植时间较长时，根系应用湿土埋严，不得透风，根系不得失水。

（2）带土球苗木的假植，可将苗木码放整齐，土球四周培土，喷水保持土球湿润。

知识点索引：《园林绿化工程施工及验收规范》CJJ 82－2012 第 4.4.7 条

关键词：苗木假植　规定

10. 树木浇灌水应符合哪些规定？

答：（1）树木栽植后应在栽植穴直径周围筑高 10cm～20cm 围堰，堰应筑实；

（2）浇灌树木的水质应符合现行国家标准《农田灌溉水质标准》GB 5084 的规定；

（3）浇水时应在穴中放置缓冲垫；

（4）每次浇灌水量应满足植物成活及生长需要；

（5）新栽树木应在浇透水后及时封堰，以后根据当地情况及时补水；

（6）对浇水后出现的树木倾斜，应及时扶正，并加以固定。

知识点索引：《园林绿化工程施工及验收规范》CJJ 82－2012 第 4.6.2 条

关键词：树木浇灌水　规定

11. 树木的规格符合哪些条件属于大树移植？

答：（1）落叶和阔叶常绿乔木：胸径在 20cm 以上；

（2）针叶常绿乔木：株高在 6m 以上或地径在 18cm 以上。

知识点索引：《园林绿化工程施工及验收规范》CJJ 82－2012 第 4.7.1 条

关键词：大树移植　规格

12. 当树木胸径大于多少时，可采用土台移栽，用箱板包装？

答：当树木胸径大于 25cm 时，可采用土台移栽，用箱板包装。

知识点索引：《园林绿化工程施工及验收规范》CJJ 82－2012 第 4.7.3.2 条

关键词：树林胸径　箱板包装

13. 大树移植的吊装运输，应符合哪些规定？

答：（1）大树吊装、运输的机具、设备应符合规范的规定；

（2）吊装、运输时，应对大树的树干、枝条、根部的土球、土台采取保护措施；

（3）大树吊装就位时，应注意选好主要观赏面的方向；

（4）应及时用软垫层支撑、固定树体。

知识点索引：《园林绿化工程施工及验收规范》CJJ 82－2012 第 4.7.4 条

关键词：大树移植　吊装运输　规定

14. 混播草坪应符合哪些规定？

答：（1）混播草坪的草种及配合比应符合设计要求；

（2）混播草坪应符合互补原则，草种叶色相近，融合性强；

（3）播种时宜单个品种依次单独撒播，应保持各草种分布均匀。

知识点索引：《园林绿化工程施工及验收规范》CJJ 82－2012 第 4.8.1.8 条

关键词：混播草坪　规定

15. 花卉栽植应符合哪些规定？

答：（1）花苗的品种、规格、栽植放样、栽植密度、栽植图案均应符合设计要求；

（2）花卉栽植土及表层土整理应符合规范规定；

（3）株行距应均匀，高低搭配应恰当；

（4）栽植深度应适当，根部土壤应压实，花苗不得沾泥污；

（5）花苗应覆盖地面，成活率不应低于 95%。

知识点索引：《园林绿化工程施工及验收规范》CJJ 82－2012 第 4.9.2 条

关键词：花卉栽植　规定

16. 花卉栽植的顺序应符合哪些规定？

答：（1）大型花坛，宜分区、分规格、分块栽植；

（2）独立花坛，应由中心向外顺序栽植；

（3）模纹花坛应先栽植图案的轮廓线，后栽植内部填充部分；

（4）坡式花坛应由上向下栽植；

（5）高矮不同品种的花苗混植时，应先高后矮的顺序栽植；

（6）宿根花卉与一、二年生花卉混植时，应先栽植宿根花卉，后栽一、二年生花卉。

知识点索引：《园林绿化工程施工及验收规范》CJJ 82－2012 第 4.9.3 条

关键词：花卉栽植　顺序

17. 园林地面铺装碎拼面层（包括其他不规则路面面层）应符合哪些规定？

答：（1）材料边缘呈自然碎裂形状，形态基本相似，不宜出现尖锐角及规则形状；

（2）色泽及大小搭配协调，接缝大小、深浅一致；

（3）表面洁净，地面不积水。

知识点索引：《园林绿化工程施工及验收规范》CJJ 82－2012 第 5.1.2 条

关键词：地面铺装　碎拼　规定

18. 园林地面铺装水泥花砖、混凝土板块等面层应符合哪些规定？

答：（1）在铺贴前，应对板块的规格尺寸、外观质量、色泽等进行预选，浸水湿润晾干待用；

（2）勾缝和压缝应采用同品种、同强度等级、同颜色的水泥，并做好养护和保护；

（3）面层的表面应洁净，图案清晰，色泽一致，接缝平整，深浅一致，周边顺直，板块无裂缝、掉角和缺棱等缺陷。

知识点索引：《园林绿化工程施工及验收规范》CJJ 82－2012 第5.1.5条

关键词：地面铺装　水泥花砖　混凝土板块　花岗石　规定

19. 园林假山叠石的基础应符合哪些规定？

答：（1）假山地基基础承载力应大于山石总荷载的1.5倍；灰土基础应低于地平面20cm，其面积应大于假山底面积，外沿宽出50cm。

（2）假山设在陆地上，应选用C20以上混凝土制作基础；假山设在水中，应选用C25混凝土或不低于M7.5的水泥砂浆砌石块制作基础；根据不同地势、地质有特殊要求的可做特殊处理。

知识点索引：《园林绿化工程施工及验收规范》CJJ 82－2012 第5.2.5条

关键词：园林绿化　假山叠石基础　规定

20. 园林绿化工程中，置石的主要布置形式有哪些？

答：特置、对置、散置、群置、山石器设等。

知识点索引：《园林绿化工程施工及验收规范》CJJ 82－2012 第5.2.9条

关键词：园林绿化　置石布置形式

21. 园林绿化工程中，浸入水中的电缆电压应符合什么规定？

答：采用24V低压水下电缆，水下灯具和接线盒应满足密封防渗要求。

知识点索引：《园林绿化工程施工及验收规范》CJJ 82－2012 第5.3.5条

关键词：园林绿化　水中电缆　规定

22. 园林绿化工程施工质量验收应符合哪些规定？

答：（1）参加工程施工质量验收的各方人员应具备规定的资格；

（2）园林绿化工程的施工应符合工程设计文件的要求；

（3）园林绿化工程施工质量应符合本规范及国家现行相关专业验收标准的规定；

（4）工程质量的验收均应在施工单位自行检查评定的基础上进行；

（5）隐蔽工程在隐蔽前应由施工单位通知有关单位进行验收，并应形成验收文件；

（6）分项工程的质量应按主控项目和一般项目验收；

（7）关系到植物成活的水、土、基质，涉及结构安全的试块、试件及有关材料，应按规定进行见证取样检测；

（8）承担见证取样检测及有关结构安全检测的单位应具有相应资质。

知识点索引：《园林绿化工程施工及验收规范》CJJ 82－2012 第6.1.2条

关键词：园林绿化 质量验收 规定

23. 园林绿化单位（子单位）工程质量验收应符合哪些规定？

答：（1）单位（子单位）工程所含分部（子分部）工程的质量均应验收合格；

（2）质量控制资料应完整；

（3）单位（子单位）工程所含分部工程有关安全和功能的检测资料应完整；

（4）观感质量验收应符合要求；

（5）乔灌木成活率及草坪覆盖率应不低于95％。

知识点索引：《园林绿化工程施工及验收规范》CJJ 82－2012 第6.2.5条

关键词：园林绿化 分部验收 规定

24. 园林绿化工程的分部(子分部)工程主要包括哪些？

答：（1）栽植基础工程（栽植前土壤处理，重盐碱、重黏土地土壤改良工程，设施顶面栽植基层（盘）工程，坡面绿化防护栽植基层工程，水湿生植物栽植槽工程）；

（2）栽植工程（常规栽植，大树移植，水湿生植物栽植，设施绿化栽植，坡面绿化栽植）；

（3）施工期养护工程；

（4）园路与广场铺装工程；

（5）假山、叠石、置石工程；

（6）园林理水工程；

（7）园林设施安装工程。

知识点索引：《园林绿化工程施工及验收规范》CJJ 82－2012 第附录表 A 条

关键词：园林绿化 分部（子分部）工程 划分